中国水利教育协会
高等学校水利类专业教学指导委员会
共同组织

普通高等教育“十一五”国家级规划教材
全国水利行业“十三五”规划教材（普通高等教育）
普通高等教育“十四五”系列教材

水利工程测量（第2版）

黑龙江大学　孔达　等　编著

中国水利水电出版社
www.waterpub.com.cn
·北京·

内 容 提 要

本书共分十三章，主要内容包括：绪论、水准测量、角度测量、距离测量与直线定向、测量误差的基本知识、控制测量、GNSS测量原理与方法、地形图测绘、地形图应用、工程测设基本方法、水工建筑物施工测量、渠道测量、大坝变形监测等。

本书主要供水利水电工程、农业水利工程、水文及水资源工程、水利水电建筑工程、水利工程施工技术、灌溉与排水技术、水利水电工程管理、水务管理等水利类各专业教学使用，也可作为从事水利及土建工程技术人员的参考书。

图书在版编目（CIP）数据

水利工程测量 / 孔达等编著. -- 2版. -- 北京 : 中国水利水电出版社, 2022.6
普通高等教育“十一五”国家级规划教材 全国水利行业“十三五”规划教材（普通高等教育） 普通高等教育“十四五”系列教材
ISBN 978-7-5226-0759-7

Ⅰ. ①水… Ⅱ. ①孔… Ⅲ. ①水利工程测量－高等学校－教材 Ⅳ. ①TV221

中国版本图书馆CIP数据核字(2022)第096938号

书　　名	普通高等教育“十一五”国家级规划教材 全国水利行业“十三五”规划教材（普通高等教育） 普通高等教育“十四五”系列教材 **水利工程测量（第2版）** SHUILI GONGCHENG CELIANG
作　　者	黑龙江大学　孔达　等 编著
出版发行	中国水利水电出版社 （北京市海淀区玉渊潭南路1号D座　100038） 网址：www.waterpub.com.cn E-mail：sales@mwr.gov.cn 电话：(010) 68545888（营销中心）
经　　售	北京科水图书销售有限公司 电话：(010) 68545874、63202643 全国各地新华书店和相关出版物销售网点
排　　版	中国水利水电出版社微机排版中心
印　　刷	清淞永业（天津）印刷有限公司
规　　格	184mm×260mm　16开本　18.75印张　456千字
版　　次	2007年2月第1版第1次印刷 2022年6月第2版　2022年6月第1次印刷
印　　数	0001—3000册
定　　价	**55.00**元

第 2 版前言

本书是《水利工程测量》(普通高等教育“十一五”国家级规划教材)的修订版。结合水利类各专业《水利工程测量》课程教学大纲的基本要求，对原书的部分内容进行整合及优化，补充了一些新的知识、更新了部分章节内容。同时，基于工程教育专业认证的理念，以课程内容支撑专业人才培养目标的达成为出发点，以学生为中心，注重教材内容的实际应用。各章重点及难点内容配以微课视频，章后习题附有答案，方便教学及学生学习。

本次编写力求内容系统、体系完整，注重新技术、体现前瞻性。教材除系统地叙述了测量学的基本知识、原理和基本技能外，对工程测设基本方法、水工建筑物施工测量、渠道测量、大坝变形监测等也做了详细介绍，其特点是内容简练、概念清楚、理论联系实际。

本书各章节编写分工如下：孔达编写第一、五、六、九章；伊晓东编写第十三章；杨国范编写第七章的第一～三节；吕忠刚编写第十章；杨晓波编写第二、四、十一章；关万彬编写第三、八章；梁吉顺编写第十二章；郭玉鑫编写第七章第四、五节；王笑峰编写附录部分；杜崇、周启朋、孟凯利参与视频的拍摄与制作。全书由孔达修改定稿。

由于编者水平有限，书中难免存在疏漏和不当之处，敬请读者批评指正。

编　者

2022 年 2 月

扫码了解本书

第1版前言

本书是普通高等教育“十一五”国家级规划教材。为了适应21世纪人才培养和科技发展的需要，高等教育必须不断地进行改革，尤其在教学内容和教材建设方面，要不断地吐故纳新、理论联系实际，在深度和广度上适应人才的培养。本教材依据本科水利类各专业《水利工程测量》课程教学大纲编写，参考了许多国内外有关教材和参考书，将原教学大纲中的部分内容进行了补充，即补充了“全站仪测量”、“数字化测图”及“3S技术及应用”，强化了实践环节，将测量实验与实习单列一章，同时对部分章节的内容结合实际情况适当进行了调整和删减，着重突出现代测量技术。

本书由黑龙江大学孔达担任主编，大连理工大学伊晓东、沈阳农业大学杨国范担任副主编。各章节编写分工如下：孔达编写第一、三、四、七、十一章；伊晓东编写第九、十三章；杨国范编写第五、六章；袁永博编写第八章；周启朋编写第十章；王笑峰编写第十二章中的第二、三、四、七节；尹彦霞编写第十二章中的第一、五、六节；龚文峰编写第二章中的第一、二节；杜崇编写第二章中的第三、四节；张婷婷编写第十四章。全书由孔达修改并定稿。

大连理工大学袁永博教授、东北农业大学韦兆同教授共同审阅，他们对本书的编写提出了许多宝贵的意见和建议，为提高教材质量起了重要作用，在此表示衷心感谢。

由于编者水平有限，书中难免存在错误和疏漏，热忱希望广大读者批评指正。

编　者

2006年12月

目　录

第一章 绪论

第一节 测量学概述

一、测量学的概念

测量学是研究地球的形状、大小以及确定地面点位，将地球表面各种自然物体、人造物体与地理空间分布有关的信息进行采集、处理、管理、更新及利用的科学和技术。

传统测量学的研究范围是地球及其表面。但随着现代科学技术的发展，测量学的研究范围已扩展到地球的外层空间，并且由静态对象发展到观测和研究动态对象，使用的手段和设备也转向自动化、遥测、遥控和数字化。

测量学的研究内容分测定和测设两部分。测定是指运用各种测量仪器和工具，通过测量和计算，获得地面点的测量数据，或者把地球表面的地形按一定比例尺缩绘成地形图，供工程建设使用。测设也称施工放样，是将图纸上设计好的建筑物、构造物的平面位置和高程用测量仪器按一定的测量方法在地面上标定出来，作为施工的依据。

二、测量学的分类

按研究的对象、应用范围和技术手段的不同，测量学已发展为诸多学科。

1. 大地测量学

大地测量学是研究和确定整个地球形状与大小，解决大区域控制测量和地球重力场等问题的学科。由于人造地球卫星的发射和空间技术的发展，大地测量学又分为几何大地测量学、物理大地测量学和空间大地测量学等。

2. 摄影测量与遥感学

摄影测量与遥感学是研究利用摄影像片及各种不同类型的非接触传感器，获取模拟的或数字的影像，通过解析和数字化方式提取所需的信息，以确定物体的形状、大小和空间位置等信息的理论和技术的学科。摄影测量与遥感学分为地面摄影测量学、航空摄影测量学和航天遥感测量学。

3. 工程测量学

工程测量学是研究各种工程建设和自然资源开发中，在规划、设计、施工和运营管理等阶段所进行的各种测量工作的理论和技术的学科。由于建设工程的不同，工程测量又分为建筑工程测量、线路工程测量、水利工程测量、地质勘探工程测量和矿山工程测量等。

4. 地图制图学与地理信息工程

地图制图学与地理信息工程是研究地球空间信息存储、处理、分析、管理、分发及应用的理论和技术的学科。

5. 海洋测绘学

海洋测绘学是研究测绘海岸、水面及海底自然与人工形态及其变化状况的理论和技术的综合性学科。

三、测量学的发展简介

测量学是一门古老的科学，有着悠久的历史。远在4000多年前，夏禹治水就利用简单的工具进行了测量。春秋战国时期发明的指南针，至今仍在广泛地使用。东汉张衡创造了世界上第一架地震仪——候风地动仪，他所创造的天球仪正确地表示了天象，在天文测量史上留下了光辉的一页。在世界上，17世纪初望远镜发明以后，人们利用光学仪器进行测量，使测量技术又向前迈进了一大步。20世纪60年代以来，随着光电技术和微型电子计算机的兴起，对测绘仪器和测量方法的变革起了很大的推动作用。如利用光电转换原理及微处理器制成电子经纬仪，可迅速地测定水平角和竖直角；利用电磁波在大气中的传播原理制成各种光电测距仪，可迅速精确地测定两点间的距离；将电子经纬仪与电磁波测距仪融为一体的全站仪，可迅速测定和自动计算待测点的三维坐标，自动保存观测数据，并将观测数据传输到计算机自动绘制地形图，实现数字化测图。20世纪80年代以来发展了一种利用卫星定位的新技术——全球导航卫星系统（global navigation satellite system，GNSS），人们只需在待测点上安置GNSS接收机，通过接收卫星信号，利用专门的数据处理软件，即可迅速获得该点的三维坐标。这种技术彻底改变了传统的测量控制点坐标的方法，极大地促进了测量学的发展。目前测量技术正向着多领域、高精度、自动化、数字化方向发展。

四、水利工程测量的任务及作用

水利工程测量是工程测量学的一个分支，按照工程建设的顺序和相应作业的性质，可将其分为以下3个阶段的测量工作：

(1) 勘测设计阶段的测量工作。在工程勘测设计阶段提供设计所需要的测绘资料。即运用各种测量仪器和工具，通过测量和计算，获得地面点的测量数据，或者把地球表面的地形按一定比例尺缩绘成地形图，供工程建设使用。这些都必须由测量工作来提供，对于特殊地形还需到现场进行实地定点定位。

(2) 施工阶段的测量工作。设计好的工程在经过各项审批后，即可进入施工阶段。这就需要将图纸上设计好的建筑物、构造物的平面位置和高程用测量仪器按一定的测量方法在地面上标定出来，作为施工的依据。在施工过程中还需对工程进行各种监测，确保工程质量。

(3) 工程竣工后运营管理阶段的测量工作。工程竣工后，需测绘工程竣工图或进行工程最终定位测量，作为工程验收和移交的依据。对于一些大型工程和重要工程，还需对其安全性和稳定性进行监测，为工程的安全运营提供保障。

水利工程测量在工程建设中起着十分重要的作用。例如，在河道上修建水库时，首先应测绘坝址以上该流域的地形图，作为水文计算、地质勘探、经济调查等规划设计的依据；初步设计时，要为大坝、溢洪道、电站厂房等水工建筑物的设计，测绘较详尽的大比例尺地形图；在施工过程中又要通过施工放样指导开挖、砌筑和设备安装；工程竣工时，检查工程质量是否符合设计要求，还要进行竣工测量；在工程运营管理阶段，为了监测运行情况，确保工程安全，应定期对大坝进行变形观测。

由此可见，测量工作贯穿于工程建设的始终。作为一名工程技术人员，必须掌握必要的测量知识和技能，才能担负起工程勘测、规划设计、施工和运营管理等任务。

对于水利类各专业的学生，通过学习本课程，要求掌握测量学的基本知识和基础理论，以及工程测量学中的相关理论和方法；学会常用测量仪器的使用方法；掌握大比例尺地形图测绘的原理和方法；具有应用地形图的能力；掌握工程测量中各种测设数据的计算和测设方法，了解变形监测的基本方法。

第二节 地球椭球和测量坐标系

一、地球椭球

地球的自然表面是不规则的，有高山、丘陵和平原，有江河、湖泊和海洋。地球表面最高点是高于海平面 8848.86m 的珠穆朗玛峰，最低点是低于海平面 11022m 的马里亚纳海沟。由于地球半径很大，约 6371km，地面高低变化的幅度相对于地球半径只有 1/300，所以相对于地球庞大的体积来说仍然是微不足道的。地球表面大部分是海洋，占地球面积 71%，陆地仅占 29%，所以人们设想由静止的海水面向大陆延伸形成的闭合曲面来代替地球表面。

资源 1-1
珠穆朗玛峰

地球上的每个质点都受两个力的作用：一是地球引力；二是地球自转产生的离心力，这两个力的合力称为重力（图 1-1）。重力的作用线称为铅垂线，铅垂线是测量工作的基准线。

假想自由静止的海水面向陆地和岛屿延伸形成一个闭合曲面，这个闭合曲面称为水准面，水准面处处与铅垂线垂直。由于潮汐的影响，海水面有涨有落，水准面就有无数个，并且互不相交。在测量工作中，把通过平均海水面并向陆地延伸而形成的闭合曲面称为大地水准面。大地水准面是测量工作的基准面。大地水准面所包围的形体称为大地体（图 1-1）。

由于地球内部质量分布不均匀，致使地面上各点的铅垂线方向产生不规则变化，因而大地水准面实际上是一个表面有微小起伏的不规则曲面，无法用数学公式表示，在这个曲面上进行数据处理非常困难，为此，必须选择一个与大地体非常接近的数学球体来代替大地体。

经过长期的精密测量，发现大地体是十分接近于一个两极稍扁的椭球体，这个椭球体是一个旋转轴与地球自转轴重合的椭圆绕其短轴旋转而成的几何形体，因此，又称为旋转椭球体（图 1-2）。旋转椭球体的形状及大小由其长半轴 a 和扁率 α 确定，它们之间的关系为

$$\alpha=\frac{a-b}{a} \tag{1-1}$$

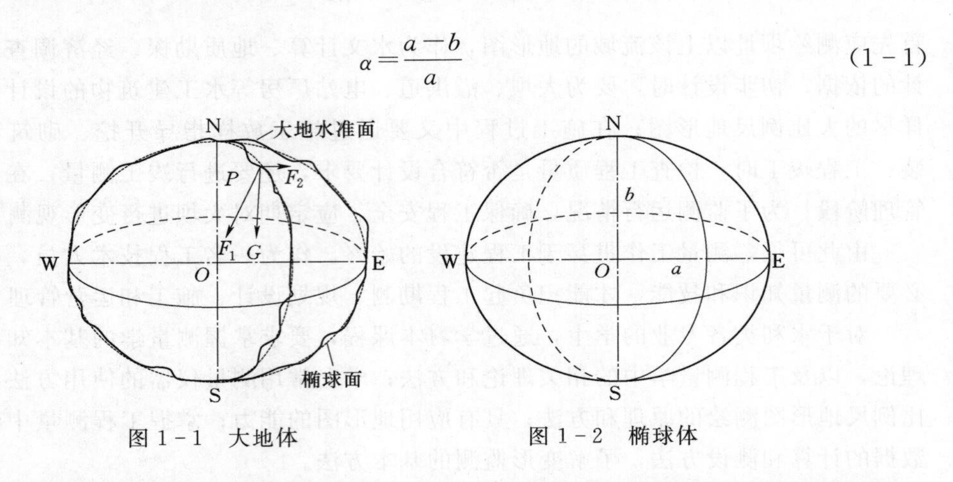

图 1-1　大地体　　　图 1-2　椭球体

旋转椭球体虽然与大地体最接近，但是它所代表的是地球椭球的总体形状和大小，也称总地球椭球，各个国家或地区不可能统一采用一个总椭球，而是采用与本国或本地区的大地水准面甚为密合的椭球面作为测量计算的基准面，由此而建立的地球椭球体称为参考椭球体，参考椭球体的表面称为参考椭球面。几个世纪以来，有许多学者曾经对地球参考椭球体的参数进行了测算，随着科学技术的发展，椭球体参数的测定将越来越精确。表 1-1 为几个有代表性的参考椭球体参数。

表 1-1　几个有代表性的参考椭球体参数

序号	坐标系名称	类型	椭球名	长轴 a/m	扁率 α
1	1954 北京坐标系	参心坐标系	克拉索夫斯基椭球	6378245	1：298.30
2	1980 西安坐标系	参心坐标系	IUGG1975 椭球	6378140	1：298.257
3	2000 国家大地坐标系	地心坐标系	CGCS2000 椭球	6378137	1：298.257222101
4	WGS-84 坐标系	地心坐标系	WGS-84 椭球	6378137	1：298.257223563

注　表中的 IUGG 为国际大地测量与地球物理联合会（International Union of Geodesy and Geophysics）。

由于参考椭球体的扁率较小，因此在测量计算中，在满足精度要求的前提下，为了计算方便，通常把地球近似地当作圆球看待，其半径为 $R=(2a+b)/3=6371\text{km}$。

二、测量坐标系

地面点的空间位置可以用一个二维坐标（椭球面坐标或平面直角坐标）和高程的组合来表示，也可以用三维的空间直角坐标系表示。

（一）测量常用坐标系

1. 大地坐标系

大地坐标系是大地测量中以法线为基准线、以参考椭球面为基准面建立起来的坐标系。地面点的位置用大地经度、大地纬度（L、B）和大地高度（H）表示（图 1-3）。

过地面上一点与地球南北极的平面称为子午面，子午面与地球表面的交线称为子午线。过英国格林尼治天文台的子午面称为首子午面。首子午面与地球表面的交线称为首子午线。过地球表面上一点的子午面与首子午面之间的夹角称为大地经度。自首子午面起向东 0°～180°为东经，向西 0°～180°为西经。通过地球球心且与地球旋转轴垂直的平面称为赤道面，赤道面与地球表面的交线为赤道。过地球表面上一点的法线与赤道面的夹角称为大地纬度。自赤道面起，向北0°～90°为北纬，向南0°～90°为南纬。

如图1-3所示，P点沿法线至参考椭球面的距离称为大地高H。地面点的大地坐标确定了该点在参考椭球面上的位置，称为该点的大地位置。大地坐标再加上大地高就确定了点在空间的位置。

2. 空间直角坐标系

以地球椭球体中心O作为坐标原点，起始子午面与赤道面的交线为X轴，赤道面上与X轴正交的方向为Y轴，椭球体的旋转轴为Z轴，指向符合右手规则，构成坐标系$O-XYZ$。在该坐标系中，P点的位置用（X，Y，Z）表示（图1-4）。

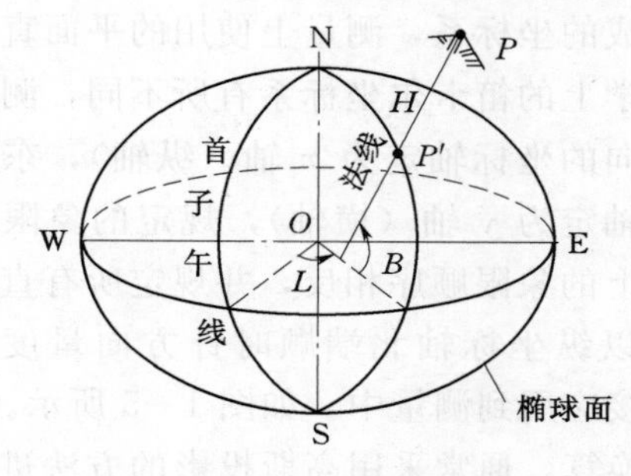

图1-3　大地坐标系

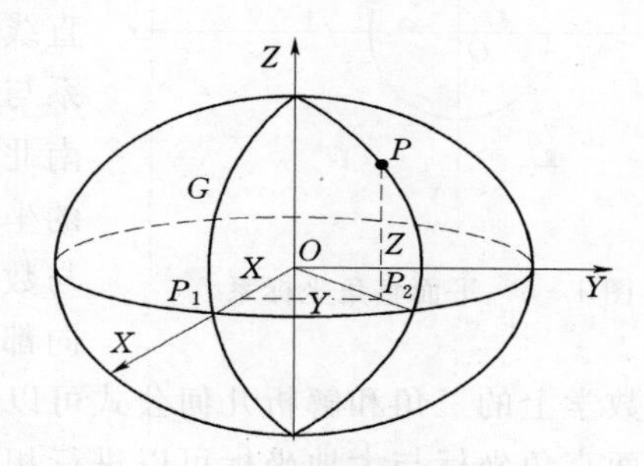

图1-4　空间直角坐标系

地面上同一点的大地坐标（L，B）及大地高H和空间直角坐标（X，Y，Z）之间可以进行坐标转换：

$$\left.\begin{aligned}X&=(N+H)\cos B\cos L\\Y&=(N+H)\cos B\sin L\\Z&=[N(1-e^2)+H]\sin B\end{aligned}\right\}\tag{1-2}$$

其中
$$e^2=\frac{a^2-b^2}{a^2},N=\frac{a}{\sqrt{1-e^2\sin^2 B}}$$

式中：e为第一偏心率。

由空间直角坐标（X，Y，Z）转换为大地坐标（L，B）和大地高H，可采用下式：

$$\left.\begin{aligned}L&=\arctan\frac{Y}{X}\\B&=\arctan\frac{Z+Ne^2\sin B}{\sqrt{X^2+Y^2}}\\H&=\frac{\sqrt{X^2+Y^2}}{\cos B}-N\end{aligned}\right\}\tag{1-3}$$

用式（1-3）计算大地纬度B时，通常采用迭代法。步骤如下：首先取$\tan B_1=\frac{Z}{\sqrt{X^2+Y^2}}$，用$B$的初值$B_1$按式（1-3）计算$N$的初值，令其为$N_1$，然后将$N_1$和

B_1 代入式（1-3）计算 B_2，再利用求得的 B_2 按式（1-3）计算 N_2，如此迭代，直至最后两次 B 值之差小于允许值为止。

3. 平面直角坐标系

在测量工作中，仅采用大地坐标和空间直角坐标表示地面点的位置在有些情况下不是很方便。例如，工程建设规划、设计是在平面上进行的，需要将点的位置和地面图形表示在平面上，而采用平面直角坐标系对于测量计算则十分方便。

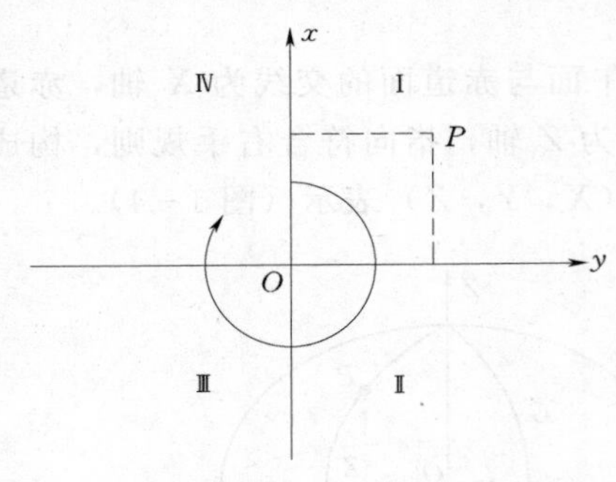

图 1-5 平面直角坐标系

测量中采用的平面直角坐标系有高斯平面直角坐标系、独立平面直角坐标系以及建筑施工坐标系。

平面直角坐标系是由平面内两条互相垂直的直线组成的坐标系，测量上使用的平面直角坐标系与数学上的笛卡尔坐标系有所不同，测量上将南北方向的坐标轴定为 x 轴（纵轴），东西方向的坐标轴定为 y 轴（横轴），规定的象限顺序也与数学上的象限顺序相反，并规定所有直线的方向都是以纵坐标轴北端顺时针方向量度的，这样，使数学上的三角和解析几何公式可以直接应用到测量中，如图 1-5 所示。

平面直角坐标与大地坐标可以进行相互换算，通常采用高斯投影的方法进行。关于高斯投影，将在本章第三节中作详细介绍。

当测区范围较小时（如小于 $100km^2$），在满足测图精度要求的前提下，为了方便起见，通常把球面看作平面，建立独立的平面直角坐标系。独立的平面直角坐标系的坐标原点和坐标轴可以根据实际需要来确定。通常，将独立坐标系的原点选在测区的西南角，以保证测区的每个点的坐标都不会出现负值，方便计算。

在建筑工程中，为了计算和施工放样方便，通常将平面直角坐标系的坐标轴与建筑物的主轴线重合、平行或垂直，此时建立起来的坐标系称为建筑坐标系或施工坐标系。

施工坐标系与测量坐标系往往不一致，在计算测设数据时需进行坐标换算。如图 1-6 所示，设 xoy 为测量坐标系，AOB 为施工坐标系，（x_O，y_O）为施工坐标系原点 O 在测量坐标系中的坐标，α 为施工坐标系的坐标纵轴 A 在测量坐标系中的方位角。若 P 点的施工坐标为（A_P，B_P），可按下式将其换算为测量坐标（x_P，y_P）：

$$\left.\begin{aligned}x_P&=x_O+A_P\cos\alpha-B_P\sin\alpha\\y_P&=y_O+A_P\sin\alpha+B_P\cos\alpha\end{aligned}\right\}\quad(1-4)$$

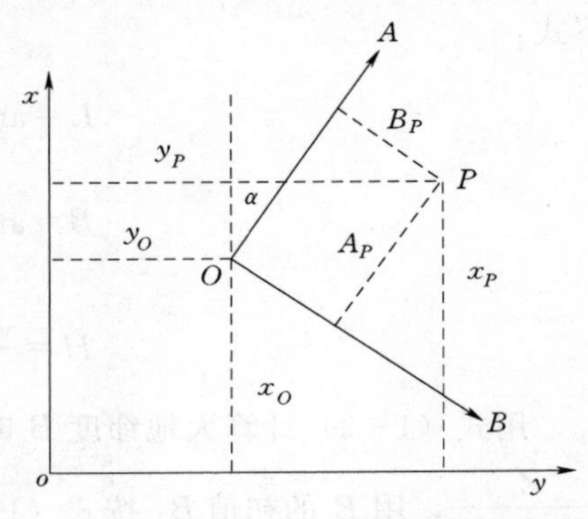

图 1-6 施工坐标与测量坐标的换算

式中，x_O，y_O 与 α 值可由设计图纸中查的。

同样，若已知 P 点的测量坐标（x_P，y_P），可按下式将其换算为施工坐标（A_P，B_P）：

$$
\left.\begin{aligned}
A_P&=(x_P-x_O)\cos\alpha+(y_P-y_O)\sin\alpha\\
B_P&=-(x_P-x_O)\sin\alpha+(y_P-y_O)\cos\alpha
\end{aligned}\right\}\qquad(1-5)
$$

（二）我国常用的坐标系统

1. 1954 北京坐标系

1954 北京坐标系是将我国大地控制网与苏联 1942 年普尔科沃大地坐标系相结合后建立的过渡性大地坐标系。采用克拉索夫斯基椭球体参数（表 1-1）。1954 北京坐标系属参心坐标系，是苏联 1942 年坐标系的延伸，大地原点位于苏联的普尔科沃。

2. 1980 西安坐标系

1978 年，我国决定建立新的国家大地坐标系统，该坐标系的大地原点设在我国中部的陕西省泾阳县永乐镇，位于西安市西北方向约 60km，故称 1980 西安坐标系，1980 西安坐标系属于参心大地坐标系。1980 西安坐标系采用 1975 年国际椭球体参数（表 1-1）。

1980 西安坐标系建立后，实施了全国天文大地网平差，平差后提供的大地点成果属于 1980 年国家大地坐标系，它与原 1954 北京坐标系的成果不同，使用时必须注意所用成果相应的坐标系统。

3. 2000 国家大地坐标系

2000 国家大地坐标系（China Geodetic Coordinate System 2000，CGCS2000）属于地心大地坐标系。该坐标系的原点是包括海洋和大气的整个地球的质量中心，Z 轴由原点指向历元 2000.0 的地球参考极的方向，该历元的指向由国际时间局（Bureau International dei Heure，BIH）给定的历元为 1984.0 的初始指向推算，X 轴由原点指向格林尼治参考子午线与地球赤道面（历元 2000.0）的交点，Y 轴与 Z 轴、X 轴构成右手正交坐标系，其参数见表 1-1。我国自 2008 年 7 月 1 日启用 2000 国家大地坐标系。

4. WGS-84 世界大地坐标系

WGS-84 世界大地坐标系（World Geodetic System 1984，WGS-84）是 GPS 定位测量中采用的地心大地坐标系，它由美国国防制图局 1984 年建立。原点是地球的质心，Z 轴由原点指向国际时间局 1984.0 定义的协议地极（Coventional Terrestial Pole，CTP）方向，X 轴指向 BIH 1984.0 的零子午面和 CTP 赤道的交点，Y 轴与 Z 轴、X 轴构成右手正交坐标系，其参数见表 1-1。

5. 独立坐标系

独立坐标系分为地方独立坐标系和局部独立坐标系两种。

许多城市基于实用、方便的目的（如减少投影改正计算工作量），以当地的平均海拔高程面为基准面，过当地中央的某一子午线为高斯投影带的中央子午线构成地方独立坐标系。地方独立坐标系隐含着一个与当地平均海拔高程面相对应的参考椭球，该椭球的中心、轴向和扁率与国家参考椭球相同，只是长半轴的值不一样。

大多数工程专用控制网采用局部独立坐标系，若需要将其放置到国家大地控制网或地方独立坐标系，应通过坐标转换完成。对于范围不大的工程，一般选择测区的平均海拔高程面或某一特定高程面（如隧道的平均高程面、过桥墩顶的高程面）作为投影面，以工程的主要轴线为坐标轴，比如对于隧道工程而言，一般取与隧道贯通面垂

直的一条直线作为 X 轴。

第三节　高斯投影和高斯平面直角坐标系

一、高斯投影的概念

资源 1-2
高斯投影

地面点的位置可用大地经纬度表示在参考椭球面上，通常需要将参考椭球面的图形表示到平面上，形成平面图。由于参考椭球面是不可展的曲面，要将参考椭球面上的点或图形表示到平面上，必然会产生变形。为了减少变形误差，就必须采用地图投影的方法，在我国大地测量中采用高斯投影的方法，将参考椭球面上的点位投影到高斯投影面上，从而转换成平面直角坐标。

设想一个椭圆柱面横套在地球椭球面外面，并与地球椭球面上某一子午线（该子午线称为中央子午线）相切，椭圆柱的中心轴通过地球椭球球心，然后按等角投影方法，将中央子午线两侧一定经差范围内的点、线投影到椭圆柱面上，再沿着过极点的母线展开即成为高斯投影面，如图 1-7 所示。

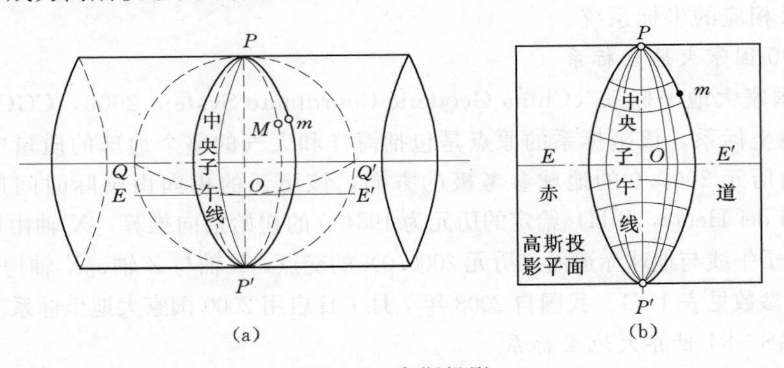

图 1-7　高斯投影

高斯投影面上的中央子午线和赤道的投影都是直线，且正交，其他子午线和纬线都是曲线。在高斯投影中，椭球面上图形的角度投影到平面之后保持相等，即无角度变形，但距离与面积稍有变形；中央子午线的投影为直线，其长度不变，其余子午线均凹向中央子午线，且距中央子午线越远，长度变形越大。为了把长度变形控制在测量精度允许的范围内，将地球椭球面按一定的经度差分成若干范围不大的带，称为投影带。带宽一般分为经差 6°和 3°，如图 1-8 所示。

6°带是从格林尼治子午线起，自西向东每隔经差 6°为一带，共分成 60 带，编号为 1～60。带号 N 与相应的中央子午线经度 L_0 的关系式为

$$L_0=6N-3 \tag{1-6}$$

6°带可以满足 1∶25000 以上中、小比例尺测图精度的要求。

3°带是在 6°带基础上划分的，从东经 1°30′子午线起，自西向东每隔经差 3°为一带，编号为 1～120。带号 n 与相应的中央子午线经度 l_0 的关系式为

$$l_0=3n \tag{1-7}$$

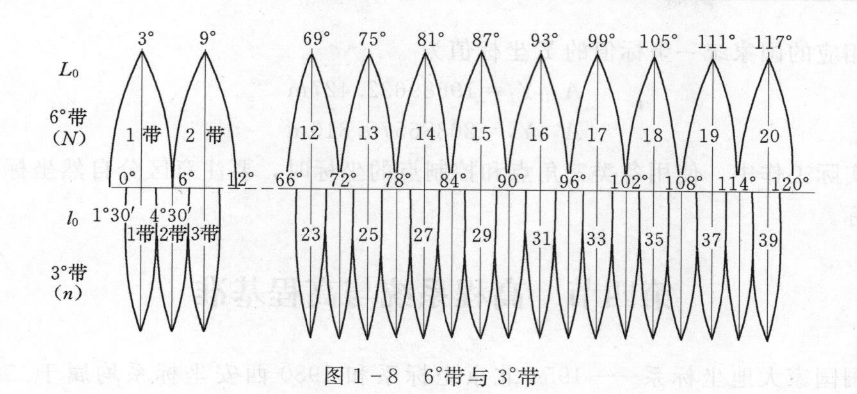

图 1-8　6°带与 3°带

如已知某点的经度 L，则该点所在的 6°带的带号和 3°带的带号分别为

$$N=\text{int}\frac{L}{6^\circ}+1 \tag{1-8}$$

$$n=\text{int}\frac{L-1.5^\circ}{3^\circ}+1 \tag{1-9}$$

式中：int 为取整。

我国地处东半球赤道以北，经度 72°～138°、纬度 0°～56°内。中央子午线从 75°起共计 11 个 6°带，带号在 13～23 之间；21 个 3°带，带号在 25～45 之间。

二、高斯平面直角坐标

如前所述，高斯平面直角坐标系以中央子午线的投影为坐标纵轴 x，赤道的投影为坐标横轴 y，两轴的交点为坐标原点 O。在这个坐标系中，中央子午线以东的点，y 坐标为正；中央子午线以西的点，y 坐标为负。赤道以南的点，x 坐标为负；赤道以北的点，x 坐标为正。

我国位于赤道以北，所以 x 坐标全部为正，而每一投影带的 y 坐标值却有正有负，这样在实际应用中就增大了由于符号出错的可能性。为避免 y 坐标出现负值，将坐标纵轴向西平移 500km，这样就使 x、y 值均为正值。由于采用了分带投影，各带自成独立的坐标系，因而不同投影带就会出现相同坐标的点。为了区分不同带中坐标相同的点，又规定在横坐标 y 值前冠以带号。习惯上，把 y 坐标加 500km 并冠以带号的坐标称为国家统一坐标，而把没有加 500km 和带号的坐标，称为自然坐标。显然，同一点的国家统一坐标和自然坐标的 x 值相等，而 y 值则不同，如图 1-9 所示。

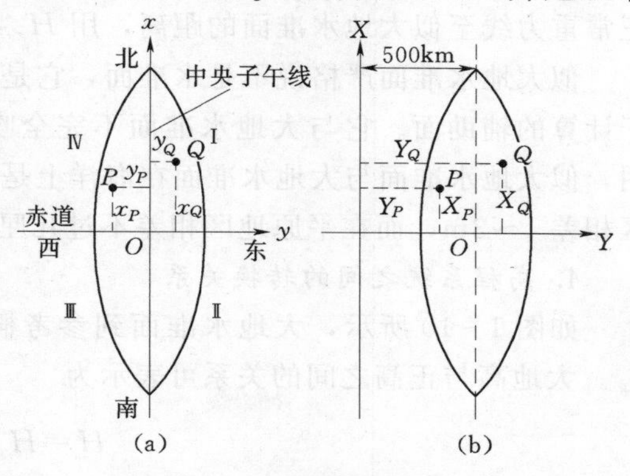

图 1-9　高斯平面直角坐标系

例如：假设位于 19 带的点 A_1 和 20 带的点 A_2 的自然坐标的 y 坐标值分别为

$$A_1: y_1=189632.427\text{m}$$

$$A_2: y_2=-113424.690\text{m}$$

资源 1-3
高斯平面直角坐标系

则相应的国家统一坐标值的 Y 坐标值为

$$A_1: Y_1 = 19689632.427\text{m}$$

$$A_2: Y_2 = 20386575.310\text{m}$$

在实际工作中，使用各类三角点和控制点的坐标时，要注意区分自然坐标与国家统一坐标。

第四节　高程系统与高程基准

我国国家大地坐标系——1954 北京坐标系和 1980 西安坐标系均属于二维坐标系，地面点的空间位置要用高程的组合来表示。

一、高程系统

地面点至高程基准面的垂直距离称为高程。选用不同的基准面就有不同的高程系统，测量中常用的高程系统有大地高系统、正高系统和正常高系统。

1. 大地高系统

大地高系统是以参考椭球面为基准面的高程系统。地面点的大地高是由该点沿参考椭球面法线到参考椭球面的距离，用符号 H 表示。

大地高是一个纯几何量，不具有物理意义。同一个点，在不同的基准下，具有不同的大地高。如：利用 GPS 定位技术，可以测定观测站在 WGS－84 中的大地高。

2. 正高系统

正高系统是以大地水准面为基准面的高程系统。地面点的正高是由该点沿重力线至大地水准面的距离，用符号 H_g 表示。

正高有完整的物理意义，对于测量来说意义重大，但无法精确测量出来。原因是重力加速度 g 无法实测求得；同时该值与地壳质量分布及密度密切相关，也无法将它精确计算出来。于是人们设想地球均质，便可计算出重力加速度 γ，即引入了一个跟大地水准面极为类似的面，这就是似大地水准面。

3. 正常高系统

正常高系统是以似大地水准面为基准面的高程系统。地面点的正常高是由该点沿正常重力线至似大地水准面的距离，用 H_r 表示。

似大地水准面严格说不是水准面，它是拟合出来的大地水准面的最或然值，是用于计算的辅助面。它与大地水准面不完全吻合，差值为正常高与正高之差。研究证明，似大地水准面与大地水准面在海洋上是重合的，仅在地面上略有不同，在山岭地区相差 1～3m，而在平原地区相差不过几厘米。

4. 高程系统之间的转换关系

如图 1－10 所示，大地水准面到参考椭球面的距离称为大地水准面差距，记为 h_g。大地高与正高之间的关系可表示为

$$H = H_g + h_g \tag{1-10}$$

似大地水准面到参考椭球面的距离，称为高程异常，记为 ζ。大地高与正常高之

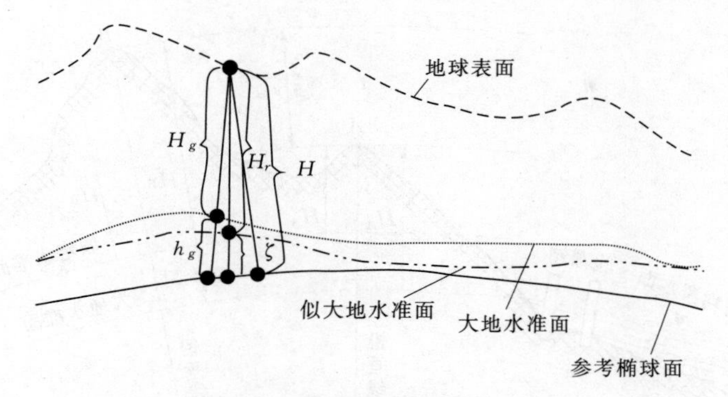

图 1-10　高程系统间的相互关系

间的关系可表示为

$$H = H_r + \zeta \tag{1-11}$$

大地高、正高、正常高均可用于工程测量。通常，由于某种技术原因，在一般实际应用中采用正常高或正高，不用大地高。在要求不高时，往往忽略 h_g、ζ，我国的国家高程测量采用正常高系统。

二、高程基准与地面点高程

为了建立全国统一的高程系统，必须确定一个高程基准面。通常采用平均海水面作为高程基准面，平均海水面的确定是通过验潮站长期观测潮位的升降，根据验潮记录求出该验潮站海水面的平均位置。

1. 水准原点

我国在山东青岛设验潮站，收集的 1950—1956 年的验潮资料，推算的黄海平均海水面作为我国的似大地水准面，并在青岛市观象山建立了水准原点。水准原点到验潮站平均海水面高程为 72.289m。这个高程系统称为“1956 年黄海高程系”。

由于海洋潮汐长期变化周期为 18.6 年，20 世纪 80 年代初，国家又根据 1952—1979 年青岛验潮站的观测资料，推算出新的黄海似大地水准面作为高程零点。由此测得青岛水准原点高程为 72.260m，称为“1985 年国家高程基准”，并从 1985 年 1 月 1 日起执行新的高程基准（图 1-11）。

综上所述，由于正常高高程系统为我国法定的统一高程系统，且在我国境内各点的高低可通过其正常高唯一确定，因此，在不特别指明的情况下所讲的高程即指正常高。

2. 地面点高程表示

地面点到平均海水面的铅垂距离称为绝对高程，又称海拔。如图 1-12 中 A、B 两点的绝对高程分别为 H_A、H_B。

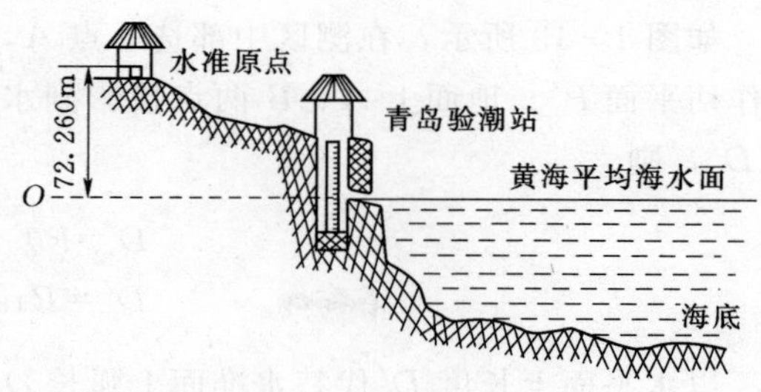

图 1-11　验潮站与水准原点

当个别地区引用绝对高程有困难时，可采用假定高程系统，即采用任意

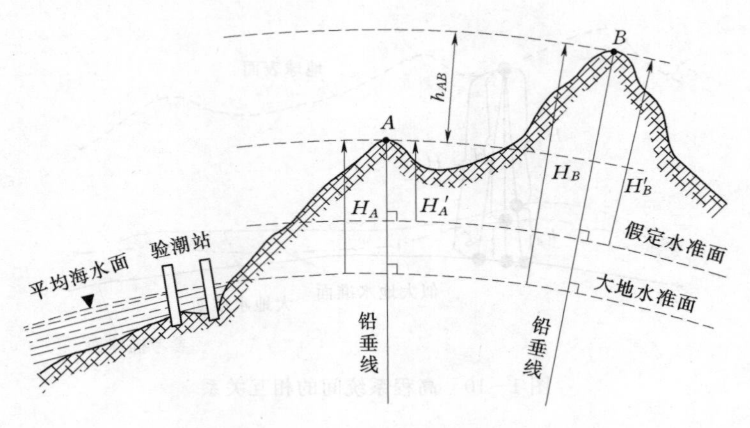

图 1-12 高程和高差

假定的水准面为起算高程的基准面。图 1-12 中，地面点到某一假定水准面的铅垂距离称为假定高程或相对高程，用 H' 表示。例如，A、B 的假定高程（相对高程）分别为 H'_A 和 H'_B。

3. 高差

地面上两点间高程之差称为高差，一般用 h 加起止点名作下标表示，图 1-12 中，A、B 两点的高差为。

$$h_{AB}=H_B-H_A=H'_B-H'_A \tag{1-12}$$

可见两点间的高差与高程起算面无关。

在测量工作中，一般应采用绝对高程。若在偏僻地区，附近没有已知的绝对高程点可以引测时，也可采用相对高程。

第五节 测量工作概述

在测区范围不大、精度要求不高的情况下，将大地水准面近似看成圆球面。为简化一些复杂的投影计算，通常用水平面代替水准面，将地面上的点投影到水平面上，以确定其位置。用水平面代替水准面时应使得投影后产生的误差不超过一定限度，因此，应分析地球曲率对水平距离和高程的影响。

一、地球曲率对水平距离的影响

如图 1-13 所示，在测区中部选一点 A，沿铅垂线投影到水准面 P 上为 a，过 a 点作切平面 P'。地面上 A、B 两点投影到水准面上的弧长为 D，在水平面上的距离为 D'，则

$$\left.\begin{aligned}D&=R\theta\\D'&=R\tan\theta\end{aligned}\right\} \tag{1-13}$$

以水平面上长度 D' 代替水准面上弧长 D 产生的误差为

$$\Delta D=D'-D=R(\tan\theta-\theta) \tag{1-14}$$

将 $\tan\theta$ 按级数展开得

$$\tan\theta=\theta+\frac{1}{3}\theta^3+\frac{2}{15}\theta^5+\cdots \tag{1-15}$$

将式（1-15）略去高次项代入式（1-14）并考虑 $\theta=\frac{D}{R}$，得

$$\Delta D=R\left(\theta+\frac{\theta^3}{3}+\cdots-\theta\right)=R\frac{\theta^3}{3}=\frac{D^3}{3R^2} \tag{1-16}$$

式（1-16）两端同除以 D，得相对误差

$$\frac{\Delta D}{D}=\frac{1}{3}\left(\frac{D}{R}\right)^2 \tag{1-17}$$

地球半径 $R=6371$km，将不同 D 值代入，可计算出水平面代替水准面的距离误差和相对误差，见表 1-2。

表 1-2　　地球曲率对水平距离的影响

距离 D/km	距离误差 ΔD/cm	相对误差	距离 D/km	距离误差 ΔD/cm	相对误差
1	0.00	—	10	0.82	1∶1220000
5	0.10	1∶5000000	15	2.77	1∶5400000

从表 1-2 可见，当 $D=10$km 时，以水平面代替水准面所产生的距离误差为 0.82cm，相对误差约为 1/1220000，小于目前精密距离测量的容许误差。所以在半径为 10km 的范围内进行距离测量时，用水平面代替水准面所产生的距离误差可忽略不计。

二、地球曲率对高程的影响

由图 1-13 可知，$b'b$ 为水平面代替水准面对高程产生的误差，令其为 Δh，也称为地球曲率对高程的影响。

$$(R+\Delta h)^2=R^2+D'^2$$

$$\Delta h=\frac{D'^2}{2R+\Delta h}$$

上式中，用 D 代替 D'，而 Δh 相对于 $2R$ 很小，可略去不计，则

$$\Delta h=\frac{D^2}{2R} \tag{1-18}$$

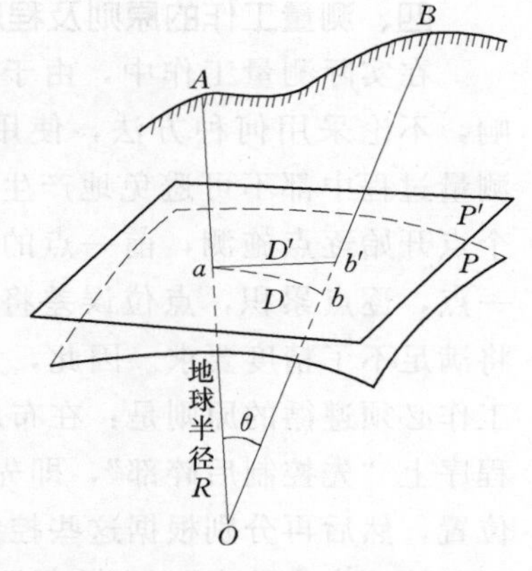

图 1-13　用水平面代替水准面

将不同距离 D 代入式（1-18），则得高程误差，见表 1-3。

表 1-3　　地球曲率对高程的影响

D/m	10	50	100	200	500	1000
Δh/mm	0.0	0.2	0.8	3.1	19.6	78.5

从表 1-3 中可见，当 $D=200$m 时，Δh 将有近 3.1mm 的误差，这对高程的影响是不能忽视的。所以进行高程测量时，即使距离很短也应考虑地球曲率对高程的影响。

三、测定点位的基本要素

地面点的坐标和高程通常不是直接测定的，而是观测有关数据后计算而得。实际工作中，通常根据测区内或测区附近已知坐标和高程的点，测出这些已知点与待定点之间的几何关系，然后再确定待定点的坐标和高程。

设 A、B、C 为地面上的三个点，如图 1－14 所示，投影到水平面的位置分别为 a、b、c。如果 A 点的位置已知，要确定 B 点的位置，除 B 点到 A 点在水平面上距离 D_{AB}（水平距离）必须知道外，还要确定 B 点在 A 点的哪一方向。图中 ab 的方向可用通过 a 点的指北方向与 ab 的夹角（水平角）α 表示，α 角称为方位角，如果知道 D_{AB} 和 α，B 点在图上的位置 b 即可确定。如果还要确定 C 点在图上的位置 c，则需要测量 BC 在水平面的距离 D_{BC} 及 b 点处相邻两边的水平夹角 β。

在图 1－14 中还可以看出，A、B、C 点的高程不同，除平面位置外，还要确定它们的高低关系，即 A、B、C 三点的高程 H_A、H_B、H_C 或高差 h_{AB}、h_{BC}，这样 A、B、C 三点的位置就完全确定了。

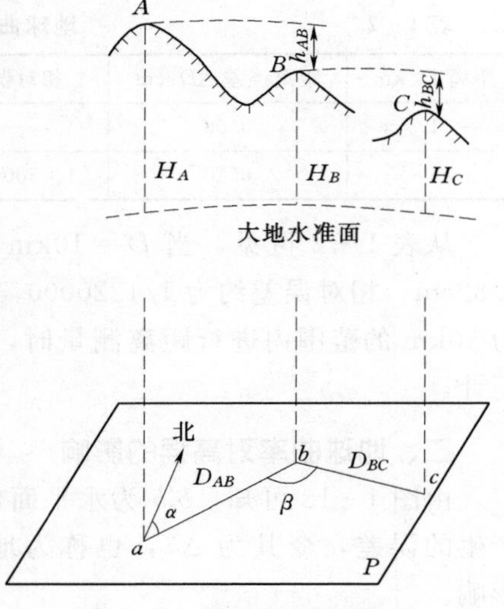

图 1－14　地面点位的确定

由此可知，水平距离、水平角及高程（高差）是确定地面点相对位置的三个基本几何要素。距离测量、角度测量及高程测量则是测量的基本工作。

四、测量工作的原则及程序

在实际测量工作中，由于受各种条件的影响，不论采用何种方法，使用何种测量仪器，测量过程中都不可避免地产生误差，如果从一个点开始逐点施测，前一点的误差将传递到后一点，逐点累积，点位误差将越来越大，最后将满足不了精度要求。因此，为了控制测量误差的累积，保证测量成果的精度，测量工作必须遵循的原则是：在布局上“由整体到局部”，在精度上“由高级到低级”，在程序上“先控制后碎部”，即先在测区范围内建立一系列控制点，精确测出这些点的位置，然后再分别根据这些控制点施测碎部测量。此外，对测量工作的每一个过程，要坚持“步步检查”，以确保测量成果精确可靠。

为了保证全国范围内测绘的地形图具有统一的坐标系，且能控制测量误差的累积，有关测绘部门在我国建立了覆盖全国各地区的各等级国家控制网点。在测绘地形图时，首先应依据国家控制网点在测区内布设测图控制网和测图用的图根控制点，这样能形成精度可靠的“无缝”地形图。如图 1－15 所示，A、B、C、D、E、F 为选定图根控制点，并构成一定的几何图形，应用精密大地测量仪器和精确测算方法确定其坐标和高程，然后在图根控制点上安置仪器测定其周围的地物、地貌的特征点（也称碎部点），按一定的投影方法和比例尺并用规定的符号绘制成地形图。

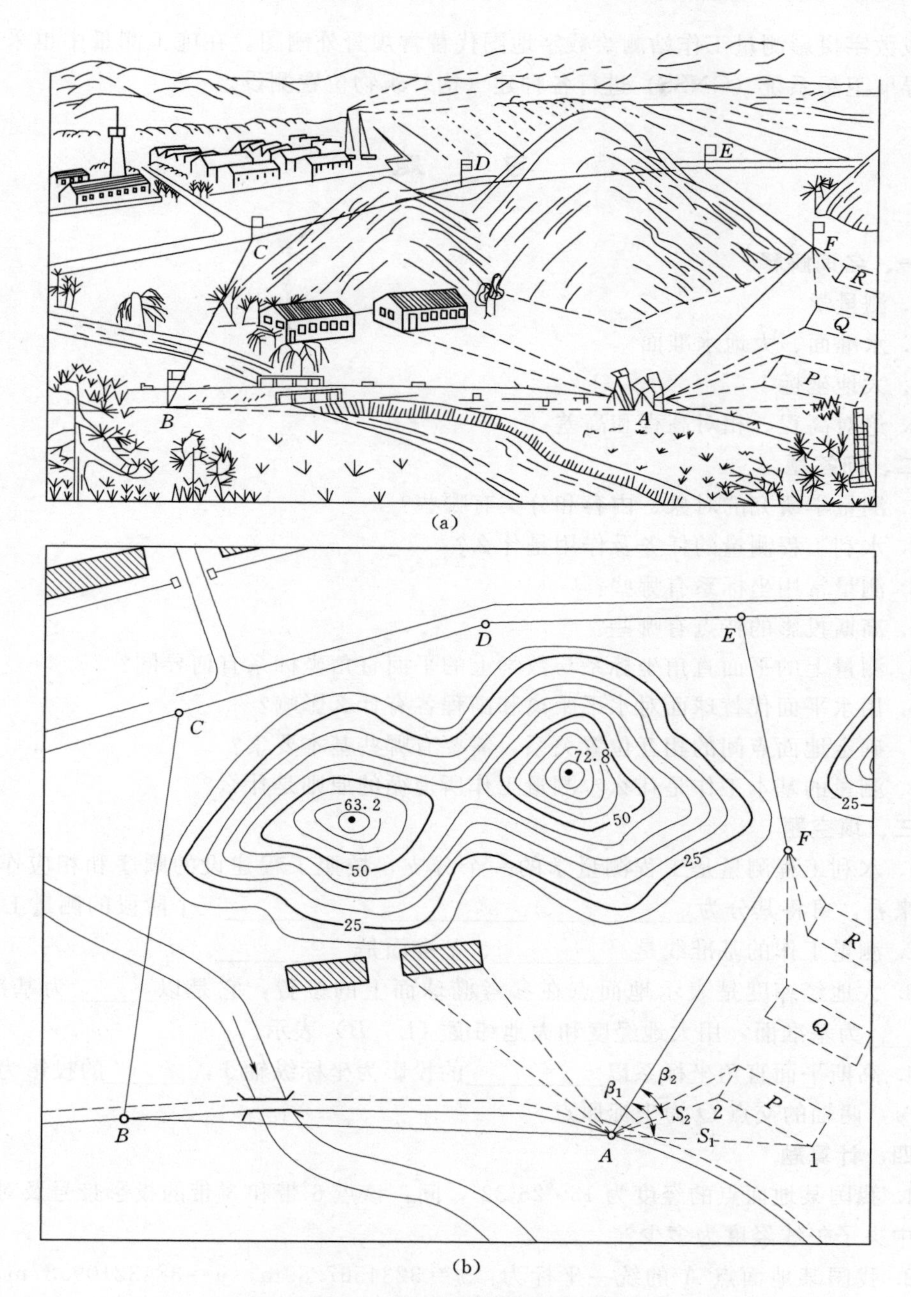

图 1-15　测区控制点布置图

施工测量时，也应先进行控制点的布设，然后利用控制点将图上设计的建（构）筑物位置测设于实际的地面位置。如图 1-15 所示，利用控制点根据设计数据将所设计的建（构）筑物 P、Q、R 测设于实地。

随着科学技术的发展，测量工作中应用了很多高新技术，如控制测量已采用全球导航卫星系统（GNSS）代替常规控制测量；城市地形图测绘也采用了数字化测绘地形图或数字摄影测量工作站测绘数字地图代替常规野外测图。在施工测量中也采用了全球导航卫星系统（GNSS）进行各种建（构）筑物位置测设。

习　　题

一、名词解释

1. 测量学
2. 水准面、大地水准面
3. 大地坐标
4. 绝对高程、相对高程和高差

二、问答题

1. 测量学研究的对象、内容和分类有哪些？
2. 水利工程测量的任务及作用是什么？
3. 测量常用坐标系有哪些？
4. 高斯投影的特点有哪些？
5. 测量上的平面直角坐标系与数学上的平面直角坐标系有何异同？
6. 用水平面代替球面对水平距离和高程各有什么影响？
7. 确定地面点间的相互位置关系，需要有哪些基本要素？
8. 测量的基本工作是什么？测量工作所遵循的原则是什么？

三、填空题

1. 水利工程测量是工程测量学的一个分支，按照工程建设的顺序和相应作业的性质来看，可将其分为__________、__________、__________三个阶段的测量工作。

2. 测量工作的基准线是__________、基准面是__________。

3. 大地经纬度是表示地面点在参考椭球面上的位置，它是以______为基准线，以______为基准面，用大地经度和大地纬度（L，B）表示。

4. 高斯平面直角坐标系以__________的投影为坐标纵轴 x，______的投影为坐标横轴 y，两轴的交点 O 为坐标原点。

四、计算题

1. 我国某地面点的经度为 130°25′32″，问：该点 6°带和 3°带的投影带号及对应带号的中央子午线经度为多少？

资源 1-4
习题答案

2. 我国某地面点 A 的统一坐标为：$x=3234567.89$m，$y=38432109.87$m，问：该点所在的投影带号及对应带的中央子午线经度是多少？A 点的经度与所在带的中央子午线经度的大小关系是什么？

3. 已知 A、B 点的绝对高程分别为 $H_A=213.609$m、$H_B=208.716$m，求：高差 h_{AB}。若 B 点的相对高程 $H'_B=200.000$m，则 A 点的相对高程 H'_A？

4. 根据 1956 年黄河高程系统测得 A 点的高程为 165.718m，若改用 1985 年高程基准，则 A 点的高程是多少？

第二章

水准测量

高程是确定地面点位置的要素之一，测定地面点高程的方法有水准测量、三角高程测量、GNSS拟合高程测量和气压高程测量等，其中最常用的方法为水准测量。

第一节 水准测量原理

水准测量就是利用水准仪提供的水平视线，通过读取竖立于两个点上水准尺的读数，来测定地面上两点间的高差，然后根据已知点的高程计算待定点的高程。

资源2-1
水准测量原理

如图2-1所示，地面上有A、B两点，设A点的高程已知为H_A，欲求B点的高程H_B，则需测定两点间的高差h_{AB}，因此，将水准仪安置在A、B两点之间，并在A、B两点上各竖立一把水准尺，通过水准仪望远镜的水平视线分别读取在A、B两点水准尺上读数，设水准测量的前进方向为$A \rightarrow B$，则称A点为后视点，其水准尺读数a为后视读数；称B点为前视点，其水准尺读数b为前视读数；两点间的高差等于"后视读数"减"前视读数"，即

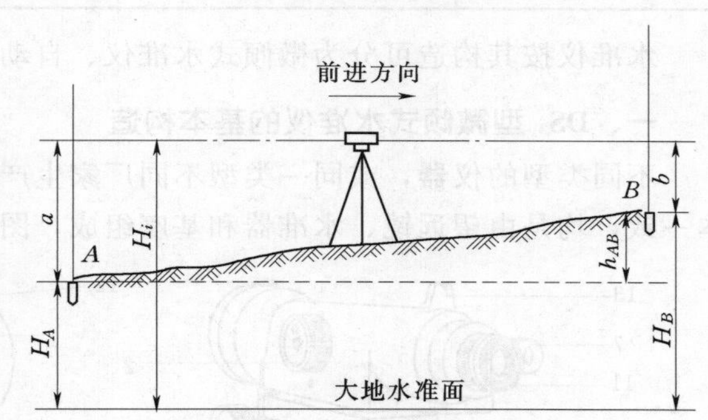

图2-1 水准测量的原理

$$h_{AB}=a-b \tag{2-1}$$

由于A、B两点有高低之分，则其高差会有正有负，如果$a>b$，$h_{AB}>0$，即高差为正，表示B点比A点高；如果$a<b$，$h_{AB}<0$，即高差为负，表示B点比A点低；如果$a=b$，$h_{AB}=0$，即高差为零，表示B点与A点高程相同。

测得两点的高差后，则可以推算出B点的高程为

$$H_B=H_A+h_{AB}=H_A+(a-b) \tag{2-2}$$

上述是直接利用实测高差h_{AB}来计算B点的高程。

在实际工作中，也可应用视线高程H_i计算待定点B的高程，公式为

$$\left.\begin{array}{l} H_i=H_A+a \\ H_B=H_i-b \end{array}\right\} \tag{2-3}$$

若在一个测站上，要同时测算出若干个待定点的高程用这种方法较方便。

第二节 微倾式水准仪及水准尺

水准仪按精度可分为 DS_{05}、DS_1、DS_3 和 DS_{10} 等几个等级，其中 D、S 分别为“大地测量”和“水准仪”汉语拼音的第一个字母，在书写时可省略字母 D；数字表示精度，即每千米往返高差的中误差，单位为 mm。表 2-1 列出了不同精度级别水准仪的用途。

表 2-1 水准仪分级及主要用途

水准仪系列型号	DS_{05}	DS_1	DS_3	DS_{10}
每千米往返高差的中误差/mm	≤0.5	≤1	≤3	≤10
主要用途	国家一等水准测量及地震监测	国家二等水准测量及其他精密水准测量	国家三、四等水准测量及一般工程水准测量	一般工程水准测量

水准仪按其构造可分为微倾式水准仪、自动安平水准仪和数字水准仪等。

一、DS_3 型微倾式水准仪的基本构造

不同类型的仪器，或同一类型不同厂家生产的仪器，其外形各有不同，但结构基本一致，均是由望远镜、水准器和基座组成，图 2-2 所示为一种微倾式水准仪。

资源 2-2
水准仪的认识

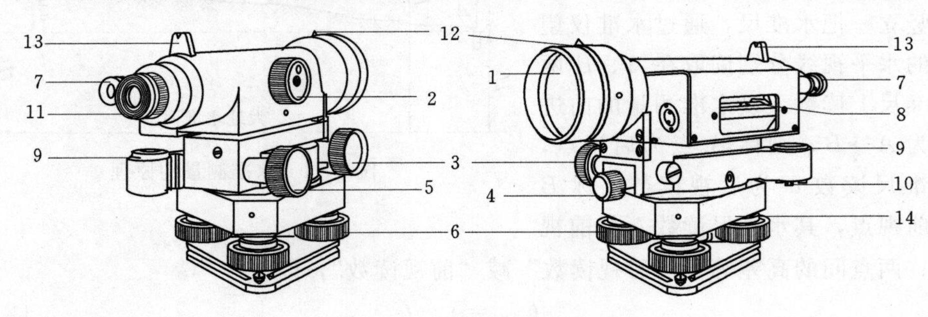

图 2-2 DS_3 型微倾式水准仪

1—物镜；2—物镜调焦螺旋；3—水平微动螺旋；4—水平制动螺旋；5—微倾螺旋；6—脚螺旋；7—管水准气泡观察窗；8—管水准器；9—圆水准器；10—圆水准器校正螺丝；11—目镜调焦螺旋；12—准星；13—照门；14—基座

(一) 望远镜

望远镜的作用一方面用来照准远处竖立的水准尺并读取水准尺上的读数，另一方面用于提供一条能照准目标的视准轴。

根据在目镜端观察到的物体成像情况，望远镜可分为正像望远镜和倒像望远镜。图 2-3 (a) 为倒像望远镜的结构图，它由目镜、物镜、调焦透镜、十字丝分划板、调焦螺旋和镜筒组成。

十字丝分划板［图 2-3 (b)］上刻有两条相互垂直的细线，分别称作横丝（中

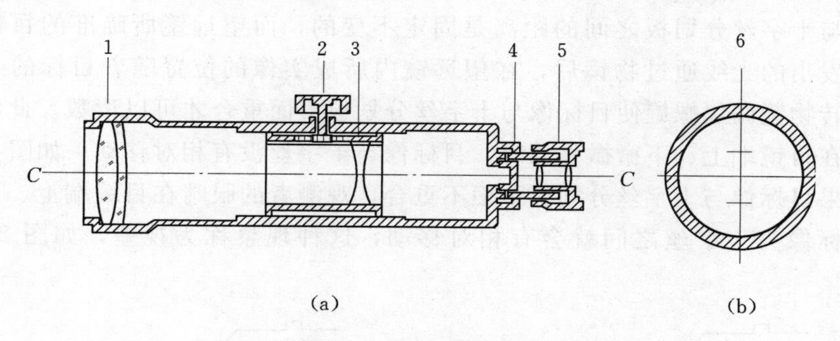

图 2-3　望远镜的构造

1—物镜；2—物镜调焦螺旋；3—物镜调焦透镜；4—十字丝分划板；
5—目镜及目镜调焦螺旋；6—十字丝放大像

丝）和竖丝，二者合称十字丝。十字丝的作用是瞄准目标和读数。十字丝竖丝的上下还对称地刻有两条与中丝平行的短丝，称为视距丝，可用来测量水准仪到水准尺的距离，具体内容参见第四章第二节。十字丝分划板由圆形玻璃片制成，装在分划板座上，并由校正螺钉固定在镜筒上。

十字丝交点与物镜光心的连线称为视准轴（即视线），见图 2-3（a）中的 CC 轴线。水准测量时在视准轴水平的情况下，用十字丝中丝在水准尺上进行读数。

望远镜的成像原理，如图 2-4 所示。设远处目标 AB 发出的光线经物镜 1 及物镜调焦透镜 3（两者组成虚拟物镜 2）的折射后，在十字丝平面 4 上成一倒立的实像 ab；通过目镜 5 的放大而成虚像 $a'b'$，十字丝分划板也同时放大。

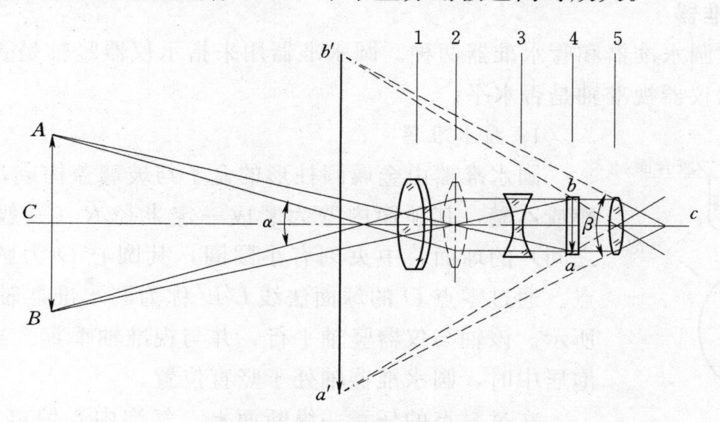

图 2-4　望远镜的成像原理

由图 2-4 可知，观测者通过望远镜观察虚像 $a'b'$ 的视角为 β，而直接观察目标 AB 的视角为 α，显然，$\beta>\alpha$。由于视角放大了，观测者就感到远处的目标被移近了，目标看得更清楚了，从而提高了瞄准和读数的精度。通常定义 β 与 α 之比为望远镜的放大倍数 V，即 $V=\dfrac{\beta}{\alpha}$。《工程测量规范》（GB 50026—2007）要求，DS_3 水准仪望远镜的放大倍数不得小于 28。

物镜与十字丝分划板之间的距离是固定不变的，而望远镜所瞄准的目标有远有近。目标发出的光线通过物镜后，在望远镜内所成实像的位置随着目标的远近而改变，要旋转物镜调焦螺旋使目标像与十字丝分划板平面重合才可以读数。此时，观测者的眼睛在目镜端上、下微微移动时，目标像与十字丝没有相对移动，如图 2－5（a）所示。如果目标像与十字丝分划板平面不重合，观测者的眼睛在目镜端上、下微微移动时，目标像与十字丝之间就会有相对移动，这种现象称为视差，如图 2－5（b）所示。

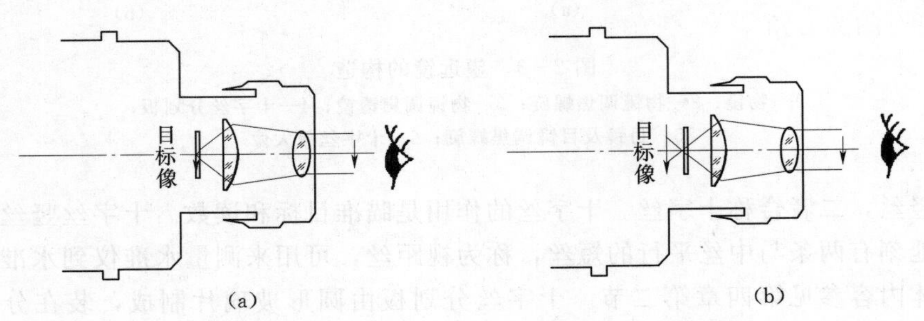

图 2－5 视差

(a) 没有视差；(b) 有视差

视差会影响读数的正确性，读数前应消除它。

消除视差的方法是：将望远镜对准明亮的背景，旋转目镜调焦螺旋。使十字丝十分清晰；将望远镜对准标尺，旋转物镜调焦螺旋使标尺像十分清晰。

（二）水准器

水准器有圆水准器和管水准器两种。圆水准器用来指示仪器竖轴是否竖直；管水准器用来指示仪器视准轴是否水平。

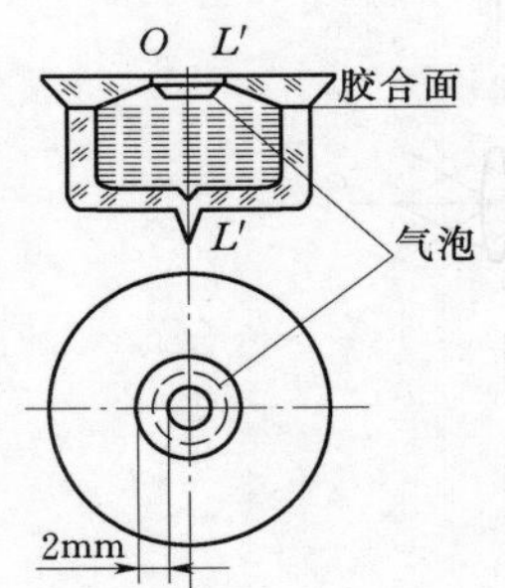

图 2－6 管水准器（一）

1. 圆水准器

圆水准器由金属圆柱形的盒子与玻璃盖构成，盒内装有乙醇或乙醚，其顶面内壁为磨成一定半径 R（一般在 0.5～2m 之间）的球面，中央刻有小圆圈，其圆心 O 为圆水准器的零点。通过零点 O 的球面法线 $L'L'$ 称为圆水准器轴，如图 2－6 所示。该轴与仪器竖轴平行，并与视准轴垂直。当圆水准器气泡居中时，圆水准器轴处于竖直位置。

在过零点的任意一纵断面上，气泡中心偏离零点 2mm 的弧长所对的圆心角，称为圆水准器的分划值。DS_3 水准仪圆水准器的分划值一般为 $8'$。因此，以圆水准器来确定水平或竖直位置的精度较低，它通常用于粗略整平仪器，精度要求较高的整平工作则用管水准器来进行。

2. 管水准器

管水准器由玻璃圆管制成，其内壁磨成一定半径 R（一般为 8～100m）的圆弧（图 2－7）。将管内注满乙醇或乙醚，加热封闭冷却后，管内形成的空隙部分充满了液体蒸汽，称为水准气泡。由于蒸汽的比重小于液体，所以水准气泡总是位于圆弧内最高点。

管水准器内圆弧中点 O 称为水准管的零点，过零点作圆弧的切线 LL，称为管水准器轴。当管水准器气泡居中时，管水准器轴 LL 处于水平位置。

在管水准器外表面，对称于零点的左右两侧，刻划有 2mm 间隔的分划线。与圆水准器相同，定义弧长 2mm 所对的圆心角为管水准器的分划值：

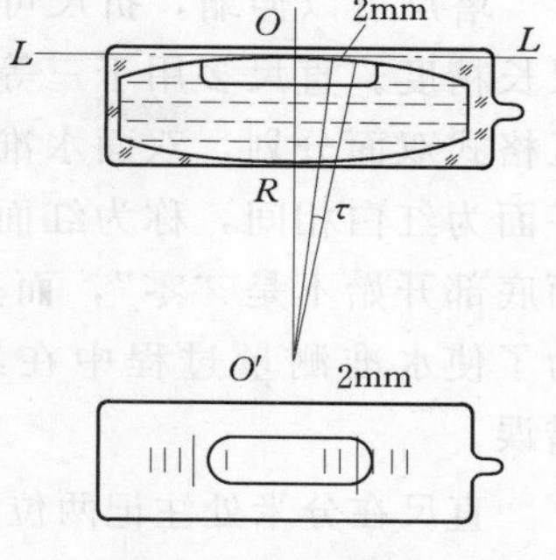

图 2-7　管水准器（二）

$$\tau=\frac{2}{R}\rho \tag{2-4}$$

式中：$\rho=206265''$；R 为管水准器内圆弧半径，mm。

分划值 τ 的几何意义为：当水准气泡移动 2mm 时，水准管轴倾斜的角度为 τ。显然，R 越大，τ 越小，管水准器的灵敏度越高，仪器置平精度就高。DS_3 水准仪水准管的分划值为 $20''/2mm$。

为了提高水准管气泡的居中精度，在水准管的上方装有一组符合棱镜，如图 2-8 所示，通过这组棱镜，将气泡两端的影像反射到望远镜旁的水准管气泡观察窗内，旋转微倾螺旋，当窗内气泡两端的影像吻合时，表示气泡居中。

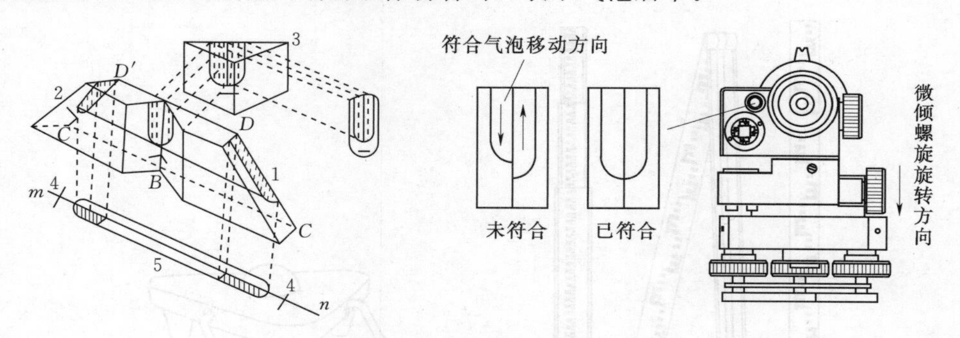

图 2-8　水准管的符合棱镜系统

1、2—符合棱镜；3—直角棱镜；4—水准管分划线；5—气泡

水准仪在制造时，使管水准器轴平行于望远镜的视准轴。旋转微倾螺旋使管水准气泡居中时，管水准器轴处于水平位置，从而使望远镜的视准轴也处于水平位置。

（三）基座

基座的作用是支承上部仪器，用中心螺旋将基座连接到三脚架上。基座主要由轴座、脚螺旋、底板和三角压板构成。

二、水准尺和尺垫

1. 水准尺

水准尺是水准测量的主要工具，在水准测量作业时与水准仪配合使用，缺一不可。它的质量好坏直接影响到水准测量的精度。水准尺一般用优质木材、玻璃钢或铝合金制成，长度从 2～5m 不等。根据构造可以分为直尺、折尺和塔尺，如图 2-9 所示。

资源 2-3
水准尺和尺垫

塔尺可以伸缩，折尺可以对折，这两种尺携带方便，但接头处容易损坏，影响尺长精度。直尺多用于三等、四等水准测量或普通水准测量，采用以厘米为单位的区格式双面分划，双面水准尺的一面分划黑白相间，称为黑面尺（也称主尺）；另一面为红白相间，称为红面尺（也称辅助尺），黑面分划的起始数字为“零”，而红面底部开始不是“零”，而是一个尺长数，一般为4687mm或4787mm。这样做是为了使水准测量过程中在红面上的读数不致与黑面读数近似，以便于发现读数错误。

直尺在分米处注记两位数，分别为米位和分米位，每分米以“**E**”字母形下端的突出部分开始计算，每分米之间有10个小格，每一小格为1cm，可以估读至毫米位。

塔尺尺底分划的起始数字为“零”，尺面刻划为黑白格相间，每格宽度为1cm或0.5cm，分米处有数字注记，数字上方加红点表示米数，如$\dot{5}$表示1.5m，$\ddot{5}$表示2.5m。

若要使水准尺能更精确地处于竖直位置，可在水准尺侧面装一圆水准器。

2. 尺垫

尺垫是用生铁铸造成的三角形板座，如图2-10所示。尺垫中央有一凸起的半球体，在路线水准测量时，为了保证转点的高度不变，将水准尺立在半球体的顶端，下面有三个尖足便于将其踩入土中，以固稳防动。

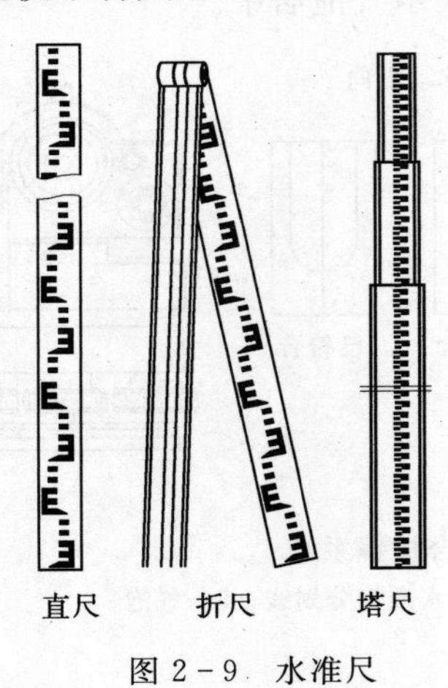

图2-9　水准尺

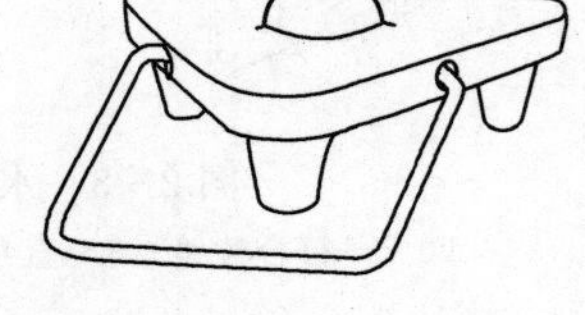

图2-10　尺垫

资源2-4
微倾式水准仪的使用

三、微倾式水准仪的使用

为了测定A、B两点之间的高差，首先在A、B之间安置水准仪。具体按以下步骤进行操作。

（一）安置仪器

首先撑开三脚架，使架头大致水平，高度适中，稳固地架设在地面上；用连接螺旋将水准仪固连在脚架上，然后一手握住三脚架中的一条腿作前后移动和左右摆动。眼睛注意圆水准器气泡，使其向中心方向移动。如果地面比较松软则应用脚踏实，使仪器稳定。当地面倾斜较大时，应将三脚架的一个脚安置在倾斜方向上，将另外两个脚安置在与倾斜方向垂直的方向，这样可以使仪器比较稳固。

（二）粗平

粗略整平仪器，即通过旋转脚螺旋使圆水准气泡居中，使用的是“左手拇指准则”，如图 2-11 所示，图中序号①、②、③分别为 3 个脚螺旋，中间为圆水准器，阴影小圆圈为气泡所处位置。首先用双手分别以相对方向（图中箭头所指方向）转动①、②两个螺旋，控制气泡左右方向移动，气泡的运动方向与左手拇指的运动方向是一致的，然后再用左手移动③螺旋，使圆气泡居中，即完成了粗平步骤。

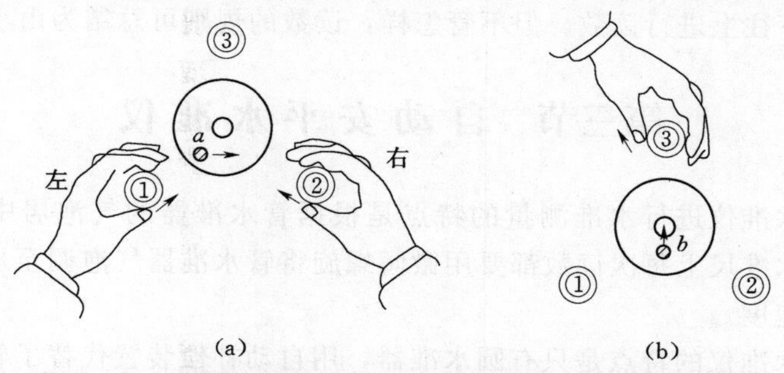

图 2-11　脚螺旋转动方向与圆水准气泡移动方向的规律

若旋转脚螺旋几轮后，发现气泡位置并无移动，则说明脚架基座过于不平，需要先调整一下脚架架顶的平整程度，再进行上述的粗平步骤。

（三）瞄准

先将望远镜对准明亮的背景，转动目镜调焦螺旋使十字丝清晰；松开制动螺旋，转动望远镜，利用镜上照门和准星照准水准尺；拧紧制动螺旋，转动物镜调焦螺旋，看清水准尺；利用水平微动螺旋，使十字丝竖丝瞄准尺边缘或中央，同时观测者的眼睛在目镜端上下微动，检查十字丝横丝与物像是否存在相对移动的视差现象。如有视差则应消除，即反复按以上调焦方法仔细对光，直至水准尺正好成像在十字丝分划板平面上，两者同时清晰且无相对移动的现象时为止，如图 2-5 所示。

（四）精平

读数之前，使用微倾螺旋调整水准管气泡居中，可以通过观察望远镜侧面的水准管气泡观察窗，使气泡两端的影像符合（图 2-8），就能使望远镜视线精确水平。由于气泡的移动有惯性，所以转动微倾螺旋的速度不能快，特别在两端气泡影像将要对齐的时候尤应注意。只有当气泡已经稳定不动而又居中的时候才达到了精平的目的。需要注意的是，由于水准管灵敏度比较高，容易偏离，所以，每次读数之前均需要进行精平的操作。

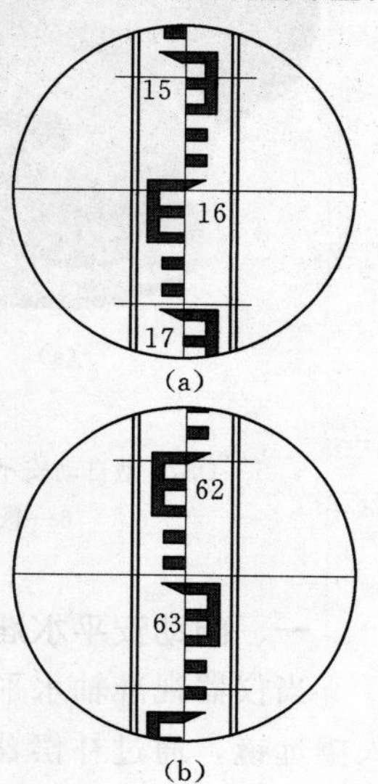

图 2-12　黑红双面水准尺
(a) 黑面；(b) 红面

（五）读数

仪器精平后，应立即用十字丝的横丝在水准尺上读数。为了保证读数的准确性，并提高读数的速度，可以首先将标注在尺上的米数和分米数报出，然后读出厘米数，并看好厘米的估读数（即毫米数）。一般习惯上是报四个数字，即米、分米、厘米、毫米，如图 2-12（a）、（b）所示的为倒像望远镜的尺像，直尺黑面读数为 1.608m 或读 1608mm 四个数字，红面读数为 6.295m 或读 6295mm；这两个读数之差为 6295－1608＝4687mm，与该尺红面起始数相等，以此可以检验其读数是否准确。

水准尺的注记是从尺底部向上增加的，对于倒像望远镜，在望远镜中的影像则变成从上向下增加，所以在望远镜中读数应该从上往下读；对于正像望远镜，在望远镜中读数时是从下往上进行读数。但不管怎样，读数的规则可总结为由小向大读。

第三节 自动安平水准仪

用微倾式水准仪进行水准测量的特点是根据管水准器的气泡居中而获得水平视线。因此，在水准尺上每次读数都要用微倾螺旋将管水准器气泡调至居中位置，影响了水准测量的速度。

自动安平水准仪的特点是只有圆水准器，用自动补偿装置代替了管水准器和微倾螺旋，使用时只要水准仪的圆水准气泡居中，使仪器粗平，然后用十字丝读数便是视准轴水平的读数。省略了精平过程，从而提高了观测速度和整平精度。因此，自动安平水准仪在水准测量中应用越来越普及，并将逐步取代微倾式水准仪。图 2-13（a）是我国 DSZ_3 型自动安平水准仪的外形，图 2-13（b）是它的结构示意图。现以这种仪器为例介绍其构成原理和使用方法。

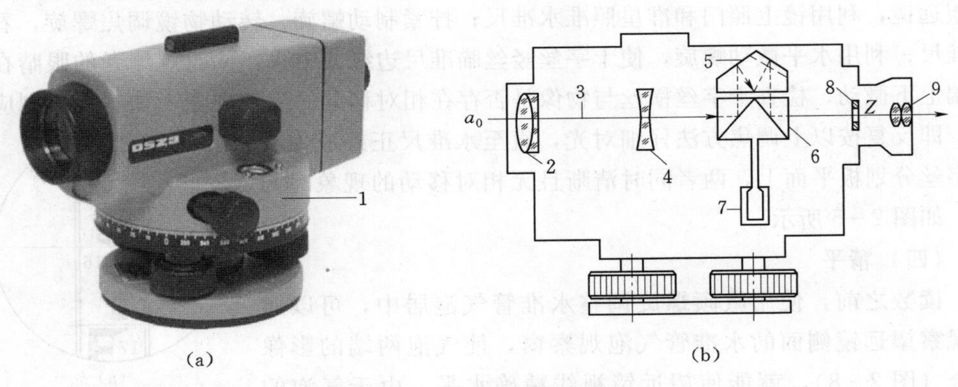

图 2-13 自动安平水准仪

1—DSZ_3 型自动安平水准仪外形；2—物镜；3—水平光线；4—对光透镜；5—固定屋脊棱镜；6—悬吊直角棱镜；7—空气阻尼带；8—十字丝分划板；9—目镜

一、自动安平水准仪的原理

当仪器视准轴水平时，如图 2-14（a）所示，水准尺上读数 a_0 随着水平视线进入望远镜，通过补偿器到达十字丝中心 Z，则读得视线水平时的读数 a_0。如图 2-14（b）所示，当望远镜视准轴倾斜了一个小角 α 时，由水准尺上的 a_0 点通过物镜光心 O 所形成的水平线，将不再通过十字丝中心 Z，而在距离 Z 点为 l 的 A 处，且

$$l = f\tan\alpha \tag{2-5}$$

式中：f 为物镜的等效焦距。

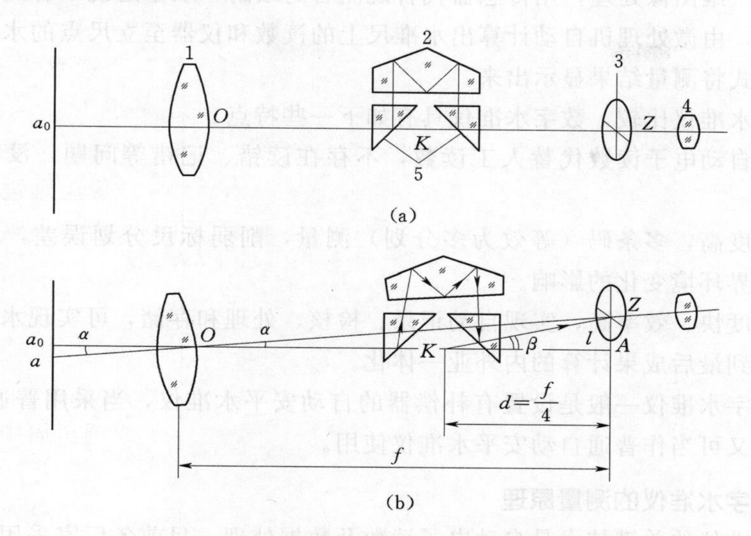

图 2-14　自动安平水准仪的补偿原理

1—物镜；2—屋脊棱镜；3—十字丝平面；4—目镜；5—直角棱镜

若在距十字丝中心 d 处，安装一个自动补偿器 K，使水平视线偏转 β 角，以通过十字丝中心 Z，则

$$l = d\tan\beta \tag{2-6}$$

故有

$$f\tan\alpha = d\tan\beta \tag{2-7}$$

由此可见，当式（2-7）的条件满足时，尽管视准轴有微小的倾斜，但十字丝中心 Z 仍能读出视线水平时的读数 a_0，从而达到补偿的目的。自动安平水准仪中的自动补偿棱镜组就是按此原理设计安装的。

二、自动安平水准仪的使用

自动安平水准仪的基本操作与微倾式水准仪大致相同。首先利用脚螺旋使圆水准器气泡居中，然后将望远镜瞄准水准尺，即可直接用十字丝横丝进行读数。为了检查补偿器是否起作用，在目镜下方安装有补偿器控制按钮，观测时，按动按钮，待补偿器稳定后，看尺上读数是否有变化，如尺上读数无变化，则说明补偿器处于正常的工作状态；如果仪器没有按钮装置，可稍微转动一下脚螺旋，如尺上读数没有变化，说明补偿器起作用，否则要进行修理。另外，补偿器中的金属吊丝相当脆弱，使用时要防止剧烈振动，以免损坏。

第四节　数字水准仪和条码水准尺

随着科学技术的飞速发展和电子技术的不断进步，各种新型水准仪不断问世。数字水准仪（也称电子水准仪）就是一种新型水准仪，它的测量原理是将编了码的水准尺影像进行一维图像处理，用传感器代替观测者的眼睛，从望远镜中看到水准尺间隔的测量信息，由微处理机自动计算出水准尺上的读数和仪器至立尺点的水平距离，并以数字的形式将测量结果显示出来。

与光学水准仪比较，数字水准仪具有如下一些特点。

(1) 用自动电子读数代替人工读数，不存在读错、记错等问题，没有人为读数误差。

(2) 精度高，多条码（等效为多分划）测量，削弱标尺分划误差，自动多次测量，削弱外界环境变化的影响。

(3) 速度快、效率高，实现自动记录、检核、处理和存储，可实现水准测量从外业数据采集到最后成果计算的内外业一体化。

(4) 数字水准仪一般是设置有补偿器的自动安平水准仪，当采用普通水准尺时，数字水准仪又可当作普通自动安平水准仪使用。

一、数字水准仪的测量原理

数字水准仪的关键技术是自动电子读数及数据处理，目前各厂家采用了原理上相差较大的三种数据处理算法，如瑞士徕卡 NA 系列采用相关法、德国蔡司 DiNi 系列采用几何法、日本拓普康 DL 系列采用相位法，三种方法各有优劣。采用相关法的徕卡 DNA03 数字水准仪，当用望远镜照准标尺并调焦后，标尺上的条形码影像由望远镜接收后，探测器将采集到标尺编码光信号转换成电信号，并与仪器内部存储的标尺编码信号进行比较。若两者信号相同，则读数可以确定。标尺和仪器的距离不同，条形码在探测器内成像的“宽窄”也不同，转换成的电信号也随之不同，这就需要处理器按一定的步距改变一次电信号的“宽窄”，与仪器同步存储的信号进行比较，直至相同为止，这将花费较长时间。为了缩短比较时间，通过调焦，使标尺成像清晰。传感器采集调焦镜的移动量，对编码电信号进行缩放，使其接近仪器内部存储的信号。因此可在较短时间内确定读数，使其读数时间不超过 4s。图 2－15 为数字水准仪数字化图像处理原理图。

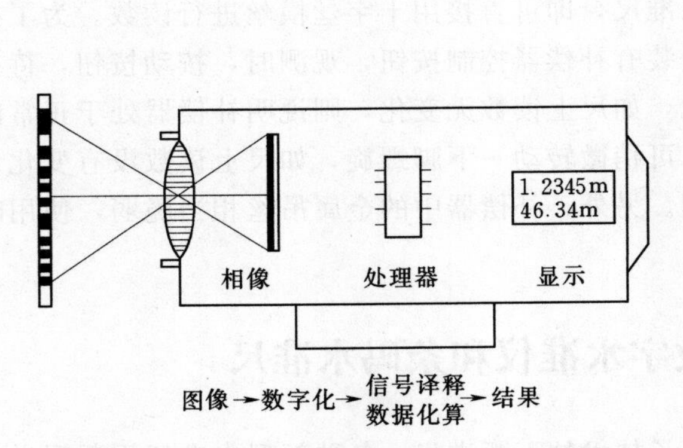

图 2－15 数字水准仪数字化图像处理原理图

图 2－16 条码水准尺

二、条码水准尺

与数字水准仪配套的条码水准尺一般为铟瓦带尺、玻璃钢或铝合金制成的单面或双面尺，形式有直尺和折叠尺两种，规格有1m、2m、3m、4m、5m几种，尺子的分划一面为二进制伪随机码分划线（配徕卡仪器）或规则分划线（配蔡司仪器），其外形类似于一般商品外包装上印制的条纹码，图2-16为与徕卡数字水准仪配套的条码水准尺，它用于数字水准测量；双面尺的另一面为长度单位的分划线，可用于普通水准测量。

三、徕卡DNA03中文数字水准仪简介

1990年，徕卡在世界上首次推出了第一代数字精密水准仪NA3003，现在又在NA3003的基础上推出了第二代中文电子精密水准仪DNA03，如图2-17所示，其中销往中国市场的DNA03的显示界面全部为中文，同时内置了适合我国测量规范的观测程序。DNA03的主要技术参数是：采用磁性阻尼补偿器安平视线，补偿范围为±8′，补偿精度为±0.3″，高差观测误差为0.3mm/km（采用铟瓦水准尺），最小读数为0.01mm，测距精度为1cm/20m，测量范围为1.8～60m，内存可存储1650组观测站数据或6000个测量数据，采用6V镍氢电池供电，一块充满电的GEB121电池可供连续测量12h。

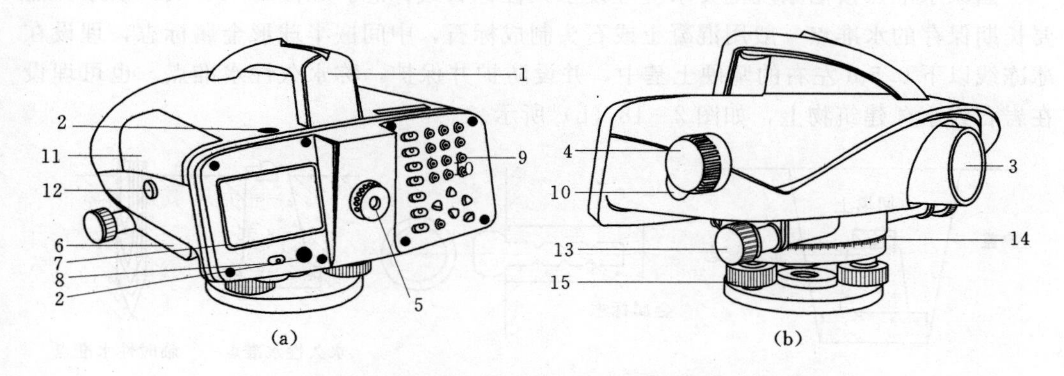

图2-17　徕卡DNA03中文电子精密水准仪

1—提手；2—圆水准器观察窗；3—物镜；4—物镜调焦螺旋；5—目镜；6—电池；7—显示屏幕；8—电源开关；9—字母数字键盘；10—观察按钮；11—CF存储卡插槽；12—自动安平补偿器检测按钮；13—无限位水平微动螺旋；14—水平度盘；15—脚螺旋

数字水准仪可应用于地形测量、水准网测量、公路、铁路、工程、河道建设、结构变形观测、地质和地面构造等方面。

四、数字水准仪使用注意事项

数字水准仪的操作同自动安平水准仪，分为粗平、照准、读数三步。因数字水准仪属于高精度精密仪器，在使用时注意以下几点。

（1）避免强阳光下进行测量，以防损伤眼睛和光线折射导致条码尺图像不清晰产生错误。

（2）仪器照准时，尽量照准条码尺中部，避免照准条码尺的底部和顶部，以防仪器识别读数产生误差。

（3）条码尺使用时要防摔、防撞，保管时要保持清洁、干燥，以防变形，影响测量成果精度。

（4）数字水准仪和条码水准尺在使用前，必须认真阅读《操作手册》。

第五节 水准路线测量

一、水准点

为了满足各种比例尺地形图测绘、各项工程建设以及科学研究的需要，必须建立统一的国家高程系统。因此，测绘部门按国家有关测量规范，在全国范围内分级布设了许多高程控制点，并采用相应等级的高程测量方法测定各点的高程。

用水准测量方法测定的高程控制点称为水准点（bench mark），记 BM。国家水准点按精度分为一等、二等、三等、四等，与之相应的水准测量分为一等、二等、三等、四等水准测量，除此之外的水准测量称为等外水准测量（或普通水准测量）。

国家水准点按国家规范要求应埋设永久性标石或标志。如图 2-18（a）所示，需要长期保存的水准点一般用混凝土或石头制成标石，中间嵌半球形金属标志，埋设在冰冻线以下 0.5m 左右的坚硬土基中，并设防护井保护，称永久性水准点。也可埋设在岩石或永久建筑物上，如图 2-18（b）所示。

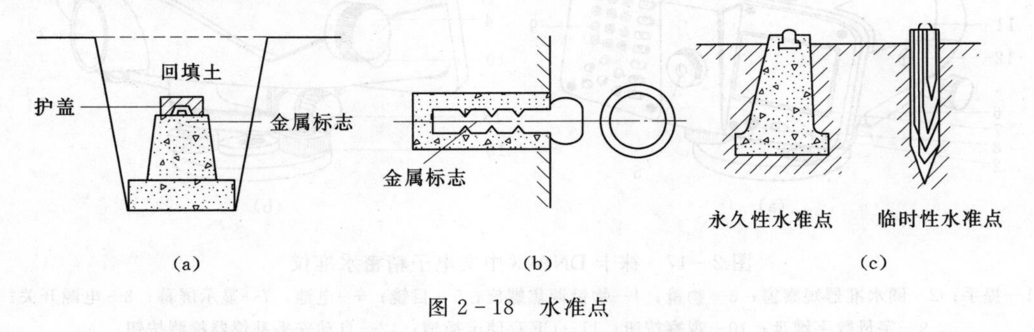

图 2-18 水准点

地形测量中的图根水准点和一般工程施工测量所使用的水准点如果作为永久性标志点，可用钢筋混凝土制成，而临时性的水准点，可用木桩打入地面，如图 2-18（c）所示，也可在突出的坚硬岩石或水泥地面等处用红油漆做标志。为了便于寻找，应及时绘制水准点附近的草图（点之记），并进行统一的编号。

二、水准路线

水准路线是水准测量所经过的路线。根据测区情况和需要，单一水准路线可布设成以下几种形式。

1. 附合水准路线

如图 2-19（a）所示，从一已知高程点 BM_1 出发，沿线测定待定高程点 1，2，

3，…，n 的高程后，最后附合在另一个已知高程点 BM_2 上。这种水准测量路线布设形式称为附合水准路线，多用于带状测区。

2. 闭合水准路线

如图 2-19（b）所示，从一已知高程点 BM_5 出发，沿线测定待定高程点 1，2，3，…，n 的高程后，最后闭合在 BM_5 上。这种水准测量路线布设形式称为闭合水准路线，多用于面积较小的块状测区。

3. 支水准路线

如图 2-19（c）所示，从一已知高程点 BM_8 出发，沿线测定待定高程点 1、2 的高程后，即不闭合又不附合在已知高程点上。这种水准测量路线布设形式称为支水准路线，多用于测图时水准点加密。

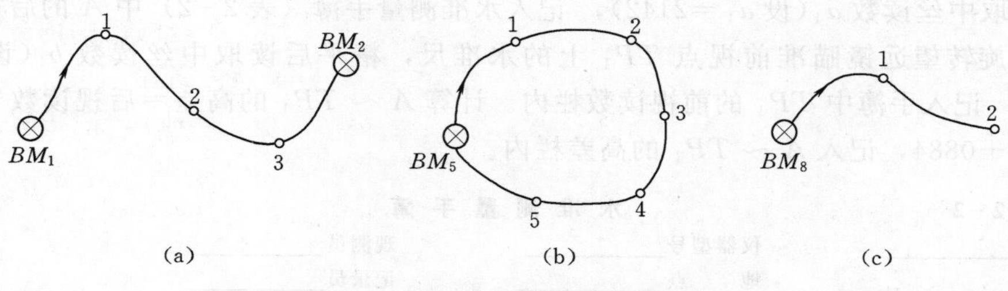

图 2-19 单一水准路线的布设形式

在国家等级水准测量中，为了提高水准点的高程精度及其可靠性，还应增加检核条件，通常布置节点水准路线和水准网的形式，由若干条单一水准路线相互连接构成网状图形，称为水准网，单一路线相互连接的点称为节点，如图 2-20 所示。

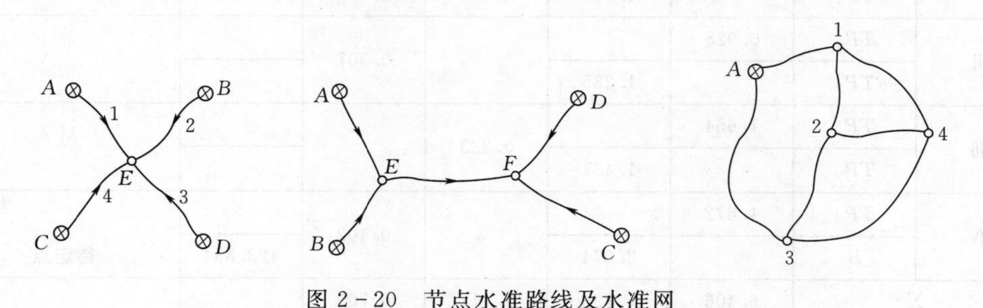

图 2-20 节点水准路线及水准网

三、水准测量的施测

（一）普通水准测量

普通水准测量也称等外水准测量，主要满足一般工程的勘测及施工的基础测量需要。下面以水准路线中的一个测段为例来说明普通水准测量的外业实施过程。如图 2-21 所示，已知 A 点高程 $H_A=123.446\text{m}$，欲测出 A、B 两点间高差，当 A、B 两点之间的距离很大时，安置一次仪器无法测出两点间高差，故需进行连续设站测量，施测方法如下。

在离 A 适当距离处临时选择 TP_1 点，安放尺垫，在 A 点、TP_1 点上分别竖立水准尺，在距 A 点和 TP_1 点之间等距离处安置水准仪，粗略整平仪器，瞄准 A 尺，精

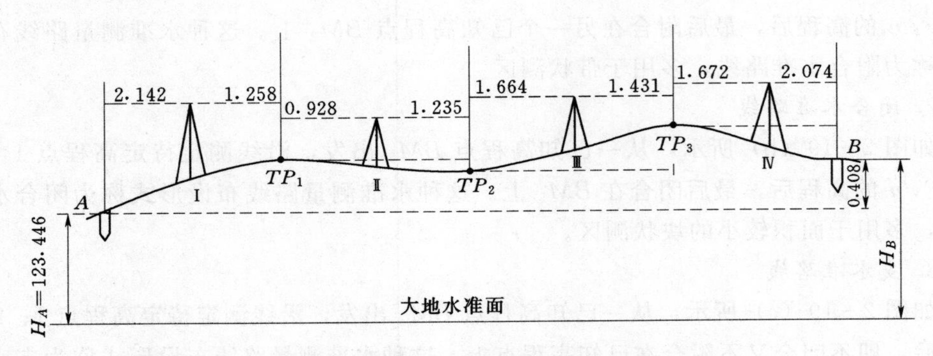

图 2-21 水准测量施测（单位：m）

平后读取中丝读数 a_1（设 $a_1=2142$），记入水准测量手簿（表 2-2）中 A 的后视读数栏内。旋转望远镜瞄准前视点 TP_1 上的水准尺，精平后读取中丝读数 b_1（设 $b_1=1258$），记入手簿中 TP_1 的前视读数栏内。计算 $A\sim TP_1$ 的高差=后视读数－前视读数=＋0884，记入 $A\sim TP_1$ 的高差栏内。

表 2-2　　水准测量手簿

日期＿＿＿＿＿　仪器型号＿＿＿＿＿　观测员＿＿＿＿＿

天气＿＿＿＿＿　地　点＿＿＿＿＿　记录员＿＿＿＿＿

测站	点号	后视读数 (a)	前视读数 (b)	高差/m +	高差/m －	高程/m	备注
Ⅰ	A	2.142		0.884		123.446	已知水准点
	TP_1		1.258				
Ⅱ	TP_1	0.928			0.307		
	TP_2		1.235				
Ⅲ	TP_2	1.664		0.233			
	TP_3		1.431				
Ⅳ	TP_3	1.672			0.402		
	B		2.074			123.854	待定点
Σ		6.406	5.998	1.117	0.709		
计算检核		$\sum a-\sum b=6.406-5.998=+0.408$ $\sum h=1.117-0.709=+0.408$					

使 TP_1 点的水准尺不动，在适当距离处选择 TP_2 点，放上尺垫，并将 A 点上的水准尺移到 TP_2 上，在 TP_1、TP_2 之间安置水准仪，同法测量 $TP_1\sim TP_2$ 两点之间的高差，依次下去直至 B 点，这样，每一测站可得一个高差，即

$$\left.\begin{aligned} h_1&=a_1-b_1\\ h_2&=a_2-b_2\\ &\vdots\\ h_n&=a_n-b_n \end{aligned}\right\} \tag{2-8}$$

各式相加得 A、B 两点间高差，即

$$h_{AB}=\sum_{i=1}^{n}h_i=\sum_{i=1}^{n}a_i-\sum_{i=1}^{n}b_i \tag{2-9}$$

在所布设的水准路线中，两个水准点之间的水准测量线路称为一个测段。每一个测段的距离或高差是不一定的，当测段的距离相距较远或高差太大时，两点间安置一次仪器无法测出其高差时，就需要连续多次设站，借助中间的转点才能测出两点间的高差，而这些转点不需要求出它们的高程，它们只是传递高程的临时立尺点，这些点称为转点（turning point，记 TP），如图 2-21 中所示的 TP_1，TP_2，…，转点处必须安放尺垫。在进行水准测量时，每安置一次仪器，水准仪和尺子所摆放的位置称为一个测站。

（二）水准测量的检核方法和精度要求

1. 计算校核

为了保证计算高差的正确性，须按下式进行计算检核：

$$\sum a-\sum b=\sum h \tag{2-10}$$

在表 2-2 中，$\sum a-\sum b=6.406-5.998=+0.408=\sum h$，说明高差计算正确。计算检核只能检查计算是否有误，不能检查观测是否存在错误。

2. 测站检核

在水准测量中，常用的测站检核方法有双仪器高法和双面尺法两种。

（1）双仪器高法。双仪器高法是在同一测站用不同的仪器高度，两次测定两点间的高差。即第一次测得高差后，改变仪器高度升高或降低 10cm 以上，再次测定高差。若两次测得的高差之差不超过容许范围，这个容许值按水准测量等级不同而异，对于普通水准测量，两次高差之差的绝对值应小于±6mm。当满足要求时，则取其平均值作为该测站的观测结果，否则需要重测。

（2）双面尺法。在同一测站上，仪器高度不变，分别读取后视尺、前视尺上黑、红面读数。若黑红面两次所测高差之差的绝对值小于±6mm，则取其平均值作为最后观测结果。

在采用双面尺法进行测站检核时，因成对使用的水准尺红面起始读数不同（一根尺为 4687，另一根为 4787）。若则在计算高差和检核时，应考虑尺常数差 100mm 的问题。

3. 水准路线及成果检核

测站检核只能检核每一个测站上是否有错误，不能发现立尺点变动的错误，更不能评定测量成果的精度，同时由于观测时受到观测条件（仪器、人、外界环境）的影响，随着测站数的增多使误差累积，有时也会超过规定的限差。因此应对整条水准路线的成果进行检核。

（1）附合水准路线。如图 2-19（a）所示，在附合水准路线中，理论上各段的高差总和应与 $BM_1\sim BM_2$ 两点的已知高差相等，实际上，由于各种测量误差的存在，它们往往并不相等，其差值记为高差闭合差 f_h。高差闭合差等于水准路线高差实测值减去该水准路线高差理论值。

$$f_h=\sum h_{测}-\sum h_{理}=\sum h_{测}-(H_{终}-H_{始}) \quad (2-11)$$

不同等级的水准测量，对高差闭合差的要求也不同。在国家测量规范中，普通水准测量的高差闭合差容许值 $f_{h容}$ 为

平地：
$$f_{h容}=\pm 40\sqrt{L}\,(\text{mm}) \quad (2-12)$$

山地：
$$f_{h容}=\pm 12\sqrt{n}\,(\text{mm}) \quad (2-13)$$

式中：L 为水准路线长度（适用于平坦地区），km；n 为测站总数（适用于山地）。

（2）闭合水准路线。如图 2－19（b）所示，在闭合水准路线中，各段的高差总和应等于零，即 $\sum h_{理}=0$。若实测高差总和不等于零，则其高差闭合差为

$$f_h=\sum h_{测} \quad (2-14)$$

闭合水准路线限差同附合水准路线。

（3）支水准路线。如图 2－19（c）所示的支水准路线，从一个已知水准点出发到欲求的高程点，往测（已知高程点到欲求高程点）和返测（欲求高程点到已知高程点）高差的绝对值应相等而符号相反。若往返测高差的代数和不等于零即为高差闭合差。

$$f_h=\sum h_{往}+\sum h_{返} \quad (2-15)$$

支水准路线不能过长，一般为 2km 左右，其高差闭合差的容许值与闭合或附合水准路线相同，但式（2－12）、式（2－13）中的路线全长 L 或测站数 n 只按单程计算。

（三）三等、四等水准测量

三等、四等水准测量除用于国家高程控制网加密，还可以用作小区域首级控制。三等、四等水准点可以单独埋设标石，也可以用平面控制点标石代替，其水准路线的布设形式可采用附合、闭合水准路线或结点、网状水准路线形式。

1. 三等、四等水准测量的主要技术要求及实施方法

（1）三等、四等水准测量通常应使用 DS_3 型以上的水准仪进行观测。

（2）三等、四等水准测量通常应使用双面水准尺，以便对测站观测成果进行检核。

（3）视线长度与读数误差的限差和高差闭合差等相关规定见表 2－3。

表 2－3　　水准观测的主要技术要求

等级	视线长度/m	视线距地面高度/m	前后视距差/m	前后视距累积差/m	黑红面读数差/mm	黑红面高差之差/mm	往返较差、附合或环线闭合差/mm
三	75	三丝能读数	2	5	2.0	3.0	$\pm 12\sqrt{L}$
四	100	三丝能读数	3	10	3.0	5.0	$\pm 20\sqrt{L}$

资源 2－5 三四等水准测量

2. 三等、四等水准测量的观测与计算方法

（1）观测顺序。三等、四等水准测量主要采用双面水准尺观测法，除各种限差和观测顺序有所不同外，记录与计算方法基本相同。现以三等水准测量的观测方法和限差进行叙述。

每一测站上，首先安置仪器，调整圆水准器使气泡居中。分别瞄准后、前视水准

尺，估读视距，使前、后视距离差不超过 2m。如超限，则需移动前视尺或水准仪，以满足要求。然后按下列顺序进行观测，并记于手簿中（表 2－4）。

表 2－4 **三（四）等水准测量观测手簿**

测自 A 至 B 日期：2010 年 7 月 12 日 仪器：S3 NO：86606

开始：7 时 25 分 天气：晴、微风 观测者：王清泉

结束：8 时 20 分 成像：清晰、稳定 记录者：张国庆

测站编号	后尺	前尺	方向及尺号	标尺读数		K＋黑减红	高差中数	备考
	下丝	下丝		黑面	红面			
	上丝	上丝						
	后视距	前视距						
	视距差 d	$\sum d$						
	(1)	(4)	后	(3)	(8)	(14)		
	(2)	(5)	前	(6)	(7)	(13)	(18)	
	(9)	(10)	后－前	(15)	(16)	(17)		
	(11)	(12)						
1	1576	0923	后 101	1295	5981	＋1		
	1015	0351	前 102	0638	5426	－1	＋0656	
	56.1	57.2	后－前	＋0657	＋0555	＋2		
	－1.1	－1.1						
2	1249	2167	后 102	1431	6218	0		
	0613	1547	前 101	1856	6544	－1	－0426	
	63.6	62.0	后－前	－0425	－0326	＋1		
	＋1.6	＋0.5						K_1＝4687
3	1127	1938	后 101	1347	6035	－1		K_2＝4787
	0569	1377	前 102	1657	6446	－2	－0310	
	55.8	56.1	后－前	－0310	－0411	＋1		
	－0.3	＋0.2						
4	1741	0986	后 102	1519	6305	＋1		
	1298	0535	前 101	0761	5448	0	＋0758	
	44.3	45.1	后－前	＋0758	＋0857	＋1		
	－0.8	－0.6						
5	1623	2250	后 101	1320	6008	－1		
	1016	1653	前 102	1951	6738	0	－0630	
	60.7	59.7	后－前	－0631	－0730	－1		
	＋1.0	－0.4						

1）读取后视尺黑面读数：下丝（1），上丝（2），中丝（3）。

2）读取前视尺黑面读数：下丝（4），上丝（5），中丝（6）。

3）读取前视尺红面读数：中丝（7）。

4）读取后视尺红面读数：中丝（8）。

测得上述 8 个数据后，随即进行计算，如果符合规定要求，可以迁站继续施测；否则应重新观测，直至所测数据符合规定要求时，才能迁站。

（2）计算与校核。测站上的计算有以下几项。

1）视距部分。

表 2-4 读数单位是毫米，后视距 (9)＝[(1)－(2)]÷10；前视距 (10)＝[(4)－(5)]÷10。若读数单位是米，后视距 (9)＝[(1)－(2)]×100；前视距 (10)＝[(4)－(5)]×100。后视距、前视距应小于 75m。

后、前视距离差 (11)＝(9)－(10)，绝对值不超过 2m。

后、前视距离累积差 (12)＝本站的 (11)＋前站的 (12)，绝对值不应超过 5m。

2）高差部分。

前视尺黑、红面读数差 (13)＝K_2＋(6)－(7)，绝对值不应超过 2mm。

后视尺黑、红面读数差 (14)＝K_1＋(3)－(8)，绝对值不应超过 2mm。

上两式中的 K_1 及 K_2 分别为两水准尺的黑、红面的起点差，也称尺常数。

黑面高差 (15)＝(3)－(6)

红面高差 (16)＝(8)－(7)

黑、红面高差之差 (17)＝(15)－[(16)±100]＝(14)－(13)，绝对值不超过 3mm。

由于两水准尺的红面起始读数相差 100mm(0.100m)，即 4687 与 4787 之差，因此，红面测得的高差应为 (16)±100mm，“加”或“减”应以黑面高差为准来确定。如表 2-4 中的计算，第一测站黑面高差为＋0657，红面高差计算值为＋0555，则红面测得的高差值应为＋0555＋100＝＋0655，即取“＋”号。

每一测站经过上述计算，符合要求，才能计算高差中数 (18)＝$\frac{1}{2}$[(15)＋(16)±0.100]，作为该两点测得的高差。

表 2-4 为三等水准测量手簿，(　) 内的数字表示观测和计算校核的顺序。当整个水准路线测量完毕，应逐页校核计算有无错误，校核方法如下。

先计算∑(3)、∑(6)、∑(7)、∑(8)、∑(9)、∑(10)、∑(15)、∑(16)、∑(18)，而后用下式校核：

∑(3)－∑(6)＝∑(15)

∑(8)－∑(7)＝∑(16)

当测站总数为奇数时　$\frac{1}{2}$[∑(15)＋∑(16)±0.100]＝∑(18)

当测站总数为偶数时　$\frac{1}{2}$[∑(15)＋∑(16)]＝∑(18)

末站 (12)＝∑(9)－∑(10)，水准路线总长度 L＝∑(9)＋∑(10)

四等水准测量一个测站的观测顺序，可采用后（黑）、后（红）、前（黑）、前（红），即读取后视尺黑面读数后随即读红面读数，而后瞄准前视尺，读取黑面及红面读数。

第六节　水准测量成果计算

水准测量外业工作结束后，要检查外业手簿，确认无误后，才能转入内业计算。

水准测量的成果整理内容包括：高差闭合差的计算、检核、调整及水准点高程的计算。不同等级的水准路线对高差闭合差有不同的规定，见表2-5。

一、单一水准路线高程计算

现以图2-22所示的普通水准测量附合水准路线为例，介绍其计算方法。图中BM_1、BM_2为已知高程的水准点，B_{01}、B_{02}为待测点。已知数据和观测数据如图中所示，计算步骤如下。

表2-5　**水准测量高差闭合差容许值**　单位：mm

路线种类 / 等级	往返较差、附合或环线闭合差	
	平　地	山　地
三等水准测量	$\pm 12\sqrt{L}$	$\pm 4\sqrt{n}$
四等水准测量	$\pm 20\sqrt{L}$	$\pm 6\sqrt{n}$
普通（等外）水准测量	$\pm 40\sqrt{L}$	$\pm 12\sqrt{n}$

注　计算往返较差时，L为水准点间的路线长度，km，计算附合或环线闭合差时，L为附合或环线的路线长度，km；n为测站数。

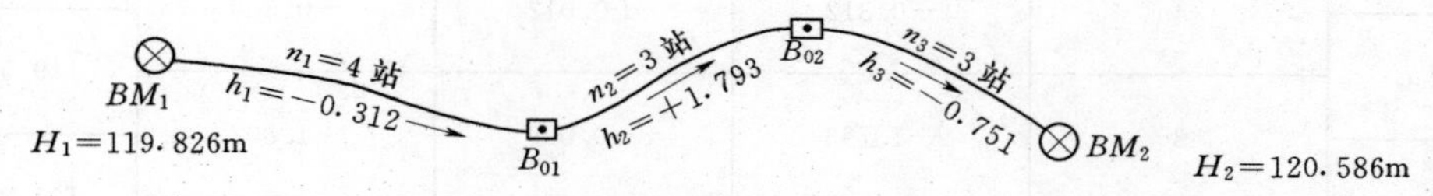

图2-22　附合水准路线简图（单位：m）

1. *计算高差闭合差及其限差*

高差闭合差为

$$\begin{aligned} f_h &= \sum h_{测} - (H_{终} - H_{始}) \\ &= +0.730 - (120.586 - 119.826) \\ &= -0.030(\mathrm{m}) = -30(\mathrm{mm}) \end{aligned}$$

本例已知测站数，故按表2-5所列公式计算高差闭合差的容许值为

$$f_{h容} = \pm 12\sqrt{n} = \pm 12\sqrt{10} = \pm 38(\mathrm{mm})$$

$f_h \leqslant f_{h容}$，满足规范规定的精度要求。否则，要分析各高差的观测结果，进行返工重测，直到满足要求为止。

2. *高差闭合差的调整和改正后高差的计算*

高差闭合差为测量误差，必须加以消除才能计算各点高程。很明显，高差闭合差是由各观测高差产生的，一般认为，一条水准路线上的观测条件大致相同。各观测高差对应的测站数或测段距离越大，则其所含的误差应越大，所以，高差闭合差的调整应遵循与测站数（或测段距离）成正比且反符号相分配的原则。于是，第i测段观测高差的改正数为

$$v_i = \frac{-f_h}{[n]} n_i \tag{2-16}$$

或

$$v_i = \frac{-f_h}{[L]} L_i \tag{2-17}$$

式中：$[n]$ 为水准路线上的测站总数；n_i 为第 i 测段的测站数；$[L]$ 为水准路线的长度，km；L_i 为第 i 测段的长度，km。

本例按式（2－16）计算改正数，如第1测段（$BM_1 \sim B_{01}$）高差的改正数为

$$v_1=-\frac{f_h}{[n]}n_1=-\frac{-0.030}{10}\times 4=+0.012(\mathrm{m})$$

其余各测段的改正数分别为：$v_2=+0.009\mathrm{m}$，$v_3=+0.009\mathrm{m}$。对普通水准测量，改正数计算保留至毫米位即可。将改正数的计算结果填入表2－6中，并求和。该结果必须满足以下要求：

$$\sum v_i=-f_h \tag{2-18}$$

本例：$+0.012+0.009+0.009=+0.030=-f_h$，满足要求。

资源2－6 水准测量成果计算

表2－6　**附合水准路线计算表**

日期＿＿＿＿＿＿　计算＿＿＿＿＿＿　复核＿＿＿＿＿＿

测　点	测站数	实测高差/m	改正数/m	改正后高差/m	高程/m
1	2	3	4	5	6
BM_1					119.826
	4	−0.312	+0.012	−0.300	
B_{01}					119.526
	3	+1.793	+0.009	+1.802	
B_{02}					121.328
	3	−0.751	+0.009	−0.742	
BM_2					120.586
合计	10	+0.730	+0.030	+0.760	

改正数计算完以后，应将各改正数分配给各测段的高差来计算各测段改正后的高差，计算公式为

$$\hat{h}_i=h_i+v_i \tag{2-19}$$

改正后高差的计算检核：

$$\sum \hat{h}_i=H_{终}-H_{始} \tag{2-20}$$

同样，对于本例则有

$$\sum \hat{h}_i=-0.300+1.802-0.742=+0.760(\mathrm{m})$$

$$H_2-H_1=120.586-119.826=+0.760(\mathrm{m})$$

满足要求。

3. 待测点高程计算

算出改正后的高差后，再从起始点的高程开始，用改正后的高差依次计算各点高程，最后还应计算出终止点的高程，并与其已知高程进行比较，应完全相等，以此进行计算检核。

对于闭合水准路线，高差闭合差按式（2－14）计算，其余计算方法与附合水准路线相同；对于支水准路线，高差闭合差按式（2－15）计算，其高差闭合差满足容

许值满足要求时，取各测段往返测高差的平均值（返测高差反符号）作为该测段的观测值。从已知点的高程开始，依次计算各待测点的高程。

二、带节点的水准网高程计算

带节点的水准网高程的平差计算可按不等精度观测值取加权平均值的方法进行，详见第六章第五节。

第七节　微倾式水准仪的检验与校正

一、水准仪的主要轴线及其应满足的几何条件

如图 2－23 为 DS_3 型水准仪，CC 视准轴、LL 水准管轴、$L'L'$圆水准器轴、VV 仪器旋转轴（竖轴）。为了保证水准仪能够提供一条水平视线，其相应轴线间必须满足以下几何条件。

（1）圆水准器轴平行于竖轴，即$L'L'//VV$。

（2）十字丝横丝应垂直于竖轴。

（3）水准管轴应平行于视准轴，即$LL//CC$。

仪器出厂前都经过严格的检校，上述条件均能满足，但经过搬运、长期使用、振动等因素的影响，使其几何条件发生变化。为此，测量之前应对上述条件进行必要的检验与校正。

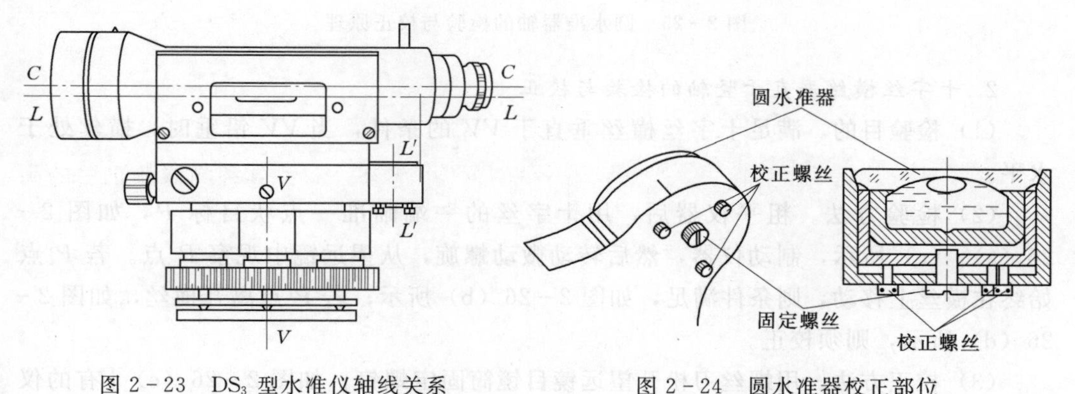

图 2－23　DS_3 型水准仪轴线关系　　图 2－24　圆水准器校正部位

二、水准仪检验与校正方法

1. 圆水准器轴平行于仪器竖轴的检验与校正

（1）检校目的。满足条件 $L'L'//VV$，当圆水准器气泡居中时，VV 处于铅垂位置。

（2）检验方法。安置仪器后，转动脚螺旋使圆水准器气泡居中，然后将望远镜旋转 180°，若气泡仍然居中，表明条件满足。如果气泡偏离零点，则应进行校正。

（3）校正方法。校正时用校正针拨动圆水准器的校正螺丝使气泡向中心方向移动偏离量的 1/2（如图 2－24 所示，先用校正针稍松圆水准器背面中心固定螺丝，再拨

动三个校正螺丝），其余 1/2 用脚螺旋使气泡居中。这种检验校正需要反复数次，直至圆水准器旋转到任何位置气泡都居中时为止，最后将中心固定螺丝拧紧。

（4）检验原理。如图 2-25（a）所示，设 $L'L'$ 与 VV 不平行，且存在一个交角 θ。仪器粗平气泡居中后，$L'L'$ 处于铅垂，VV 相对于铅垂线倾斜 θ 角。望远镜绕 VV 转 180°，$L'L'$ 保持与 VV 的交角 θ，绕 VV 旋转，于是 $L'L'$ 相对于铅垂线倾斜 2θ 角，如图 2-25（b）所示。校正时，用校正针拨动圆水准器底部的三个校正螺丝使气泡退回偏离量的 1/2，此时 $L'L'$ 与 VV 平行并与铅垂方向夹角为一个 θ 角，如图 2-25（c）所示。而后转动脚螺旋使气泡居中，则 $L'L'$ 和 VV 均处于铅垂位置，于是 $L'L'//VV$ 的目的就达到了，如图 2-25（d）所示。

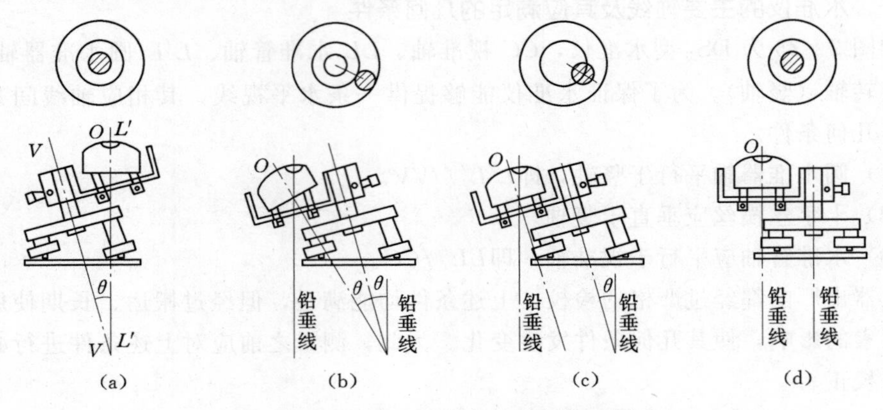

图 2-25　圆水准器轴的检验与校正原理

2. 十字丝横丝垂直于竖轴的检验与校正

（1）检验目的。满足十字丝横丝垂直于 VV 的条件，当 VV 铅垂时，横丝处于水平。

（2）检验方法。粗平仪器后，用十字丝的一端瞄准一点状目标 P，如图 2-26（a）、（c）所示，制动仪器，然后转动微动螺旋，从望远镜中观察 P 点。若 P 点始终在横丝上移动，则条件满足，如图 2-26（b）所示；若 P 点离开横丝，如图 2-26（d）所示，则须校正。

（3）校正方法。用螺丝刀松开望远镜目镜筒固定螺钉，如图 2-26（e）[有的仪器有十字丝座护罩，应先旋下，见图 2-26（f）]，转动目镜筒（十字丝座连同一起转动），使横丝末端部分与 P 点重合为止。然后拧紧固定螺钉（旋上护罩）。

3. 水准管轴平行于视准轴的检验与校正

（1）检验目的。满足 $LL//CC$，当水准管气泡居中时，CC 处于水平位置。

（2）检验方法。如图 2-27 所示，设水准管轴不平行于视准轴，二者在竖直面内投影的夹角为 i。选择一段 80～100m 的 A、B 两点，两端钉木桩或放尺垫并在其上竖立水准尺。将水准仪安置在与 A、B 点等距离处的 C 点，采用变动仪器高法或双面尺法测出 A、B 两点的高差，若两次测得的高差之差不超过 3mm，则取其平均值作为最后结果 h_{AB}，由于水准仪距两把水准尺的距离相等，所以 i 角引起的

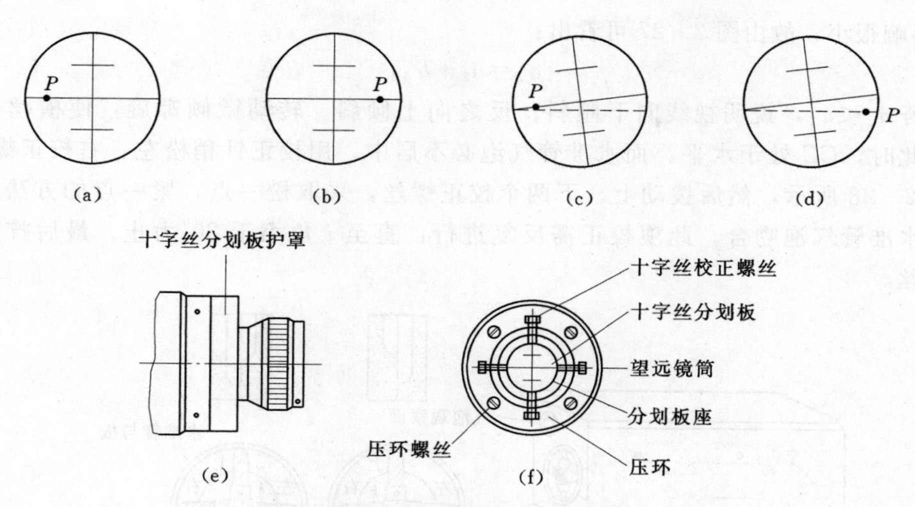

图 2-26　十字丝横丝的检验与校正

前、后视水准尺的读数误差 x 相等，可以在高差计算中抵消，故 h_{AB} 为两点间的正确高差。

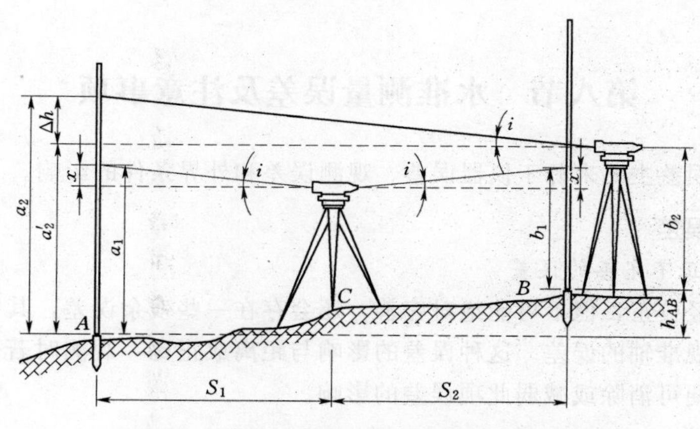

图 2-27　管水准器轴平行于视准轴的检验

将水准仪搬至前视尺 B 附近（约 2～3m），精平仪器后在 A、B 尺上读数 a_2、b_2，由此计算出的高差 $h'_{AB}=a_2-b_2$，两次设站观测的高差之差为

$$\Delta h=h'_{AB}-h_{AB}$$

由图 2-27 可以写出 i 角的计算公式为

$$i=\frac{\Delta h}{S_{AB}}\rho \tag{2-21}$$

式中：$\rho=206265''$。规范规定，用于三等、四等水准测量的水准仪，其 i 角不得大于 $20''$，否则需要校正。

（3）校正方法。仪器在 B 点不动，计算出 A 尺（远尺）的正确读数 a'_2，因 b_2 受

i 角影响很小，故由图 2－27 可看出：

$$a_2'=b_2+h_{AB} \tag{2-22}$$

若 $a_2<a_2'$，说明视线向下倾斜；反之向上倾斜。转动微倾螺旋，使横丝对准 a_2'，此时，CC 处于水平，而水准管气泡必不居中。用校正针稍松左、右校正螺丝，如图 2－28 所示，然后拨动上、下两个校正螺丝，采取松一点，紧一点的方法，使符合水准管气泡吻合。此项校正需反复进行，直至 i 角小于 20″为止。最后拧紧校正螺丝。

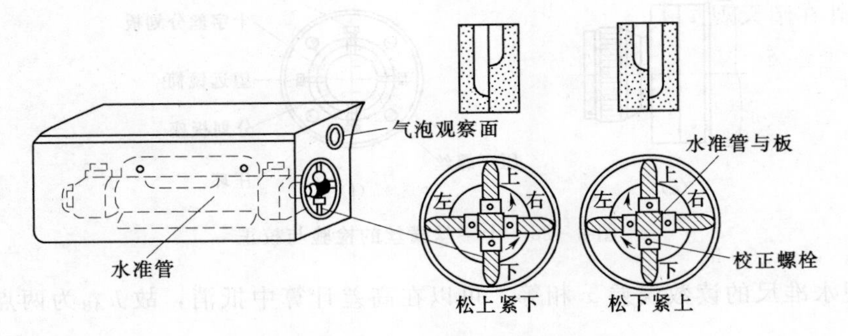

图 2－28　管水准器的校正

第八节　水准测量误差及注意事项

水准测量误差主要来源于仪器误差、观测误差和外界条件的影响。

一、仪器误差

1. 仪器校正不完善的误差

水准仪虽经校正，但不可能绝对完善，还会存在一些残余误差，其中主要是水准管轴不平行于视准轴的误差。这种误差的影响与距离成正比，观测时若保证前、后视距大致相等，便可消除或减弱此项误差的影响。

2. 对光误差

由于仪器制造加工不够完善，当转动对光螺旋调焦时，对光透镜产生非直线移动而改变视线位置，产生对光误差，即调焦误差。这项误差，仪器安置于距前、后视尺等距离处，后视完毕转向前视，不必重新对光，就可得到消除。

3. 水准尺误差

由于水准尺的刻划不准确，尺长发生变化、弯曲等，会影响水准测量的精度，因此，水准尺需经过检验符合要求后才能使用。有些尺底部可能存在零点差，可在水准测量中使测站数为偶数的方法予以消除。

二、观测误差

1. 整平误差

设水准管分划值为 τ，居中误差一般为 $\pm 0.15\tau$，利用符合水准器气泡居中精度可提高一倍。若仪器至水准尺的距离为 D，则在读数上引起的误差为

$$m_{平}=\pm\frac{0.15\tau}{2\rho}D \tag{2-23}$$

式中：$\rho=206265''$。

由式（2-23）可知，整平误差与管水准器分划值及视线长度成正比。若以 DS_3 型水准仪（$\tau=20''/2mm$）进行等外水准测量，视线长 $D=100m$ 时，$m_{平}=0.73mm$。因此在观测时必须切实使符合气泡居中，视线不能太长，后视完毕转向前视，要注意重新转动微倾螺旋使气泡居中才能读数，但不能转动脚螺旋，否则将改变仪器高产生误差。此外在晴天观测，必须打伞保护仪器，特别要注意保护水准管。

2. 照准误差

人眼的分辨力，通常视角小于 $1'$，就不能分辨尺上的两点，若用放大倍率为 V 的望远镜照准水准尺，则照准精度为 $60''/V$，由此照准距水准仪为 D 处水准尺的照准误差为

$$m_{照}=\pm\frac{60''}{V\rho}D \tag{2-24}$$

当 $V=30$，$D=100$ 时，$m_{照}=\pm0.97mm$。

3. 估读误差

在以厘米分划的水准尺上估读毫米产生的误差，它与十字丝的粗细、望远镜放大倍率和视线长度有关。在一般水准测量中，当视线长度为 100m 时，估读误差约为 $\pm1.5mm$。

若望远镜放大倍率较小或视线过长，尺子成像小，并显得不够清晰，照准误差和估读误差都将增大。故对各等级的水准测量，规定了仪器应具有的望远镜放大倍率及视线的极限长度。

4. 水准尺竖立不直的误差

水准尺左右倾斜，在望远镜中容易发现，可及时纠正。若沿视线方向前后倾斜一个 δ 角，会导致读数偏大，如图 2-29 所示，若尺子倾斜时读数为 b'，尺子竖直时读数为 b，则产生误差：

$$\Delta b=b'-b=b'(1-\cos\delta) \tag{2-25}$$

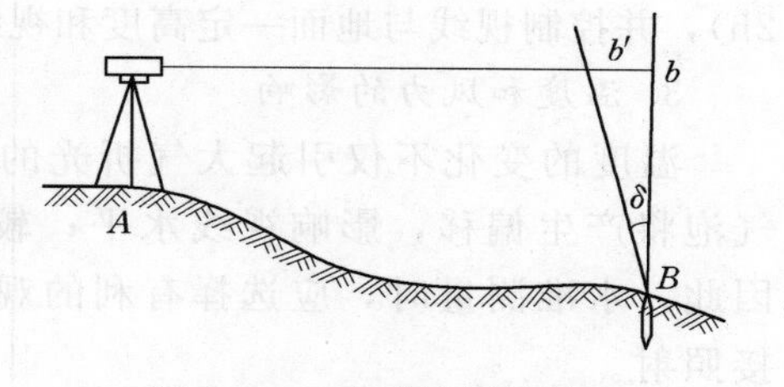

图 2-29　水准尺倾斜误差

可见 Δb 的大小既与尺子的倾斜角 δ 大小有关，也和在尺上的读数 b' 有关，而且视线越高，误差越大。设 b' 为 2m，当尺子倾斜大约 $2°$ 时，就会造成约 1mm 的读数误差。因此观测时应使水准尺保持在竖直位置。这项误差的影响是系统性的——无论前视或是后视都使读数增大，在高差中会抵消一部分，但与高差总和的大小成正比，即水准路线的高差越大，影响越大，所以应认真扶尺。在精度要求较高时，为了保证水准尺处于铅垂位置，所采取的主要措施是在水准尺上安装圆水准器。

三、外界条件的影响

1. 仪器下沉和尺垫下沉产生的误差

在土质松软的地面上进行水准测量时，由于仪器和尺子的自重，可引起仪器和尺垫下沉，前者可使仪器视线降低，造成高差的误差，若采用“后、前、前、后”的观

测顺序可减弱其影响；后者在转点处尺垫下沉，将使下一测站的后视读数增大，造成高程传递误差，且难以消除，因此，在测量时，应尽量将仪器脚架和尺垫在地面上踩实，使其稳定不动。

2. 地球曲率和大气折光的影响

地球曲率对高程的影响在第一章第五节中进行了分析［见式（1-18）］。如图2-30所示，过仪器高度点 a 的水准面在水准尺上的读数为 b'，过 a 点的水平视线在水准尺上的读数为 b''，$b'b''$ 即为地球曲率对读数的影响，用 c 表示。

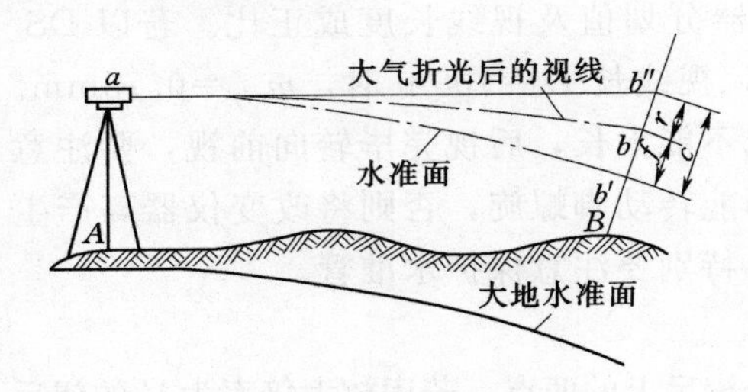

图2-30　地球曲率和大气折光对水准测量的影响

地面上空气存在密度梯度，光线通过不同密度的媒质时，将会发生折射。由于大气折光的作用使得水准仪本应水平的视线成为一条曲线。水平视线在水准尺上的实际读数为 b 而不是 b''，bb'' 即为大气折光对读数的影响，用 r 表示。在稳定的气象条件下，大气折光误差约为地球曲率误差的 1/7，c、r 同时存在，其共同影响为

$$f=c-r$$

即

$$f=\frac{D^2}{2R}-\frac{D^2}{7\times 2R}=0.43\frac{D^2}{R} \tag{2-26}$$

消除或减弱地球曲率和大气折光的影响，应采取的措施同样为前、后视距离相等的方法。精度要求较高的水准测量还应选择良好的观测时间（一般为日出后或日落前2h），并控制视线与地面一定高度和视线长度，以减小其影响。

3. 温度和风力的影响

温度的变化不仅引起大气折光的变化，而且仪器受到烈日的照射，管水准器气泡将产生偏移，影响视线水平；较大的风力将使水准尺影像跳动，难以读数。因此，水准测量时，应选择有利的观测时间，在观测时应撑伞遮阳，避免阳光直接照射。

四、水准测量的注意事项

由于各种因素的影响，水准测量的成果存在误差是在所难免的，但是水准测量成果不符合要求，多数是由于测量人员的疏忽大意造成的。为此，要求测量人员对待工作要认真负责，掌握水准测量的要点和注意事项，在立尺、观测、记录等各个环节严格执行操作规程。

安置仪器高度适中，观测读数前，要严格消除视差，操作微倾式水准仪时气泡应严格居中；读数时，要仔细、迅速、准确。

立尺的转点应选在土质坚实的地方，前后视距尽量相等。立尺前，应将尺垫踏实，将水准尺尽量竖直，仪器未动，立尺员不能着急往前迁移，需等记录员通知搬站才能前移，前视点的立尺员应保护好作为转点的尺垫，使其不受扰动。

记录员应与观测员配合协调，边回数、边记录，数据不得转抄、擦写，做到“站站清”，各项计算完成、检验合格以后，才通知观测员搬站，以减少不必要的返工重测。

习　题

一、名称解释

1. 视准轴

2. 水准管轴

3. 水准管分划值

4. 转点

5. 测站

二、问答题

1. 产生视差的原因是什么？如何消除？

2. 转点在水准测量中起什么作用？在什么点上放尺垫？什么点上不能放尺垫？

3. 水准测量时，为什么要将水准仪安置在前、后视距大致相等处？它可以减小或消除哪些误差？

4. 在准测量时，测站检核的作用是什么？如何操作？

5. DS_3 微倾式水准仪应满足哪些几何条件？主要条件是什么？

6. 使用自动安平水准仪时，为什么要使圆水准器居中？不居中行不行？如何判断自动安平水准仪的补偿器是否起作用？

三、填空题

1. DS_3 型水准仪主要由__________、__________、__________组成。

2. 微倾式水准仪的管水准器轴应与望远镜的视准轴______，圆水准器轴应与竖轴______。

3. 单一水准路线的布设形式分为__________、__________、__________。

4. 闭合水准路线高差闭合差的计算公式为__________，附合水准路线高差闭合差的计算公式为________________。

5. 在进行水准测量时，对地面上 A、B、C 点的水准尺读取读数，其值分别为 1.325m、1.005m、1.555m 则高差 h_{BA} 为__________，高差 h_{BC} 为__________。

四、计算题

1. 为了测得图根控制点 A、B 的高程，由四等水准点 BM_1（高程为 29.826m）以附合水准路线测量至另一四等水准点 BM_5（高程为 30.586m），观测数据及部分成果如图2－31所示，列表（按表 2－2）进行记录，并完成下列问题的计算。

（1）将第一段观测数据填入记录簿，求出该段高差 h_1。

（2）根据观测成果计算 A、B 点的高程。

2. 为了修建公路施测了一条附合水准路线，如图 2－32 所示，BM_0 和 BM_4 为始、终已知水准点，h_i 为测段高差，L_i 为水准路线的测段长度。已知点的高程及各观测数据列于表 2－7 中，计算图 2－32 中 1、2、3 这三个待定点的高程。

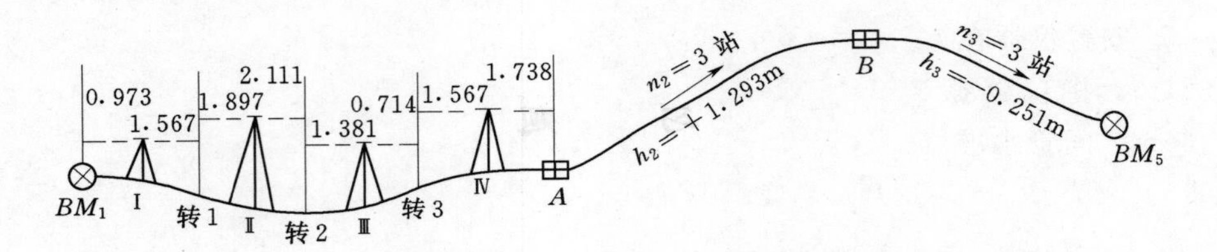

图 2-31　水准测量示意图（单位：m）

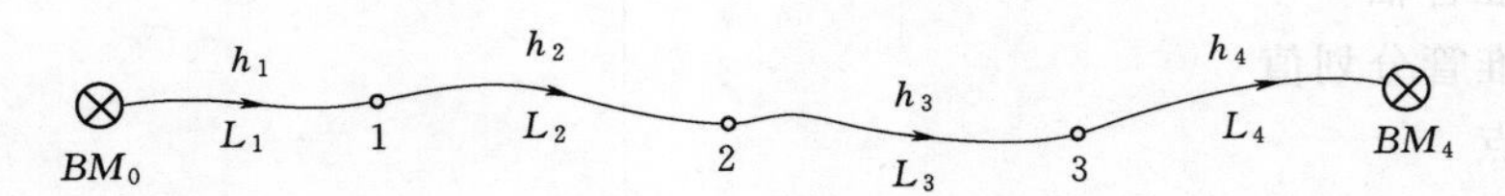

图 2-32　附合水准路线简图

表 2-7　附合水准路线已知点的高程及观测数据表

已知点高程/m		路线 i	1	2	3	4
BM_0	16.137	h_i/m	0.456	1.258	−4.569	−4.123
BM_4	9.121	L_i/km	2.4	4.4	2.1	4.7

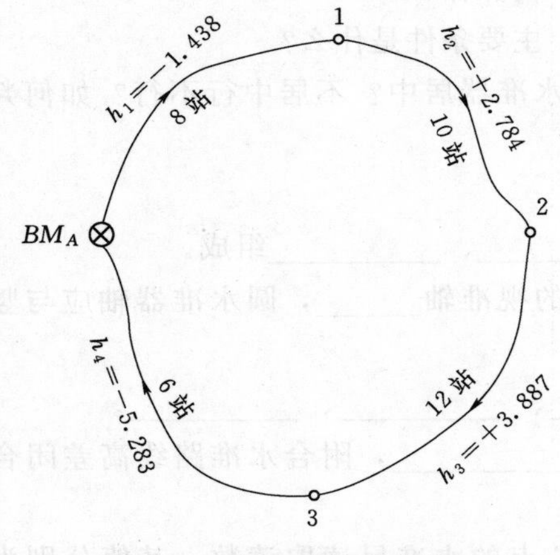

图 2-33　闭合水准路线简图

3. 如图 2-33 所示，闭合水准路线已知水准点 BM_A 的高程为 86.365m，各段观测数据标注在图中（图中高差单位：m），计算 1、2、3 点的高程。

4. 用双面尺进行四等水准测量，由 $BM_1 \sim BM_2$ 构成附合水准路线，其黑面尺的下、中、上三丝及红面中丝读数，如图 2-34 所示，试将其观测数据按表 2-4 填表并计算各测站高差，通过计算判断是否符合限差要求，最后进行高差闭合差的调整及计算 A 点的高程。

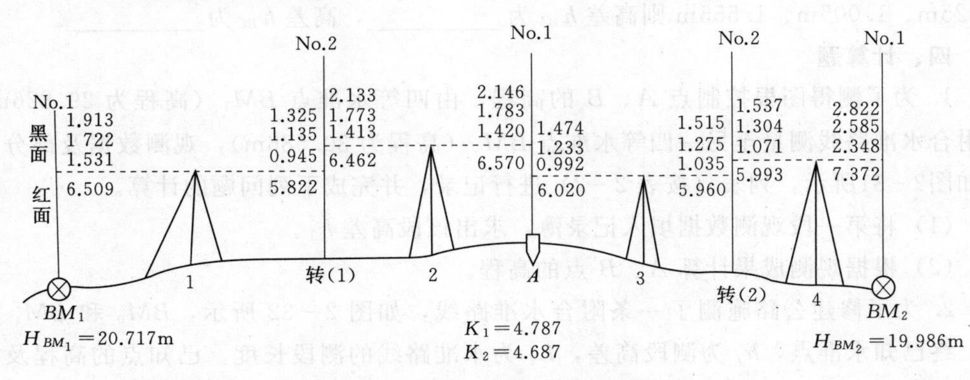

图 2-34　四等水准路线观测示意图（单位：m）

5. 安置仪器在 A、B 两点等距离处，测得 A 尺读数 $a_1=1.117\text{m}$，B 尺读数 $b_1=1.321\text{m}$，将仪器搬到 B 尺附近，测得 B 尺读数 $b_2=1.695\text{m}$，A 尺读数 $a_2=1.466\text{m}$，问管水准器轴是否平行视准轴？如不平行视准轴，当管水准器气泡居中时视线如何倾斜？

资源 2-7
习题答案

第三章 角度测量

角度测量是测量工作的基本内容之一，它包括水平角测量和竖直角测量。经纬仪是进行角度测量的主要仪器。

第一节 角度测量原理

一、水平角测量原理

水平角是指地面上一点到两个目标点的方向线垂直投影到水平面上的夹角。如图3-1所示，A、B、C 为地面上任意三点，连线 BA、BC 沿铅垂线方向投影到水平面 H 上，得到相应的 A_1、B_1、C_1 点，则 B_1A_1 与 B_1C_1 的夹角 β 即为地面 A、B、C 三点在 B 点的水平角。

根据水平角的定义，若在 B 点的上方，水平地安置一个带有刻度的圆盘（水平度盘），度盘中心与测站点 B 位于同一铅垂线上，过 BA、BC 直线的铅垂面与水平度盘相交，其交线分别为 ba、bc，在水平度盘上的读数分别为 a、c，则 $\angle abc$ 即为欲测的水平角，一般水平度盘顺时针注记，则

$$\beta=\angle abc=c-a \qquad (3-1)$$

水平角的角值范围为 0°～360°。

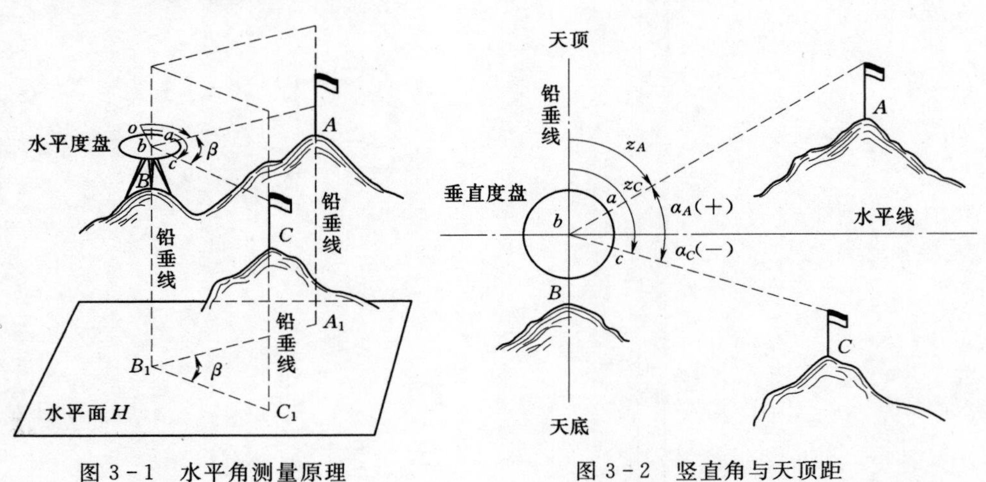

图3-1 水平角测量原理　　图3-2 竖直角与天顶距

二、竖直角测量原理

竖直角（又称高度角或垂直角）是指在同一竖直面内，倾斜视线与水平视线间的夹

角，用α表示。如图3-2所示，竖直角有仰角和俯角之分，夹角在水平线以上为“正”，称为仰角，在水平线以下为“负”，称为俯角。竖直角的角值范围为0°～±90°。

如图3-2所示，为了测量竖直角α_A或α_C，与测水平角同理，在测站点B再安置一个有刻度的竖直圆盘（竖直度盘），度盘中心位于倾斜视线在圆盘面的投影线上，同样读取投影线的刻度值和水平线的刻度值（水平线的刻度值可以设置成一个固定值，无须每次读取），两刻度值之差即为竖直角。

在同一个竖直面内，目标视线与铅垂线天顶方向之间的夹角，称为天顶距，通常用Z表示，如图3-2所示，角值范围为0°～180°。当α取正值时，天顶距为小于90°的锐角，当α取负值时，天顶距为大于90°的钝角，当$\alpha=0°$时，$Z=90°$。因而，竖直角α与天顶距Z之间存在的关系为

$$\alpha=90°-Z \tag{3-2}$$

在实际测量时，竖直角与天顶距只需测出一个量即可求出另一个量。

根据上述角度测量原理，测角仪器应满足下列条件。

（1）仪器要具有一个能安置成水平位置和一个能安置成垂直位置的有刻划的度盘。并且具有读数装置，以读取投影方向的读数。

（2）仪器的照准设备不仅能在水平面内转动，而且可以在竖直面内转动，瞄准不同方向不同高度的目标。

经纬仪就是满足上述条件的测角仪器。

第二节 经纬仪及使用

一、DJ_6型光学经纬仪

经纬仪按测角精度分为DJ_{07}、DJ_1、DJ_2、DJ_6、DJ_{10}几个等级，其中“D”大地测量仪器的总代号，“J”为经纬仪汉语拼音的第一个字母，后面的数字代表仪器的测量精度，即“一测回方向观测值中误差”，单位为“秒”。

（一）基本构造

如图3-3所示，DJ_6型光学经纬仪主要由照准部、水平度盘和基座三部分组成。

1. 照准部

在图3-3中，照准部是指经纬仪上部的可转动部分，主要由望远镜、竖直度盘、照准部水准管、光学读数系统、读数显微镜和内轴等部分组成。照准部可绕竖轴在水平面内转动，由水平制动螺旋和微动螺旋控制。

（1）望远镜。望远镜用来瞄准远方目标，它固定在横轴上，可绕横轴做仰俯转动，并可用望远镜的制动螺旋和微动螺旋控制其转动。

（2）竖直度盘。竖直度盘由光学玻璃制成，固定在横轴的一端并与横轴垂直，其中心在横轴上，随同望远镜一起在竖直面内转动。

（3）照准部水准管，用来精确整平仪器。

（4）光学读数系统。光学读数系统由一系列棱镜和透镜组成，光线通过棱镜的折射，可将水平度盘和竖直度盘的刻划及分微尺的刻划投影到读数显微镜内，以便进行读数。

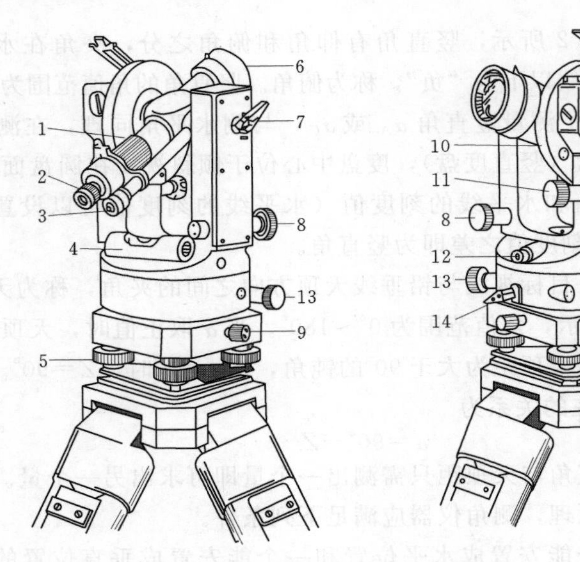

图 3-3　DJ_6 型光学经纬仪

1—对光螺旋；2—目镜；3—读数显微镜；4—照准部水准管；5—脚螺旋；6—望远镜物镜；7—望远镜制动螺旋；8—望远镜微动螺旋；9—中心锁紧螺旋；10—竖直度盘；11—竖盘指标水准管微动螺旋；12—光学对中器；13—水平微动螺旋；14—水平制动螺旋；15—竖盘指标水准管；16—反光镜；17—度盘变换手轮；18—保险手柄；19—竖盘指标水准管反光镜；20—托板；21—压板

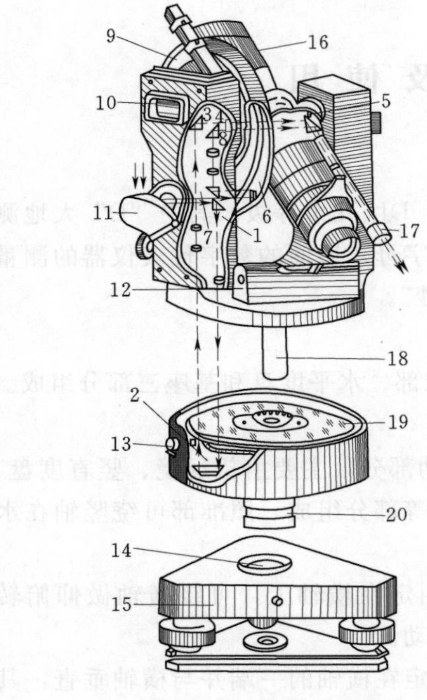

图 3-4　经纬仪的光学系统

1、2、3、5、6、7、8—光学读数系统棱镜；4—分微尺指标镜；9—竖直度盘；10—竖盘指标水准管；11—反光镜；12—照准部水准管；13—度盘变换手轮；14—套轴；15—基座；16—望远镜；17—读数显微镜；18—内轴；19—水平度盘；20—外轴

（5）读数显微镜。读数显微镜用来读取水平度盘和竖直度盘的读数。

（6）内轴。如图 3-4 所示的内轴是仪器的竖轴，也是照准部的旋转轴，它插入水平度盘的外轴，整个照准部可以在水平度盘上转动，并可用水平制动螺旋和微动螺旋来控制它的转动。

2. 水平度盘部分

水平度盘部分主要由水平度盘、度盘变换手轮和外轴三部分组成。如图 3-4 所示的中间部分。

（1）水平度盘。水平度盘是由光学玻璃制成的，其刻划是由 0°～360°按顺时针方向注记。度盘上相邻两条分划线所对的圆心角，称为度盘分划值。DJ_6 型光学经纬仪度盘分划值一般为 1°。水平度盘固定在度盘轴套上，并套在竖轴内轴套外，可绕竖轴旋转。测角时，水平度盘不随照准部转动。

（2）度盘变换手轮。在水平角测量时，有时需要改变度盘的位置，因此，经纬仪装有度盘变换手轮，旋转手轮可进行读数设置。为了避免作业中碰动此手轮，特设有保护装置。

(3) 外轴。外轴插入基座轴套内，用中心紧锁螺旋固定，是水平度盘部分与基座的连接部件。外轴的顶部装有弹子盘，照准部内轴插入后，可以在上面灵活转动。

3. 基座

如图 3-4 所示的下面部分即仪器的底部，是仪器和三脚架的连接部分。照准部连同水平度盘一起插入基座轴套，用中心紧锁螺旋固紧；圆水准器是用来概略整平的；三个脚螺旋，是用来整平仪器的。

(二) DJ_6 型光学经纬仪的光学系统与读数方法

如图 3-4 所示，DJ_6 型光学经纬仪的读数设备包括度盘、光路系统和测微器。水平度盘和竖直度盘上的分划线，通过一系列棱镜和透镜成像显示在望远镜旁的读数显微镜内。DJ_6 型光学经纬仪的读数装置可以分为分微尺测微器和单平板玻璃测微器两种，其中前者居多。如图 3-5 为分微尺读数装置的经纬仪在读数显微镜中看到的成像，放大后的分微尺的长度与放大后的度盘分划线之间的长度相等，度盘分划值为 1°。分微尺分成 6 大格，每大格又分成 10 小格共 60 格，每小格为 1′，可估读到 0.1′，即 6″。读数时首先读出位于分微尺上度盘分划线的度数，然后再读出该度盘分划线在分微尺上所指示的分数。如图 3-5 所示水平度盘 H 读数为 180°+06.4′=180°06′24″，竖直度盘 V 读数为 64°+53.2′=64°53′12″。

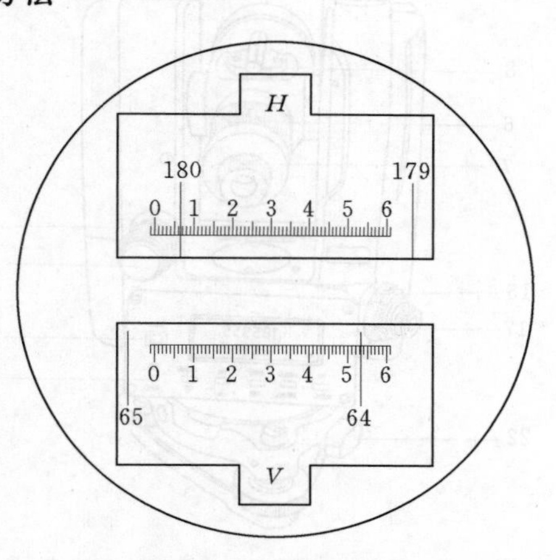

图 3-5 分微尺读数

二、电子经纬仪

电子经纬仪与光学经纬仪具有类似的外形和结构特征，其使用方法也有许多相通的地方。电子经纬仪与光学经纬仪的区别在于它用电子测角系统代替光学读数系统，具有操作简便、测角精度高的特点，能自动显示角度值，加快了测角速度。图 3-6 所示为我国某厂生产的 ET-02 型电子经纬仪。

目前，电子测角有 3 种度盘形式，即编码度盘、光栅度盘和格区式度盘。下面分述其测角原理。

(一) 编码度盘测角原理

如图 3-7 为编码度盘，整个度盘被均匀地划分为 16 个区间。每个区间的角值相应为 360°/16=22°30′。将同心圆由里向外划分为 4 个环带（每个环带称为 1 条码道），其中，黑色为透光区，白色为不透光区，透光表示二进制代码“1”，不透光表示“0”。这样通过各区间的 4 个码道的透光和不透光，即可由里向外读出一组 4 位二进制数，分别表示不同的角度值，如图 3-8 所示。

编码度盘属于绝对式度盘，每组数代表度盘的一个位置，即每一个位置均可读出绝对的数值，参见表 3－1，从而达到对度盘区间编码的目的。

编码度盘分化区间的角值大小（分辨率）取决于码道数 n，按 $360°/2^n$ 计算，如需分辨率为 $10'$，则需要 2048 个区间、11 个码道，即 $360°/2^{11}=360°/2048=10'$。显然，这对有限尺寸的度盘是难以解决的。因而在实际中，采用码道数和细分法加测微技术来提高分辨率。

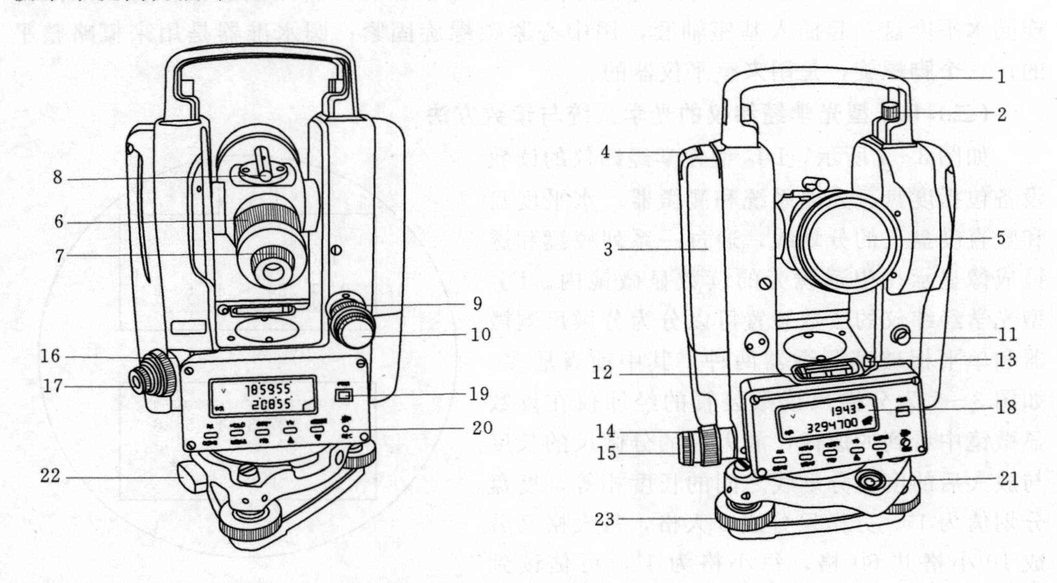

图 3－6 ET－02 型电子经纬仪

1—手柄；2—手柄固定螺丝；3—电池盒；4—电池盒按钮；5—物镜；6—物镜调焦螺旋；7—目镜调焦螺旋；8—光学瞄准器；9—望远镜制动螺旋；10—望远镜微动螺旋；11—光电测距仪数据接口；12—管水准器；13—管水准器校正螺丝；14—水平制动螺旋；15—水平微动螺旋；16—光学对中器物镜调焦螺旋；17—光学对中器目镜调焦螺旋；18—显示窗；19—电源开关键；20—显示窗照明开关键；21—圆水准器；22—轴套锁定钮；23—脚螺旋

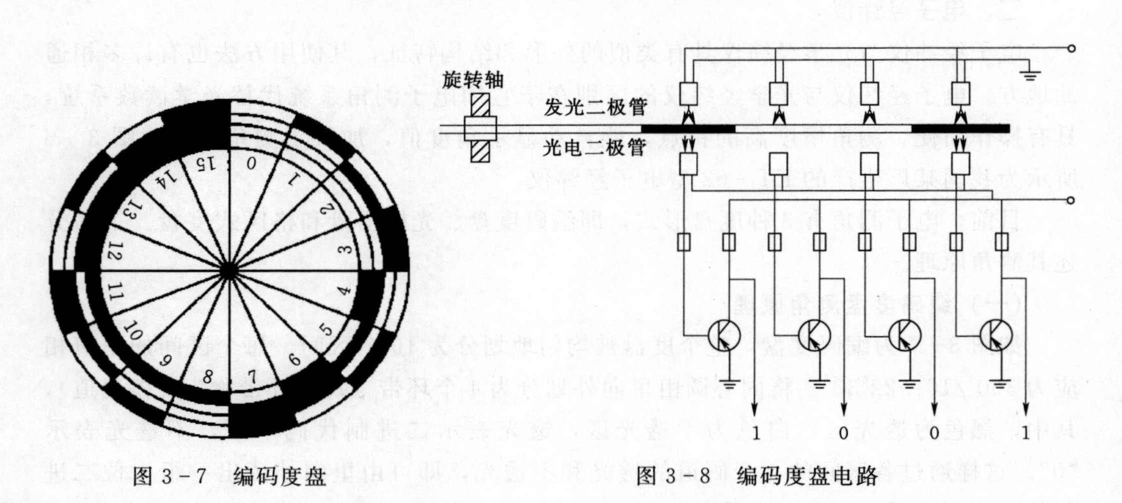

图 3－7 编码度盘　　　　图 3－8 编码度盘电路

表 3-1 二进制编码表

区间	二进制编码	角值/(° ′)	区间	二进制编码	角值/(° ′)	区间	二进制编码	角值/(° ′)
0	0000	0 00	6	0110	135 00	12	1100	270 00
1	0001	22 30	7	0111	157 30	13	1101	292 30
2	0010	45 00	8	1000	180 00	14	1110	315 00
3	0011	67 30	9	1001	202 30	15	1111	337 30
4	0100	90 00	10	1010	225 00			
5	1101	112 30	11	1000	247 30			

（二）光栅度盘测角原理

在光学玻璃圆盘上全周360°均匀而密集地刻划出许多径向刻线，构成等间隔的明暗条纹——光栅，称作光栅度盘，如图3-9所示。通常光栅的刻线宽度与缝隙宽度相同，二者之和称为光栅的栅距。栅距所对应的圆心角即为栅距的分划值。如果在光栅度盘上、下对应位置安装照明器和光电接收管，光栅的刻线之间不透光，缝隙透光，即可把光信号转换为电信号。当照明器和接收管随照准部相对于光栅度盘转动，由计数器计出转动时累计的栅距数，就可得到转动的角度值。因为光栅度盘是累计计数，所以通常这种系统为增量式读数系统。仪器在操作中会顺时针转动和逆时针转动，因此计数器在累计栅距数时也有增有减。

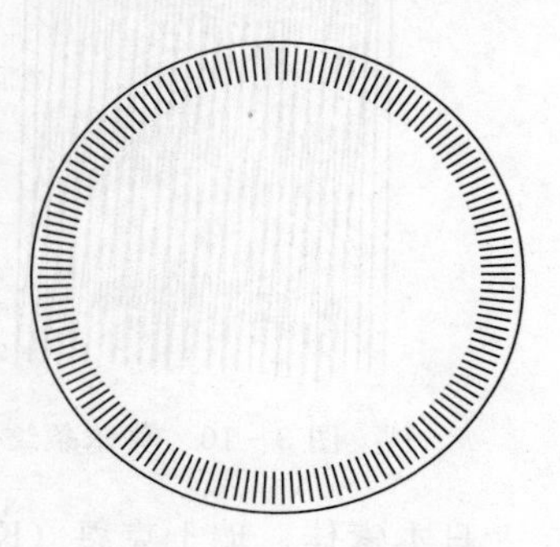

图3-9 光栅度盘

光栅度盘的栅距相当于光学度盘的分划值，栅距越小，则角度分划值越小，即测角精度越高。例如在80mm直径的度盘上，刻有12500条线（刻线密度50线/mm），其栅距的分划值为1′44″。为了提高测角精度，必须再进行细分。但这样小的栅距不仅安装小于栅距的接收管困难，而且对这样小的栅距再细分也很困难，所以，在光栅度盘测角系统中，采用了莫尔条纹技术。

将两块密度相同的光栅重叠，并使它们的刻线相互倾斜一个很小的角度，此时便会出现明暗相间的条纹，该条纹称为莫尔条纹，如图3-10所示。一小块具有与大块（主光栅）相同刻线宽度的光栅称为指示光栅。将这两块密度相同的光栅重叠起来，并使其刻线互成一微小夹角θ，当指示光栅横向移动，则莫尔条纹就会上下移动，而且每移动一个栅距d，莫尔条纹就移动一个纹距w，因θ角很小，则有

$$w=\frac{d}{\theta}\rho \tag{3-3}$$

式中：$\rho=3428'$。

由式（3-3）可见，莫尔条纹的纹距比栅距放大了ρ/θ倍，例如，$\theta=20'$时，$w=172d$，即纹距比栅距放大了172倍。莫尔纹距可以调得很大，再进行细分便可以提高角度。

如图3-11所示，光栅度盘的下面放置发光二极管，上面是一个与光栅度盘形成莫尔条纹的指示光栅，指示光栅的上面是光电接收器。发光二极管、指示光栅和光电

接收器的位置固定不动，光栅度盘随望远镜一起转动。根据莫尔条纹的特性，度盘每转动一个光栅，莫尔条纹就移动一个周期。随着莫尔条纹的移动，发光二极管将产生按正弦规律变化的电信号，将此信号整形，可变为矩形脉冲信号，对矩形脉冲信号计数即可求得度盘旋转的角度。测角时，在望远镜瞄准起始方向后，可使仪器中心的计数器为0°（度盘置零）。在度盘随望远镜瞄准第二个目标的过程中，对产生的脉冲进行计数，并通过译码器化算为度、分、秒送显示窗口显示出来。

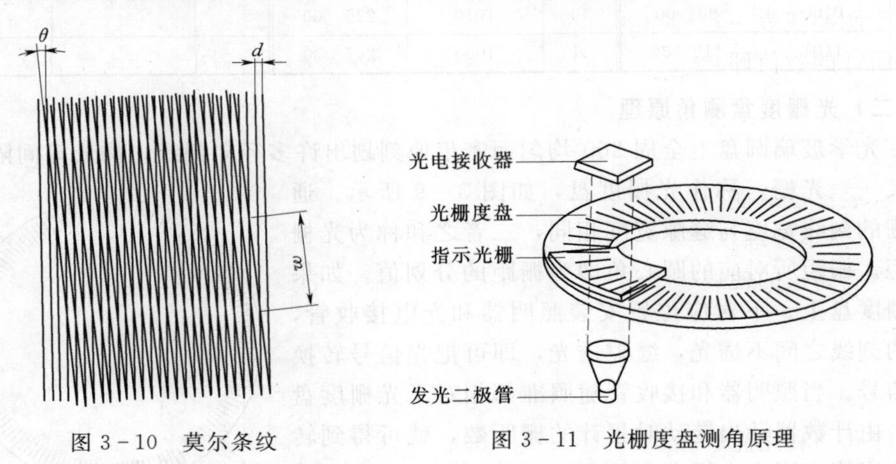

图 3-10　莫尔条纹　　图 3-11　光栅度盘测角原理

日本索佳、瑞士克恩（Kern）厂的 E1 型和 E2 型电子经纬仪即采用光栅度盘。

（三）格区式度盘动态测角原理

如图 3-12 为格区式度盘，度盘上刻有 1024 个分划，每个分划间隔包括一条刻线和一个空隙（刻线不透光，空隙透光），其分划值为 φ_0。测角时度盘以一定的速度旋转，因此称为动态测角。度盘上装有两个指示光栏：L_S 为固定光栏；L_R 可随照准部转动，为可动光栏。两光栏分别安装在度盘的内、外缘。测角时，可动光栏 L_R 随照准部旋转，L_S 与 L_R 之间构成角度 φ。度盘在马达带动下以一定的速度旋转，其分划被光栏 L_S 和 L_R 扫描而计取两个光栏之间的分划数，从而求得角度值。

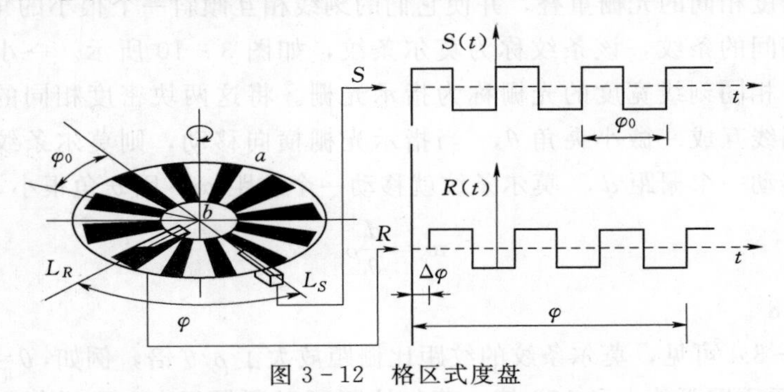

图 3-12　格区式度盘

由图 3-12 可知，$\varphi=n\varphi_0+\Delta\varphi$，即 φ 角等于 n 个整分划间隔 φ_0 和不足整分划间隔 $\Delta\varphi$ 之和。它是通过测定光电扫描的脉冲信息 $nT_0+\Delta T=T$，分别由粗测和精测同时获得。

（1）粗测。测定通过 L_S 和 L_R 给出的脉冲计数（nT）求得 φ_0 的个数 n。在度盘径向的外、内缘上设有两个标记 a 和 b，度盘旋转时，从标记 a 通过 L_S 时，计数器开始计取整分划间隔 φ_0 的个数，当 b 标记通过 L_R 时计数器停止计数，此时计数器所得到数值即为 n。

（2）精测，即测量 $\Delta\varphi$。由通过光栅 L_S 和 L_R 产生的两个脉冲信号 S 和 R 的相位差 ΔT 求得。精测开始后，当某一分划通过 L_S 时计数开始，计取通过的计数脉冲个数，一个脉冲代表一定的角值（例如 $2''$），而另一分划通过 L_R 时停止计数，通过计数器中所计的数值即可求得 $\Delta\varphi$。度盘一周有 1024 个分划间隔，每一间隔计数一次，则度盘转一周可测得 1024 个 $\Delta\varphi$，然后取平均值，可求得最后的 $\Delta\varphi$ 值。

粗测、精测数据由微处理器进行衔接处理后即得角值。

三、经纬仪的使用

（一）光学经纬仪的操作使用

光学经纬仪的使用包括仪器的安置（对中、整平）、瞄准、读数。

1. 对中

对中的目的是使仪器中心与测站点的标志中心位于同一铅垂线上。如图 3-13（a）所示。从仪器箱中取出经纬仪，放到三脚架头上，用连接螺旋转入经纬仪基座中心螺孔。利用光学对中器对中，光学对中器是装在照准部的一个小望远镜，光路中装有直角棱镜，使通过仪器纵轴中心的光轴由铅垂线方向转折成水平方向，便于从对中器目镜中观测，如图 3-13（b）所示。

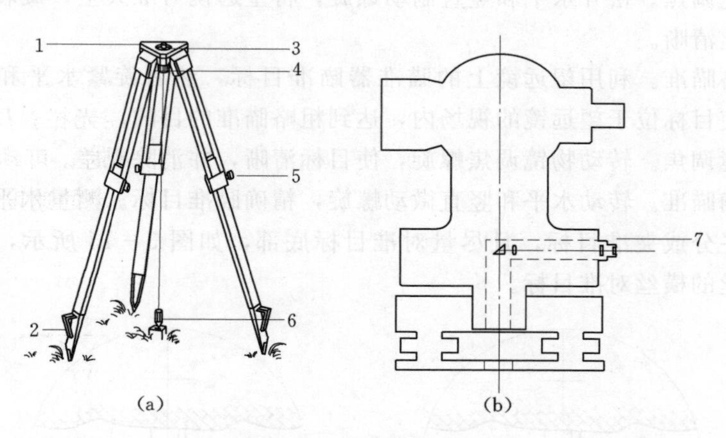

图 3-13　经纬仪对中

1—三脚架头；2—三脚架脚尖；3、4—连接螺旋；
5—脚架腿伸缩制动螺旋；6—垂球；7—光学对中器

操作方法：①安置三脚架使架头大致水平，目估初步对中。转动对中器目镜调焦螺旋，使对中标志（小圆圈或十字丝）清晰，转动（推拉）对中器物镜调焦螺旋，使地面点清晰，固定一个架腿，移动另外两个架腿使对中器标志中心对准地面点；②伸缩三脚架腿，使圆水准器的气泡居中；③松开连接螺旋，在架头上平移仪器，使对中器标志中心对准地面点，然后旋紧连接螺旋。对中误差一般应小于 3mm。

2. 整平

整平的目的是使仪器的竖轴铅垂、水平度盘水平。

操作方法：转动仪器照准部，使水准管平行任意两个脚螺旋的连线，旋转两脚螺旋，使水准管气泡居中，如图 3－14（a）所示，然后将照准部旋转 90°，转动另一个脚螺旋，使水准管气泡居中，如图 3－14（b）所示。如此反复进行，直至照准部旋转到任意位置水准管气泡都居中为止。居中误差一般不得大于一格。

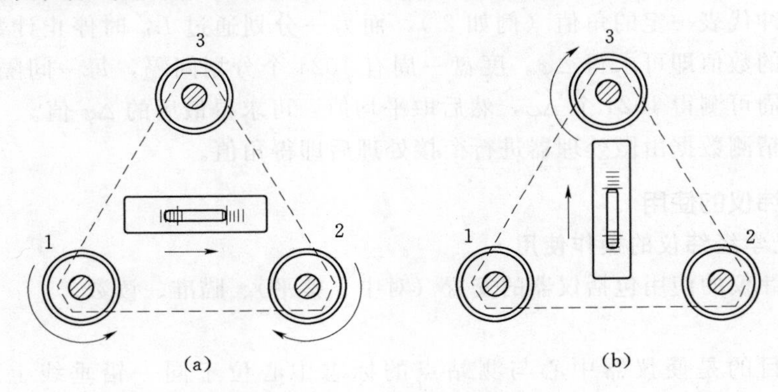

图 3－14　经纬仪整平

对中和整平应反复进行，直到对中、整平均到达要求为止。

3. 瞄准目标

（1）目镜调焦。松开水平和竖直制动螺旋，将望远镜对准天空，旋转目镜调焦螺旋，使十字丝清晰。

（2）粗略瞄准。利用望远镜上的瞄准器瞄准目标，然后旋紧水平和竖直转动螺旋，这样能使目标位于望远镜的视场内，达到粗略瞄准的目的。

（3）物镜调焦。转动物镜调焦螺旋，使目标清晰，并消除视差。

（4）精确瞄准。转动水平和竖直微动螺旋，精确瞄准目标。测量水平角时，用十字丝的竖丝平分或夹准目标，且尽量对准目标底部，如图 3－15 所示，测量竖直角时，用十字丝的横丝对准目标。

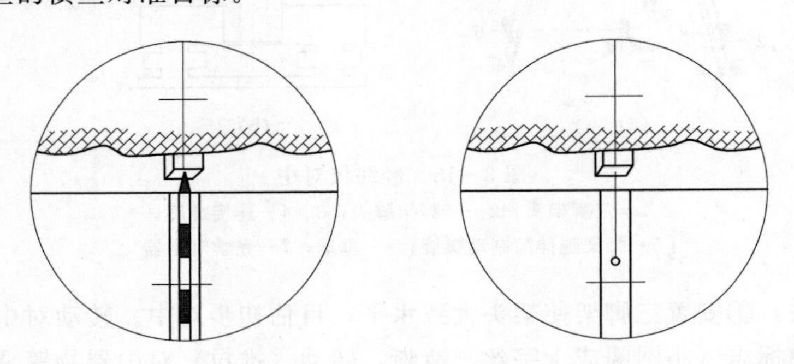

图 3－15　瞄准

4. 读数

调节反光镜和读数显微镜目镜，使读数窗内亮度适中，度盘和分微尺分划线清晰，然后读数。

（二）电子经纬仪的使用

1. 仪器设置及键盘功能

电子经纬仪在第一次使用前应根据使用要求进行仪器设置，使用中如果无变动要求，则不必重新进行仪器设置。不同生产厂家或不同型号的仪器，其设置项目和设置方法有所不同，应根据使用说明进行设置。设置项目一般包括：最小显示读数、测距仪连接选择、竖盘补偿器、仪器自动关机等。ET－02型电子经纬仪的操作面板如图3－16所示。

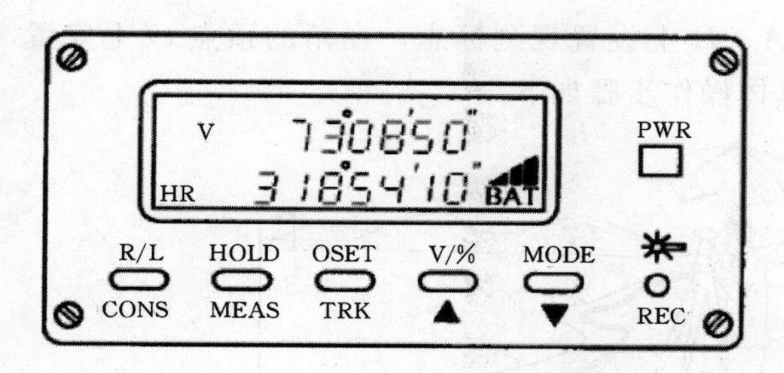

图3－16 ET－02型电子经纬仪操作面板

图3－17 ET－02型电子经纬仪开机显示内容

在面板的7个键中，除PWR键外，其余6个键都具有两种功能，一般情况下，执行按钮上方所注文字的第一功能（测角操作），若先按MODE键，则执行按键下方所注文字的第二功能（测距操作）。现仅介绍第一功能键的操作。

R/L键——水平角右（左）旋选择键。按该键可使仪器在右旋或左旋之间转换。

HOLD键——水平度盘读数锁定键。连续按该键两次，水平度盘读数被锁定。

OSET键——水平度盘置零键。连续按该键两次，此时视线方向的水平度盘读数被置零。

V/%键——竖直角以角度制显示或以斜率百分比显示切换键。

例如，当竖盘读数以角度制显示，盘左位置的竖盘读数为87°48′25″时，按V/%键后的竖盘读数应为3.82％，转换公式为：$\tan\alpha=\tan(90°-87°48'25'')=3.82\%$。

✱键——显示窗和十字丝分划板照明切换开关。

2. 仪器的使用

（1）在测站点上安置仪器，对中、整平与光学经纬仪相同。

（2）开机，如图3－16所示，按PWR键，上下转动望远镜，使仪器初始化并自动显示竖盘度盘和竖直度盘以及电池容量信息，如图3－17所示。ET－02是采用光栅度盘测角系统，当转动仪器照准部时，即自动开始测角，所以，观测员精确照准目标后，显示窗将自动显示当前视线方向的水平度盘和竖直度盘读数，不需要再按任何键。

（3）瞄准第一个目标，将水平角值设置为0°00′00″，（按OSET键）。转动照准部瞄准另一个目标，则显示屏上直接显示水平度盘角值读数并记录。

（4）测量结束，按PWR键关机。

电子经纬仪还可以与测距仪联合使用，取下电子经纬仪的提手，将测距仪安装在电子经纬仪的支架上，用通信电缆将仪器支架上的通信接口与测距仪通信口进行连接，然后分别开机，不仅能够测角、测距，配合电子手簿还能进行高差及坐标测量等。

第三节 水平角观测

进行水平角观测，常用的方法有测回法和全圆方向法两种。

一、测回法

当测站观测的方向数不多于3个时，采用测回法观测。如图3-18所示，欲测量OA和OB之间的水平角β，则先要在A、B上设置观测标志，在角的顶点O上安置经纬仪，对中、整平之后进行观测，具体操作步骤如下。

图3-18 测回法观测水平角

(1) 盘左位置（竖直度盘位于望远镜左侧，也称正镜）。松开水平制动螺旋，旋转照准部，瞄准始边目标A，读取水平度盘读数$a_{左}=0°03'00''$，记入手簿，见表3-2，放松制动螺旋，顺时针转动照准部，瞄准终边目标B，读取水平度盘读数$b_{左}=85°38'24''$，记入观测手簿，则

资源3-1
水平角观测

表3-2 水平角观测手簿（测回法）

测区____ __年__月__日 观测者____ 天气____ 记录者____ 仪器型号____

测站	目标	竖盘位置	水平度盘位置 (° ′ ″)	半测回角值 (° ′ ″)	一测回角值 (° ′ ″)	平均值 (° ′ ″)	备注
1	2	3	4	5	6	7	8
O (1)	A	左	0 03 00	85 35 24	85 35 33	85 35 38	A O β B
	B		85 38 24				
	A	右	180 02 54	85 35 42			
	B		265 38 36				
O (2)	A	左	90 03 36	85 35 30	85 35 42		
	B		175 39 06				
	A	右	270 04 00	85 35 54			
	B		355 39 54				

$$\beta_{左}=b_{左}-a_{左}=85°38'24''-0°03'00''=85°35'24''$$

此过程称为上半测回（盘左半测回），所测角值为盘左角值。

(2) 盘右位置（竖直度盘在望远镜右侧，也称倒镜）。为了校核和消除仪器的误差，提高观测精度，还需倒转望远镜，利用盘右位置再观测一次，盘右位置在盘左基础上，先瞄准 B 点，读得水平度盘读数为 $b_{右}=265°38'36''$，然后逆时针转动照准部瞄准目标 A，读取水平度盘读数为 $a_{右}=180°02'54''$，分别记入观测手簿相应栏，则

$$\beta_{右}=b_{右}-a_{右}=265°38'36''-180°02'54''=85°35'42''$$

此过程称为下半测回（盘右半测回），盘右位置观测的角值称为盘右角值。上、下两个半测回组成一个测回，两个半测回角值之差如果不超过限差（DJ_6 型光学经纬仪限差为±36″）可取平均值作为一个测回角值，即

$$\beta=\frac{1}{2}(\beta_{左}+\beta_{右})=85°35'33''$$

若超过限差，说明测角精度较低，应重新观测，直到符合要求为止。

由于水平度盘是按顺时针注记的，因此，在计算半测回角值时，都应以右边方向的读数减去左边方向的读数，当度盘零指标线在所测角的两方向线之间时，右边方向读数小于左边方向读数，这时应将右边方向的读数加上 360°，再减去左边方向的读数。

为了提高测角精度，减小度盘刻划不均匀误差的影响，需要观测多个测回，各测回的起始方向的读数应按 $180°/n$ 递增。例如 $n=3$ 时，则各测回的起始方向读数应等于或略大于 0°、60°、120°。

各测回之间所测的角值之差称为测回差，规范中规定不超过±24″，经检验合格后，则取各测回角值的平均值作为最后结果。

由表 3-2 算得最后角值为

$$\beta=\frac{1}{2}(85°35'33''+85°35'42'')=85°35'38''$$

二、全圆方向法

当观测方向数为三个或多于三个时，通常采用全圆方向法（也称方向测回法）。如图3-19所示，在测站 O 点，观测 A、B、C、D 四个方向，选择标志十分清晰的点作零方向，如 A 点。操作步骤如下。

(1) 盘左位置。在测站 O 点安置经纬仪，对中、整平，用盘左位置瞄准起始点 A，利用度盘变换手轮使水平度盘读数略大于零度，读取水平度盘读数。然后顺时针转动照准部，依次瞄准 B、C、D 各点，读出相应的水平度盘读数，记入表 3-3 中的相应栏内。最后，顺时针转动照准部再次瞄准 A，读取水平度盘读数，称为归零。两次 OA 方向的读数差，称为归零差，归零差应小于表 3-4 中的规定范围，否则应重新观测，此过程称为上半测回。

(2) 盘右位置。倒转望远镜，利用盘右位置，首先瞄准 A，然后按逆时针方向转动照准部依次瞄准 D、C、B 各方向，分别读出各方向水平度盘读数，记入记录手

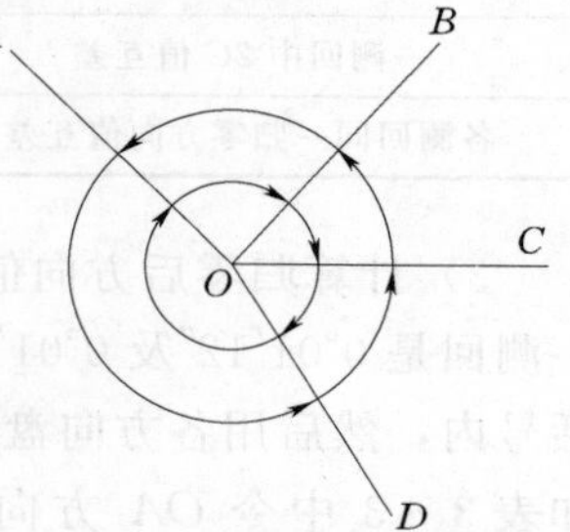

图 3-19 全圆测回法示意图

簿相应栏（表 3-3），最后，逆时针转动照准部归零回到 A 点，归零差应小于允许值。此过程称为下半测回。

上、下两个半测回组成一测回，当精度要求较高时，可根据需要多观测几个测回，每个测回按 $180°/n$ 的整数倍改变起始方向的水平度盘读数，方法与测回法相同；角度观测结束后，进行校核计算，计算时应满足以下要求。

1）半测回归零差不得超过表 3-4 中的规定。

2）$2C$ 值互差应满足要求。C 值为视准误差，主要是由于望远镜的视准轴不垂直于横轴产生的，互差是指各方向值的 $2C$ 值之差。例如在表 3-3 中 OA 方向 $2C$ 值为 12″，OC 方向 $2C$ 值为 3″，互差为 12″−3″=9″。通常，DJ_6 型经纬仪不校核此项。

表 3-3　　水平角观测手簿（全圆方向法）

______测区　　观测者______　　记录者______
____年__月__日　　天气______　　仪器型号______

测站	测回数	目标	水平度盘读数		$2C=L-R\pm180°$	$\frac{L+R\pm180°}{2}$	归零后方向值	各测回归零平均方向值	角值
			盘左（L）	盘右（R）					
			（° ′ ″）	（° ′ ″）	（″）	（° ′ ″）	（° ′ ″）	（° ′ ″）	（° ′ ″）
O	1					(0 01 10)			
		A	0 01 18	180 01 06	+12	0 01 12	0 00 00	0 00 00	
		B	76 43 24	256 43 15	+09	76 43 20	76 42 10	76 42 07	76 42 07
		C	151 36 03	331 36 00	+03	151 36 02	151 34 52	151 34 48	74 52 41
		D	223 15 37	43 15 26	+11	223 15 32	223 14 22	223 14 21	71 39 33
		A	0 01 12	180 01 02	+10	0 01 07			
	2					(90 02 26)			
		A	90 02 30	270 02 26	+04	90 02 28	0 00 00		
		B	166 44 31	346 44 28	+03	166 44 30	76 42 04		
		C	241 37 10	61 37 08	+02	241 37 09	151 34 41		
		D	313 16 49	133 16 42	+07	313 16 46	223 14 20		
		A	90 02 26	270 02 24	+02	90 02 25			

表 3-4　　水平角观测技术要求（按五等三角测量要求）

项　目	DJ_2 型	DJ_6 型
半测回归零差	12″	18″
一测回中 $2C$ 值互差	18″	
各测回同一归零方向值互差	12″	24″

3）计算归零后方向值，各测回起始方向盘左、盘右的平均读数有两个（例如第一测回是 0°01′12″及 0°01′07″），取其平均值（0°01′10″）写在第一个平均读数上方的括号内，然后用各方向盘左盘右的平均读数减去该值，得到各方向归零后方向值。例如表 3-3 中令 OA 方向归零后方向值为 0°00′00″，则 OB 方向归零后方向值为 76°43′20″−0°01′10″=76°42′10″。

各测回中同一方向归零后方向值互差，同样不应超过表 3-4 中规定。例如在表 3-3中 OC 方向归零后方向值两个测回之差为 $151°34'52''-151°34'41''=11''$。

(3) 角值计算。取各测回归零后方向值的平均值，相邻各测回归零后平均值之差即为各相邻方向之间的水平角。例如表 3-3 中：

$$\angle BOC=151°34'48''-76°42'07''=74°52'41''$$

第四节 竖直角观测

观测竖直角的目的是在距离测量时将观测的倾斜距离换算为水平距离或计算三角高程。具体内容将在后续章节中讲述。

一、光学经纬仪竖盘读数系统的构造

图 3-20 (a) 是 DJ_6 型光学经纬仪的竖盘构造示意图。竖直度盘固定在望远镜横轴一端，与横轴垂直，其圆心在横轴上，随望远镜在竖直面内一起旋转。竖盘指标水准管与一系列棱镜、透镜组成的光具组为一整体，它固定在竖盘指标水准管微动架上，即竖盘水准管微动螺旋可使竖盘指标水准管做微小的仰俯转动，当水准管气泡居中时，水准管轴水平，光具组的光轴处于铅垂位置，作为固定的指标线，用以指示竖盘读数。

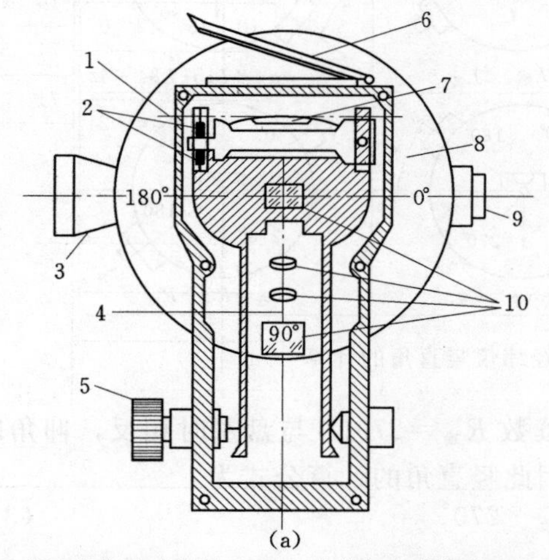

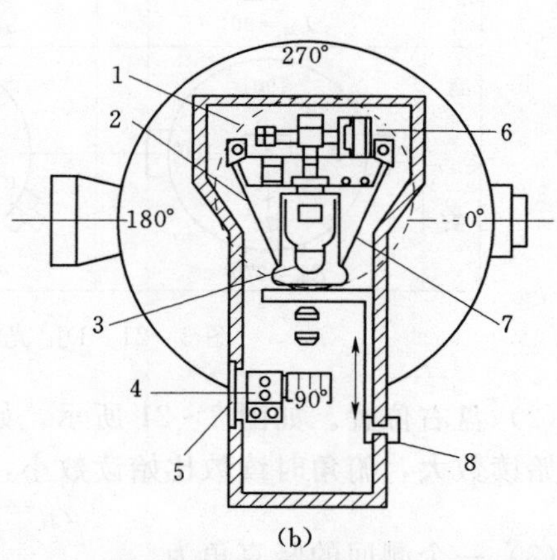

资源 3-2
竖直角观测

1—竖盘指标水准管轴；2—竖盘指标水准管校正螺丝；3—望远镜；4—光具组光轴；5—竖盘指标水准管微动螺旋；6—竖盘指标水准管反光镜；7—竖盘指标水准管；8—竖直度盘；9—目镜；10—光具组的透镜、棱镜

1—补偿器；2—金属吊丝；3—平板玻璃；4—指标差校正螺丝；5—盖板；6—空气阻尼器；7—金属吊丝；8—补偿器开关

图 3-20 DJ_6 型光学经纬仪竖盘与读数系统

为了加快作业速度和提高测量成果精度，有的经纬仪也采用竖盘指标自动归零补偿器来取代水准管的作用。它是在竖盘影像与指标线之间，悬吊一个或一组光学零部件来实现指标自动归零补偿的，其补偿的原理与水准仪自动安平补偿器基本相同。如图 3-20 (b) 所示，是我国某厂生产的 DJ_6 型光学经纬仪所采用的一种补偿器，称为金属丝悬吊平板玻璃补偿器。

竖直度盘也是由玻璃制成的按 0°～360°刻划注记，有顺时针方向和逆时针方向两种注记形式。图 3-20 为顺时针方向注记，当望远镜视线水平、指标水准管气泡居中时，竖盘的读数应为 90°或 270°，此读数是视线水平时的读数，也称为始读数。因此，测量竖直角时，只要测出视线倾斜时的读数，即可求得竖直角。

二、竖直角的计算公式

竖直角是视线倾斜时的竖盘读数与视线水平时的竖盘读数之差，如何判断它的正负，即仰角还是俯角。现以 DJ_6 光学经纬仪的竖盘注记形式为例，来推导竖直角的计算公式。

（1）盘左位置。如图 3-21 所示，当望远镜视线水平，指标水准管气泡居中时，指标所指的始读数 $L_{始}=90°$；当视准轴仰起测得竖盘读数比始读数小，当视准轴俯下测得竖盘读数比始读数大。因此盘左时竖直角的计算公式应为

$$\alpha_{左}=90°-L_{读} \tag{3-4}$$

上式结果若得“+”则为仰角，得“－”为俯角。

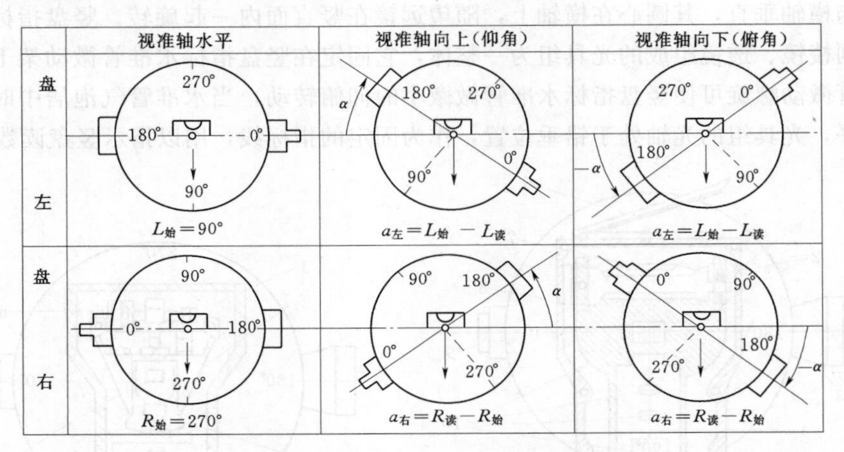

图 3-21　DJ_6 光学经纬仪竖直角的计算

（2）盘右位置。如图 3-21 所示，始读数 $R_{始}=270°$，与盘左时相反，仰角时读数比始读数大，俯角时读数比始读数小，因此竖直角的计算公式为

$$\alpha_{右}=R_{读}-270° \tag{3-5}$$

（3）一个测回的竖直角为

$$\alpha=\frac{1}{2}(\alpha_{左}+\alpha_{右})=\frac{1}{2}(R-L-180°) \tag{3-6}$$

综上所述，可得计算竖直角公式的方法如下。

当望远镜仰起时，如竖盘读数逐渐增加，则 α＝读数－始读数；望远镜仰起时，竖盘读数逐渐减小，则 α＝始读数－读数。计算结果为“+”时，α 为仰角；为“－”时，α 为俯角。

按此方法，不论始读数为 90°、270°还是 0°、180°，竖盘注记是顺时针还是逆时针都适用。

三、竖直角的观测与计算

（1）在测站点上安置经纬仪，进行对中、整平。

(2) 盘左位置，用十字丝的中丝瞄准目标的某一位置，旋转竖盘指标水准管微动螺旋，使指标水准管气泡居中，读取竖盘读数，记入手簿（表 3-5），按式（3-4）计算盘左时的竖直角。

(3) 盘右位置，用十字丝的中丝瞄准目标的原位置，调整指标水准管气泡居中，读取竖盘读数，将其记入手簿，并按式（3-5）计算出盘右时的竖直角。

(4) 按式（3-6）取盘左、盘右竖直角的平均值，即为该点的竖直角。

若经纬仪的竖盘结构为竖盘指标自动归零补偿结构，则在仪器安置后，就要打开补偿器开关，然后进行盘左、盘右观测。需要注意，一个测站的测量工作完成后，应关闭补偿器开关。

表 3-5　竖直角观测手簿

测站	目标	竖盘位置	竖盘读数 (°	′	″)	半测回竖直角 (°	′	″)	一测回竖直角 (°	′	″)	指标差 (x)″	备注
O	M	左	86	47	36	+3	12	24	+3	11	54	−30	盘左
		右	273	11	24	+3	11	24					
	N	左	97	25	42	−7	25	42	−7	25	54	−12	盘右
		右	262	33	54	−7	26	06					

第五节　经纬仪的检验与校正

一、经纬仪的主要轴线及其应满足的几何条件

如图 3-22 所示，经纬仪的几何轴线有：望远镜视准轴 CC；望远镜的旋转轴（即横轴）HH；照准部水准管轴 LL；照准部的旋转轴（即竖轴）VV。使用经纬仪进行角度观测时，必须满足如下的几何条件。

(1) 照准部水准管轴应垂直于仪器的竖轴（$LL \perp VV$）。

(2) 十字丝的竖丝应垂直于横轴。

(3) 视准轴应垂直于横轴（$CC \perp HH$）。

(4) 横轴应垂直于竖轴（$HH \perp VV$）。

(5) 观测竖直角时，望远镜视线水平，竖盘指标水准管气泡居中时，指标线所指读数为始读数。

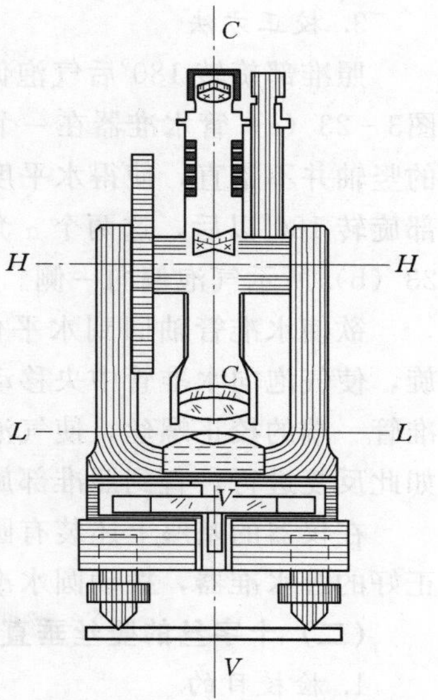

图 3-22　经纬仪的几何轴线

二、经纬仪检验与校正方法

（一）照准部水准管轴垂直于仪器竖轴的检验与校正

1. 检校目的

满足 $LL \perp VV$ 条件，当水准管气泡居中时，竖轴铅

垂、水平度盘水平。

2. 检验方法

在土质坚实的地面上安置仪器，将仪器大致水平。转动照准部使水准管轴平行于一对脚螺旋连线，转动脚螺旋使气泡居中，然后将照准部绕竖轴旋转 180°，检查气泡是否仍然居中，如果居中，说明条件满足；如果气泡偏离超出一格，说明这项条件不满足，应进行校正，如图 3-23 所示。

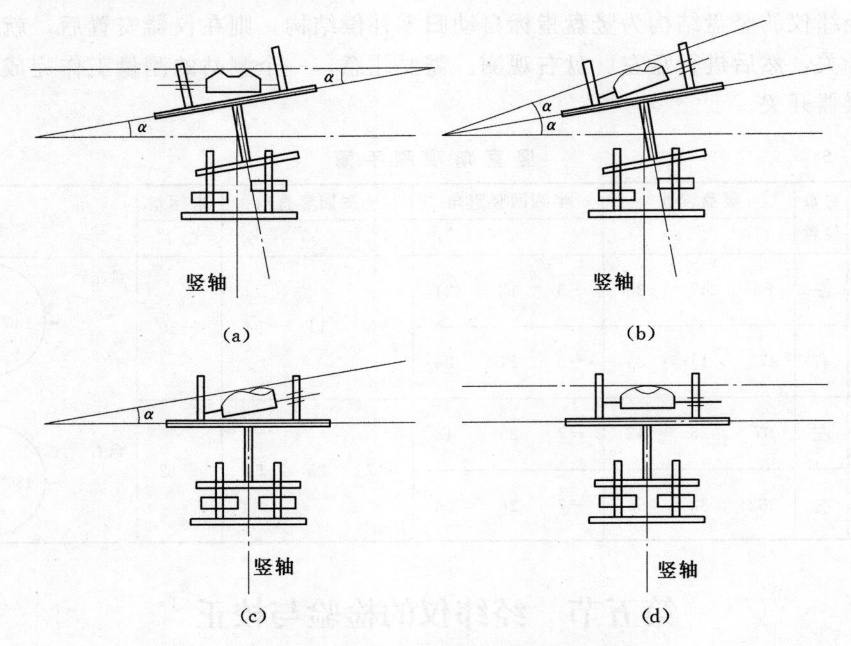

图 3-23 照准部水准管轴的检验与校正

3. 校正方法

照准部旋转 180°后气泡偏向一侧，是由于水准管两端支柱高度不相等造成的。如图3-23（a）管水准器在一个方向整平，此时气泡虽然居中，水准管轴水平，但仪器的竖轴并不铅直，使得水平度盘与水平面成 α 角度，与水准管轴也成 α 角度。当照准部旋转 180°以后，这两个 α 角度叠到一起使得水准管轴与水平面成 2α 角度，如图 3-23（b）所示气泡偏向一侧。

欲使水准管轴回到水平位置，首先使仪器竖轴铅直，水平度盘水平。调节脚螺旋，使气泡向水准管中央移动偏离的 1/2，如图 3-23（c）所示。再用校正针拨动水准管一端的校正螺丝，使气泡完全居中，如图 3-23（d）所示。此项检验与校正需要如此反复进行，直到照准部旋转到任何位置，气泡偏离都不超过一格为止。

在仪器的基座上还装有圆水准器，用来概略整平的，校正圆水准器时，可利用校正好的管水准器，拨动圆水准器底部的校正螺丝，使气泡居中即可。

（二）十字丝的竖丝垂直于横轴的检验和校正

1. 检校目的

满足十字丝竖丝垂直于横轴的条件。仪器整平后十字丝竖丝在竖直面内，保证精确瞄准目标。

2. 检验方法

整平仪器后，用十字丝竖丝的一端照准远处一固定点，制动照准部和望远镜制动螺旋，转动望远镜微动螺旋，使望远镜上、下徐徐移动。同时观察该点是否偏离十字丝的竖丝，如果偏离，则需要校正；没有偏离，说明此项条件满足。

3. 校正方法

如图 3-24 所示，打开目镜一侧十字丝分划板护盖，十字丝分划板是通过四个压环螺丝固定在望远镜筒上，用螺丝刀松开四个固定螺丝，转动十字丝环使竖丝处于竖直位置，然后，旋紧四个固定螺丝，结束校正。

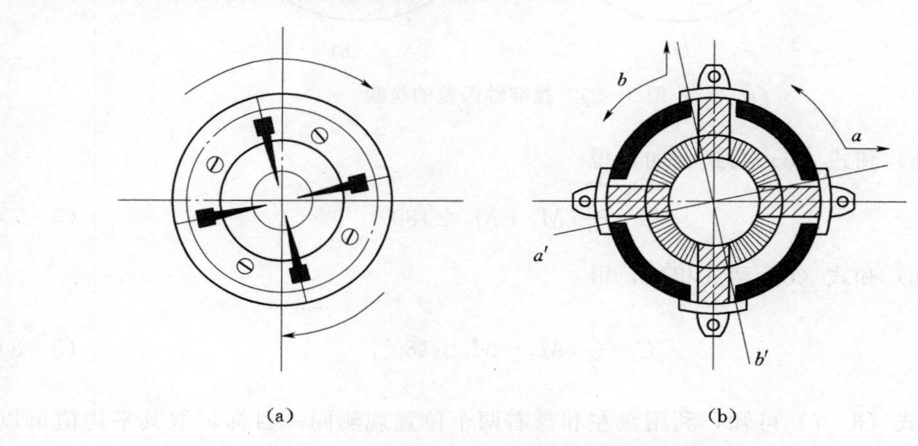

图 3-24　十字丝竖丝的调整

(三) 视准轴垂直于横轴的检验与校正

1. 检校目的

满足 $CC \perp HH$ 条件。当望远镜绕横轴旋转时，视准轴所经过的轨迹是一个平面而不是圆锥面。

2. 检验方法

安置经纬仪后，首先利用盘左瞄准远处一点 P，十字丝交点在正确位置 K 时，水平度盘读数为 M。如图 3-25 (a) 所示，由于十字丝交点偏离到 K'，视准轴偏斜了一个角度 C，所以瞄准目标 P 点时，望远镜必须向左旋转一个角度 C，此时度盘上指标线所指读数 M_1，比正确读数 M 少了一个角度 C，即

$$M = M_1 + C \tag{a}$$

从盘左位置改为盘右位置时，指标线从左边位置转到右边位置，如图 3-25 (b) 所示。此时，K'偏向右侧，用它来瞄准目标 P 点时，指标线所指读数为 M_2，望远镜必须向右转一个 C 角，读数 M_2 比正确读数 M' ($M' = M \pm 180°$) 增大了一个 C 角，即

$$M' = M_2 - C$$

$$M \pm 180° = M_2 - C \tag{b}$$

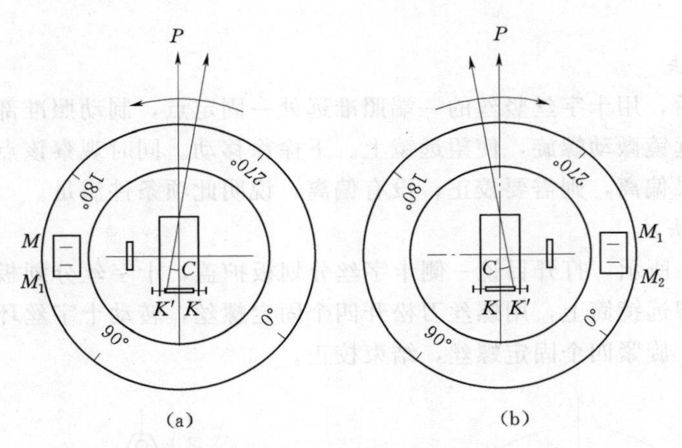

图 3-25 视准轴误差的检验

式（a）和式（b）两式相加，得

$$M=\frac{1}{2}(M_1+M_2\pm180^\circ) \tag{3-7}$$

式（a）和式（b）两式相减，得

$$C=\frac{1}{2}(M_1-M_2\pm180^\circ) \tag{3-8}$$

根据式（3-7）可知，利用盘左和盘右两个位置观测同一目标，取其平均值可以消除视准误差 C 的影响。根据式（3-8）可知，若盘左、盘右两次读数相差180°，说明 $C=0$，此项条件满足。否则应进行校正。

3. 校正方法

利用盘右位置，根据式（3-7）计算正确读数 $M\pm180^\circ$，转动照准部微动螺旋，使指标线所指读数为正确读数 $M\pm180^\circ$，此时，十字丝交点偏离目标 P 点，利用校正针拨动十字丝环左右两个校正螺丝，先松后紧，推动十字丝环，使十字丝交点对准目标 P 即可。这项检验与校正需要重复2～3次，才能达到满意的效果。

（四）横轴垂直于竖轴的检验与校正

1. 检校目的

满足 $HH\perp VV$ 条件。在仪器整平后，当望远镜绕横轴旋转时，视准轴所经过的轨迹是一个竖直面而不是倾斜面。

2. 检验方法

在距离墙壁20～30m处安置仪器，如图3-26所示，整平后，用盘左位置照准墙上高处一点 P，将水平制动螺旋制动，下转望远镜使其大致水平，标出十字丝交点位置 P_1，然后利用盘右位置，重复上述操作得交点 P_2。如果 P_1 与 P_2 点重合或位于同一铅垂线上，说明此项条件满足，否则就需要校正。

3. 校正方法

由于望远镜绕横轴旋转，当仪器的横轴与竖轴不垂直时，盘左、盘右位置所扫的

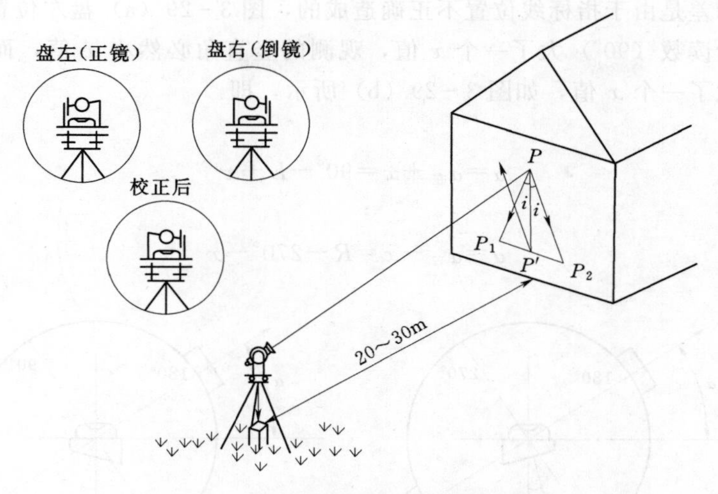

图 3-26　横轴垂直于竖轴的检验

视准面各向相反方向偏转了一个角度 i（图 3-26），所以 P_1、P_2 连线的中点（P'）与 P 点位于同一铅垂线上。

校正时，利用盘右位置，将十字丝交点对准 P'点，抬高物镜到 P 点同高处，此时，十字丝交点必偏离 P 点，打开经纬仪右支架上的外护盖，可以看到固定望远镜横轴的偏心瓦装置。如图 3-27 所示，放松固定偏心瓦的螺丝，转动偏心瓦，使横轴上升或下降，十字丝交点对准 P 点即可。这项校正工作比较困难，一般应由专业人员来进行。

(五) 竖盘指标差的检验与校正

1. 检校目的

满足 $x=0$ 条件。当竖盘指标水准管气泡居中时，使竖盘读数指标处于铅垂位置。

望远镜视线水平，竖盘指标水准管气泡居中时，如果指标线所指的读数比始读数（90°或 270°）略大或略小一个 x 值，则该值称为竖盘指标差，如图 3-28 所示。

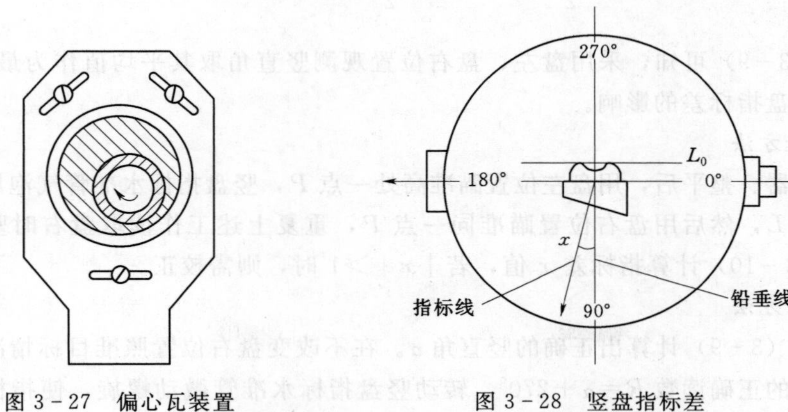

图 3-27　偏心瓦装置　　图 3-28　竖盘指标差

竖盘指标差是由于指标线位置不正确造成的，图 3-29（a）盘左位置时，指标线所指读数比始读数（90°）大了一个 x 值，观测的竖直角必然小 x 值，而盘右位置观测竖直角则大了一个 x 值，如图 3-29（b）所示，即

盘左时

$$\alpha=\alpha_{左}+x=90°-L+x \tag{a}$$

盘右时

$$\alpha=\alpha_{右}-x=R-270°-x \tag{b}$$

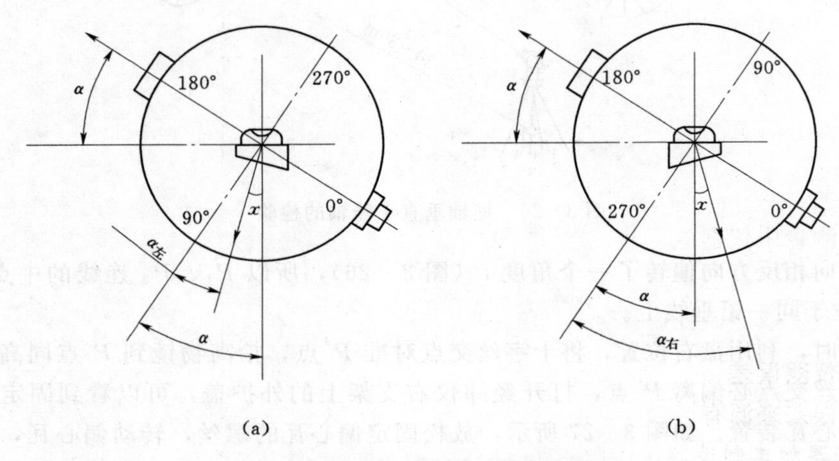

图 3-29　竖盘指标差对读数的影响

式（a）与式（b）相加得

$$\alpha=\frac{1}{2}(\alpha_{左}+\alpha_{右})=\frac{1}{2}(R-L-180°) \tag{3-9}$$

式（a）与式（b）相减得

$$x=\frac{1}{2}(\alpha_{右}-\alpha_{左})=\frac{1}{2}(R+L-360°) \tag{3-10}$$

由式（3-9）可知，采用盘左、盘右位置观测竖直角取其平均值作为最后结果，可以消除竖盘指标差的影响。

2. 检验方法

安置仪器、整平后，用盘左位置瞄准高处一点 P，竖盘指标水准管气泡居中，读取竖盘读数 L，然后用盘右位置瞄准同一点 P，重复上述工作读取盘右时竖盘读数 R。由式（3-10）计算指标差 x 值，若 $|x|>1'$时，则需校正。

3. 校正方法

根据式（3-9）计算出正确的竖直角 α。在不改变盘右位置照准目标情况下，求得盘右位置的正确读数 $R=\alpha+270°$，转动竖盘指标水准管微动螺旋，使指标线指向正确读数 R 处，此时竖盘指标水准管气泡偏向一侧，打开竖盘指标水准管一端的护

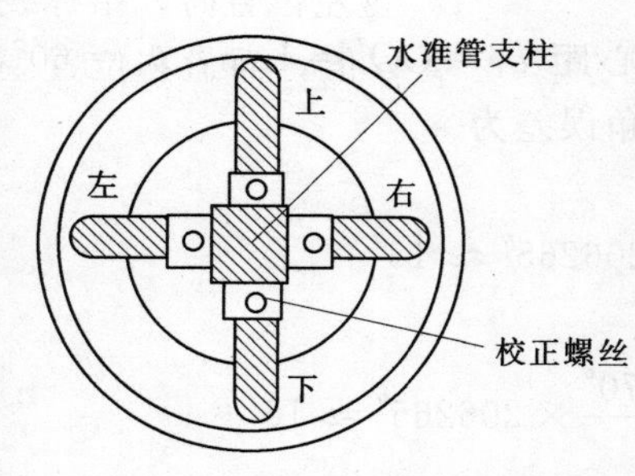

图 3-30　竖盘指标水准管校正螺丝

盖，如图 3-30 所示，水准管一端由四个校正螺丝固定。首先放松左右两个校正螺丝，然后通过上下两个校正螺丝使竖盘指标水准管气泡居中，然后固定左右校正螺丝即可。此项检校需反复进行，直到满足要求。如果仪器经校仍有残余误差，可根据式（3-10）计算 x 值，盘左时，竖直角 $\alpha=\alpha_{左}+x$，盘右时 $\alpha=\alpha_{右}-x$，得出正确的竖直角值。

对于竖盘指标自动补偿的经纬仪，若经检验指标差超限时，应送检修部门进行检校。

第六节　角度测量误差分析

角度测量中仪器的误差、各作业环节以及外界环境产生的误差对观测精度会产生影响。为了获得符合要求的角度测量成果，应分析误差产生的原因，采取相应的措施，消除误差或将其控制在允许的范围内。

一、仪器误差

仪器误差来源有两个方面。

1. *仪器加工制造不完善所产生的误差*

由于仪器加工制造不完善在角度测量中会产生误差。例如：照准部旋转轴中心与水平度盘中心不重合，会产生照准部偏心误差；度盘刻划不均匀，采用度盘的不同位置观测同一个角度，其结果不相同等。这些误差不能用检验校正的方法减小其影响，只能采用适当的观测方法来消减其影响。例如度盘刻划不均匀，可采用度盘不同位置观测取其平均值加以消减，而采用盘左、盘右两个位置观测，取其平均值作为结果可以消除照准部偏心误差。

2. *仪器校正不完善所引起的误差*

经纬仪虽经校正，但不可能校正得十分完善，仍有残余误差。使得观测结果存在误差，这些误差部分是可以消除和避免的。例如，采用盘左、盘右两个位置观测，取其平均值作为结果可以消除视准轴不垂直于横轴、横轴不垂直于竖轴、竖盘指标差的影响等。

二、观测误差

1. *对中误差对测角的影响*

在观测水平角时，如果对中有误差，测量的结果比实际值偏大或偏小，如图 3-31 所示，当对中偏内，则所测角度偏大，当对中偏外，所测角度偏小。误差的大小与偏心距 e_1，e_2 有关；与测站点 O 到目标 A、B

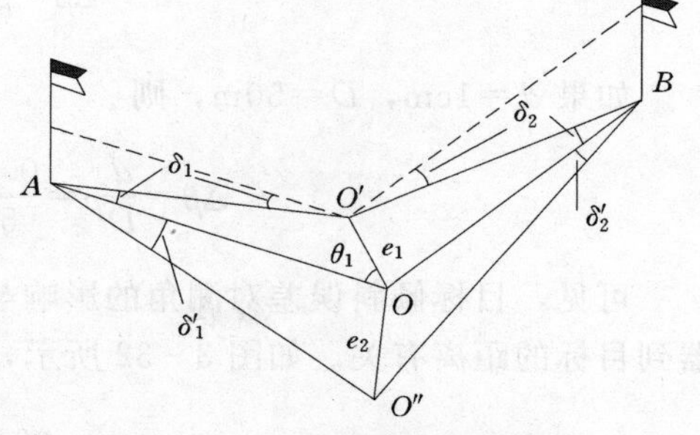

图 3-31　对中误差的影响

距离有关，与偏心方向和观测方向的夹角θ有关。

例如：如图3-31所示，对中偏于O'点，偏心距$e_1=OO'=1\text{cm}$，$\theta_1=60°$，$OA=100\text{m}$，$OB=120\text{m}$。$\beta=\angle AO'B=130°$时，测角误差为

$$\delta_1=\frac{e_1\sin\theta_1}{D_{OA}}\rho=\frac{0.01\times\sin60°}{100}\times206265''\approx18''$$

$$\delta_2=\frac{e_1\sin(\beta-\theta_1)}{D_{OB}}\rho=\frac{0.01\times\sin70°}{120}\times206265''\approx16''$$

由于仪器对中产生误差，对水平角影响为

$$\delta=\delta_1+\delta_2=18''+16''=34''$$

当$\beta=180°$，$\theta=90°$时，δ角值最大，为

$$\delta=e\left(\frac{1}{D_{OA}}+\frac{1}{D_{OB}}\right)\rho$$

可见，观测目标边长越短，由于对中所引起的角度误差也越大，因此，进行短边测角时应特别注意对中。

2. 整平误差对测角的影响

由于整平的误差，使得水平度盘不水平，度盘不水平对测角的影响还取决于度盘的倾斜度和所观测目标的高度，当观测目标与仪器大致等高时，其影响较小，但在山区或丘陵区观测水平角时，该项误差随着两观测目标的高差增大而增大，所以在山区测角应特别注意整平。

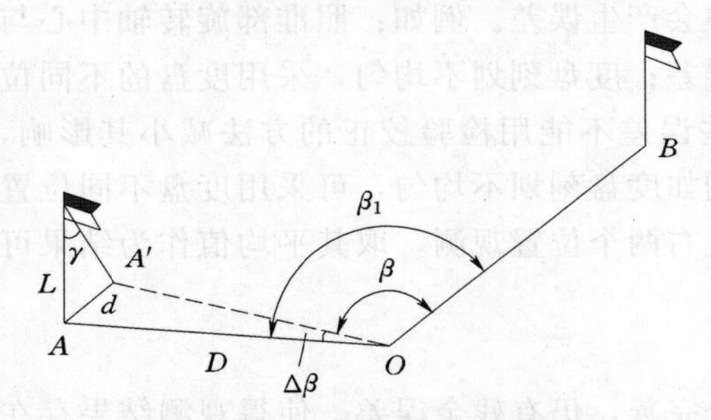

图3-32 目标倾斜对水平角观测的影响

3. 目标倾斜误差对测角的影响

在水平角观测中，如果目标倾斜而又瞄准目标的顶部，如图3-32所示，由此引起的测角误差为

$$\Delta\beta=\beta_1-\beta=\frac{d}{D}\rho$$

如果$d=1\text{cm}$，$D=50\text{m}$，则

$$\Delta\beta=\frac{d}{D}\rho=\frac{0.01}{50}\times206265''=41''$$

可见，目标倾斜误差对测角的影响与目标倾斜的角度γ，瞄准目标的高度L和仪器到目标的距离有关。如图3-32所示，即

$$\Delta\beta=\frac{L\sin\gamma}{D}\rho \tag{3-11}$$

设花杆长 $L=2\text{m}$，照准花杆顶端，倾斜角 $\gamma=0°30'$，距离 $D=150\text{m}$，则测角误差为

$$\Delta\beta=\frac{L\sin\gamma}{D}\rho=\frac{2\times\sin0°30'}{150}\times206265''=24''$$

由此可以看出，目标倾斜误差对测量水平角的影响很大，特别是短边测角影响更大。因此，在水平角观测时，应仔细将标杆竖直，并尽可能瞄准花杆的底部，以减小误差。

4. 照准误差的影响

照准误差与人眼的分辨能力和望远镜的放大倍率有关。一般认为人眼的分辨率为 60″，即两点对人眼构成的视角小于 60″时，不能分辨出而只能看是一点。若考虑放大率为 V 倍的望远镜，则照准误差为 $60''/V$。DJ_6 型经纬仪的放大率一般为 28 倍，故照准误差大约为±2.1″。在观测过程中，观测员操作不正确或视差没有消除，都会产生较大的照准误差。因此，在观测时应仔细调焦和照准目标。

5. 读数误差的影响

读数误差主要取决于仪器读数系统的精度。人为因素主要有读数显微镜视差的影响、读数窗的亮度和估读误差。对于 DJ_6 型经纬仪，读数误差为分微尺最小分划 1′的 1/10，即为±6″。

三、外界条件的影响

角度测量一般在野外进行，外界各种条件的变化都会对观测精度产生影响。例如，由于地面松软使得仪器安置不稳定；阳光的直射影响仪器的整平；望远镜视线通过大气层时受到地面辐射热和水分蒸腾的影响而出现物像跳动等。这些都直接影响角度观测的精度。因此，在精度要求较高的角度观测中，应避开不利条件，使得外界条件的影响降低到最小的程度。

通过以上的分析和讨论，使我们进一步认识到，虽然仪器本身可能有一些缺陷，以及外界条件或其他因素的影响，会使测量成果受到影响。但只要能掌握误差产生的原因及其影响测量成果的关系，就可以在测量工作中加以注意，或通过一定的观测方法和计算方法，减少和消除测量误差的影响，从而保证测量成果的精度。

习　题

一、名词解释

1. 水平角
2. 竖直角
3. 天顶距
4. 竖盘指标差

二、问答题

1. 用经纬仪观测角度时，对中、整平的目的是什么？是怎样进行的？

2. 用经纬仪瞄准同一竖直面内不同高度的两点，水平度盘上的读数是否相同？测站点与此不同高度的两点连线，两连线所夹角度是不是水平角？为什么？

3. 利用盘左、盘右观测水平角和竖直角可以消除哪些误差的影响？

4. 分别叙述测回法和全圆方向法观测水平角的操作步骤及限差要求？

5. 经纬仪的各轴线是怎样定义的？它们之间应满足的几何关系是什么？为什么？

6. 经纬仪的检验校正有哪几项？怎样进行检验？

7. 电子经纬仪的测角原理与光学经纬仪的主要区别是什么？

三、填空题

1. 经纬仪的安置工作包括________、________。

2. 经纬仪各轴线应满足的几何关系是________、________、________。

3. 对中的目的是使仪器的中心与测站点标志中心位于________上。整平的目的是使仪器的竖轴铅垂、________水平。

4. 用测回法观测水平角时，通常有两项限差，一是________，二是________。用 DJ_6 级经纬仪进行图根水平角观测时，第一项限差为________，第二项限差为________。

5. 用 DJ_6 级经纬仪测竖直角，盘左瞄准 A 点（望远镜上倾读数减少），其竖盘读数为 95°15′12″，盘右瞄准 A 点，读数为 264°46′12″，求正确竖直角________，指标差________，盘右时的正确读数是________。

四、计算题

1. 用 DJ_6 型经纬仪按测回法观测水平角，所得数据如图 3－33 所示，请填表 3－6 计算 β 角。

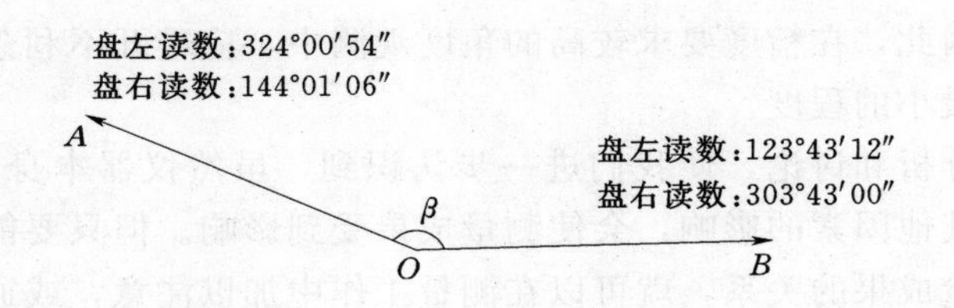

图 3－33　测回法观测示意图

表 3－6　　**水平角观测手簿（测回法）**

测　站	竖盘位置	目　标	水平度盘读数 /(°　′　″)	半测回角值 /(°　′　″)	一测回角值 /(°　′　″)

2. 按全圆方向法两测回观测结果列于表 3－7，请完成记录计算。

表 3－7　　水平角观测手簿（全圆方向法）

测回数	测站	照准点名称	盘左读数 /(° ′ ″)	盘右读数 /(° ′ ″)	$2c=L-(R\pm180)$ /(″)	$\frac{L+R\pm180}{2}$ /(° ′ ″)	一测回归零方向值 /(° ′ ″)	各测回归零方向平均值 /(° ′ ″)	角值 /(° ′ ″)
Ⅰ	O	A	00 00 22	180 00 18					
		B	60 11 16	240 11 09					
		C	131 49 38	311 49 21					
		D	167 34 38	347 34 06					
		A	00 00 27	180 00 13					
Ⅱ	O	A	90 02 30	270 02 26					
		B	150 13 26	330 13 18					
		C	221 51 42	41 51 26					
		D	257 36 30	77 36 21					
		A	90 02 36	270 02 15					

3. 图 3－34 是两种不同的竖盘注记形式，请分别导出计算竖直角和指标差的公式。

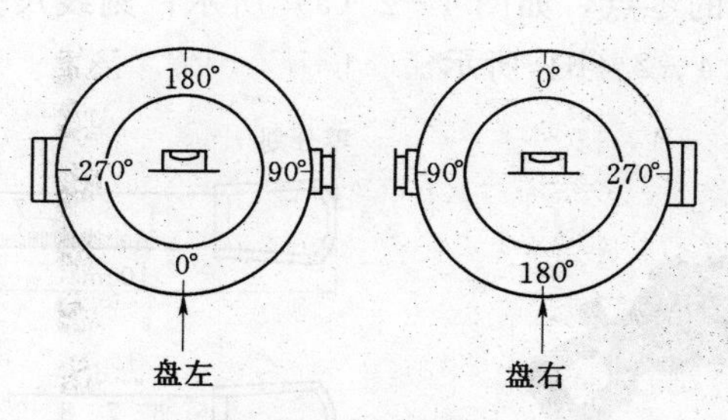

图 3－34　注记形式

4. 竖直角的观测数据列于表 3－8，请完成其记录计算。

资源 3－3
习题答案

表 3－8　　竖直角观测记录表

测站	目标	竖盘位置	竖盘读数 /(° ′ ″)	半测回角值 /(° ′ ″)	指标差 /(′ ″)	一测回角值 /(° ′ ″)	备注
O	M	左	98 41 18				
		右	261 18 48				
O	N	左	86 16 18				
		右	273 44 00				

第四章 距离测量与直线定向

测量距离是确定地面点位的基本测量工作之一。测量工作中的距离一般指两点间的水平距离，测量距离方法主要有钢尺量距、视距测量、电磁波测距和GNSS定位测距等。

第一节 钢尺量距

一、量距工具

钢尺（也称钢卷尺）是用钢制成的带状尺，尺的宽度为10～15mm，厚度约为0.4mm，长度有20m、30m、50m等几种。钢尺有卷放在圆盘形尺壳内的，也有卷放在金属或塑料尺架上的，如图4-1所示。钢尺的基本分划为mm，在每厘米、每分米及每米处印有数字注记。根据零点位置不同，钢尺有端点尺和刻线尺两种。端点尺是以尺的最外端作为尺的零点，如图4-2（a）所示；刻线尺是以尺前端的一条分划线作为尺的零点，如图4-2（b）所示。

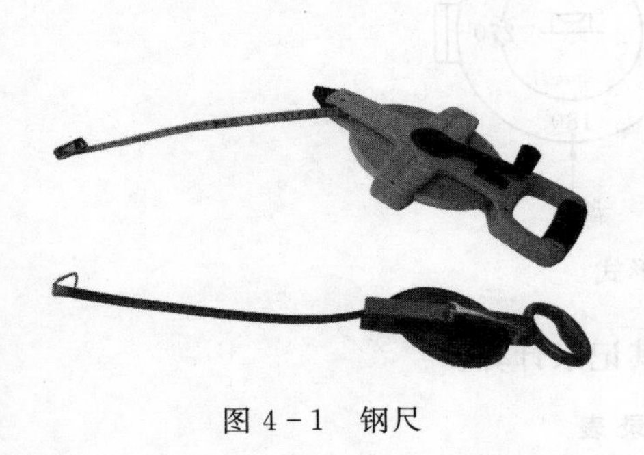

图4-1 钢尺

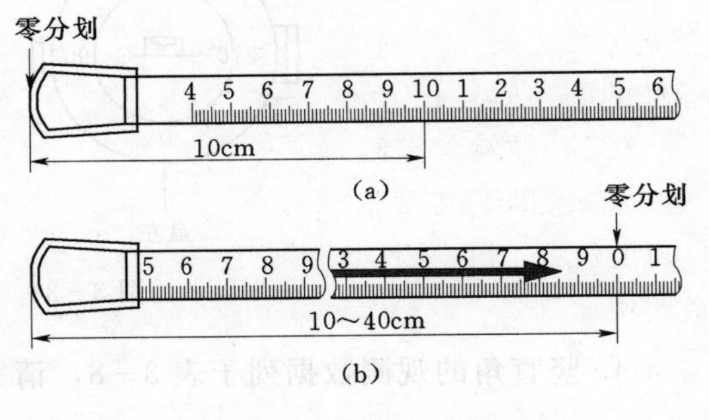

图4-2 钢尺的分划
（a）端点尺；（b）刻度尺

配合钢尺量距的其他辅助工具有测钎、标杆、垂球、弹簧秤、温度计等，如图4-3所示。测钎用于标定尺段；标杆用于直线定线；垂球用于在不平坦地面丈量时将钢尺的读数端点垂直投影到地面；在精密量距时，还需要有弹簧秤、温度计。弹簧秤用于对钢尺施加规定的拉力；温度计用于测定钢尺量距时的温度，以便对钢尺丈量的距离施加温度改正。

二、直线定线

当被量测距离大于一整尺长度或地面坡度较大时，需分段丈量，为使距离测量沿直线方向进行，需要在两点间的直线上再标定该直线上的一些点位，以便于分段丈量

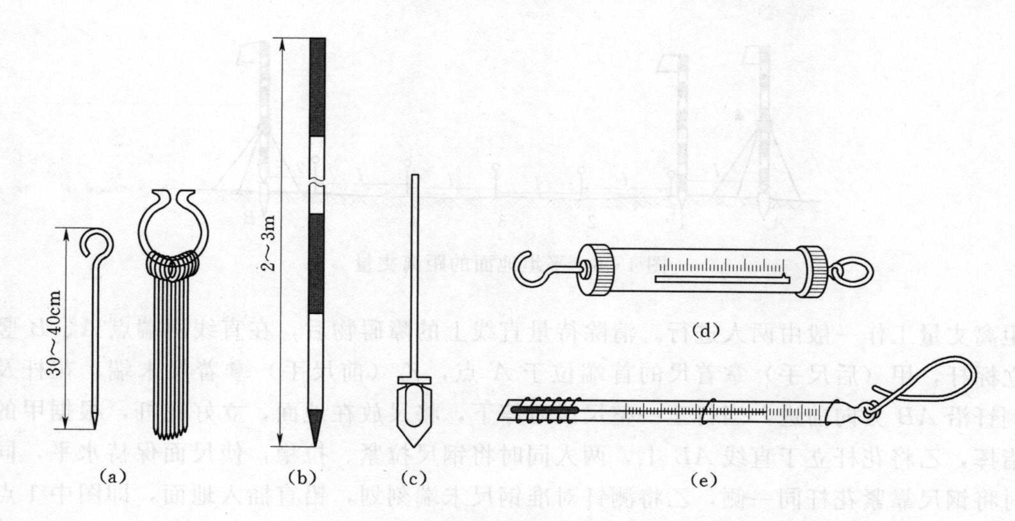

图 4-3 钢尺量距的辅助工具

(a) 测钎；(b) 标杆；(c) 垂球；(d) 弹簧秤；(e) 温度计

的尺段都在这条直线上，这项工作称为直线定线。根据精度要求不同，可分为目估定线和经纬仪定线两种。

(一) 目估定线

目估定线适用于量距精度要求不太高的一般方法量距。如图 4-4 所示，设 A、B 两点互相通视，要在 A、B 两点的直线上标出分段点 1、2 两点。先在 A、B 点上竖立标杆，甲站在 A 点标杆后约 1m 处，指挥乙左右移动标杆，直到甲从在 A 点沿标杆的同一侧看到 A、1、B 三支标杆成一条线为止，同法可以定出直线上的 2 点。

(二) 经纬仪定线

如果测距精度要求较高时，需要用经纬仪定线。如图 4-5 所示，在直线 AB 上定出 C 点的位置，可由测量员甲安置经纬仪于 A 点，用望远镜照准 B 点，固定水平制动螺旋，此时甲通过望远镜利用竖直的视准面，指挥乙左右移动花杆，当花杆移动至与十字丝竖丝重合时，便在花杆位置打下木桩，再根据十字丝在木桩上准确地定出 C 点的位置。

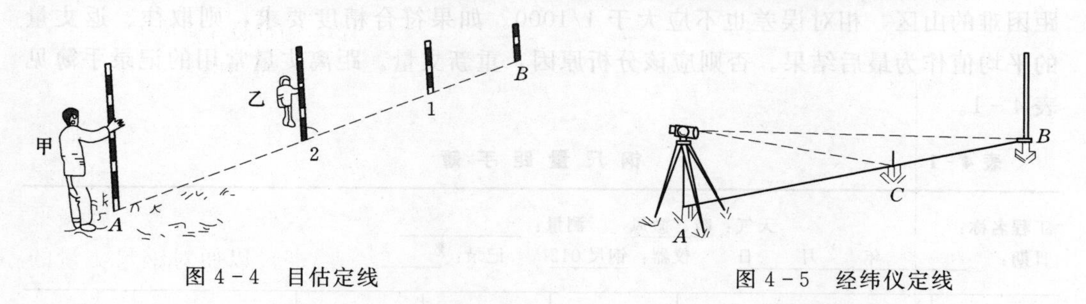

图 4-4 目估定线　　　　图 4-5 经纬仪定线

三、钢尺量距的方法

(一) 一般方法

如图 4-6 所示，平坦地区进行距离丈量，先定线后丈量或边定线边丈量均可。

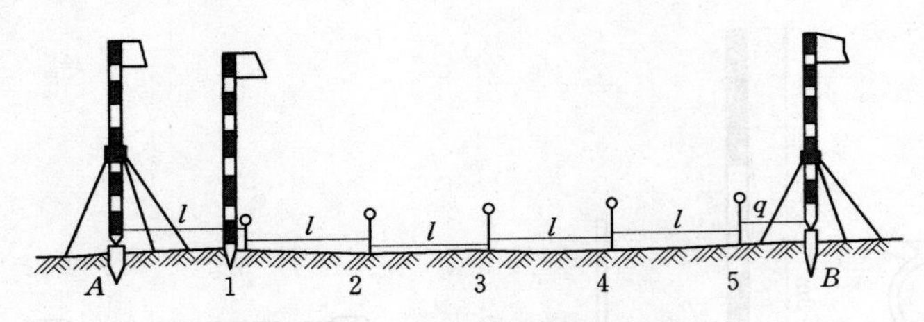

图 4-6　平坦地面的距离丈量

距离丈量工作一般由两人进行。清除待量直线上的障碍物后，在直线两端点 A、B 竖立标杆，甲（后尺手）拿着尺的首端位于 A 点，乙（前尺手）拿着尺末端、花杆及测钎沿 AB 方向前进，当行至一整尺段时停下，将尺放在地面，立好花杆，根据甲的指挥，乙将花杆立于直线 AB 上，两人同时将钢尺拉紧、拉稳，使尺面保持水平，同时将钢尺靠紧花杆同一侧，乙将测钎对准钢尺末端刻划，铅直插入地面，即图中 1 点位置。用同样的方法测量出第二尺段，定出 2 点。再前进时，甲应随手拔起 1 点的测钎。如此继续丈量下去，直到终点 B。最后不足一个整尺段的长度叫余长，直线 AB 的水平距离可由式（4-1）计算。

$$D_{AB}=nl+q \tag{4-1}$$

式中：n 为整尺段数；l 为整尺段长度；q 为不足一整尺的余长。

为了校核距离丈量是否正确和提高距离丈量的精度，对于同一条直线的长度要求至少往、返各测量一次，即由 A 测量至 B，再由 B 测量至 A。由于误差的存在，往测和返测的距离不相等，将往、返丈量的距离之差的绝对值与往、返丈量的距离平均值之比，称为距离丈量相对误差，用分子为 1 的分式表示，用来作为评定距离丈量的精度的指标。

$$K=\frac{|D_{AB}-D_{BA}|}{\overline{D}_{AB}}=\frac{1}{N} \tag{4-2}$$

式中：K 为相对误差。

平坦地区，钢尺量距的相对误差要求小于 1/3000，一般地区小于 1/2000，在量距困难的山区，相对误差也不应大于 1/1000。如果符合精度要求，则取往、返丈量的平均值作为最后结果。否则应该分析原因，重新丈量。距离丈量常用的记录手簿见表 4-1。

表 4-1　　**钢尺量距手簿**

工程名称：　　　　天气：晴、微风　　测量：________

日期：________年　月　日　　仪器：钢尺 012　　记录：______

测线		分段丈量长度/m		总长度/m	平均长度/m	精度 K	备　注
		整尺段长(nl)	余尺段长(l')				
AB	往	6×50	36.537	336.537	386.482	$\frac{1}{3087}$	量距方便地区 $K\leqslant\frac{1}{3000}$
	返	6×50	36.428	336.428			

（二）精密方法

当量距精度要求高于1/3000时，需采用钢尺量距的精密方法。所使用的钢尺应进行检定，确定被检钢尺的尺长方程式。钢尺检定时应保持恒温，通常采用平台法，即将钢尺放在长为30m（或50m）的水泥平台上，并在平台两端安装施加拉力的支架，给钢尺施加标准拉力（100N），然后用标准尺量测被检定的钢尺，则可得到在标准温度及拉力下的实际长度，最后给出钢尺随温度变化的函数式，称为尺长方程式。

$$l_t = l_0 + \Delta l + \alpha(t - t_0)l_0 \tag{4-3}$$

式中：l_t为钢尺在t温度时的实际长度；l_0为钢尺的名义长度；Δl为整尺段的尺长改正数；α为钢尺的膨胀系数，其值为（1.16～1.25）$\times 10^{-5}$m/(m·℃)；t_0为钢尺检定时的温度（一般为20℃）；t为丈量距离时钢尺的温度。

现场丈量时，首先利用经纬仪定线，定线时用钢尺概量，每隔大约一整尺段（比尺长大约小5cm）打一木桩，木桩高出地面2～3cm。并在桩顶划线表示直线方向，再划细线与直线方向垂直，形成十字交点（交点应在直线上），作为钢尺读数的起讫点，用检定过的钢尺在相邻两木桩之间进行丈量，每段应测量3次，3次尺段长度互差应小于3mm，并记录温度。利用水准仪测量木桩间高差以便进行倾斜改正。丈量的距离应进行下列3项改正。

1. 尺长改正

丈量时，若一尺段长度为l，则该尺段的尺长改正数Δl_l为

$$\Delta l_l = \frac{\Delta l}{l_{名}} l \tag{a}$$

式中：$\Delta l = l_{实} - l_{名}$。

2. 温度改正

$$\Delta l_t = \alpha(t - t_0)l \tag{b}$$

式中：l为一尺段长度；t为丈量时的温度。

3. 倾斜改正

由图4-7得

$$\Delta l_h = D - l$$

由勾股定理可知：$h^2 = l^2 - D^2 = (l+D)(l-D)$

所以
$$\Delta l_h = -\frac{h^2}{l+D} \approx -\frac{h^2}{2l} \tag{c}$$

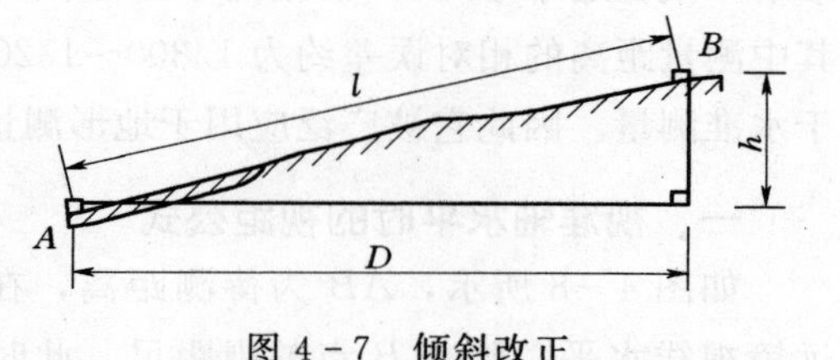

图4-7 倾斜改正

式中：D为欲求的水平距离。

每尺段进行以上三项改正后，得改正后的尺段长度（即水平距离D），即

$$D = l + \Delta l_l + \Delta l_t + \Delta l_h \tag{4-4}$$

各尺段改正后长度相加，即得其全长。同样方法分别计算出返测全长，用相对误差进行精度评定，若结果符合钢尺精密量距的限差要求，取往、返测距离的平均值作为该距离的最后结果，否则应重测。表4-2为钢尺量距手簿的另一种形式。

表 4-2　　　　钢 尺 量 距 手 簿

线段A—B　尺长方程式：$l_t=30+0.005+1.25\times10^{-5}(t-20℃)\times30$　　检定时拉力：100N

钢尺号 K1228　　日期 2006 年 8 月 8 日

尺段	次数	前尺读数/m	后尺读数/m	尺段长度/m	尺段平均长度/m	温度 t/℃ 温度改正 ΔL_t/mm	高差 h/m 倾斜改正 ΔL_h/mm	尺长改正 ΔL/mm	改正后的尺段长度/m	附注
A—1	1	29.930	0.064	29.866	29.8650	25.80	+0.272	+2.5	29.8684	
	2	29.940	0.076	29.864		+2.1	−1.2			
	3	29.950	0.085	29.865						
1—2	1	29.920	0.015	29.905	29.9057	27.6	+0.174	+2.5	29.9104	
	2	29.930	0.025	29.905		+2.7	−0.5			
	3	29.940	0.033	29.907						
⋮										
14—B	1	1.880	0.076	1.804	1.8050	27.5	−0.065	+0.2	1.8042	
	2	1.870	0.064	1.806		+0.2	−1.2			
	3	1.860	0.055	1.805						
往测长度为 421.751m，返测长度为 421.729m，基线长度为 421.740m										

第二节　视　距　测　量

视距测量是利用望远镜内十字丝分划板上的视距丝及刻有厘米分划的视距标尺（地形塔尺或普通水准尺），根据光学原理同时测定两点间的水平距离和高差的一种方法。其中测量距离的相对误差约为 1/300～1/200，低于钢尺量距的精度；测定高差的精度低于水准测量。因此它被广泛应用于地形测量及其他低精度的距离测量中。

一、视准轴水平时的视距公式

如图 4-8 所示，AB 为待测距离，在 A 点安置经纬仪，B 点竖立视距尺，设望远镜视线水平，瞄准 B 点的视距尺，此时，视线与视距尺垂直。

在图 4-8 中，令 $p=\overline{nm}$ 为望远镜上、下视距丝的间距，$l=\overline{NM}$ 为视距间隔，f 为望远镜物镜的焦距，δ 为物镜中心到仪器中心的距离。

由于望远镜上、下视距丝的间距 p 固定。因此从这两根丝引出去的视线在竖直面内的夹角 φ 也是固定的。设由上、下视距丝 n、m 引出去的视线在标尺上的交点分别为 N、M，则在望远镜视场内可以通过读取交点的读数 N、M，求出视距间隔 l。图 4-8 右图所示的视距间隔为 $l=1.385-1.188=0.197$（注：图示为倒像望远镜的视场，应从上往下读数）。

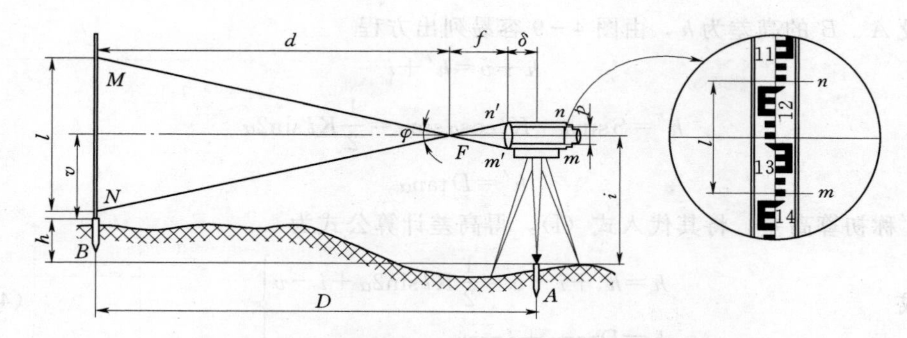

图 4-8　视准轴水平时的视距测量原理图

由于$\triangle n'm'F \backsim \triangle NMF$，所以有

$$\frac{d}{f}=\frac{l}{p} \tag{a}$$

则

$$d=\frac{f}{p}l \tag{b}$$

由图 4-8 得

$$D=d+f+\delta=\frac{f}{p}l+f+\delta \tag{c}$$

令

$$K=\frac{f}{p}, \quad C=f+\delta$$

则有

$$D=Kl+C \tag{4-5}$$

式中：K、C 分别为视距乘常数和视距加常数。

设计制造仪器时，通常使 $K=100$，对于内对光望远镜 C 接近于零。因此，视准轴水平时的视距计算公式为

$$D=Kl=100l \tag{4-6}$$

图 4-8 所示的视距为

$$D=100\times0.197=19.7(\text{m})$$

如果再在望远镜中读出中丝读数 v，用小钢尺量出仪器高 i，则 A、B 两点间的高差为

$$h=i-v \tag{4-7}$$

二、视准轴倾斜时的视距计算公式

如图 4-9 所示，当视准轴倾斜时，由于视线不垂直于视距尺，所以不能直接应用式（4-6）计算视距。由于 φ 角很小，约为 $34'$，所以有$\angle MO'M'=\alpha$，也即只要将视距尺绕于望远镜视线的交点 O'，旋转图示的 α 角后，就能与视线垂直，并有

$$l'=l\cos\alpha \tag{d}$$

则望远镜旋转中心 O 与视距尺旋转中心 O'之间的视距为

$$S=Kl'=Kl\cos\alpha \tag{e}$$

由此求得 A、B 两点间的水平距离为

$$D=S\cos\alpha=Kl\cos^2\alpha \tag{4-8}$$

设 A、B 的高差为 h，由图 4-9 容易列出方程

$$h+v=h'+i \tag{f}$$

$$h'=S\sin\alpha=Kl\cos\alpha\sin\alpha=\frac{1}{2}Kl\sin2\alpha \tag{g}$$

或

$$h'=D\tan\alpha \tag{h}$$

h'称初算高差，将其代入式（f），得高差计算公式为

$$\left.\begin{aligned} h&=h'+i-v=\frac{1}{2}Kl\sin2\alpha+i-v \\ \text{或}\quad h&=D\tan\alpha+i-v \end{aligned}\right\} \tag{4-9}$$

实际工作中，如视线无阻挡时，可使 $i=v$，式（4-9）简化为

$$h=\frac{1}{2}Kl\sin2\alpha=D\tan\alpha$$

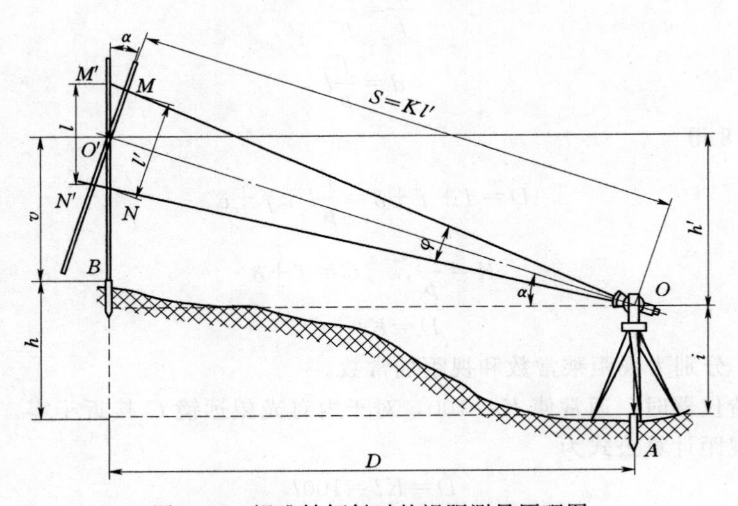

图 4-9　视准轴倾斜时的视距测量原理图

第三节　电磁波测距

一、概述

电磁波测距（electro-magnetic distance measuring，EDM）是用电磁波（光波或微波）作为载波传输测距信号，以测量两点间距离的一种方法。按测程可分为短程（小于 5km）、中程（5～15km）和远程（大于 15km）三类。它具有测距精度高、速度快和不受地形影响等优点，已广泛应用在工程测量中。

电磁波测距就本质来说是测定电磁波在待测距离上往、返传播的时间 t，利用已知的电磁波传播速度 c 按下式可获取待测距离值（图 4-10），即

$$D=\frac{1}{2}ct \tag{4-10}$$

光波在测段内传播时间的测定方法，可分为脉冲法和相位法。脉冲式光电测距仪

是将发射光波的光强调制成一定频率的尖脉冲，通过测量发射的尖脉冲在待测距离上往返传播的时间来计算距离。由于受到脉冲宽度和电子计数器时间分辨率的限制，脉冲式测距仪的精度不高，一般只能达到1～5m；相位式光电测距仪则是将发射光波的光强调制成正弦波的形式，通过测量正弦光波在待测距离上往返传播的相位移来解算距离。高精度的测距仪基本上采用这种方式。

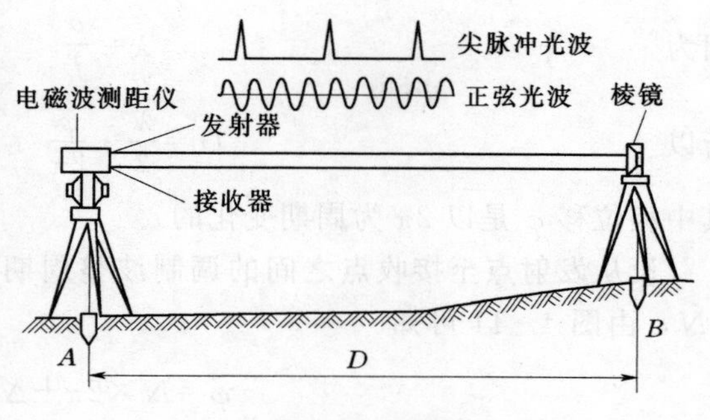

图4-10　电磁波测距

二、相位式测距原理

相位式测距主要由调制器、接收器、相位计、计数显示器等组成。其工作原理为：由光源灯［一般采用砷化镓（GaAs）半导体发光二极管作光源发射器］发出的光通过调制器后，成为光强随高频信号呈正弦变化的调制光射向测线另一端的反射镜，经反射镜反射后被接收器接收，再由相位计通过比对得到其相位的位移量，然后根据位移量所对应的距离值由计数显示器显示出来。

如图4-11所示，设测距仪在A点发出的连续调制光，被B点反射后，又回到A点所经过的时间为t。如果将光波在测线上按往、返距离展开，显然接收时的相位移比发射时相位移延迟了一个φ角，设调制光波的频率为f，则

$$\varphi=2\pi ft$$

即

$$t=\frac{\varphi}{2\pi f} \tag{4-11}$$

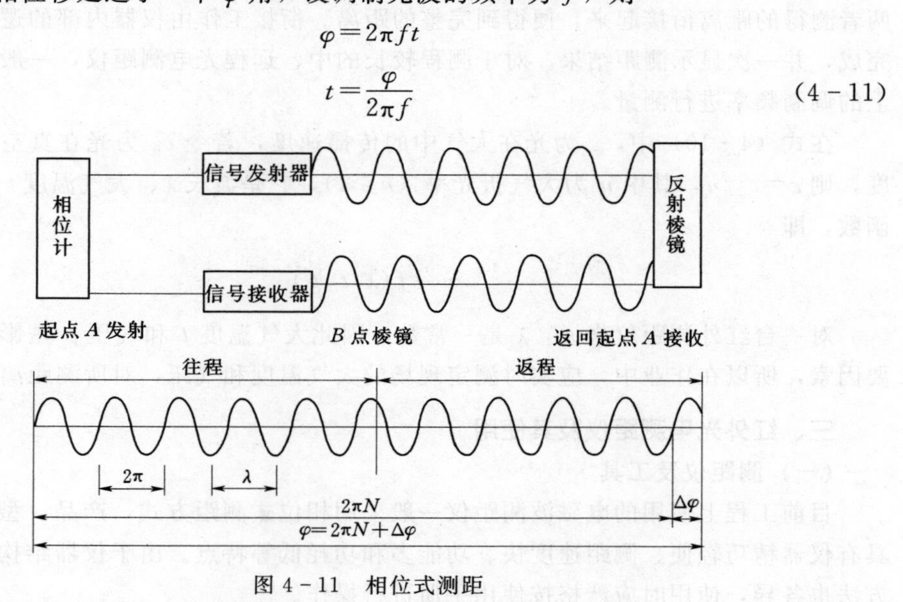

图4-11　相位式测距

把式（4-11）代入式（4-10）得

$$D=\frac{c}{2f}\cdot\frac{\varphi}{2\pi}$$

因为
$$\lambda=\frac{c}{f}$$

所以
$$D=\frac{\lambda}{2}\cdot\frac{\varphi}{2\pi} \tag{4-12}$$

其中相位移 φ 是以 2π 为周期变化的。

设从发射点至接收点之间的调制波整周期数为 N，不足一个整周期的比例数为 ΔN，由图 4-11 可知

$$\varphi=N\times2\pi+\Delta N\times2\pi$$

代入式（4-12），得

$$D=\frac{\lambda}{2}(N+\Delta N) \tag{4-13}$$

式（4-13）就是相位法测距的基本公式。它与钢尺量距的情况相似，$\lambda/2$ 相当于整尺长，称为光尺或测尺，N 与 ΔN 相当于整尺段数和不足一整尺段的余长。$\lambda/2$ 为已知，只要测定 N 和 ΔN，即可求得距离 D。

由于测相的相位计只能分辨 0～2π 的相位变化，所以只能测量出不足 2π 的相位尾数 $\Delta\varphi$，无法测定相位的整周期数 N。因此，需在测距仪中设置两个调制频率测同一段距离。例如用调制光的频率为 15MHz，光尺长度为 10m 的调制光作为精测尺，用调制光的频率为 150kHz，光尺长度为 1000m 的调制光作为粗测尺。前者测量出小于 10m 的毫米位、厘米位、分米位和米位距离；后者测量出十米位和百米位距离。两者测得的距离衔接起来，便得到完整的距离。衔接工作由仪器内部的逻辑电路自动完成，并一次显示测距结果。对于测程较长的中、远程光电测距仪，一般采用三个以上的调制频率进行测量。

在式（4-10）中，c 为光在大气中的传播速度，若令 c_0 为光在真空中的传播速度，则 $c=c_0/n$，其中 n 为大气折光率（$n\geqslant1$），它是波长 λ、大气温度 t 和气压 p 的函数，即

$$n=f(\lambda,t,p) \tag{4-14}$$

对一台红外测距仪来说，λ 是一常数，因此大气温度 t 和气压 p 是影响光速的主要因素，所以在作业中，应实时测定现场的大气温度和气压，对所测距离加以改正。

三、红外光电测距仪及其使用

（一）测距仪及工具

目前工程上使用的电磁波测距仪一般采用相位式测距方式，产品、型号众多。它具有仪器精巧轻便、测距速度快、功能多和功耗低等特点。由于仪器结构不同，操作方法也各异，使用时应严格按使用手册进行操作。

如图 4-12 是南方测绘公司生产的 ND3000 红外相位式测距仪，它自带望远镜，望远镜的视准轴、发射光轴和接收光轴同轴，可以安装在光学经纬仪上或电子经纬仪上，如图 4-13（a）所示。测距时，测距仪瞄准棱镜测距，经纬仪瞄准棱镜测量视线

方向的天顶距，通过操作测距仪面板上的键盘，将经纬仪测量出的天顶距输入到测距仪中，可以计算出水平距离和高差。仪器的主要技术参数如下。

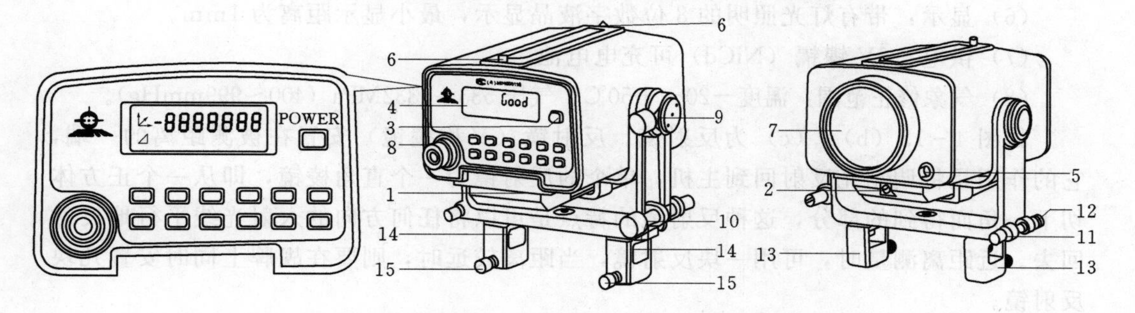

图 4-12　ND3000 红外相位式测距仪

1—电池；2—外接电源插口；3—电源开关；4—显示屏；5—RS-232C 数据接口；6—粗瞄器；7—望远镜物镜；8—望远镜物镜调焦螺旋；9—垂直制动螺旋；10—垂直微动螺旋；11、12—水平调整螺丝；13—宽度可调连接支架；14—支架宽度调整螺丝；15—连接固定螺丝

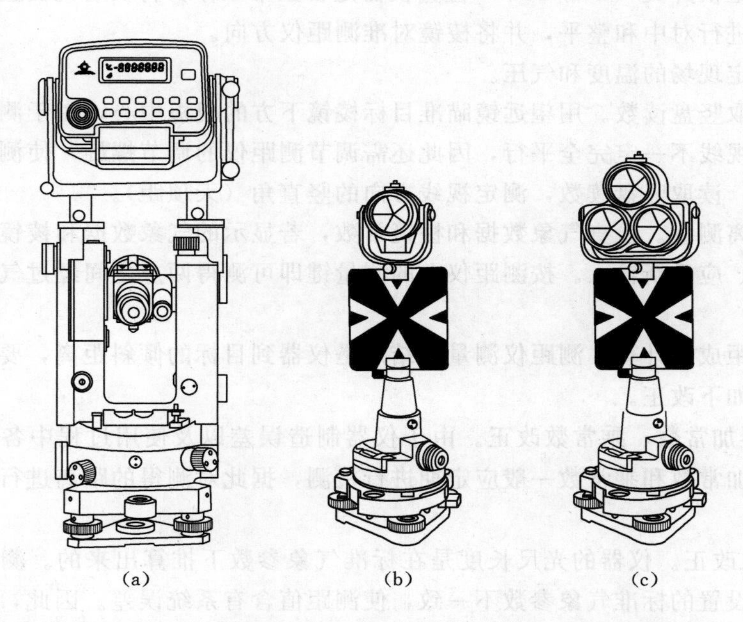

图 4-13　安装在 TDJ2E 光学经纬仪上的 ND3000 及棱镜

(a) 与 TDJ2E 光学经纬仪连接；(b) 单棱镜与基座；(c) 三棱镜与基座

(1) 红外光源波长：0.865mm。

(2) 测尺长及对应的调制频率如下。

精测尺：10m，f_1＝14.835546MHz；

粗测尺 1：1000m，f_2＝148.35546kHz；

粗测尺 2：10000m，f_2＝14.835546kHz。

(3) 测程：2500m（单棱镜），3500m（三棱镜）。

（4）标称精度：±（5mm＋3×10^{-6}×D）。

（5）测量时间：正常测距3s，跟踪测距、初始测距3s，以后每次测距0.8s。

（6）显示：带有灯光照明的8位数字液晶显示，最小显示距离为1mm。

（7）供电：6V镍镉（NiCd）可充电电池。

（8）气象修正范围：温度－20～＋50℃；气压533～1332MPa（400～999mmHg）。

如图4－13（b）、（c）为反射镜。反射镜（又称棱镜）安置在被测距离的一端，它的作用是将调制光反射回到主机，单个的反射镜为一个直角棱镜，即从一个正方体切下一角而得到的部分，这种反射镜的特点是可以将任何方向的入射光线平行地反射回去。近距离测量时，可用一块反射镜，当距离较远时，则要在觇牌上同时安置几块反射镜。

（二）测距方法

（1）安置仪器。在待测距离的一端安置经纬仪（对中、整平），将测距仪安置在经纬仪的上方，不同类型的经纬仪其连接方式有所不同，应参照说明书进行；接通电源并打开测距仪开关（ON/OFF）检查仪器是否正常工作；将反射镜安置在待测距离的另一端，进行对中和整平，并将棱镜对准测距仪方向。

（2）测定现场的温度和气压。

（3）读取竖盘读数。用望远镜瞄准目标棱镜下方的觇板中心，由于测距仪的光轴与经纬仪的视线不一定完全平行，因此还需调节测距仪的调节螺旋，使测距仪瞄准反光棱镜中心，读取竖盘读数，测定视线方向的竖直角（天顶距）。

（4）距离测量。检查气象数据和棱镜常数，若显示的气象数据和棱镜常数与实际数据不符时，应重新输入。按测距仪上的测量键即可测得两点之间经过气象改正的倾斜距离。

（5）测距成果计算。测距仪测量的结果是仪器到目标的倾斜距离，要求得水平距离需要进行如下改正。

1）仪器加常数、乘常数改正。由于仪器制造误差以及使用过程中各种因素的影响，对仪器加常数和乘常数一般应定期进行检测，据此对测得的距离进行加常数和乘常数改正。

2）气象改正。仪器的光尺长度是在标准气象参数下推算出来的。测距时的气象参数与仪器设置的标准气象参数不一致，使测距值含有系统误差。因此，测距时尚需测定大气的温度（读至1℃）和气压（读到Pa），然后利用仪器生产厂家提供的气象改正公式对测得距离进行改正。当测距精度要求不高时，也可略去加常数、乘常数和气象改正。

3）平距计算。测距仪测得的距离经仪器加、乘常数和气象改正数改正后，是测距仪中心到反射镜中心的倾斜距离，应按经纬仪测得的竖直角（天顶距）进行倾斜改正。

实际工作中，可利用测距仪的功能键盘设定棱镜常数、气象常数和竖盘读数，仪器即可自动进行各项改正，从而迅速获得相应的水平距离。

（6）测距精度。电磁波测距精度的表达式通常为

$$m=\pm(a+bD) \tag{4-15}$$

式中：a 为测距的非比例误差或固定误差系数；b 为比例误差系数；D 为测距长度；m 为测距仪精度（又称标称精度）。

现在普通测距仪或全站仪的测距精度一般能达到$\pm(2\text{mm}+2D\times10^{-6})$。

第四节　直线定向与坐标计算

直线定向就是确定某一直线相对于基准方向的位置，用方位角表示。基准方向有真北方向、磁北方向和坐标纵轴北方向。

一、基准方向与方位角

1. 真北方向与真方位角

通过地球表面上一点，指向地球北极的真子午线方向，称为真北方向。真北方向可用天文观测方法或陀螺经纬仪来测定。自真子午线北端顺时针量至某直线的水平角称为真方位角，如图 4-14 所示，用 A_{CF} 表示。

2. 磁北方向与磁方位角

通过地球表面上一点，指向地球磁北极的方向称为该点的磁子午线方向，或称磁北方向。磁北方向可用罗盘仪观测得到。如图 4-14 所示，自磁子午线北端顺时针量至某直线的水平角称为磁方位角，用 M_{CF} 表示。

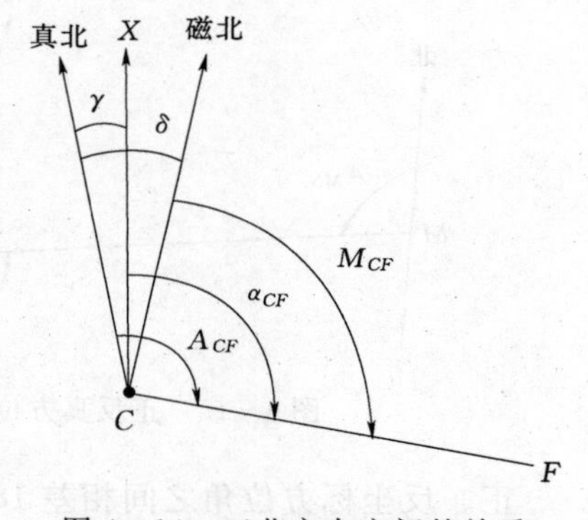

图 4-14　三北方向之间的关系

3. 坐标纵轴北方向与坐标方位角

测量工作中采用高斯平面直角坐标系中的坐标纵轴北端所指方向。在小区域独立测区，通常测定某点的磁北方向或真北方向，然后以平行于该方向作为纵坐标轴的基准方向，这样对计算较为方便。自坐标纵轴北端顺时针量至某直线的水平角称为坐标方位角，如图 4-14 所示，用 α_{CF} 表示。

从图 4-14 可以看出三种方位角的角度范围均为 0°～360°。

4. 三北方向之间的关系

因地球磁场的南北极与地球自转轴的南北极不一致，故地球上任一点的磁北方向与真北方向不重合。过某点的磁子午线方向与真子午线方向间的夹角称为磁偏角，用 δ 表示。磁子午线在真子午线以东称为东偏，δ 取正号；反之，西偏 δ 取负号。

我国各地的磁偏角的变化范围为－10°～6°。在不同地方磁偏角的大小并不相同，即磁北方向与真北方向不重合，但磁北方向接近真北方向，而且测定磁北方向的方法简单，因此，常作为局部地区测量定向的依据。

在高斯投影中，中央子午线投影后为一直线，其余为曲线。过某点的坐标纵线即中央子午线与真子午线方向的夹角称为子午线收敛角，用 γ 表示。当坐标纵线偏于真子午线方向以东称东偏，γ 取正号；反之，西偏 γ 取负号。

在图 4－14 中直线 CF 对应的三种方位角之间的关系如下：

$$\left.\begin{aligned} A_{CF} &= M_{CF} + \delta \\ A_{CF} &= \alpha_{CF} + \gamma \\ \alpha_{CF} &= M_{CF} + \delta - \gamma \end{aligned}\right\} \tag{4-16}$$

5. 直线的正、反方位角

由于地球上各点的真北方向都是指向北极，并不相互平行。图 4－15 中，在直线 MN 上，若 A_{MN} 为正方位角，则 A_{NM} 为直线 MN 的反方位角，它们的关系为

$$A_{NM} = A_{MN} + 180° + \gamma \tag{4-17}$$

如果两点相距不远，其收敛角 γ 很小，可忽略不计。故在小区域进行测量时，可把各点的真北方向视为平行，并以坐标纵轴作为定向的基准方向，如图 4－16 所示的直线 AB，这样 α_{AB} 与 α_{BA} 的关系式为

$$\alpha_{BA} = \alpha_{AB} \pm 180° \tag{4-18}$$

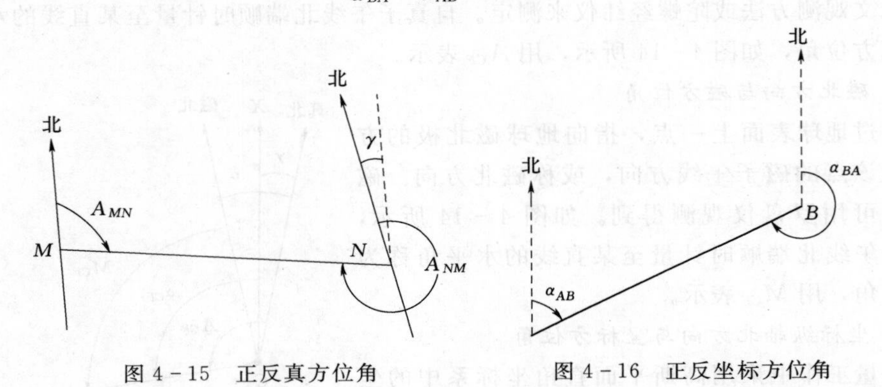

图 4－15　正反真方位角　　图 4－16　正反坐标方位角

正、反坐标方位角之间相差 180°，由此可见，采用坐标方位角作为定向的基准方向对计算较为方便。

二、象限角

在实际工作中，有时也用象限角表示直线方向，或为了计算方便把方位角换算成象限角。象限角是从基准方向北端或南端顺时针或逆时针量到某直线的水平夹角，称为象限角，用 R 表示，角值范围为 0°～90°。

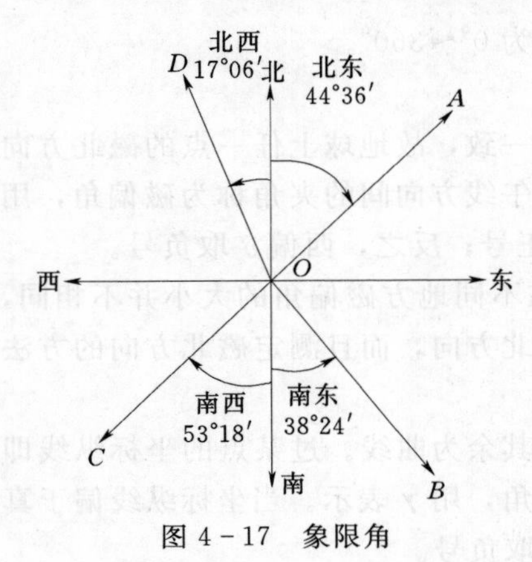

图 4－17　象限角

用象限角表示直线方向时，不但要注明角值的大小，而且还要注明所在的象限。如图 4－17 所示，直线 OA、OB、OC 和 OD 的象限角分别为 R_{OA}＝北东 44°36′，R_{OB}＝南东 38°24′，R_{OC}＝南西 53°18′，R_{OD}＝北西 17°06′。

用方位角和象限角均能表示直线的方向，若知道某一直线的方位角可以换算出该直线的象限角，反之亦可，换算方法见图 4－18 及表 4－3。

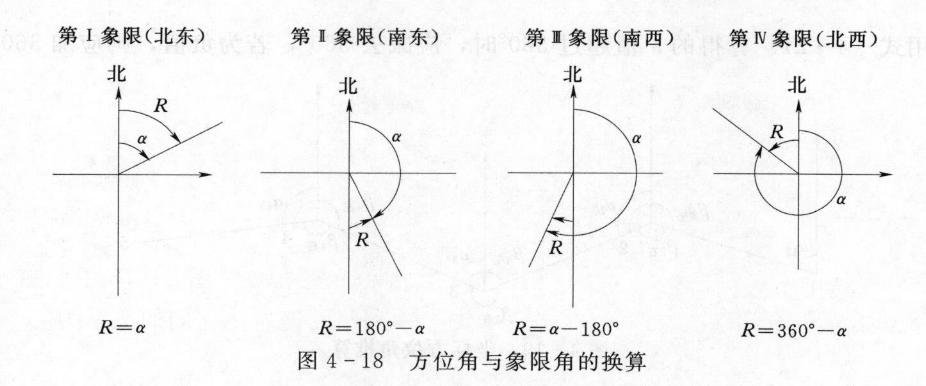

图 4-18 方位角与象限角的换算

表 4-3 方位角与象限角的换算

象限		方位角范围	由方位角求象限角	由象限角求方位角
编号	名称			
Ⅰ	北东（NE）	0°～90°	$R=\alpha$	$\alpha=R$
Ⅱ	南东（SE）	90°～180°	$R=180°-\alpha$	$\alpha=180°-R$
Ⅲ	南西（SW）	180°～270°	$R=\alpha-180°$	$\alpha=180°+R$
Ⅳ	北西（NW）	270°～360°	$R=360°-\alpha$	$\alpha=360°-R$

三、坐标方位角的推算

资源 4-1 坐标方位角的推算

测量工作中，各直线的坐标方位角不是直接测定的，而是测定各相邻边之间的水平夹角 β_i，然后根据已知的起始边坐标方位角和观测角 β_i 推算出其他各边的坐标方位角。在推算时，β_i 角有“左角”和“右角”之分，其公式也有所不同。左角（右角）是指该角位于前进方向左侧（右侧）的水平夹角。

如图 4-19 所示，已知 α_{12}，观测前进方向的左角 $\beta_{2左}$、$\beta_{3左}$、$\beta_{4左}$（或 $\beta_{2右}$、$\beta_{3右}$、$\beta_{4右}$），推算 α_{23}、α_{34}、α_{45} 如下：

β_i 为左角时：

$$\alpha_{23}=\alpha_{12}+\beta_{2左}-180°$$
$$\alpha_{34}=\alpha_{23}+\beta_{3左}-180°$$
$$\alpha_{45}=\alpha_{34}+\beta_{4左}-180°$$

通用公式
$$\alpha_{i,\,i+1}=\alpha_{i-1,\,i}+\beta_{i左}-180° \qquad (4-19)$$

β_i 为右角时：

$$\alpha_{23}=\alpha_{12}-\beta_{2右}+180°$$
$$\alpha_{34}=\alpha_{23}-\beta_{3右}+180°$$
$$\alpha_{45}=\alpha_{34}-\beta_{4右}+180°$$

通用公式
$$\alpha_{i,\,i+1}=\alpha_{i-1,\,i}-\beta_{i右}+180° \qquad (4-20)$$

式中：$\alpha_{i-1,\,i}$、$\alpha_{i,\,i+1}$ 分别为直线前进方向上相邻边中后一边的坐标方位角和前一边的坐标方位角。由前所述，推算方位角的一般公式可写为

$$\left.\begin{aligned}\alpha_{前}&=\alpha_{后}+\beta_{左}\pm180°\\ \alpha_{前}&=\alpha_{后}-\beta_{右}\pm180°\end{aligned}\right\} \qquad (4-21)$$

用式（4－21）算得的 α 值超过360°时，应减去360°，若为负值，则应加360°。

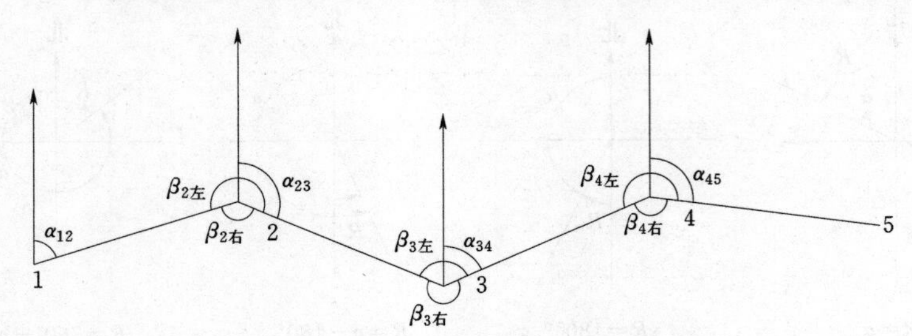

图4－19　坐标方位角推算

四、用罗盘仪测定磁方位角

罗盘仪是测量直线磁方位角的仪器。该仪器构造简单，使用方便，但精度不高。当测区内没有国家控制点，需要在小范围内建立假定坐标系的平面控制网时，可用罗盘仪测定起始边的磁方位角，作为该控制网起始边的坐标方位角。

1. 罗盘仪的构造

罗盘仪的主要部件有磁针、刻度盘、望远镜和基座，如图4－20所示。

（1）磁针：磁针用人造磁铁制成，磁针在度盘中心的顶针尖上可自由转动。为了减轻顶针尖的磨损，在不用时，可用位于底部的固定螺旋升高杠杆，将磁针固定在玻璃盖上。

（2）刻度盘：用钢或铝制成的圆环，随望远镜一起转动，每隔10°有一注记，按逆时针方向从0°注记到360°，最小分划为1°或30′。刻度盘内装有一个圆水准器或者两个相互垂直的管水准器，用手控制气泡居中，使罗盘仪水平。

（3）望远镜：望远镜装在刻度盘上，物镜端与目镜端分别在刻划线0°与180°的上面，如图4－21所示。罗盘仪在定向时，刻度盘与望远镜一起转动指向目标，当磁针静止后，度盘上由0°逆时针方向至磁针北端所指的读数，即为所测直线的方位角。

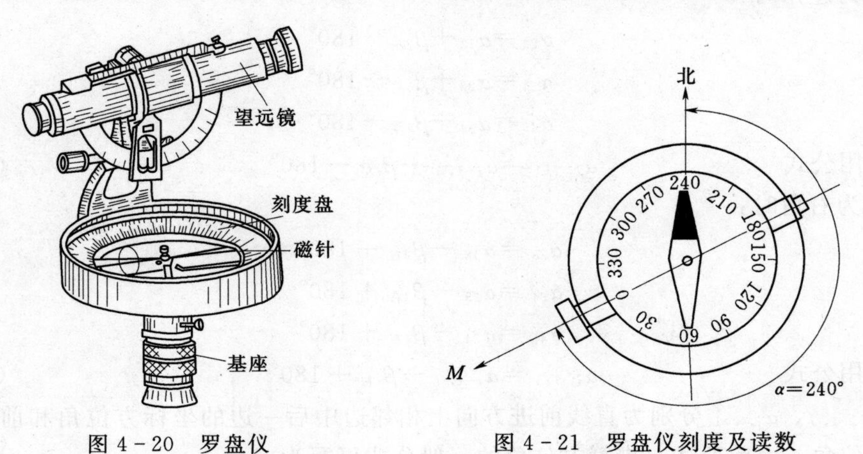

图4－20　罗盘仪　　　图4－21　罗盘仪刻度及读数

（4）基座：采用球臼结构，松开球臼接头螺旋，可摆动刻度盘，使水准气泡居中，度盘处于水平位置，然后拧紧接头螺旋。

2. 用罗盘仪测定直线磁方位角的方法

如图 4－22 所示，为了测定直线 AB 的方向，将罗盘仪安置在 A 点，用垂球对中，使度盘中心与 A 点处于同一铅垂线上，再用仪器上的水准管使度盘水平，然后放松磁针，用望远镜瞄准 B 点，等磁针静止后，磁针所指的方向即为磁子午线方向，按磁针指北的一端在刻度盘上的读数，即得直线 AB 的磁方位角。

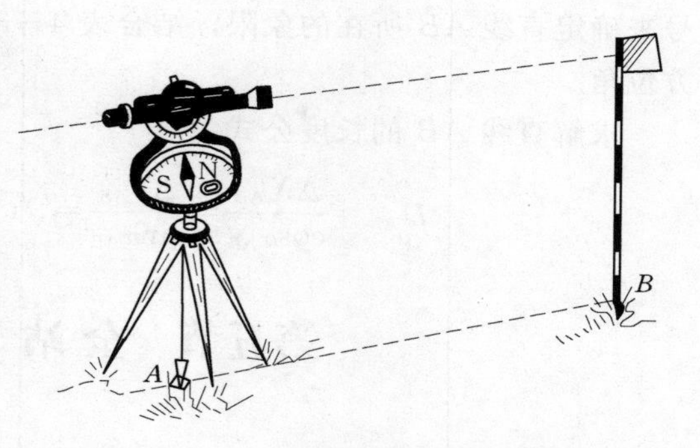

图 4－22 罗盘仪测定直线方向

使用罗盘仪进行测量时，附近不能有任何铁器，并要避免高压线，否则磁针会发生偏转，影响测量结果。必须等待磁针静止才能读数，读数完毕应将磁针固定以免磁针的顶针被磨损。若磁针摆动相当长时间还静止不来，这表明仪器使用太久，磁针的磁性不足，应进行充磁。

五、坐标计算的基本公式

1. 坐标正算

A 点的坐标（X_A，Y_A），AB 边的边长 D_{AB} 及坐标方位角 α_{AB} 均为已知，求 B 点的坐标（X_B，Y_B）。如图 4－23 所示，则有

资源 4－2
坐标计算的
基本公式

$$\left.\begin{aligned} X_B &= X_A + \Delta X_{AB} \\ Y_B &= Y_A + \Delta Y_{AB} \end{aligned}\right\} \tag{4-22}$$

其中坐标增量为

$$\left.\begin{aligned} \Delta X_{AB} &= D_{AB}\cos\alpha_{AB} \\ \Delta Y_{AB} &= D_{AB}\sin\alpha_{AB} \end{aligned}\right\} \tag{4-23}$$

则有

$$\left.\begin{aligned} X_B &= X_A + D_{AB}\cos\alpha_{AB} \\ Y_B &= Y_A + D_{AB}\sin\alpha_{AB} \end{aligned}\right\} \tag{4-24}$$

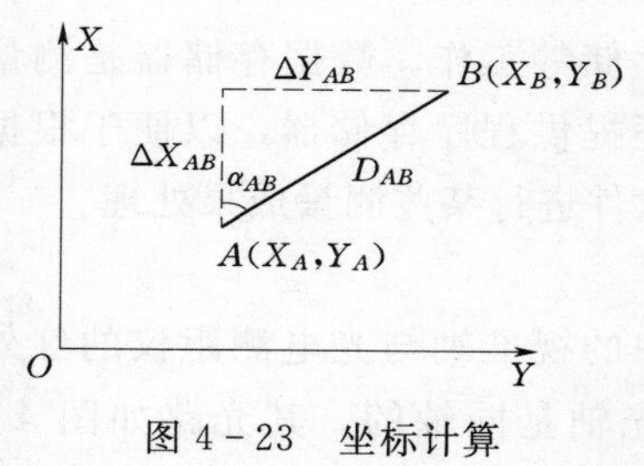

图 4－23 坐标计算

式（4－24）为坐标正算的基本公式，即根据两点间的边长和坐标方位角，计算两点间的坐标增量，再根据已知点的坐标，计算另一未知点的坐标。

2. 坐标反算

设 A、B 两点的坐标（X_A，Y_A）、（X_B，Y_B）均为已知，计算 α_{AB} 和 D_{AB}。由图 4－23 可知，首先取反正切函数计算该直线的象限角，然后判定直线所在的象限，再将其象限角换算成直线的坐标方位角值，公式为

$$R_{AB} = \left|\arctan\frac{\Delta Y_{AB}}{\Delta X_{AB}}\right| = \left|\arctan\frac{Y_B - Y_A}{X_B - X_A}\right| \tag{4-25}$$

式（4－25）为求直线的象限角的公式。还应根据 ΔX_{AB}、ΔY_{AB} 的“＋”“－”符

号来确定直线 AB 所在的象限，结合表 4-3 方位角与象限角的关系计算直线的坐标方位角。

求解直线 AB 的长度公式为

$$D_{AB}=\frac{\Delta X_{AB}}{\cos\alpha_{AB}}=\frac{\Delta Y_{AB}}{\sin\alpha_{AB}}=\sqrt{(X_B-X_A)^2+(Y_B-Y_A)^2} \tag{4-26}$$

第五节 全站仪及其使用

一、概述

全站仪是由光电测距、电子测角、微处理机及其软件组合而成的智能型测量仪器。由于全站仪一次观测即可获得水平角、竖直角和倾斜距离 3 种基本观测数据，而且借助仪器内的固化软件可以组成多种测量功能（如自动完成平距、高差、镜站点坐标的计算等），并将结果显示在液晶屏上。全站仪还可以实现自动记录、存储、输出测量结果，使测量工作大为简化，目前，全站仪已广泛应用于控制测量、大比例尺数字测图以及各种工程测量中。

资源 4-3
全站仪简介

全站仪的品种越来越多，精度越来越高。常见的全站仪有索佳（SOKKIA）SET 系列、拓普康（TOPCON）GTS700 系列、尼康（NIKON）DTM-700 系列、徕卡（LEICA）TPS1000 系列、我国的南方等多种品牌。近年来还研制出了全自动全站仪，如徕卡公司生产的 TC2003 全自动全站仪，又称测量机器人，可以自动识别、照准目标、自动读数、数据处理和存储，实现无人值守，连续观测，适用于监测建筑物（如大坝等）的变形情况，使测量工作的自动化向更高领域发展。

二、全站仪的基本结构及其功能

1. 基本结构

全站仪的基本结构如图 4-24 所示，图中上半部分包括水平角、竖直角、测距及水平补偿等光电测量系统，通过 I/O 接口接入总线与数字计算机连接起来，微处理机是全站仪的核心部件，它的主要功能是根据键盘指令执行测量过程中的数据检核、处理、传输、显示和存储等工作。数据存储器是测量的数据库。仪器中还提供程序存储器，以便于根据工作需要编制有关软件进行某些测量成果处理。

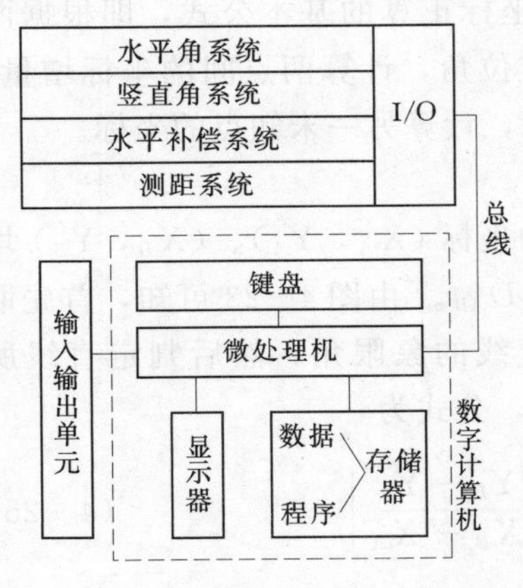

图 4-24 全站仪基本结构

2. 望远镜

全站仪望远镜中的视准轴与光电测距仪的红外光发射光轴和接收光轴是同轴的，其光路如图 4-25 所示。测量时当望远镜照准棱镜中心就能同时测出斜距、水平角和竖直角。

3. 竖轴倾斜自动补偿

当仪器未精确整平以致竖轴倾斜时，对测量水平角和竖直角引起的误差，不能用盘左、盘右观测

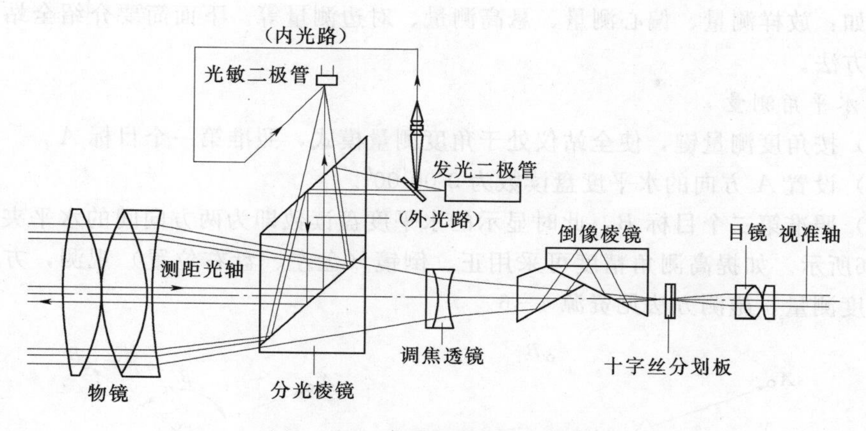

图 4-25 全站仪望远镜光路图

取中数消除。因此，全站仪内设有倾斜传感器，即水平补偿系统，自动改正竖轴倾斜对水平角和竖直角的影响，当仪器整平在3′范围内，补偿精度可达0.1″。

4. 数据存储与通信

有的全站仪将仪器的数据传输接口和外接的记录器连接起来，数据存储于外接记录器中。大多数的全站仪内部都有一大容量内存，有的还配置存储卡来增加存储容量。仪器上还设有标准的RS-232C通信接口，用电缆与计算机的COM口连接，实现全站仪与计算机的双向数据传输。

5. 全站仪的功能

全站仪的功能与仪器内置的软件有关，可分为基本测量功能和程序测量功能。基本测量功能：包括电子测距、电子测角（水平角、垂直角）。显示的数据为观测数据；程序测量功能：包括水平距离和高差的切换显示、三维坐标测量、对边测量、放样测量、偏心测量、后方交会测量、面积计算等。显示的数据为观测数据经处理后的计算数据。

三、全站仪的基本操作

（一）全站仪的安置

全站仪的安置包括对中与整平，方法与经纬仪基本相同。有的全站仪使用激光对中器，操作时应打开电源。有的全站仪带有双轴补偿器，整平后气泡略有偏差，对观测并无影响。

资源 4-4 全站仪的安置与设置

（二）全站仪的设置

全站仪开机进行自检，自检通过后，显示主菜单。安置好仪器后，测量前进行相关设置，如各种观测量单位与小数点位数设置、测距常数设置、气象参数设置、测站信息设置、观测信息设置等。

（三）全站仪测量

在基本测量状态下，可选择角度测量模式、距离测量模式、坐标测量模式，通过不同测量模式之间的切换，测量所需的观测值。在标准状态下，可实现程序测量功能，比如：放样测量、偏心测量、悬高测量、对边测量等。下面简要介绍全站仪的基本操作方法。

1. 水平角测量

（1）按角度测量键，使全站仪处于角度测量模式，照准第一个目标 A。

（2）设置 A 方向的水平度盘读数为 $0°00'00''$。

（3）照准第二个目标 B，此时显示的水平度盘读数即为两方向间的水平夹角，如图4－26所示。如提高测角精度可采用正、倒镜（盘左、盘右位置）观测，方法见第三章角度测量，施测方法见资源4－6。

图4－26　水平角测量示意图

2. 距离测量

（1）设置棱镜常数。测距前须将棱镜常数输入仪器中，仪器会自动对所测距离进行改正。

（2）设置大气改正值或气温、气压值。光在大气中的传播速度会随大气的温度和气压而变化，15℃和760mmHg是仪器设置的一个标准值，此时的大气改正为0。实测时，可输入温度和气压值，全站仪会自动计算大气改正值（也可直接输入大气改正值），并对测距结果进行改正。

（3）量仪器高、棱镜高并输入全站仪（输入此项数据可以测量两点高差，不测高差时可不用输入）。

（4）距离测量。照准目标棱镜中心，按测距键，距离测量开始，测距完成时显示斜距、平距、高差。

全站仪的测距模式有精测模式、跟踪模式、粗测模式三种。精测模式是最常用的测距模式，测量时间约2.5s，最小显示单位1mm；跟踪模式，常用于跟踪移动目标或放样时连续测距，最小显示一般为1mm，每次测距时间约0.3s；粗测模式，测量时间约0.7s，最小显示单位1cm或1mm。在距离测量或坐标测量时，可按测距模式（MODE）键选择不同的测距模式。

应注意，有些型号的全站仪在距离测量时不能设定仪器高和棱镜高，显示的高差值是全站仪横轴中心与棱镜中心的高差，施测方法见资源4－7。

3. 坐标测量

如图4－27（a）所示，O 为测站点，A 为后视点，P 为目标点，α_{OA} 为后视方位角，α_{OP} 为目标点方位角，β 为 A、O、P 间水平角，则 α_{OP} 如下：

$$\alpha_{OP}=\arctan\left(\frac{E_A-E_O}{N_A-N_O}\right)+\beta \tag{4-27}$$

如图4－27（b）所示，i 为仪器高，v 为棱镜高，则目标点三维坐标计算公式为

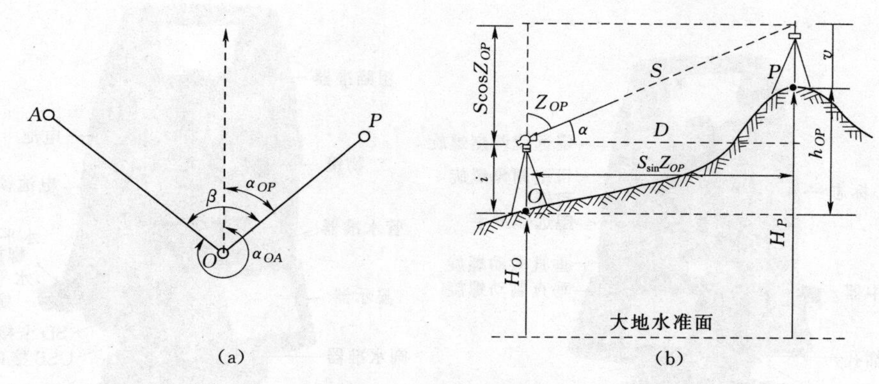

图 4-27 三维坐标测量

$$\left.\begin{aligned}N_P&=N_O+S\sin Z_{OP}\cos\alpha_{OP}\\E_P&=E_O+S\sin Z_{OP}\sin\alpha_{OP}\\Z_P&=Z_O+S\cos Z_{OP}+i-v\end{aligned}\right\}\tag{4-28}$$

上述计算过程由全站仪机内计算完成，具体操作如下：

(1) 设置目标类型、棱镜常数和大气改正值（温度、气压值）。

(2) 设置测站点的三维坐标。

(3) 设置后视点的坐标，瞄准后视点，当输入后视点的坐标时，全站仪会自动计算测站点至后视点方向的方位角，如果已知测站点至后视点的方位角，也可以在瞄准后视点时，直接输入此方位角。

(4) 量仪器高、棱镜高并输入全站仪。

完成上述设置，转动望远镜照准目标棱镜，按坐标测量键，全站仪开始测距并计算，显示测站点的三维坐标，施测方法见资源 4-8。

四、南方 NTS-372R 型全站仪简介

以上对全站仪的结构、功能及基本操作做了总体介绍。在使用上，不同厂家生产的仪器有着一定的差异，但进行数据采集操作过程大致是相同的。图 4-28 为南方 NTS-372R 型全站仪。其特点是视窗操作，Windows CE. NET4.2 中文操作系统，在全站仪上实现电脑化操作，一次显示大量的信息，测量简单明了。

1. 主要部件

(1) 各部件名称，如图 4-28 所示。

(2) 南方 NTS-372 型全站仪专用棱镜系列如图 4-29 所示，棱镜对中杆如图 4-30 所示。

(3) 操作界面。南方 NTS-372 型全站仪键盘及显示屏如图 4-31 所示。

(4) 按键功能，见表 4-4。

2. 开机及设置

(1) 按下 POWER 键开机，进入 Windows CE 操作界面（图 4-31）。点击控制面板图标“■”进行多项设置，比如进行背景光调节、触摸屏校准等。

图 4-28　南方 NTS-372 型全站仪

资源 4-5
全站仪的认识

图 4-29　全站仪专用棱镜与基座

图 4-30　全站仪用棱镜对中杆

表 4-4　全站仪操作过程中按键功能表

按键	名称	功　能
⏻	电源键	控制电源的开/关
0～9	数字键	输入数字，用于欲置数值
A～/	字母键	输入字母
⊡	输入面板键	显示输入面板
★	星键	用于仪器若干常用功能的操作
a	字母切换键	切换到字母输入模式
B. S	后退键	输入数字或字母时，光标向左删除一位
ESC	退出键	退回到前一个显示屏或前一个模式
ENT	回车键	数据输入结束并认可时按此键
◀▲▼▶	光标键	上下左右移动光标

（2）数字和字母的输入方法。在主菜单界面点击标准测量图标“■”，在出现的列表中选择“工程”“新建工程”，在出现的工程名称处可以进行数字和字母的输入。

数字和字母的输入方法有两种，一种是按“[icon]”打开软键盘进行输入，单击软键盘的［Shift］可进行大写字母的输入。另一种是在主菜单界面上，选择标准测量图标“[icon]”，在出现的列表中选择“工程”“新建工程”，用仪器面板上的字母数字键盘输入。按［@］键进行字母、数字模式转换。

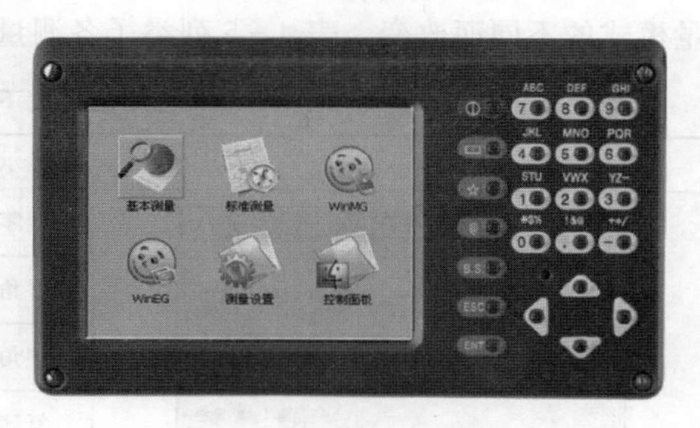

图 4-31　南方 NTS-372 型全站仪键盘及显示屏

3．星（★）键模式

按下星（★）键可做如下操作：

（1）电子圆水准器图形显示，如图 4-32（a）所示。当圆气泡难以直接看到时，利用这项功能整平仪器就方便很多，整平之后单击［返回］键可返回先前模式。

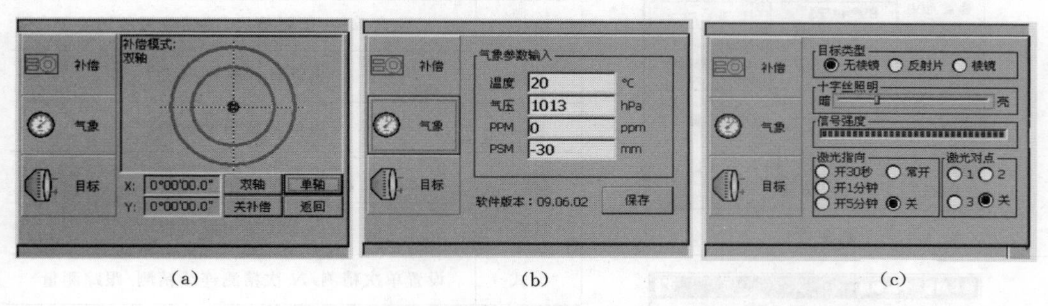

（a）　（b）　（c）

图 4-32　星（★）键模式操作

（2）设置温度、气压，大气改正值（PPM）和棱镜常数值（PSM），如图 4-32（b）所示。单击［气象］即可查看温度、气压、PPM 和 PSM 值。若要修改参数，用笔针将光标移到待修改的参数处，输入新的数据即可。

（3）设置目标类型、十字丝照明和接收光线强度（信号强弱）显示，如图 4-32（c）所示。单击［目标］键可设置目标类型、十字丝照明等功能。

此外，WinCE(R) 系列全站仪的补偿设置有关闭补偿、单轴补偿和双轴补偿三种选项。双轴补偿：改正垂直角指标差和竖轴倾斜对水平角的误差，当任一项超限时，系统会出现仪器补偿对话框，提示用户必须先整平仪器。单轴补偿：改正垂直角指标差，当垂直角补偿超限时，系统才出现补偿对话框。关闭补偿：补偿器关闭。

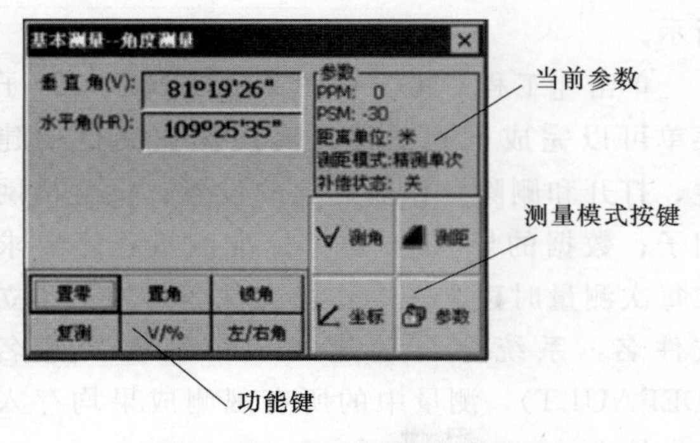

图 4-33　基本测量功能界面

4．基本测量

在主菜单界面单击基本测量图标“[icon]”，进入基本测量功能界面（默认状态是角度测量模式），如图 4-33 所示。功能键显示在屏幕底部，并随测量模式的不同而改变。表 4－5 列举了各测量模式下的功能键。

资源 4－6
全站仪水平角测量

资源 4－7
全站仪距离及高差

资源 4－8
全站仪坐标测量

表 4－5　　各测量模式下的功能键

模　式	显示	功　能
测角模式	置零	水平角置零
	置角	预置一个水平角
	锁角	水平角锁定
	复测	水平角重复测量
	V/%	垂直角/百分度的转换
	左/右角	水平角左角/右角的转换
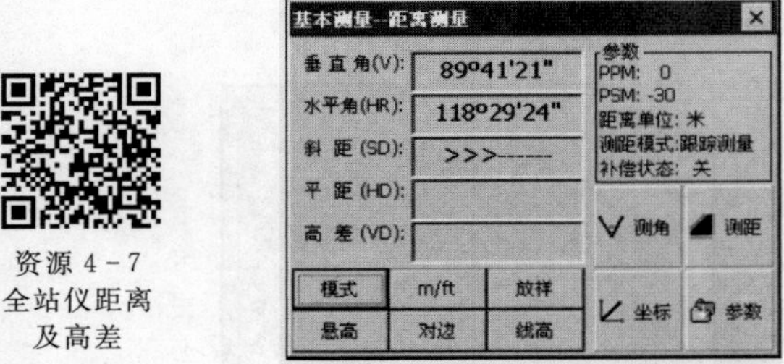 测距模式	模式	设置单次精测/N 次精测连续精测/跟踪测量
	m/ft	距离单位/国际英尺/美国英尺的转换
	放样	启动放样测量模式
	悬高	启动悬高测量功能
	对边	启动对边测量功能
	线高	启动线高测量功能
坐标测量模式	模式	设置单次精测/N 次精测连续精测/跟踪测量
	设站	预置仪器测站点坐标
	后视	预置后视点坐标
	设置	预置仪器高度和棱镜高度
	导线	启动导线测量功能
	偏心	启动偏心测量功能

5. 标准测量

在主菜单界面单击标准测量图标“■”，进入标准测量功能界面，如图 4－34 所示。

图 4－34　标准测量功能界面

单击［工程］键，如图 4－35 所示，该子菜单可以完成下列功能：实现作业文件的建立、打开和删除；作业选项的设置、设置格网因子；数据的导入/导出。标准测量程序要求在每次测量时建立一个作业文件名，如不建立文件名，系统会自动建立一个缺省文件名(DEFAULT)，测量中的所有观测成果均存入该文件中。

单击［记录］或按［◀］/［▶］，如图 4－36 所示。［记录］菜单主要是用于采集和记录原始数据。可以设置测站点和后视方位，进行后视测量、前视测量、侧视测量和横断面测量。

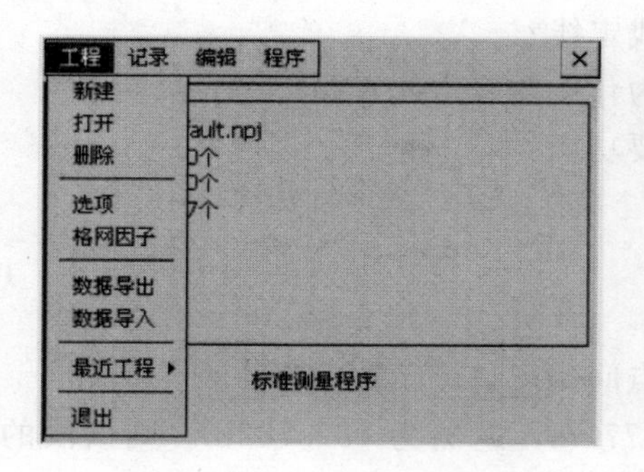

图 4－35 ［工程］子菜单界面

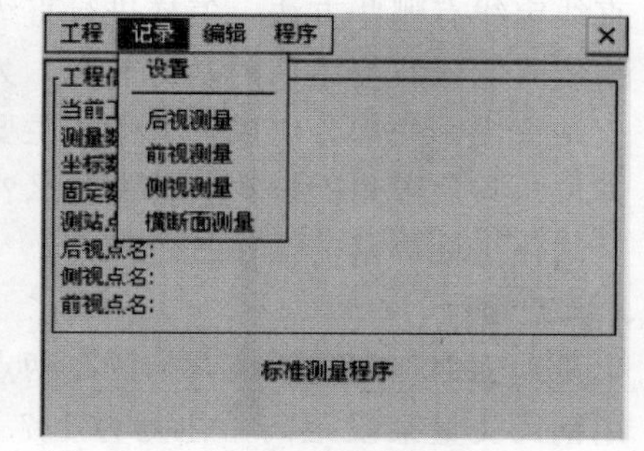

图 4－36 ［记录］子菜单界面

单击［编辑］或按［◀］/［▶］，如图 4－37 所示。［编辑］菜单中可以编辑已知数据，包括原始数据、坐标数据、固定数据、编码数据、填挖数据。

资源 4－9
智能安卓全站仪

单击［程序］或按［◀］/［▶］，如图 4－38 所示。［程序］菜单中包括以下功能：放样、道路设计、解析坐标、导线平差、龙门板标识、钢尺联测。

资源 4－10
南方 NTS－352 型全站仪

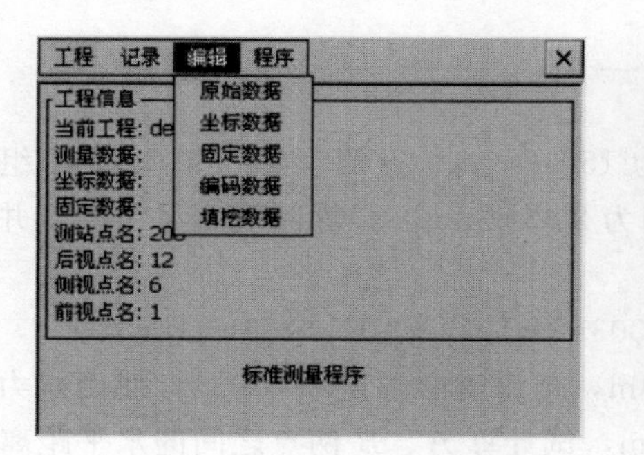

图 4－37 ［编辑］子菜单界面

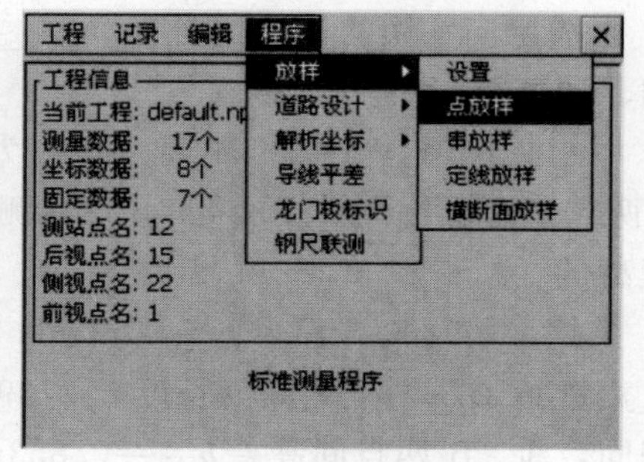

图 4－38 ［程序］子菜单界面

以上仅是粗略地介绍了全站仪的基本操作，详细操作过程可参见说明书。

习　题

一、名词解释

1．直线定线
2．视距测量
3．光尺
4．直线定向
5．方位角
6．象限角

7. 磁偏角

8. 子午线收敛角

二、问答题

1. 直线定线有哪些方法，怎样进行直线定线？

2. 相位式电磁波测距仪的基本原理，为什么要至少配置两把“光尺”？

3. 全站仪由哪些部分组成，有哪些主要功能？

4. 方位角与象限角的换算关系是什么？

5. 全站仪坐标测量的操作过程如何？

三、填空题

1. 丈量地面两点间的距离，指的是两点间的______距离。

2. 用钢尺丈量某段距离，往测为137.770m，返测为137.782m。则该段的丈量结果是______，丈量精度是______。

3. 全站仪是由光电测距、电子测角、微处理机及其软件组合而成的智能型测量仪器。由于全站仪一次观测即可获得______、______和______三种基本观测数据，而且借助仪器内的固化软件可以组成多种测量功能。

4. 视距测量是利用望远镜中的________，根据________同时测定________和高差的一种方法。

5. 直线定向常用的标准方向有________、________、________。

四、计算题

1. 甲组丈量A、B两点距离，往测为158.260m，返测为158.270m。乙组丈量C、D两点距离，往测为202.840m，返测为202.828m。计算两组丈量结果，并比较其精度高低。

2. 某钢尺的尺长方程为$l_t=30\text{m}+0.003\text{m}+1.25\times10^{-5}\times30\text{m}(t-20℃)$，使用该钢尺丈量$A$、$B$两点之间的长度85.739m，丈量时的温度$t=10℃$，使用拉力与检定时相同，$A$、$B$两点间高差$h_{AB}=0.853\text{m}$，试计算$A$、$B$两点之间的水平距离？

3. 用DJ_6型经纬仪在测站A进行视距测量，仪器高$i=1.45\text{m}$，望远镜盘左照准B点标尺，中丝读数$v=2.56\text{m}$，视距间隔为$l=0.586\text{m}$，竖盘读数$L=93°28'$，求水平距离D及高差h。

4. 已知A点的磁偏角为西偏$1°21'$，过点A的真子午线与中央子午线的收敛角为东偏$5'$，直线AB的坐标方位角为$60°20'$。求AB直线的真方位角与磁方位角，并绘图表示。

5. 已知下列各直线的坐标方位角$\alpha_{AB}=38°30'$、$\alpha_{CD}=175°35'$、$\alpha_{EF}=230°20'$、$\alpha_{GH}=330°58'$，试分别求出它们的象限角和反坐标方位角。

6. 已知A点坐标$x_A=437.620\text{m}$，$y_A=721.324\text{m}$；B点坐标$x_B=239.460\text{m}$，$y_B=196.450\text{m}$。求直线AB的坐标方位角及边长。

7. 如图4-39所示，(a) 已知$\alpha_{12}=56°06'$，求其余各边的坐标方位角；(b) $\alpha_{AB}=156°24'$，求其余各边的坐标方位角。

8. 如图4-40所示，已知A、B两控制点的坐标，$x_A=1792.421\text{m}$，$y_A=$

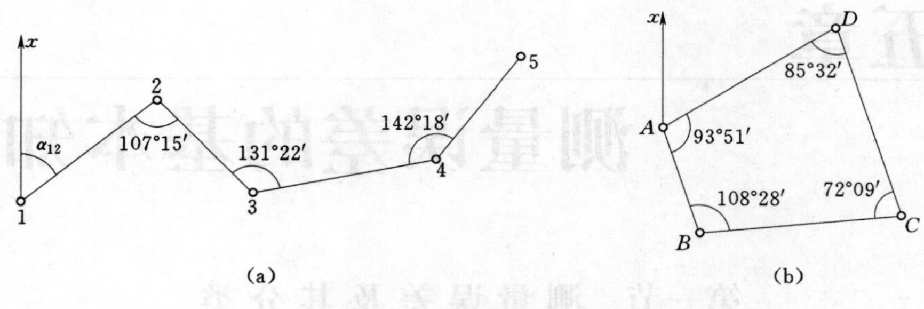

图 4－39　题 7 图

1325.660m，$x_B=1751.934$m，$y_B=1489.437$m，$\beta=136°16'45''$，$\beta_1=224°39'15''$，$\beta_2=238°23'30''$。试分别计算 α_{B1}、α_{12}、α_{23}。

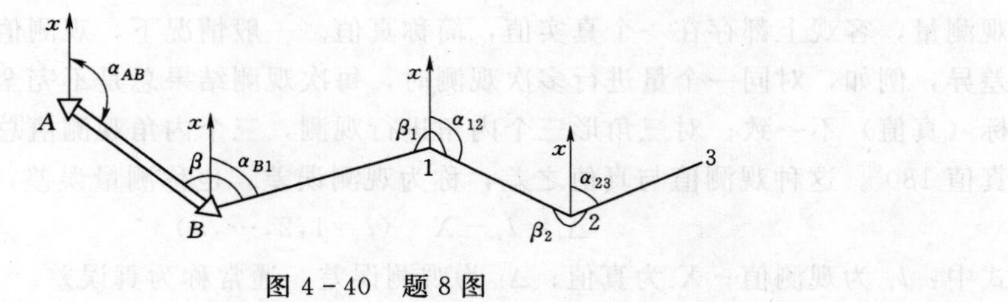

图 4－40　题 8 图

资源 4－11
习题答案

第五章

测量误差的基本知识

第一节　测量误差及其分类

一、测量误差的概念

对未知量进行观测的过程称为测量，测量所得到的结果即为观测值。测量中的被观测量，客观上都存在一个真实值，简称真值。一般情况下，观测值与真值之间存在差异，例如，对同一个量进行多次观测时，每次观测结果总是不完全一致或与预期目标（真值）不一致；对三角形三个内角进行观测，三个内角观测值总和通常都不等于真值180°。这种观测值与真值之差，称为观测误差，也称测量误差，即

$$\Delta_i = l_i - X \quad (i=1,2,\cdots,n) \tag{5-1}$$

式中：l_i 为观测值；X 为真值；Δ_i 为观测误差，通常称为真误差。

本章将介绍测量误差的基本性质，并从一系列带有误差的观测值中求得最合理、最接近真值的最或是值，消除观测值间的不符值，并计算出观测值的精度，用以鉴定测量成果的优劣。

二、测量误差的来源

测量工作中，产生误差的原因很多，主要有以下三方面。

(1) 测量仪器。各种仪器具有一定限度的精密度，使观测结果的精度受到一定限度；仪器和工具本身的构造不可能十分完善，使用这样的仪器和工具进行测量，也会对观测结果产生误差。

(2) 观测者。由于观测者感官的辨别力有着一定局限性，在仪器的安置、照准、读数等方面都会产生误差。

(3) 外界条件。在观测过程中外界条件（如大气温度、湿度、能见度、风力、大气折光等）不断变化，对观测结果产生误差。

上述测量仪器、观测者、外界条件三个方面的因素是引起误差的主要根源。因此我们把这三个方面的因素综合起来称为观测条件。不难想象，观测条件的好坏将与观测成果的质量有着密切关系。观测条件相同的各次观测，称为等精度观测，其对应的观测值称为等精度观测值；观测条件不同的各次观测，称为不等精度观测，其对应的观测值称为不等精度观测值。

三、测量误差的分类及特性

根据测量误差对测量结果影响的性质不同，测量误差可分为系统误差、偶然误差和粗差。

1. 系统误差

在相同的观测条件下，对某量作一系列观测，如果出现的误差其符号和大小相同或按一定规律变化，这种误差称为系统误差。产生系统误差的原因很多，主要是由于使用的仪器不够完善及外界条件所引起的。例如，用名义长度为30m，而实际长度为30.005m的钢尺进行距离测量，则每丈量一个整尺段就会产生−0.005m的误差。

系统误差具有同一性（误差的绝对值保持恒定）、单向性（误差的正负号相同）和累积性等特性。

系统误差的消除或削减方法如下。

（1）观测前对仪器进行检校。例如水准测量前，对水准仪进行三项检验校正，以确保水准仪的几何轴线关系的正确性。

（2）采用合理的观测方法和观测程序，限制和削弱系统误差的影响。如水准测量时保持前、后视距相等，角度测量时采用盘左、盘右观测等。

（3）利用系统误差产生的原因和规律对观测值进行改正。如对距离测量值进行尺长改正，温度改正等。

2. 偶然误差

在相同的观测条件下，对某量进行一系列观测，如果出现的误差其符号和大小均不一致，即从表面上看，没有什么规律性，这种误差称为偶然误差，又称为随机误差。偶然误差是由于人的感觉器官和仪器的性能受到一定的限制，以及观测时受到外界条件的影响等原因造成的。例如，在水准尺上读数时，估读毫米位有时偏大、有时偏小，纯属偶然性。

从单个偶然误差来看，其符号和大小没有任何规律性，但是，当进行多次观测对大量的偶然误差进行分析，则呈现出一定的明显的统计规律性。下面通过实例来说明。

为了阐明偶然误差的规律性，设在相同观测条件下，独立地观测了$n=358$个三角形的内角，由于观测有误差，每个三角形的内角和不等于180°，而产生真误差Δ_i，因按观测顺序排列的真误差，其大小、符号没有任何规律，为了便于说明偶然误差的性质，将真误差按其绝对值的大小排列于表5-1中，误差间隔$d\Delta=5.0''$，K为误差在各间隔内出现的个数，K/n为误差出现在相应间隔内的频率。

表5-1 真误差频率分布表

误差区间 dΔ	Δ为负值			Δ为正值		
	个数 K	频率 K/n	$K/(n\cdot d\Delta)$	个数 K	频率 K/n	$K/(n\cdot d\Delta)$
0″～5″	45	0.126	0.0252	46	0.128	0.0256
5″～10″	40	0.112	0.0224	41	0.115	0.0230
10″～15″	33	0.092	0.0184	33	0.092	0.0184
15″～20″	23	0.064	0.0128	21	0.059	0.0118
20″～25″	17	0.047	0.0094	16	0.045	0.0090
25″～30″	13	0.036	0.0072	13	0.036	0.0072

续表

误差区间 dΔ	Δ 为负值			Δ 为正值		
	个数 K	频率 K/n	$K/(n\cdot d\Delta)$	个数 K	频率 K/n	$K/(n\cdot d\Delta)$
30″～35″	6	0.017	0.0034	5	0.014	0.0028
35″～40″	4	0.011	0.0022	2	0.006	0.0012
40″以上	0	0	0	0	0	0
Σ	181	0.505		177	0.495	

为了形象地表示误差的分布情况，现以横坐标 Δ 表示误差大小，纵坐标 y 表示各区间内误差出现的频率与误差间隔的比值，即 $K/(n\cdot d\Delta)$，绘制成图 5-1 (a)。图中所有矩形面积的总和等于 1，每一矩形面积的大小表示误差出现在该区间的频率。例如，图中有斜线的面积表示误差出现在＋10″～＋15″区间的频率。这种图形能形象地显示误差的分布情况，统计学上称为直方图。

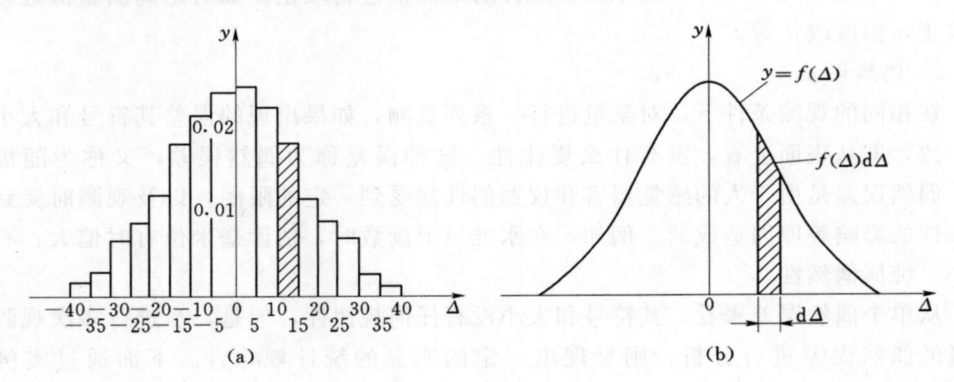

图 5-1 误差分布图

(a) 直方图；(b) 分布图

通过上面的实例，可以概括偶然误差的特性如下。

(1) 在一定的观测条件下，偶然误差的绝对值不会超过一定的限值，即超过一定限值的偶然误差出现的频率为零（有界性）。

(2) 绝对值小的误差比绝对值大的误差出现的概率大（单峰性）。

(3) 绝对值相等的正误差与负误差出现的概率相同（对称性）。

(4) 对同一量的等精度观测，其偶然误差的算术平均值随着观测次数的无限增加而趋近于零（抵偿性），即

$$\lim_{n\to\infty}\frac{\Delta_1+\Delta_2+\cdots+\Delta_n}{n}=0$$

测量上常以 [ ] 表示总和，所以上式也可写成

$$\lim_{n\to\infty}\frac{[\Delta]}{n}=0 \tag{5-2}$$

当误差间隔无限缩小，观测次数无限增多（$n \to \infty$）时，各矩形上部所形成的折线将变成一条光滑、对称的连续曲线，如图5-1（b）所示。这条曲线就是误差分布曲线，也称正态分布曲线。图5-1（b）中小方条的面积$f(\Delta)\mathrm{d}\Delta$代表误差出现在该区间的概率，即$P=f(\Delta)\mathrm{d}\Delta$。当函数$f(\Delta)$较大时，误差出现在该区间的概率也大，反之则较小，因此，称函数为概率密度函数，简称密度函数。其函数形式为

$$y=f(\Delta)=\frac{1}{\sqrt{2\pi}\sigma}\mathrm{e}^{-\frac{\Delta^2}{2\sigma^2}} \tag{5-3}$$

式中：e为自然对数的底；σ为误差分布的标准差。

标准差σ决定了正态分布曲线的形状，σ值越小，正态分布曲线的离散度就越小。从图5-1（b）中可以看出，在相同观测条件下的一系列观测值，其各个真误差彼此不相等，甚至相差很大，但它们所对应的误差分布曲线是相同的，所以称其为等精度观测值。

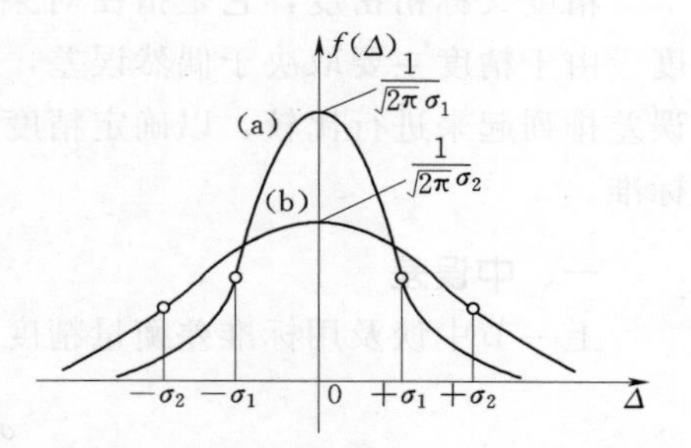

图5-2　不同观测分布曲线

不同精度对应着不同的误差分布曲线，而曲线越陡、峭峰顶越高者［图5-2中（a）曲线］说明误差分布就越密集或称离散度小，它就比曲线较平缓、峰顶较低者［图5-2中（b）曲线］精度高，所以常用标准差来衡量观测值的精度。标准差在分布图上的几何意义是分布曲线拐点的横坐标，即$\sigma=\pm\Delta_{拐}$，可由$f(\Delta)$的二阶导数等于零求得。

偶然误差不能用计算来改正或用一定的观测方法简单地加以消除。为了减小偶然误差的影响可采取下述办法：

（1）提高仪器等级。

（2）增加观测次数。

（3）建立良好的网形结构。

3. 粗差

除了上述两类性质的误差外，还可能发生错误，如测错、记错、算错等。错误的发生是由于观测者在工作中粗心大意造成的，又称为粗差。凡含有粗差的观测值应舍去不用，并需重测。

为了防止错误的发生和提高观测成果的质量，测量工作中进行多于必要的观测，称为“多余观测”。例如一段距离往返观测，如果往测为必要的观测，则返测称为多余观测；一个三角形观测三个内角，观测其中两个角为必要观测，观测第三个角称为多余观测。通过多余观测使观测值之间或与理论值比较将产生差值（不符值、闭合差），由此可以根据差值的大小评定测量精度。

资源5-1
测量误差的分类及处理方法

观测值的误差可能同时包含系统误差、偶然误差和粗差。粗差是超过限差的大误差，利用多余观测值构成几何条件，发现粗差从而予以剔除。粗差剔除后误差可能还存在明显的线性趋势，即含有系统误差，构建系统误差的线性模型，可以对系统误差

进行改正，或者采用相应的观测方法消除或减弱系统误差的影响。最终观测值中仅含有微小的偶然误差，对偶然误差进行“多余观测”，采用平差方法，求得待测量最佳估计值。

以上就是三类误差及其相应的处理方法，以后提到观测值误差是指观测值中不含粗差和系统误差，仅含偶然误差。

第二节　衡量观测值精度的标准

精度又称精密度，它是指在对某一量的多次观测中，各个观测值之间的离散程度。由于精度主要取决于偶然误差，这样就可以把在相同观测条件下得到的一组观测误差排列起来进行比较，以确定精度高低。通常用以下几种精度指标作为评定精度的标准。

一、中误差

上一节中谈及用标准差衡量精度，观测误差的标准差 σ，其定义为

$$\sigma^2=\lim_{n\to\infty}\frac{[\Delta\Delta]}{n} \tag{5-4}$$

用式（5-4）求 σ 值要求观测次数 n 趋近无穷大，但在实际测量工作中观测次数总是有限的，由有限个观测值的真误差 Δ 只能求得标准差的估计值（简称估值），并采用符号 $\hat{\sigma}$（或 m）表示 σ 之估值，即有

$$m=\hat{\sigma}=\pm\sqrt{\frac{[\Delta\Delta]}{n}}=\pm\sqrt{\frac{\Delta_1^2+\Delta_2^2+\cdots+\Delta_n^2}{n}} \tag{5-5}$$

式中：m 为中误差；Δ_i 为一组等精度观测值的真误差（$i=1, 2, \cdots, n$）；n 为观测次数。

标准差 σ 与中误差 m 的区别在于标准差为理论上的观测精度，而中误差则是观测次数 n 为有限时的观测精度指标。中误差实际上是标准差的近似值，随着观测次数 n 的增加，m 将趋近 σ。

【例 5-1】 设有两组等精度观测值，其真误差分别如下所示。

第一组：$-4''$、$-2''$、$0''$、$-4''$、$+3''$；

第二组：$+6''$、$-5''$、$0''$、$+1''$、$-1''$。

求其中误差，并比较其观测精度。

解： 按式（5-5）得

$$m_1=\pm\sqrt{\frac{(-4)^2+(-2)^2+0^2+(-4)^2+3^2}{5}}=\pm3.0''$$

$$m_2=\pm\sqrt{\frac{(+6)^2+(-5)^2+0^2+(+1)^2+(-1)^2}{5}}=\pm3.5''$$

两组观测值的中误差为 $m_1=\pm3.0''$、$m_2=\pm3.5''$，显然，第一组的观测精度较第二组的观测精度高。第二组的观测误差比较离散，相应的中误差就大，精度就低。

因此，在测量工作中，通常情况下采用中误差作为衡量精度的标准。

应该指出的是中误差 m 是表示一组观测值的精度。即 m_1 是表示第一组观测值中每一观测值的精度，同样 m_2 表示第二组中每一次观测值的精度。

二、相对中误差（相对误差）

中误差有时不能完全表达精度的优劣，例如，分别丈量了1000m及100m的两段距离，设观测值的中误差均为±0.1m，能否就说两段距离的丈量精度相同呢？显然不能。因为，两者虽然从表面上看中误差相同，但就单位长度而言，两者的精度却并不相同。为了更客观地衡量精度，引入与被观测量大小有关的另一种衡量精度的方法，这就是相对中误差。

相对中误差就是中误差的绝对值与其相应的观测值之比，在测量中常用分子为1的分式来表示，即

$$K=\frac{|m|}{L}=\frac{1}{N} \tag{5-6}$$

本例中，丈量1000m的距离，其相对中误差为 $\frac{0.1}{1000}=\frac{1}{10000}$，而后者为 $\frac{0.1}{100}=\frac{1}{1000}$。前者分母大比值小，丈量精度高。

在相对中误差的比值中，分子可以是距离测量时的往返测量所得两个结果的较差、闭合差或容许误差，这时分别称为相对误差、相对闭合差或相对容许误差。

三、极限误差与容许误差

极限误差表示一种限差，由偶然误差的性质可知，在一定的观测条件下，偶然误差的绝对值不会超过一定的限值。根据概率统计理论可知，在等精度观测的一组误差中，误差落在区间 $(-\sigma,+\sigma)$、$(-2\sigma,+2\sigma)$、$(-3\sigma,+3\sigma)$ 的概率分别为

$$\left.\begin{aligned} p(-\sigma<\Delta<+\sigma)&\approx 68.3\% \\ p(-2\sigma<\Delta<+2\sigma)&\approx 95.4\% \\ p(-3\sigma<\Delta<+3\sigma)&\approx 99.7\% \end{aligned}\right\} \tag{5-7}$$

其概率分布曲线如图5-3所示。

资源5-2
衡量观测值
精度的标准

式（5-7）说明，绝对值大于2倍中误差的偶然误差出现的概率为4.6%；绝对值大于3倍中误差的偶然误差出现的概率仅为0.3%，实际上是不可能出现的事件。所以，通常以3倍的中误差作为偶然误差的极限误差，即

$$\Delta_{极}=3m \tag{5-8}$$

在测量规范中，对每一项测量工作，分别规定了容许误差值，通常取3倍或2倍中误差作为偶然误差的容许值，称为容许误差，即

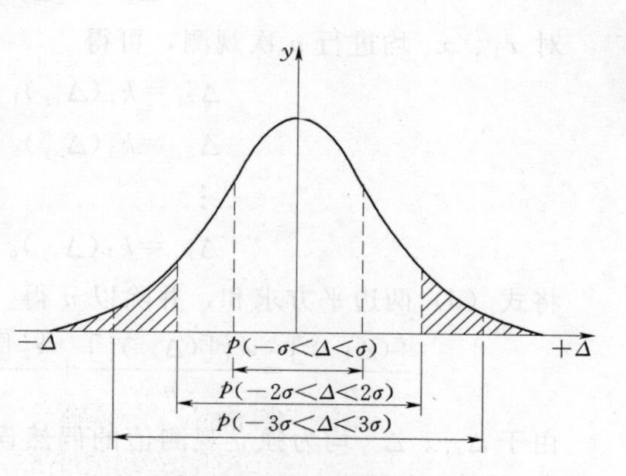

图5-3　概率分布曲线

$$\Delta_{容}=3m \quad 或 \quad \Delta_{容}=2m \tag{5-9}$$

在进行测量工作时必须遵循。如果个别误差超过了容许值，就被认为是错误的，此时，应舍去相应的观测值，并重测或补测。

与相对误差相对应，中误差、极限（容许）误差等称为绝对误差。

第三节　误差传播定律

有些未知量往往不便于直接测定，而是由某些直接观测值通过一定的函数关系间接计算而得。例如水准测量中，测站的高差是由前、后视读数计算的，即 $h=a-b$。又如地面上两点间的坐标增量是根据直接测得的边长 D 与方位角 α，通过函数关系（$\Delta x=D\cos\alpha$，$\Delta y=D\sin\alpha$）间接计算的。前者的函数形式为线性函数，后者为非线性函数。

由于直接观测值包含有误差，因而它的函数必然受其影响而存在误差。阐述观测值中误差与函数中误差之间关系的定律称为误差传播定律。下面就线性与非线性两种函数形式分布进行讨论。

一、线性函数

线性函数的一般形式为

$$Z=k_1x_1+k_2x_2+\cdots+k_nx_n+k_0 \tag{5-10}$$

式中：x_1，x_2，…，x_n 为 n 个独立观测值，其中误差分别为 m_1，m_2，…，m_n；系数 k_1，k_2，…，k_n 为任意常数，且至少有一个不为零；k_0 为常数项。

设函数 Z 的中误差为 m_Z，下面来推导观测值与函数值之间的中误差关系。为了推导简便，先以两个独立观测值进行讨论，则式（5-10）为

$$Z=k_1x_1+k_2x_2+k_0 \tag{a}$$

若 x_1 和 x_2 的真误差为 Δ_{x1} 和 Δ_{x2}，则函数 Z 必有真误差 Δ_Z，即

$$Z+\Delta_Z=k_1(x_1+\Delta_{x1})+k_2(x_2+\Delta_{x2})+k_0 \tag{b}$$

式（b）－式（a）得

$$\Delta_Z=k_1\Delta_{x1}+k_2\Delta_{x2} \tag{c}$$

对 x_1、x_2 均进行 n 次观测，可得

$$\left.\begin{aligned}\Delta_{Z1}&=k_1(\Delta_{x1})_1+k_2(\Delta_{x2})_1\\ \Delta_{Z2}&=k_1(\Delta_{x1})_2+k_2(\Delta_{x2})_2\\ &\vdots\\ \Delta_{Zn}&=k_1(\Delta_{x1})_n+k_2(\Delta_{x2})_n\end{aligned}\right\} \tag{d}$$

将式（d）两边平方求和，并除以 n 得

$$\frac{[(\Delta_Z)^2]}{n}=\frac{k_1^2[(\Delta_{x1})^2]}{n}+\frac{k_2^2[(\Delta_{x2})^2]}{n}+\frac{2k_1k_2[\Delta_{x1}\Delta_{x2}]}{n} \tag{e}$$

由于 Δ_{x1}、Δ_{x2} 均为独立观测值的偶然误差，因此乘积 $[\Delta_{x1}\Delta_{x2}]$ 也必然呈现偶然性，根据偶然误差的第四特性，有

$$\lim_{n \to \infty} \frac{[\Delta_{x1}\Delta_{x2}]}{n} = 0$$

根据中误差的定义，得中误差的关系式为

$$m_Z^2 = k_1^2 m_1^2 + k_2^2 m_2^2 \tag{5-11}$$

推广之，可得线性函数中误差的关系式为

$$m_Z^2 = k_1^2 m_1^2 + k_2^2 m_2^2 + \cdots + k_n^2 m_n^2 \tag{5-12}$$

二、非线性函数

非线性函数即一般函数，其形式为

$$Z = f(x_1, x_2, \cdots, x_n) + f_0 \tag{5-13}$$

式中：x_1，x_2，…，x_n 为 n 个独立观测值；f_0 为常数项。

对式（5-13）取全微分，得

$$\mathrm{d}Z = \frac{\partial f}{\partial x_1}\mathrm{d}x_1 + \frac{\partial f}{\partial x_2}\mathrm{d}x_2 + \cdots + \frac{\partial f}{\partial x_n}\mathrm{d}x_n \tag{f}$$

因误差 Δ_{xi}、Δ_Z 都很小，故上式 $\mathrm{d}x_i$、$\mathrm{d}Z$ 可以用 Δ_{xi}、Δ_Z 代替，于是有

$$\Delta_Z = \frac{\partial f}{\partial x_1}\Delta_{x1} + \frac{\partial f}{\partial x_2}\Delta_{x2} + \cdots + \frac{\partial f}{\partial x_n}\Delta_{xn} \tag{g}$$

式中 $\frac{\partial f}{\partial x_i}$ 是函数 Z 对各自变量的偏导数，以观测值代入，所得的值为常数，因此式（g）是线性函数的真误差关系式，仿式（5-12），得函数 Z 的中误差为

$$m_Z^2 = \left(\frac{\partial f}{\partial x_1}\right)^2 m_1^2 + \left(\frac{\partial f}{\partial x_2}\right)^2 m_2^2 + \cdots + \left(\frac{\partial f}{\partial x_n}\right)^2 m_n^2 \tag{5-14}$$

线性函数与非线性函数中误差关系式见表 5-2。

表 5-2　观测值函数中误差关系式

函数名称	函数关系式	k_i	中误差关系式
一般函数	$Z=f(x_1,x_2,\cdots,x_n)+f_0$	$\frac{\partial f}{\partial x_i}$	$m_Z^2=\left(\frac{\partial f}{\partial x_1}\right)^2 m_1^2+\left(\frac{\partial f}{\partial x_2}\right)^2 m_2^2+\cdots+\left(\frac{\partial f}{\partial x_n}\right)^2 m_n^2$
线性函数	$Z=k_1x_1+k_2x_2+\cdots+k_nx_n+k_0$	k_i	$m_Z^2=k_1^2m_1^2+k_2^2m_2^2+\cdots+k_n^2m_n^2$
倍数函数	$Z=kx$	k	$m_Z=km$
和差函数	$Z=x_1 \pm x_2$	1	$m_Z^2=m_1^2+m_2^2$，当 $m_1=m_2=m$ 时，$m_Z=\pm\sqrt{2}m$
	$Z=x_1 \pm x_2 \pm \cdots \pm x_n$	1	$m_Z^2=m_1^2+m_2^2+\cdots+m_n^2$，当 $m_i=m$ 时，$m_Z=\pm m\sqrt{n}$
算术平均值	$Z=\frac{1}{n}(x_1+x_2+\cdots+x_n)$	$\frac{1}{n}$	$m_Z=\frac{1}{n}\sqrt{m_1^2+m_2^2+\cdots+m_n^2}$，当 $m_i=m$ 时，$m_Z=\frac{m}{\sqrt{n}}$
	$Z=\frac{1}{2}(x_1+x_2)$	$\frac{1}{2}$	$m_Z=\frac{1}{2}\sqrt{m_1^2+m_2^2}$，当 $m_1=m_2=m$ 时，$m_Z=\frac{m}{\sqrt{2}}$

应用误差传播定律求观测值函数的中误差时，首先应根据问题的性质列出函数关系式，然后按表 5-2 中相应的公式来求解。应注意的是，各观测值必须是独立观测值，即函数式等号右边的各自变量是相互独立的，不包含共同的误差，否则应进行同

类项合并处理。

【例 5-2】 在 1∶2000 比例尺的地形图上量得某线段长度为 162.4mm，其中误差$m_d=\pm 0.1\text{mm}$，求该线段的实际长度 D 及其中误差 m_D。

解：

$$D=Md=2000\times 162.4=324.8(\text{m})$$

$$m_D=km_d=2000\times(\pm 0.1)=\pm 0.2(\text{m})$$

最后结果写为 $D=324.8\text{m}\pm 0.2\text{m}$

【例 5-3】 自水准点 BM_1 向水准点 BM_2 进行水准测量，如图 5-4 所示，设各段所测高差及中误差分别为 $h_1=+3.584\text{m}\pm 5\text{mm}$；$h_2=+5.234\text{m}\pm 4\text{mm}$；$h_3=+7.265\text{m}\pm 3\text{mm}$。

求：BM_1、BM_2 两点间的高差及其中误差。

解： BM_1、BM_2 之间的高差 $h=h_1+h_2+h_3=16.083(\text{m})$，两点间高差中误差为

$$m_h=\pm\sqrt{m_1^2+m_2^2+m_3^2}=\pm\sqrt{5^2+3^2+4^2}=\pm 7.1(\text{mm})$$

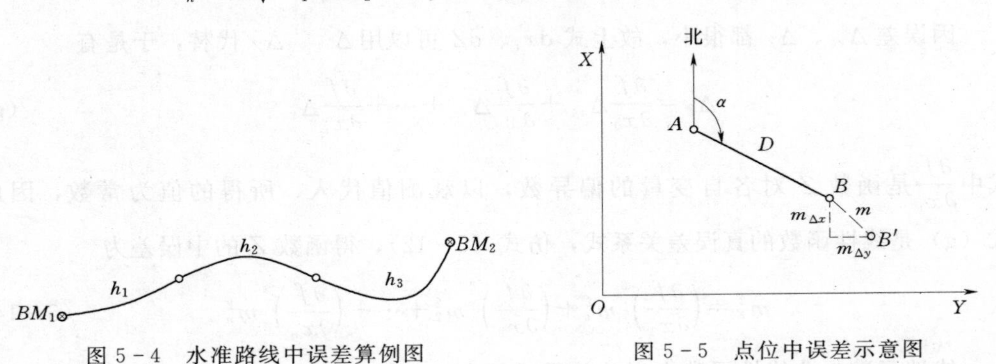

图 5-4 水准路线中误差算例图

图 5-5 点位中误差示意图

【例 5-4】 一直线 AB 的长度 $D=215.463\text{m}\pm 0.005\text{m}$，方位角 $\alpha=119°45'00''\pm 6''$，求直线端点 B 的点位中误差（图 5-5）。

解： 坐标增量的函数式为 $\Delta x=D\cos\alpha$，$\Delta y=D\sin\alpha$，设 $m_{\Delta x}$、$m_{\Delta y}$、m_D、m_α 分别为 Δx、Δy、D 及 α 的中误差。将以上两式对 D 和 α 求偏导数，得

$$\frac{\partial(\Delta x)}{\partial D}=\cos\alpha;\quad \frac{\partial(\Delta x)}{\partial\alpha}=-D\sin\alpha$$

$$\frac{\partial(\Delta y)}{\partial D}=\sin\alpha;\quad \frac{\partial(\Delta y)}{\partial\alpha}=D\cos\alpha$$

由式(5-14)得

$$m_{\Delta x}^2=(\cos\alpha)^2m_D^2+(-D\sin\alpha)^2\left(\frac{m_\alpha}{\rho''}\right)^2$$

$$m_{\Delta y}^2=(\sin\alpha)^2m_D^2+(D\cos\alpha)^2\left(\frac{m_\alpha}{\rho''}\right)^2$$

由图 5-4 可知 B 点的点位中误差为

$$m^2=m_{\Delta x}^2+m_{\Delta y}^2=m_D^2+\left(D\frac{m_\alpha}{\rho''}\right)^2$$

故
$$m=\pm\sqrt{m_D^2+\left(D\frac{m_\alpha}{\rho''}\right)^2}$$

将 $m_D=\pm5\text{mm}$，$m_\alpha=\pm6''$，$\rho=206265''$，$D=215.463\text{m}$ 代入上式得

$$m=\pm\sqrt{5^2+\left(215.463\times1000\times\frac{6}{206265}\right)^2}\approx\pm8(\text{mm})$$

第四节　等精度观测值的算术平均值及其中误差

一、算术平均值——最或是值的计算

设在相同观测条件下，某量的观测值为 l_1，l_2，…，l_n，算术平均值为 x，则

$$x=\frac{l_1+l_2+\cdots+l_n}{n}=\frac{[l]}{n} \tag{5-15}$$

若该量的真值为 X，真误差为 Δ_i，则

$$\left.\begin{aligned}\Delta_1&=l_1-X\\\Delta_2&=l_2-X\\&\vdots\\\Delta_n&=l_n-X\end{aligned}\right\} \tag{a}$$

将式（a）对应相加，得

$$[\Delta]=[l]-nX \tag{b}$$

将式（b）两边除以 n，得

$$\frac{[\Delta]}{n}=\frac{[l]}{n}-X=x-X \tag{5-16}$$

根据偶然误差的特性当 $n\to\infty$ 时，$\frac{[\Delta]}{n}\to0$，于是 $x\approx X$。即当观测次数 n 无限多时，算术平均值就趋向于未知量的真值。当观测次数有限时，可以认为算术平均值是根据已有的观测数据所能求得的最接近真值的近似值，称为最或是值或最或然值。因此，可用最或是值作为该未知量真值的估值。

二、观测值的改正数

设对某量进行 n 次等精度观测，观测值 $l_i(i=1,2,\cdots,n)$，最或是值为 x，最或是值与观测值之差 $v_i(i=1,2,\cdots,n)$为观测值的改正数，则有

$$\left.\begin{aligned}v_1&=x-l_1\\v_2&=x-l_2\\&\vdots\\v_n&=x-l_n\end{aligned}\right\} \tag{c}$$

将式（c）对应相加，得

$$[v]=nx-[l]$$

于是得

$$[v]=0 \tag{5-17}$$

即改正数总和为零。可用式(5-17)作为计算中的校核。

三、评定精度

1. 等精度观测值的中误差

用公式 $m=\pm\sqrt{\frac{[\Delta\Delta]}{n}}$ 求等精度观测值中误差时，需要知道观测值的真误差 Δ_1，Δ_2，…，Δ_n。真误差是各观测值与真值之差。在实际工作中，观测值的真值往往是难以得到的，因此，用真误差来计算观测值的中误差是不可能的。但是，对于等精度的一组观测值的最或是值即算术平均值是可以求得的。如果在每一个观测值上加一个改正数，使其等于最或是值，则观测值的中误差就可以利用改正数来计算。

设在相同观测条件下，一个量的观测值为 l_1，l_2，…，l_n，其真值为 X，最或是值（算术平均值）为 x，真误差为 Δ_i，改正数为 v_i，则

$$\left.\begin{aligned}\Delta_1&=l_1-X\\\Delta_2&=l_2-X\\&\vdots\\\Delta_n&=l_n-X\end{aligned}\right\} \tag{d}$$

将式(d)与式(c)两边对应相加，得

$$\left.\begin{aligned}\Delta_1+v_1&=x-X\\\Delta_2+v_2&=x-X\\&\vdots\\\Delta_n+v_n&=x-X\end{aligned}\right\} \tag{e}$$

令 $x-X=\delta$，代入式(e)，并整理，得

$$\left.\begin{aligned}\Delta_1&=-v_1+\delta\\\Delta_2&=-v_2+\delta\\&\vdots\\\Delta_n&=-v_n+\delta\end{aligned}\right\} \tag{f}$$

式(f)两边分别平方，得

$$\left.\begin{aligned}\Delta_1^2&=v_1^2-2v_1\delta+\delta^2\\\Delta_2^2&=v_2^2-2v_2\delta+\delta^2\\&\vdots\\\Delta_n^2&=v_n^2-2v_n\delta+\delta^2\end{aligned}\right\} \tag{g}$$

式(g)两边相加，并同除以 n，得

$$\frac{[\Delta\Delta]}{n}=\frac{[vv]}{n}-2\delta\frac{[v]}{n}+\delta^2 \tag{5-18}$$

由式(5-17)可得，$[v]=0$。于是式(5-18)可写成

$$\frac{[\Delta\Delta]}{n}=\frac{[vv]}{n}+\delta^2 \tag{5-19}$$

而

$$\begin{aligned}\delta^2&=(x-X)^2=\left(\frac{[l]}{n}-X\right)^2\\&=\frac{1}{n^2}[(l_1-X)+(l_2-X)+\cdots+(l_n-X)]^2\\&=\frac{1}{n^2}(\Delta_1+\Delta_2+\cdots+\Delta_n)^2\\&=\frac{1}{n^2}(\Delta_1^2+\Delta_2^2+\cdots+\Delta_n^2+2\Delta_1\Delta_2+2\Delta_1\Delta_3+\cdots)\\&=\frac{[\Delta^2]}{n^2}+\frac{2(\Delta_1\Delta_2+\Delta_1\Delta_3+\cdots)}{n^2}\end{aligned}$$

式中 $\Delta_1\Delta_2$，$\Delta_1\Delta_3$，…同样具有偶然误差的特性，即当 $n\rightarrow\infty$ 时，上式等号右边的第二项趋近于零。故式（5-19）可近似地写成

$$\frac{[\Delta\Delta]}{n}=\frac{[vv]}{n}+\frac{[\Delta\Delta]}{n^2}$$

由 $m=\pm\sqrt{\frac{[\Delta\Delta]}{n}}$，代入上式整理，得

$$m=\pm\sqrt{\frac{[vv]}{n-1}} \tag{5-20}$$

式（5-20）即为等精度观测时用观测值的改正数求观测值中误差的公式。

2. *算术平均值的中误差*

设对某未知量进行了 n 次等精度观测，观测值为 l_1，l_2，…，l_n，各观测值的中误差均等于 m，则算术平均值的函数式为

$$x=\frac{[l]}{n}=\frac{1}{n}l_1+\frac{1}{n}l_2+\cdots+\frac{1}{n}l_n \tag{5-21}$$

根据式（5-12）可得算术平均值 x 的中误差 m_x 为

$$m_x=\pm\sqrt{\left(\frac{1}{n}\right)^2m^2+\left(\frac{1}{n}\right)^2m^2+\cdots+\left(\frac{1}{n}\right)^2m^2}$$

得

$$m_x=\pm\frac{m}{\sqrt{n}} \tag{5-22}$$

将式（5-20）代入式（5-22），即得用观测值改正数求算术平均值中误差的公式

$$m_x=\pm\sqrt{\frac{[vv]}{n(n-1)}} \tag{5-23}$$

观测值中误差 m 是表示等精度观测列中任一观测值的精度，而算术平均值中误差 m_x 则表示由观测值求得最后结果的精度。从式（5-22）可以看出，算术平均值中误差与观测次数的平方根成反比。因此，增加观测次数可以提高算术平均值的

精度。

设$m=1$，则$m_x=\pm\frac{1}{\sqrt{n}}$，将$n=1$，2，…代入式（5－22）中，得到相应的$m_x$值，现以纵坐标表示$m_x$，横坐标表示$n$，绘成曲线如图5－6所示。由图可见，当$m$不变时，$m_x$随着$n$增大而减小，但当观测次数达到一定数值后，中误差的减小逐渐缓慢，所以，为了提高观测结果的精度，除了适当增加观测次数外，还必须选用相应精度的观测仪器和适当的观测方法，才能获得最经济的效果。在一般情况下，观测2～4次，测量结果的精度已能明显地提高。

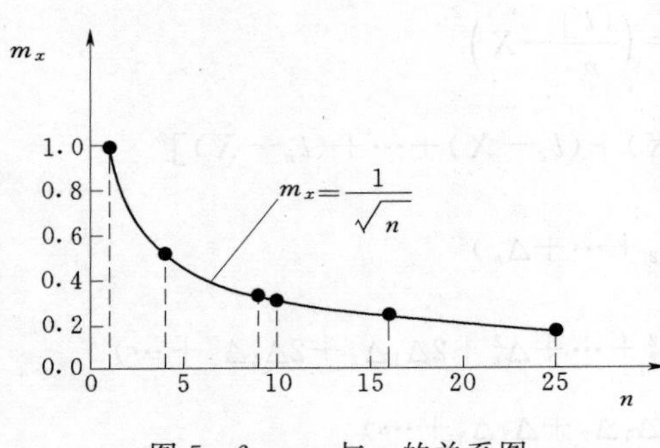

图5－6　m_x与n的关系图

【例5－5】　对某距离AB丈量了5次，其观测值列在表5－3中，求观测值的中误差m及算术平均值中误差m_x。

解：计算过程及计算结果列于表5－3中。

表5－3　　**观测值及算术平均值中误差计算表**

观测次序	观测值l_i /m	v /cm	vv /cm²	计　算
1	242.46	−2	4	$x=(242.46+242.41+242.42+242.45+242.46)/5$ $=242.44(\text{m})$
2	242.41	3	9	
3	242.42	2	4	$m=\pm\sqrt{\frac{[vv]}{n-1}}=\pm\sqrt{\frac{22}{5-1}}=\pm2.35(\text{cm})$
4	242.45	−1	1	$m_x=\pm\frac{m}{\sqrt{n}}=\pm\frac{0.0235}{\sqrt{5}}=\pm0.01(\text{m})$
5	242.46	−2	4	
Σ	$x=242.44$	$[v]=0$	$[vv]=22$	观测成果：242.44m±0.01m

【例5－6】　用同一台经纬仪对某水平角观测了6个测回，得各测回水平角的观测值分别为83°23′56″、83°24′06″、83°23′56″、83°23′54″、83°23′48″、83°24′02″。一测回测角中误差均为±8.5″，试求该水平角的算术平均值及其中误差。

解：在实际工作中，计算算术平均值的公式可改写为

$$x=l_0+\frac{1}{n}(l'_1+l'_2+\cdots+l'_n)$$

式中：l_0为各观测值的基数，$l'_i=l_i-l_0$。

因此，该角的算术平均值为

$$x=83°24'00''+\frac{1}{6}[(-4'')+6''+(-4'')+(-6'')+(-12'')+2'']=83°23'57''$$

按式（5－22）得算术平均值的中误差为

$$m_x=\pm\frac{8.5''}{\sqrt{6}}=\pm3.5''$$

该角的最后观测结果为 83°23′57″±3.5″。

第五节　非等精度观测值的加权平均值及其中误差

一、权与中误差的关系

在实际测量中，除了等精度观测外，还有不等精度观测。如图 5-7 所示，当进行水准测量时，由高级水准点 A、B、C、D 分别经过不同长度的水准路线，测得 E 点的高程为 H_{E1}、H_{E2}、H_{E3} H_{E4}。在这种情况下，即使所使用的仪器和方法相同。但由于水准路线的长度不同，因而，测得 E 点的高程观测值中误差彼此也不相同，就是说，4 个高程观测值的可靠程度不同。一般来说，水准路线越长，可靠程度越低。因此，不能简单地取 4 个高程观测值的算术平均值来作为最或是值。那么，怎样根据这些不同精度的观测结果来求 E 点的最或是值 H_E，又怎样来衡量它的精度呢？这就需要引入“权”的概念。

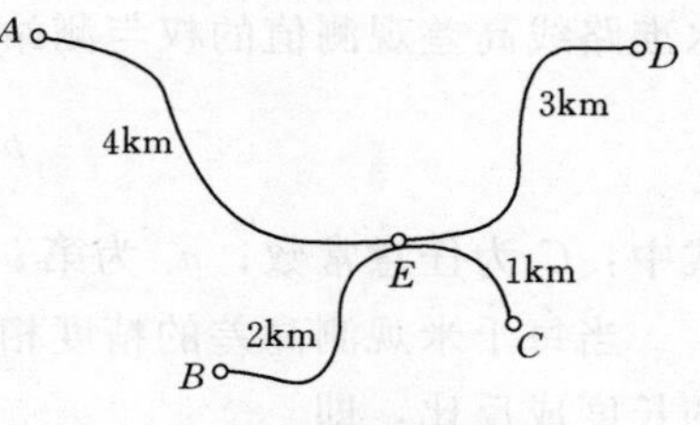

图 5-7　不等精度观测

(一) 权

测量上的“权”，是一个表示观测结果可靠程度的相对性数值，用 p_i 来表示。

(二) 权的性质

权具有如下性质。

(1) 权越大，表示观测值越可靠，即精度越高。

(2) 权始终取正号。

(3) 由于权是一个相对性数值，因此，对于单独一个观测值来讲无意义。

(4) 同一问题中的权，可以用同一个数去乘或除，而不会改变其性质。

(三) 确定权的常用方法

1. 利用观测值中误差来确定权的大小

设一组不等精度观测值为 l_1，l_2，…，l_n，其相应的中误差为 m_1，m_2，…，m_n。

由于中误差越小，观测值精度越高，权越大；并根据权的性质，测量上权可以用式 (5-24) 来定义，即

$$p_i=\frac{\lambda}{m_i^2}\ (i=1,2,\cdots,n) \tag{5-24}$$

式中：λ 为任意常数。

例如，某两个不等精度的观测值 l_1 的中误差 $m_1=\pm 2''$，l_2 的中误差 $m_2=\pm 8''$，则它们的权可以确定为

$$p_1=\frac{\lambda}{m_1^2}=\frac{\lambda}{2^2}=\frac{\lambda}{4}$$

$$p_2=\frac{\lambda}{m_2^2}=\frac{\lambda}{8^2}=\frac{\lambda}{64}$$

若取 $\lambda=4$，则 $p_1=1$，$p_2=\frac{1}{16}$；$\lambda=64$，则 $p_1=16$，$p_2=1$。

而
$$p_1 : p_2=1 : \frac{1}{16}=16 : 1$$

因此，选择适当的 λ 值，可以使权成为便于计算的数值。

2. 从实际观测情况出发来确定权的大小

在实际工作中，往往在观测值的中误差尚未求得之前就要确定各观测值的权，以便求出加权平均值。下面给出几种情况下定权的常用方法。

（1）水准测量。设有 n 条水准路线，当每个测站观测高差的精度相同时，则各条水准路线高差观测值的权与测站数成反比，即

$$p_i=\frac{C}{n_i} \quad (i=1,2,\cdots,n) \tag{5-25}$$

式中：C 为任意常数；n_i 为第 i 条水准路线上的测站数。

当每千米观测高差的精度相同时，则各条水准路线高差观测值的权与该水准路线的长度成反比，即

$$p_i=\frac{C}{L_i} \quad (i=1,2,\cdots,n) \tag{5-26}$$

式中：L_i 为第 i 条水准路线的长度，km。

（2）角度测量。设对 n 个角分别进行不同测回的观测，当每测回观测的精度相同时，各角度观测值的权与其测回数成正比，即

$$p_i=Cn_i \quad (i=1,2,\cdots,n) \tag{5-27}$$

式中：n_i 为第 i 个角度观测的测回数。

（3）距离测量。如果测量了 n 段距离，当单位距离测量的精度相同时，各段距离观测值的权与其长度成反比，即

$$p_i=\frac{C}{S_i} \quad (i=1,2,\cdots,n) \tag{5-28}$$

式中：S_i 为第 i 段距离的观测值。

可以看出，这些确定权的公式都有一定的适用条件，而这些条件在实际工作中是基本具备的，因此这些公式得到了广泛应用。

二、单位权中误差

“权”表示的是不等精度观测值的相对可靠程度，因此，可取任一观测值的权作为标准，以求其他观测值的权。在权与中误差关系式 $p_i=\frac{\lambda}{m_i^2}$中，若以 p_1 为标准，并令其值为 1，即取 $\lambda=m_1^2$，则

$$p_1=\frac{m_1^2}{m_1^2}=1, p_2=\frac{m_1^2}{m_2^2},\cdots,p_n=\frac{m_1^2}{m_n^2}$$

等于 1 的权称为单位权，权等于 1 的观测值中误差称为单位权中误差，设单位权中误差为 μ，则

$$p_i=\frac{\mu^2}{m_i^2} \tag{5-29}$$

即 $\mu=m_1$ 时，$p_1=1$，则 l_1 的中误差 m_1 称为单位权中误差。

由式（5-29）可推导单位权中误差与观测值中误差的关系式如下：

$$\mu^2=p_1m_1^2=p_2m_2^2=\cdots=p_nm_n^2$$

得

$$n\mu^2=[pm^2]$$

所以

$$\mu=\pm\sqrt{\frac{[pm^2]}{n}}$$

当 $n\rightarrow\infty$ 时，用真误差 Δ 代替中误差 m，则可将上式改写为

$$\mu=\pm\sqrt{\frac{[p\Delta\Delta]}{n}} \tag{5-30}$$

式（5-30）为用真误差计算单位权观测值中误差的公式。类似式（5-20）的推导，可以求得用观测值改正数来计算单位权中误差的公式为

$$\mu=\pm\sqrt{\frac{[pvv]}{n-1}} \tag{5-31}$$

式中：v 为观测值的改正数；n 为观测值的个数。

三、精度评定

1. 加权平均值——最或是值的计算

设对某量进行 n 次不等精度观测，观测值为 $l_1,l_2,\cdots,l_n$，其相应的权值为 $p_1,p_2,\cdots,p_n$，测量上取加权平均值作为该量的最或是值，即

$$x=\frac{p_1l_1+p_2l_2+\cdots+p_nl_n}{p_1+p_2+\cdots+p_n}=\frac{[pl]}{[p]} \tag{5-32}$$

或

$$x=l_0+\frac{p_1l_1'+p_2l_2'+\cdots+p_nl_n'}{p_1+p_2+\cdots+p_n}=l_0+\frac{[pl']}{[p]} \tag{5-33}$$

式中：l_0 为选取观测值的基数，$l_i'=l_i-l_0$。

不等精度观测值的改正数可按 $v_i=x-l_i$，代入下式：

$$[pv]=[p(x-l_i)]=[p]x-[pl]$$

顾及式（5-32），得

$$[pv]=0 \tag{5-34}$$

式（5-34）可作为计算校核。

2. 加权平均值中误差

由式（5-32）得

$$x=\frac{[pl]}{[p]}=\frac{p_1}{[p]}l_1+\frac{p_2}{[p]}l_2+\cdots+\frac{p_n}{[p]}l_n$$

按中误差传播定律，加权平均值 x 的中误差如下：

$$m_x^2=\frac{1}{[p]^2}(p_1^2m_1^2+p_2^2m_2^2+\cdots+p_n^2m_n^2) \tag{5-35}$$

式中：m_1，m_2，…，m_n 为相应观测值的中误差。

将式（5-29）代入式（5-35）得

$$m_x^2=\frac{p_1}{[p]^2}\mu^2+\frac{p_2}{[p]^2}\mu^2+\cdots+\frac{p_n}{[p]^2}\mu^2=\frac{\mu^2}{[p]}$$

则

$$m_x^2=\pm\frac{\mu}{\sqrt{[p]}}=\pm\sqrt{\frac{[pvv]}{[p](n-1)}} \tag{5-36}$$

【例 5-7】 对某一角度，采用不同测回数，进行了 4 次观测，其观测值列于表 5-4 中，求该角度的观测结果及其中误差。

解：计算过程及计算结果列于表 5-4 中。

表 5-4　　不同精度观测最后结果及其中误差计算表

次　数	观测值 l_i	测回数 n	权 p	改正数 v	pv	pvv
1	63°44′54″	6	6	+5″	+30	150
2	63°45′02″	5	5	−3″	−15	45
3	63°44′59″	4	4	0″	0	0
4	63°45′04″	3	3	−5″	−15	75
	63°44′59″		[p]=18		[pv]=0	[pvv]=270

$$x=63°44'54''+\frac{6\times0''+5\times8''+4\times5''+3\times10''}{6+5+4+3}$$
$$=63°44'59''$$

$$\mu=\pm\sqrt{\frac{[pvv]}{n-1}}=\pm\sqrt{\frac{270}{4-1}}=\pm9.5''$$

$$m_x=\pm\frac{\mu}{\sqrt{[p]}}=\pm\frac{9.5''}{\sqrt{18}}=\pm2.2''$$

该角的最后观测结果为 63°44′59″±2.2″。

四、单节点水准路线的平差及高程计算

【例 5-8】 如图 5-8 所示，A、B、C 三点的高程分别为 $H_A=62.193$m，$H_B=59.679$m，$H_C=69.726$m，各水准线观测值标在图中，求节点 E 高程加权平均值、单位权中误差及节点 E 高程加权平均值的中误差。

解：（1）由 A、B、C 三点沿三条水准路线观测值计算

E 点三个高程为

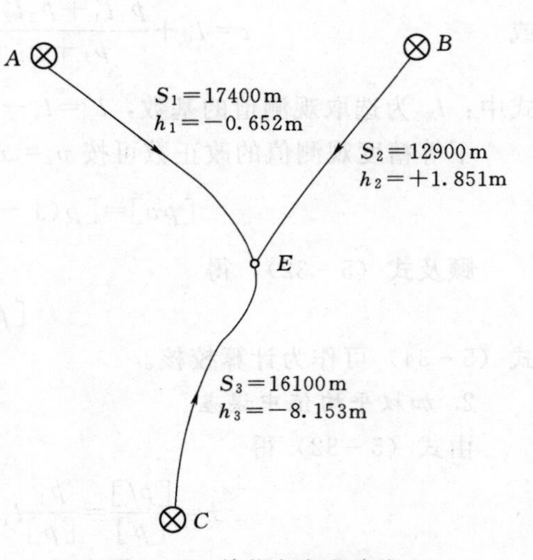

图 5-8　单节点水准路线

$$H_{E1}=H_A+h_1=62.193-0.652=61.541(\text{m})$$
$$H_{E2}=H_B+h_2=59.679+1.851=61.530(\text{m})$$
$$H_{E3}=H_C+h_3=69.726-8.153=61.573(\text{m})$$

（2）选取 $C=1\text{km}$，则

$$P_1=\frac{1}{1.74}=0.57,P_2=\frac{1}{1.29}=0.78,P_3=\frac{1}{1.61}=0.62$$

计算过程见表 5 - 5。

表 5 - 5　　单节点水准路线结点高程计算表

水准路线	已知点	已知点高程/m	观测高差程/m	节点 E 的高程/m	路线长/km	权 $p_i=\frac{1}{L_i}$	v_i/mm	p_iv_i/mm	$p_iv_iv_i$/mm	备注
1	A	62.193	−0.652	61.541	1.74	0.57	+5.8	+3.31	19.05	
2	B	59.679	+1.851	61.530	1.29	0.78	+16.8	+12.99	217.69	
3	C	69.726	−8.153	61.573	1.61	0.62	−26.2	−16.30	427.74	
Σ						1.97		0	664.48	

$$\hat{H}_E=\frac{0.57\times61.541+0.78\times61.530+0.62\times61.573}{0.57+0.78+0.62}=61.5468(\text{m})$$

$$\mu=\pm\sqrt{\frac{664.48}{3-1}}=18.2(\text{mm})$$

$$m_{H_E}=\pm\frac{18.2}{\sqrt{1.97}}=13(\text{mm})$$

习　　题

一、名词解释

1. 系统误差
2. 偶然误差
3. 中误差
4. 相对中误差（相对误差）
5. 极限误差与容许误差
6. 最或是值
7. “权”

二、问答题

1. 产生测量误差的原因有哪些？为什么说测量误差是客观存在的？
2. 什么是“多余观测”？“多余观测”有什么现实意义？
3. 偶然误差有哪些特性？
4. 衡量观测值精度的标准是什么？衡量角度观测值与距离观测值的标准有何不

同？为什么？

5. 中误差公式有 $m=\pm\sqrt{\frac{[\Delta\Delta]}{n}}$ 与 $m=\pm\sqrt{\frac{[vv]}{n-1}}$ 两种表达形式，两式中的元素的含义是什么？两式各在什么情况下使用？

6. 用钢尺丈量距离，有下列几种情况，使量得的结果产生误差，试分别判定误差的性质及符号。

（1）尺长不准确。

（2）测钎插位不准确。

（3）估计小数不准确。

（4）尺面不水平。

（5）尺端偏离直线方向。

7. 在水准测量中，有下列几种情况，使水准尺读数带有误差，试判别误差的性质。

（1）视准轴与水准轴不平行。

（2）仪器下沉。

（3）读数不正确。

（4）水准尺下沉。

8. 什么是不等精度观测？在不等精度观测中“权”有何实用意义？

三、填空题

1. 测量误差按其特性可分为______误差和______误差。

2. 衡量精度的标准有________、________和________。

3. 在水准测量中，设一个测站的高差中误差为±9mm，若 1km 设 9 个测站，则 1km 高差中误差是____________；若水准路线长为 4km，则其高差中误差是____________。

4. 用经纬仪观测水平角，测角中误差为±9″。欲使角度结果的精度达到±5″，问需要观测几个测回________。

5. 设有 4 个函数式分别为：$Z_1=L_1+L_2$，$Z_2=L_1-L_2$，$Z_3=(L_1+L_2)/2$，$Z_4=L_1L_2$。式中 L_1，L_2 为相互独立的等精度观测值，其中误差均为 m，试求函数中误差 $m_{Z1}=$______，$m_{Z2}=$______，$m_{Z3}=$______，$m_{Z4}=$______。

6. 设有一函数式 $h=D\tan\alpha$，其距离观测值为 $D=100\text{m}\pm0.005\text{m}$，角度观测值为 $\alpha=30°\pm6''$，则函数值 h 的中误差是________。

四、计算题

1. 为鉴定经纬仪的精度，对已知精确测定的水平角（$\beta=62°00'00.0''$）作 n 次观测，结果为

62°00′03″　　61°59′57″　　61°59′58″　　62°00′02″

62°00′02″　　62°00′03″　　62°00′01″　　61°59′58″

61°59′58″　　61°59′57″　　62°00′04″　　62°00′02″

试计算：

(1) 若β为真值，求观测值的中误差；

(2) 若β不是真值，求观测结果、观测值的中误差及算术平均值的中误差。

2. 等精度观测一个三角形的3个内角α、β、γ，已知测角精度为±36″，求三角形角度闭合差的中误差。若将闭合差平均分配到3个角上，求改正后的三角形各内角的中误差。

3. 对某个水平角以等精度观测4个测回，观测值列于表5-6，计算其算术平均值x、一测回的测角中误差m及算术平均值的中误差m_x。

表5-6　观测值及算术平均值中误差计算表

观测次序	观测值l_i /m	V /(″)	vv /(″)	计　算
1	55°40′47″			$x=$
2	55°40′40″			
3	55°40′42″			$m=$
4	55°40′46″			
	$x=$	$[v]=$	$[vv]=$	$m_x=$

4. 如图5-9所示，从已知水准点A、B、C、D各点的高程为511.215m、557.324m、507.174m、538.921m，各水准线观测值标在图中，请将已知数据填入表5-5中，求节点G高程加权平均值、单位权中误差及节点G高程加权平均值的中误差。

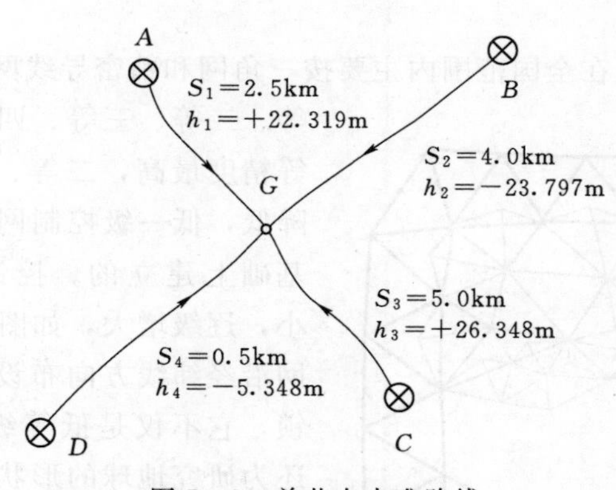

图5-9　单节点水准路线

资源5-3
习题答案

第六章

控制测量

第一节 概 述

测量工作所遵循的原则是“由整体到局部、先控制后碎部”，即在测区内先选择一些起控制作用的点，组成一定的几何图形，称为控制网。用较精密的方法测定这些点的平面位置和高程，然后根据这些控制点施测其周围的碎部点。控制测量的目的是为了限制误差的累积，保证测图或施工精度，同时也便于分区、分阶段进行观测。控制网按其性质分为平面控制网、高程控制网及三维控制网。

测定控制点的平面位置（X，Y）、高程（H）、三维坐标（X，Y，Z）所对应的测量工作，分别称为平面控制测量、高程控制测量及三维控制测量。根据控制网的规模可分为国家基本控制网、城市控制网、小地区控制网和图根控制网。

一、国家基本控制网

1. 平面控制网

国家平面控制网是在全国范围内主要按三角网和精密导线网布设，按精度分为一等、二等、三等、四等4个等级，其中一等精度最高，二等、三等、四等精度逐级降低，低一级控制网是在高一级控制网的基础上建立的。控制点的密度，一等最小，逐级增大，如图6-1所示，一等三角网沿经纬线方向布设，一般称为一等三角锁，它不仅是低等级平面控制网的基础，还为研究地球的形状和大小提供精确的科学资料。二等三角网布设于一等三角锁内，是扩展低等级平面控制网的基础，三等、四等三角网作为一等、二等控制网的进一步加密，满足测绘各种比例尺地形图和各项工程建设的需要。

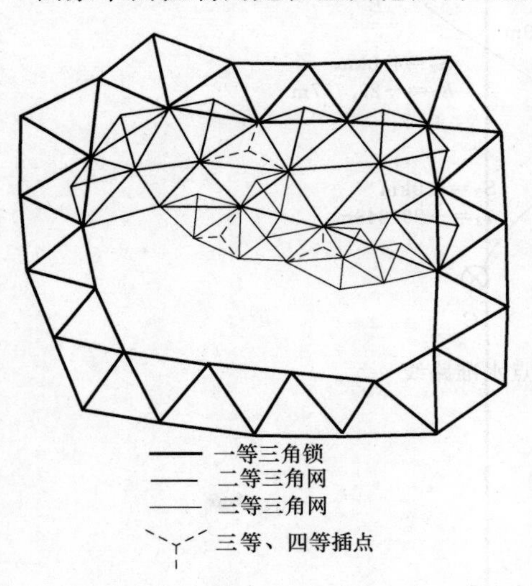

图6-1 国家平面控制网

2. 高程控制网

国家高程控制网的建立主要是采用水准测量的方法，按精度分一等、二等、三等、四等，逐级控制，逐级加密。如图6-2所示，一等水准测量精度最高，由它建立的一等水准网是国家高程控制网的骨干，二等水准网在一等水准环内布设，是国家高程控制网的基础，三等、四等水准网是国家高程控制网的加密，主要为测绘各种比例尺地形图和各项工程建设提供高程的起算数据。

近年来，全球定位系统 GPS 技术得到了广泛的应用。我国从 20 世纪 90 年代初开始，建立了一系列 GPS 控制网，其中，国家测绘局于 1991—1995 年布设了国家高精度 GPS A、B 级网；此外，中国地震局等也都建立了相应级别的 GPS 控制网。为了整合 3 个全国（台湾省暂未覆盖）GPS 控制网的整体效益和不兼容性，于 2000—2003 年进行整体平差处理，建立统一的、高精度的国家 GPS 大地控制网，并命名为“2000 国家 GPS 大地控制网”，为全国三维地心坐标系统提供了高精度的坐标框架，为全国提供了高精度的重力基准。

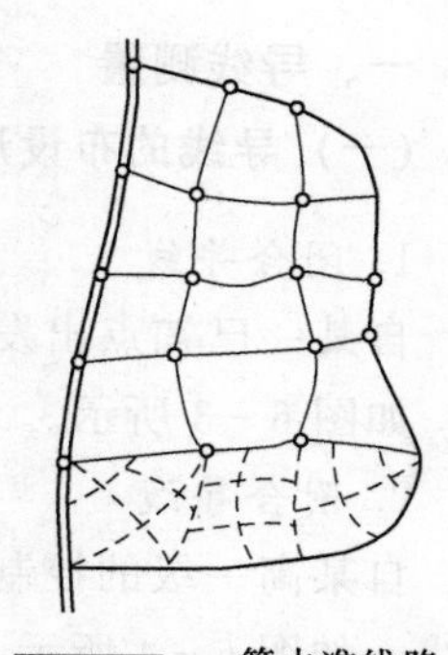

图 6-2 国家高程控制网

二、城市控制网

城市控制网是在国家控制网的基础上建立起来的，目的在于为城市规划、市政建设、工业民用建筑设计和施工放样服务。城市控制网建立的方法与国家控制网相同，只是控制网的精度有所不同。为了满足不同目的及要求，城市控制网也要分级建立。

国家控制网和城市控制网均由专门的测绘单位承担测量。控制点的平面坐标和高程，由测绘部门统一管理，为社会各部门服务。

三、小地区控制网

小地区控制网是为小地区（测区面积小于 $15km^2$）大比例尺测图或工程建设所布设的控制网。小地区平面控制网建立时，应尽量与国家或城市已建立的高级控制网联测，将已知的高级控制点的坐标作为小地区控制网的起算数据。如果测区内或附近无国家或城市高级已知控制点，或者联测不便，可建立独立的平面控制网。根据测区面积大小分级建立，主要采用一级、二级、三级导线测量，一级、二级小三角网测量或一级、二级小三边网测量；小地区高程控制网是根据测区面积的大小和工程建设的具体要求，采用分级建立的方法，一般情况下以国家高级控制点为基础，在测区范围内建立三等、四等水准路线或水准网。对于地形起伏较大的山区可采用三角高程测量的方法建立高程控制网。

四、图根控制网

直接为地形测图而建立的控制网称为图根控制网，其控制点称为图根控制点。图根控制测量也分为图根平面控制测量和图根高程控制测量。图根平面控制测量通常采用图根导线测量、小三角测量和交会定点等方法来建立。图根高程控制测量一般采用三等、四等、五等水准测量和三角高程测量。

第二节 平面控制测量

一、导线测量

(一) 导线的布设形式

1. 闭合导线

自某一已知点出发经过若干点的连续折线仍回至原来一点，形成一个闭合多边形，如图 6-3 所示。

2. 附合导线

自某高一级的控制点（或国家控制点）出发，附合到另一个高一级的控制点上的导线，如图 6-4 所示，A、B、C、D 为高一级的控制点，从控制点 B（作为附合导线的第 1 点）出发，经 2、3、4、5 等点附合到另一控制点 C（作为附合导线的最后一点 6)，布设成附合导线。

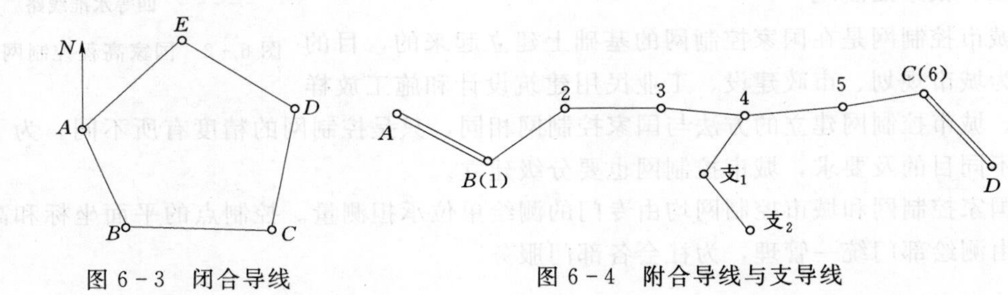

图 6-3 闭合导线　　图 6-4 附合导线与支导线

3. 支导线

仅是一端连接在高一级控制点上的伸展导线，如图 6-4 中的 4—支$_1$—支$_2$，4 点对支$_1$、支$_2$ 来讲是高一级的控制点。支导线在测量中若发生错差，无法校核，故一般只允许从高一级控制点引测一点，对 1：2000、1：5000 比例尺测图可连续引测两点。

导线按测量边长方法的不同有钢尺量距导线、电磁波测距导线等。两者仅测距方法不同，其余工作完全相同。

(二) 导线测量的等级与技术要求

在进行导线测量时，究竟采用何种形式，应根据原有控制点可利用的情况和密度、地形条件、测量精度要求及仪器设备而定。

用导线测量的方法建立小地区平面控制网，通常可分为一级导线、二级导线、三级导线和图根导线几个等级，其主要技术指标见表 6-1。

(三) 导线测量的外业工作

导线测量的外业工作包括踏勘选点、测角、测边和连测等。

1. 踏勘选点

测量前应广泛搜集与测区有关的测量资料，如原有三角点、导线点、水准点的成果，各种比例尺的地形图等。然后做出导线的整体布置设计，并到实地踏勘，了解测

表 6-1　　导线测量的主要技术要求

等级	导线长度/km	平均边长/km	测角中误差/(″)	测距中误差/mm	测距相对中误差	测回数			方位角闭合差/(″)	导线全长相对闭合差
						DJ_1	DJ_2	DJ_6		
三等	14	3	±1.5	±20	1/150000	6	10	—	$\pm3.6\sqrt{n}$	1/55000
四等	9	1.5	±2.5	±18	1/80000	4	6	—	$\pm5\sqrt{n}$	1/35000
一级	4	0.5	±5	±15	1/30000	—	2	4	$\pm10\sqrt{n}$	1/15000
二级	2.4	0.25	±8	±15	1/14000	—	1	3	$\pm16\sqrt{n}$	1/10000
三级	1.2	0.1	±12	±15	1/7000	—	1	2	$\pm24\sqrt{n}$	1/5000
图根	$\leqslant\alpha M$	1∶500 图 0.1 1∶1000 图 0.15 1∶2000 图 0.25	±20(首级) ±30(一般)	—	电磁波测距 (单向实测)	—	—	1	$\pm40\sqrt{n}$ (首级) $\pm60\sqrt{n}$ (一般)	$\leqslant1/2000\alpha$

注　1. 表中 n 为测站数。

2. 当测区测图的最大比例尺为 1∶1000，一级、二级、三级导线的导线长度、平均长度可适当放长，但最大长度不应大于表中规定相应长度的 2 倍。

3. α 为比例系数，取值宜为 1，当采用 1∶500、1∶1000、比例尺测图时，其值可在 1～2 之间选用。

4. M 为测图比例尺的分母；但对于工矿区现状图测量，不论测图比例尺大小，M 均应取值为 500。

5. 隐蔽或施工困难地区导线相对闭合差可放宽，但不应大于 $1/1000\alpha$。

6. 图根钢尺量距导线，首级控制，边长应进行往返丈量，其较差的相对误差不应大于 1/4000；支导线，其较差的相对误差不应大于 1/3000。

区的实际情况，最后根据测图的需要，在实地选定导线点的位置，并埋设点位标志，给予编号或命名。选点时应注意做到以下要求：

（1）导线应尽量沿交通线布设，相邻导线点间应通视良好，地势平坦，便于丈量边长。

（2）导线点应选择在有利于安置仪器和保存点位的地方，最好选在土质坚硬的地面上。

（3）导线点应选在视野比较开阔的地方，不应选在低洼、闭塞的角落，这样便于碎部测量或加密。

（4）导线边长应大致相等或按表 6-1 规定的平均边长。尽量避免由短边突然过渡到长边。短边应尽量少用，以减小照准误差的影响和提高导线测量的点位精度。

（5）导线点在测区内应有一定的数量，密度要均匀，便于控制整个测区。

导线点选定后，要用明显的标志固定下来，通常是用一木桩打入土中，桩顶高出地面 1～2cm，并在桩顶钉一小钉，作为临时性标志。当导线点选择在水泥、沥青等坚硬地面时，可直接钉一钢钉作为标志，需要长期保存使用的导线点要埋设混凝土桩，桩顶刻“十”字作为永久性标志。导线点选定后，应进行统一编号。为了方便寻找，还应对每个导线点绘制“点之记”，如图 6-5 所示，注明导线点与附近固定地物点的距离。

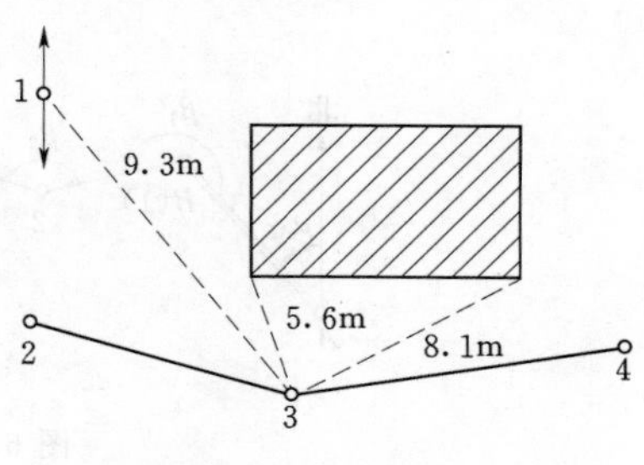

图 6-5　点之记

2. 测角

用测回法观测导线的转折角，导线的转折角分左角和右角，位于导线前进方向左侧的角称为左角，位于导线前进方向右侧的角称为右角。附合导线测量时，宜测左角；闭合导线测量时，宜测内角。若闭合导线按逆时针方向编号，则其内角也就是左角，这样便于坐标方位角的推算。对于图根导线，一般用 DJ_6 级光学经纬仪观测一个测回，其角度闭合差按导线测角技术的要求（表 6-1）。

3. 测边

用来计算导线点坐标的导线边长应是水平距离。边长可以用测距仪单程观测，也可用检定过的钢尺丈量。对于等级导线，要按钢尺量距的精密方法丈量。对于图根导线，用一般方法直接丈量，可以往、返各丈量 1 次，也可以同一方向丈量 2 次，取其平均值，其相对误差不应大于 1/3000。

4. 连测

导线必须与高一级控制点连接，以取得坐标和方位角的起始数据。闭合导线的连接测量分两种情况：第一种情况，没有高一级控制点可以连接，或在测区内布设的是独立闭合导线，这时，需要在第 1 点上测出第一条边的磁方位角，并假定第 1 点的坐标，就具有了起始数据，如图 6-6（a）所示；第二种情况如图 6-6（b）所示，A、B 为高一级控制点，1、2、3、4、5 等点组成闭合导线，则需要测出连接角 β' 及 β''，以及连接边长 D_0，才具有起始数据。

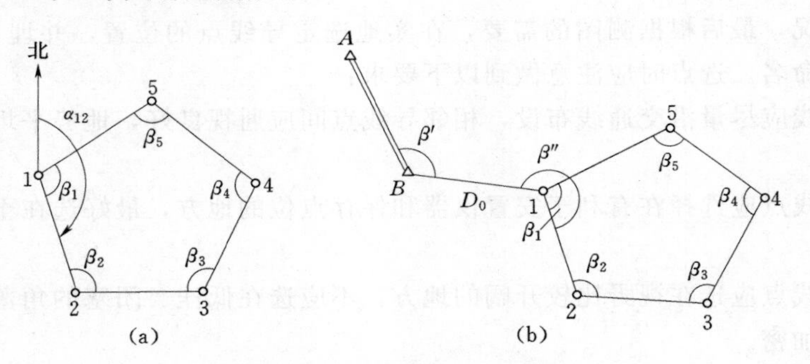

图 6-6 闭合导线连接测量

附合导线的两端点均为已知点，如图 6-7 所示，只要在已知点 B 及 C 上测出连接角 β_1 及 β_6，就能获得起始数据。

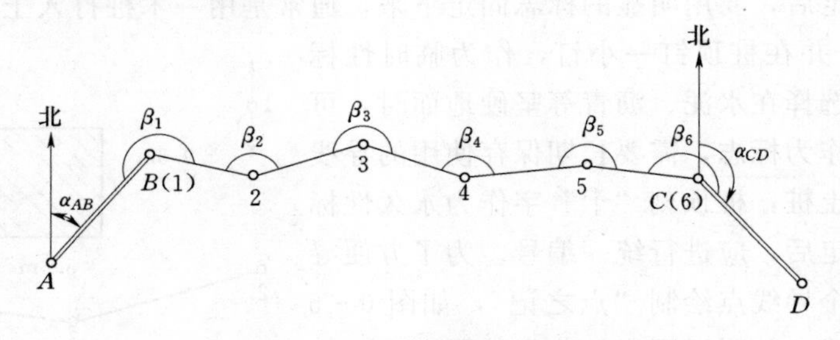

图 6-7 附合导线的连接测量

（四）导线测量的内业计算

1. 闭合导线坐标计算

在外业工作结束后，首先应整理外业测量资料，导线测量坐标计算必须具备的资料有各导线边的水平距离、导线各转折角和导线边与已知边所夹的连接角、高级控制点的坐标。当导线不与高级控制点连测时，应假定一起始点的坐标，并用罗盘仪测定起始边的坐标方位角。

计算前应对观测数据进行检查复核，当确认无误后，可绘制导线草图，注明已知数据和观测数据，并填入闭合导线坐标计算表（表 6-2）。

表 6-2　　闭合导线坐标计算表

点号	观测角（左角）/(° ′ ″)	改正数/(″)	改正角/(° ′ ″)	方位角/(° ′ ″)	距离/m	坐标计算量		改正后增量		坐标值	
						ΔX/m	ΔY/m	$\Delta\hat{X}$/m	$\Delta\hat{Y}$/m	X/m	Y/m
(1)	(2)	(3)	(4)=(2)+(3)	(5)	(6)	(7)	(8)	(9)	(10)	(11)	(12)
1										500.00	800.00
				144 36 00	77.38	−0.02 −63.07	−0.01 44.82	−63.09	44.81		
2	89 33 47	+16	89 34 03							436.91	844.81
				54 10 03	128.05	−0.03 74.96	−0.02 103.81	74.93	103.79		
3	72 59 47	+16	73 00 03							511.84	948.60
				307 10 06	79.38	−0.02 47.96	−0.01 −63.26	47.94	−63.27		
4	107 49 02	+16	107 49 18							559.78	885.33
				234 59 24	104.16	−0.02 −59.76	−0.02 −85.31	−59.78	−85.33		
1	89 36 20	+16	89 36 36							500.00	800.00
				144 36 00							
2											
总和	359 58 56	+64	360 00 00		388.97	+0.09	+0.06	0.00	0.00		

辅助计算

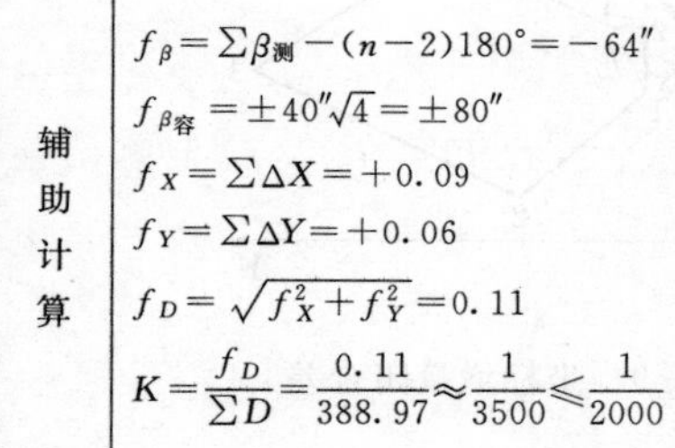

$$f_\beta=\sum\beta_{测}-(n-2)180°=-64''$$
$$f_{\beta容}=\pm40''\sqrt{4}=\pm80''$$
$$f_X=\sum\Delta X=+0.09$$
$$f_Y=\sum\Delta Y=+0.06$$
$$f_D=\sqrt{f_X^2+f_Y^2}=0.11$$
$$K=\frac{f_D}{\sum D}=\frac{0.11}{388.97}\approx\frac{1}{3500}\leqslant\frac{1}{2000}$$

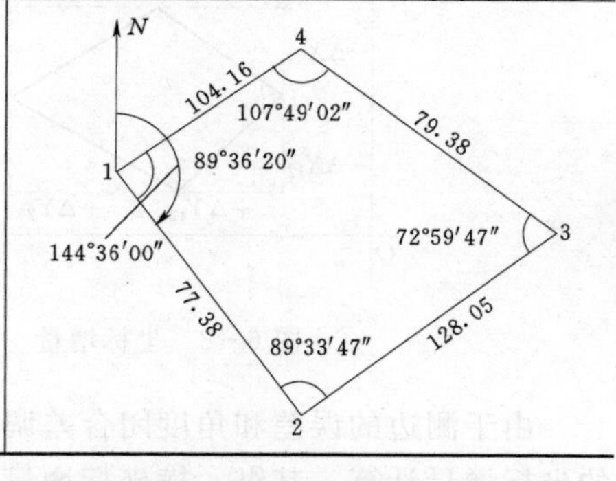

资源 6-1
闭合导线
坐标计算

闭合导线是由各导线点组成的多边形，因此，它必须满足两个条件：①多边形内角和条件；②坐标条件，即由起始点的已知坐标逐点推算导线各点的坐标，到最后一点后继续推算起始点的坐标，推算得出的坐标应等于已知坐标。现以表 6-2 为例，说明其计算步骤。

(1) 角度闭合差的计算与调整。具有 n 条边的闭合导线，内角和理论上应满足下列条件。

$$\sum\beta_{理}=(n-2)\times180^{\circ} \tag{6-1}$$

设内角观测值的和为$\sum\beta_{测}$，则角度闭合差为

$$f_{\beta}=\sum\beta_{测}-(n-2)\times180^{\circ} \tag{6-2}$$

角度闭合差是角度观测质量的检验条件，各级导线角度闭合差的容许值按表 6-1 的规定计算。若 $f_{\beta}\leqslant f_{\beta容}$ 说明该导线水平角观测的成果可用，否则，应返工重测。

由于角度观测的精度是相同的，角度闭合差的调整采用平均分配原则，即将角度闭合差按相反符号平均分配到各角中（计算至秒），其分配值称为角度改正数 V_{β}，用下式计算：

$$V_{\beta}=-\frac{f_{\beta}}{n} \tag{6-3}$$

调整后的角值为

$$\hat{\beta}=\beta_{测}+V_{\beta} \tag{6-4}$$

调整后的内角和应满足多边形内角和条件。

(2) 坐标方位角推算。用起始边的坐标方位角和改正后的各内角可推算其他各边的坐标方位角，按式 (4-21) 推算。

以表 6-2 中的图为例，按 1—2—3—4—1 逆时针方向推算，使多边形内角均为导线前进方向的左角。为了检核，还应推算回起始边。

(3) 坐标增量闭合差的计算与调整。根据导线各边的边长和坐标方位角，按式 (4-23) 计算各导线边的坐标增量。对于闭合导线，其纵、横坐标增量代数和的理论值应分别等于 0（图 6-8），即

$$\left.\begin{aligned}\sum\Delta X_{理}=0\\ \sum\Delta Y_{理}=0\end{aligned}\right\} \tag{6-5}$$

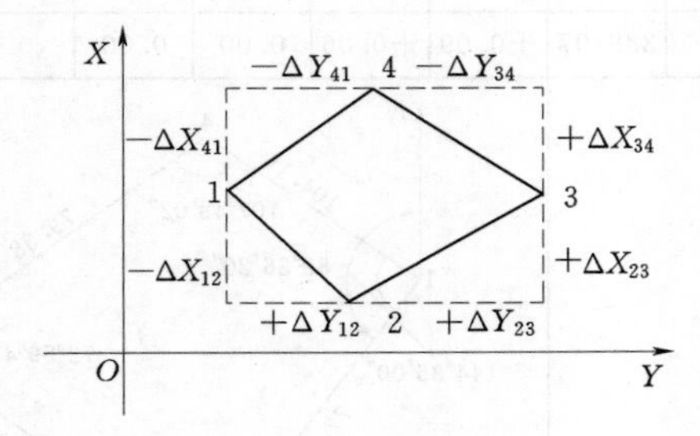

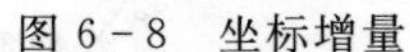
图 6-8 坐标增量

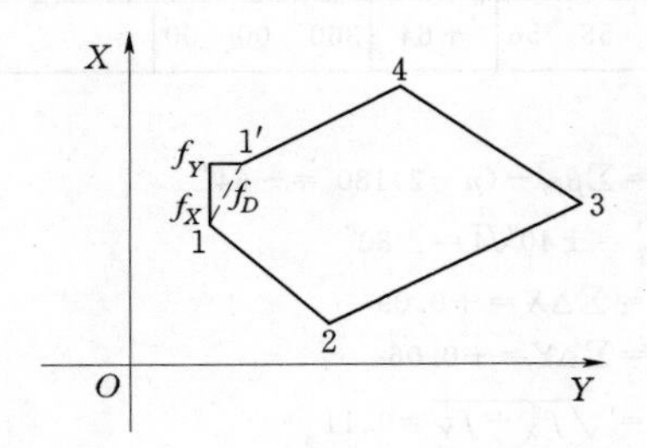

图 6-9 坐标增量闭合差

由于测边的误差和角度闭合差调整后的残余误差，使得由起点 1 出发，经过各点的坐标增量计算，其纵、横坐标增量的总和$\sum\Delta X_{测}$、$\sum\Delta Y_{测}$都不等于 0，这就存在着导线纵、横坐标增量闭合差 f_X 和 f_Y，其计算式为

$$\left.\begin{aligned}f_X=\sum\Delta X_{测}-\sum\Delta X_{理}=\sum\Delta X_{测}\\ f_Y=\sum\Delta Y_{测}-\sum\Delta Y_{理}=\sum\Delta Y_{测}\end{aligned}\right\} \tag{6-6}$$

如图 6-9 所示，由于坐标增量闭合差 f_X、f_Y 的存在，从导线点 1 出发，最后

不是闭合到出发点1，而是点1′，期间产生了一段差距1—1′，这段距离称为导线全长闭合差 f_D，由图6-9可知：

$$f_D=\sqrt{f_X^2+f_Y^2} \tag{6-7}$$

导线全长闭合差是由测角误差和测边误差共同引起的，一般说来，导线越长，全长闭合差就越大。因此，要衡量导线的精度，可用导线全长闭合差 f_D 与导线全长 $\sum D$ 的比值来表示，得到导线全长相对闭合差（或称为导线相对精度）K，且化成分子是1的分数形式：

$$K=\frac{f_D}{\sum D}=\frac{1}{\sum D/f_D} \tag{6-8}$$

不同等级的导线其导线全长相对闭合差有不同的限差，见表6-1。当 $K \leqslant K_{容}$ 时，说明该导线符合精度要求，可对坐标增量闭合差进行调整。调整的原则是将 f_X、f_Y 反符号与边长成正比例分配到各边的纵、横坐标增量中去，即

$$\left.\begin{aligned} V_{Xi}&=-\frac{f_X}{\sum D}D_i \\ V_{Yi}&=-\frac{f_Y}{\sum D}D_i \end{aligned}\right\} \tag{6-9}$$

式中：V_{Xi}、V_{Yi} 分别为第 i 条边的坐标增量改正数；D_i 为第 i 条边的边长。

计算坐标增量改正数 V_{Xi}、V_{Yi} 时，其结果应进行凑整，满足：

$$\left.\begin{aligned} \sum V_{Xi}&=-f_X \\ \sum V_{Yi}&=-f_Y \end{aligned}\right\} \tag{6-10}$$

第 i 条导线边调整后的纵、横坐标增量 $\Delta\hat{X}_i$、$\Delta\hat{Y}_i$ 为

$$\left.\begin{aligned} \Delta\hat{X}_i&=\Delta X_i+V_{Xi} \\ \Delta\hat{Y}_i&=\Delta Y_i+V_{Yi} \end{aligned}\right\} \tag{6-11}$$

（4）导线点坐标计算。根据导线起始点的坐标和改正后的坐标增量，可以依次推算各导线点的坐标，即

$$\left.\begin{aligned} X_{i+1}&=X_i+\Delta\hat{X}_i \\ Y_{i+1}&=Y_i+\Delta\hat{Y}_i \end{aligned}\right\} \tag{6-12}$$

最后还应推算起始点的坐标，其值应与原有的数值一致，以作校核。

2. 附合导线坐标计算

附合导线坐标计算方法与闭合导线的计算方法基本相同，但由于计算条件有些差异，致使角度闭合差与坐标增量闭合差的计算有所不同，现叙述如下。

如图6-10所示，1—2—3—…—$(n-1)$—n 为一附合导线，它的起点1和终点 n 分别与高一级的控制点 A、B 和 C、D 连接，后者的坐标已知，因此可按式（4-25）及方位角与象限角之间的关系计算起始边和终了边的方位角 α_{AB} 和 α_{CD}。

（1）角度闭合差的计算。附合导线的角度闭合差条件是方位角条件，即由起始边的

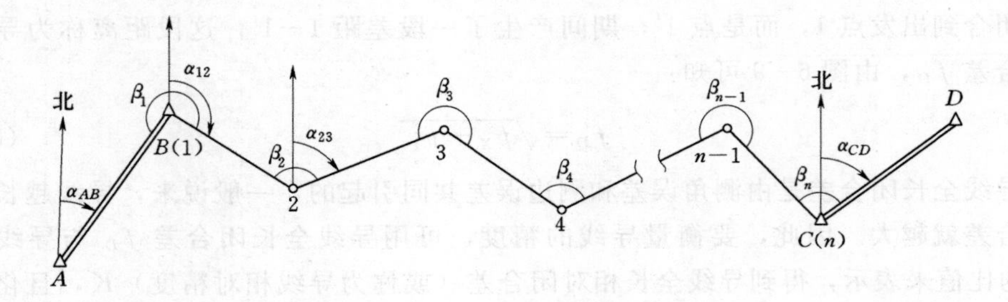

图 6-10　附合导线计算

坐标方位角 α_{AB} 和左角 β_i，推算得终了边的坐标方位角 α'_{CD} 应与已知 α_{CD} 一致，否则，就存在角度闭合差。现以图 6-10 为例，首先推算 α'_{CD}：

$$\alpha_{12}=\alpha_{AB}+\beta_1+180°$$
$$\alpha_{23}=\alpha_{12}+\beta_2+180°$$
$$\vdots$$
$$\alpha'_{CD}=\alpha_{(n-1)n}+\beta_n+180°$$

将上述各式等号两边相加，得

$$\alpha'_{CD}=\alpha_{AB}+\sum\beta_{测}+n\times180° \tag{6-13}$$

式（6-13）算得的 α'_{CD} 应减去若干个 360°，使其角度在 0°～360°之间。根据推算的 α'_{CD}，计算附合导线角度闭合差 f_β 如下：

$$f_\beta=\alpha'_{CD}-\alpha_{CD} \tag{6-14}$$

附合导线角度闭合差的容许值的计算公式及闭合差的调整方法，与闭合导线相同。

（2）坐标增量闭合差计算。附合导线两个端点——起点 B 及终点 C，都是高一级的控制点，它们的坐标值精度较高，误差可忽略不计，故

$$\left.\begin{aligned}\sum\Delta X_{理}=X_{终}-X_{始}\\\sum\Delta Y_{理}=Y_{终}-Y_{始}\end{aligned}\right\} \tag{6-15}$$

由于测角和测边含有误差，坐标增量不能满足理论上的要求，产生坐标增量闭合差，即

$$\left.\begin{aligned}f_X=\sum\Delta X_{测}-\sum\Delta X_{理}=\sum\Delta X_{测}-(X_{终}-X_{始})\\f_Y=\sum\Delta Y_{测}-\sum\Delta Y_{理}=\sum\Delta Y_{测}-(Y_{终}-Y_{始})\end{aligned}\right\} \tag{6-16}$$

求得坐标增量闭合差后，闭合差的限差和调整以及其他计算与闭合导线相同。附合导线坐标计算的全过程见表 6-3。

二、交会定点

当现有控制点的数量不能满足测图或施工放样需要时，可采用交会定点的方法加密控制点。

表 6-3 **附合导线坐标计算表**

点号	观测角(左角)/(° ′ ″)	改正数/(″)	改正角/(° ′ ″)	方位角/(° ′ ″)	距离/m	坐标计算量 ΔX/m	坐标计算量 ΔY/m	改正后增量 $\Delta\hat{X}$/m	改正后增量 $\Delta\hat{Y}$/m	坐标值 X/m	坐标值 Y/m
(1)	(2)	(3)	(4)=(2)+(3)	(5)	(6)	(7)	(8)	(9)	(10)	(11)	(12)
A										843.40	1264.29
				224 02 52							
B(1)	114 17 00	−2	114 16 58							640.93	1068.44
				158 19 50	82.17	−76.36	+0.01 +30.34	−76.36	+30.35		
2	146 59 30	−2	146 59 28							564.57	1098.79
				125 19 18	77.28	−44.68	+0.01 +63.05	−44.68	+63.06		
3	135 11 30	−2	135 11 28							519.89	1161.85
				80 30 46	89.64	−0.01 +14.78	+0.02 +88.41	+14.77	+88.43		
4	145 38 30	−2	145 38 28							534.66	1250.28
				46 09 14	79.84	+55.31	+0.01 +57.58	+55.31	+57.59		
C(5)	158 00 00	−2	157 59 58							589.97	1307.87
				24 09 12							
D										793.61	1399.19
总和	700 06 30	−10	700 06 20		328.93	−50.95	+239.38	−50.96	+239.43		

辅助计算

$\alpha_{AB}=\arctan\dfrac{Y_B-Y_A}{X_B-X_A}=224°02'52''$

$\alpha_{CD}=\arctan\dfrac{Y_D-Y_C}{X_D-X_C}=24°09'12''$

$\alpha'_{CD}=224°02'52''+5\times180°+700°06'30''-5\times360°=24°09'22''$

$f_\beta=\alpha'_{CD}-\alpha_{CD}=24°09'22''-24°09'12''=+10''$

$f_{\beta容}=\pm60''\sqrt{5}=\pm134''$

$f_X=-50.95-(589.97-640.93)=+0.01(\mathrm{m})$

$f_Y=+239.38-(1307.87-1068.44)=-0.05(\mathrm{m})$

$f_D=\sqrt{0.01^2+(-0.05)^2}=0.05(\mathrm{m})$

$K=\dfrac{0.05}{328.93}\approx\dfrac{1}{6500}<\dfrac{1}{2000}$

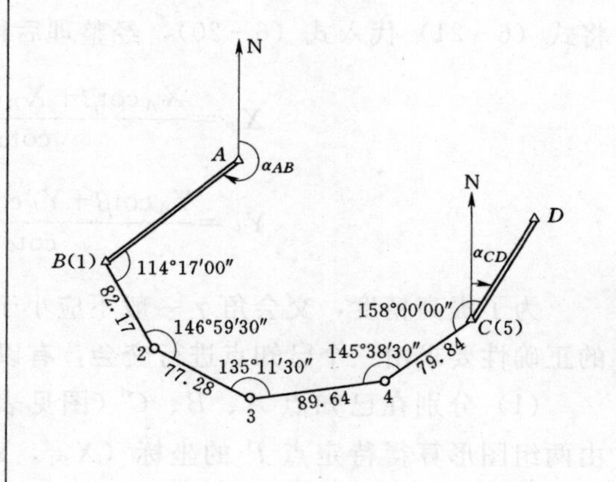

资源 6-2 附合导线坐标计算

(一) 测角前方交会法

如图 6-11 所示，在已知点 A、B 上测出 α 和 β 角，计算待定点 P 的坐标，就是测角前方交会定点，计算公式推导如下：

$$\left.\begin{aligned}X_P&=X_A+D_{AP}\cos\alpha_{AP}\\Y_P&=Y_A+D_{AP}\sin\alpha_{AP}\end{aligned}\right\}\qquad(6-17)$$

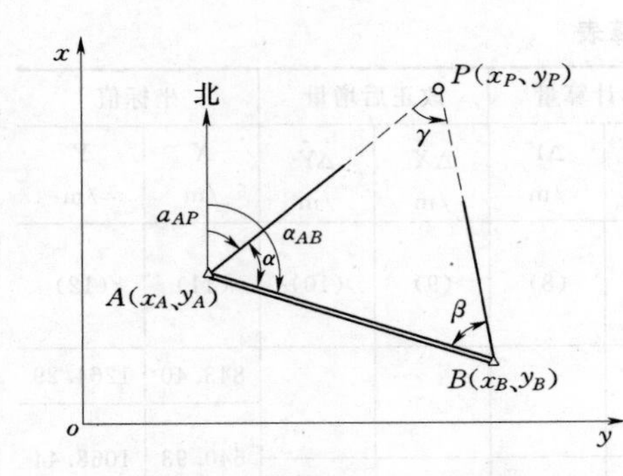

图 6-11　前方交会示意图

$$\alpha_{AP}=\alpha_{AB}-\alpha \tag{6-18}$$

式中 α_{AB} 由已知点 A、B 坐标反算而得。将式（6-18）代入式（6-17），得

$$\left.\begin{aligned}X_P&=X_A+D_{AP}(\cos\alpha_{AB}\cos\alpha+\sin\alpha_{AB}\sin\alpha)\\Y_P&=Y_A+D_{AP}(\sin\alpha_{AB}\cos\alpha-\cos\alpha_{AB}\sin\alpha)\end{aligned}\right\} \tag{6-19}$$

因为 $\cos\alpha_{AB}=\dfrac{X_B-X_A}{D_{AB}}$；　$\sin\alpha_{AB}=\dfrac{Y_B-Y_A}{D_{AB}}$

则

$$\left.\begin{aligned}X_P&=X_A+\frac{D_{AP}}{D_{AB}}\sin\alpha[(X_B-X_A)\cot\alpha+(Y_B-Y_A)]\\Y_P&=Y_A+\frac{D_{AP}}{D_{AB}}\sin\alpha[(Y_B-Y_A)\cot\alpha+(X_A-X_B)]\end{aligned}\right\} \tag{6-20}$$

由△ABP 可得

$$\frac{D_{AP}}{D_{AB}}=\frac{\sin\beta}{\sin(\alpha+\beta)}$$

上式等号两边乘以 $\sin\alpha$，得

$$\frac{D_{AP}}{D_{AB}}\sin\alpha=\frac{\sin\beta\sin\alpha}{\sin\alpha\cos\beta+\cos\alpha\sin\beta}=\frac{1}{\cot\alpha+\cot\beta} \tag{6-21}$$

将式（6-21）代入式（6-20），经整理后得

$$\left.\begin{aligned}X_P&=\frac{X_A\cot\beta+X_B\cot\alpha+(Y_B-Y_A)}{\cot\alpha+\cot\beta}\\Y_P&=\frac{Y_A\cot\beta+Y_B\cot\alpha+(X_A-X_B)}{\cot\alpha+\cot\beta}\end{aligned}\right\} \tag{6-22}$$

为了提高精度，交会角 γ 一般不应小于 30°或大于 150°。同时为了校核所定点位的正确性要求由三个已知点进行交会，有以下两种方法：

（1）分别在已知点 A、B、C（图见表 6-4 算例）上观测角 α_1、β_1 及 α_2、β_2，由两组图形算得待定点 P 的坐标（X_{P1}，Y_{P1}）及（X_{P2}，Y_{P2}）。如两组坐标的较差 $f(\sqrt{(X_{P1}-X_{P2})^2+(Y_{P1}-Y_{P2})^2})\leqslant 0.2M$mm 或 $0.3M$mm，则取平均值。式中 M 为比例尺的分母；前者用于 1∶5000 及 1∶10000 的测图，后者用于 1∶500～1∶2000 的测图。

（2）观测一组角度 α_1、β_1，计算坐标，而以另一方向检查，即在 B 点观测检查角 $\varepsilon_{测}=\angle PBC$（见表 6-4 中的图）。由坐标反算检查角 $\varepsilon_{算}$，与实测检查角 $\varepsilon_{测}$ 之差 $\Delta\varepsilon''$ 进行检查，$\Delta\varepsilon''\leqslant\pm\dfrac{0.15M\rho''}{s}$ 或 $\pm\dfrac{0.2M\rho''}{s}$，式中 s 为检查方向的边长（表 6-4 图

中 BC 的边长）。上式前者用于 1：5000、1：10000 的测图，后者用于 1：500～1：2000 的测图。

表 6-4　　　　　　　　　　**前方交会计算表**

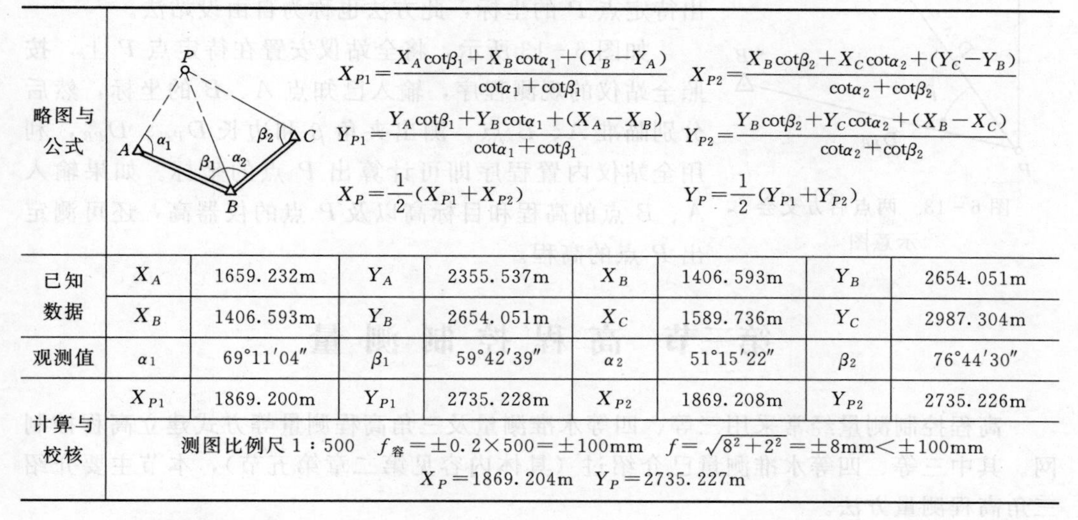

略图与公式	$X_{P1}=\dfrac{X_A\cot\beta_1+X_B\cot\alpha_1+(Y_B-Y_A)}{\cot\alpha_1+\cot\beta_1}$ $Y_{P1}=\dfrac{Y_A\cot\beta_1+Y_B\cot\alpha_1+(X_A-X_B)}{\cot\alpha_1+\cot\beta_1}$ $X_P=\dfrac{1}{2}(X_{P1}+X_{P2})$				$X_{P2}=\dfrac{X_B\cot\beta_2+X_C\cot\alpha_2+(Y_C-Y_B)}{\cot\alpha_2+\cot\beta_2}$ $Y_{P2}=\dfrac{Y_B\cot\beta_2+Y_C\cot\alpha_2+(X_B-X_C)}{\cot\alpha_2+\cot\beta_2}$ $Y_P=\dfrac{1}{2}(Y_{P1}+Y_{P2})$			
已知数据	X_A	1659.232m	Y_A	2355.537m	X_B	1406.593m	Y_B	2654.051m
	X_B	1406.593m	Y_B	2654.051m	X_C	1589.736m	Y_C	2987.304m
观测值	α_1	69°11′04″	β_1	59°42′39″	α_2	51°15′22″	β_2	76°44′30″
计算与校核	X_{P1}	1869.200m	Y_{P1}	2735.228m	X_{P2}	1869.208m	Y_{P2}	2735.226m
	测图比例尺 1：500　$f_{容}=\pm0.2\times500=\pm100$mm　$f=\sqrt{8^2+2^2}=\pm8\text{mm}<\pm100$mm $X_P=1869.204$m　$Y_P=2735.227$m							

（二）测边交会法

随着电磁波测距仪的广泛应用，通过测量两条边长，也可以算出待定点坐标，通常采用两组三角形三边交会法。如图 6-12 所示，A、B、C 为已知点，P 为待定点，A、B、C 按逆时针方向排列，D_{AP}、D_{BP}、D_{CP} 为边长观测值。

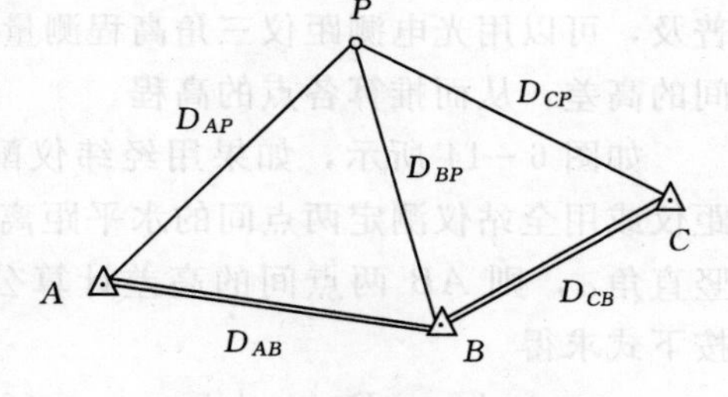

图 6-12　测边交会示意图

由 A、B、C 已知点坐标按坐标反算计算 α_{AB}、α_{CB}、D_{AB}、D_{CB}。在△ABP 中，由余弦定理得

$$\cos A=\frac{D_{AB}^2+D_{AP}^2-D_{BP}^2}{2D_{AP}D_{AB}}$$

顾及到 $\alpha_{AP}=\alpha_{AB}-A$，则

$$\left.\begin{aligned}X'_P&=X_A+D_{AP}\cos\alpha_{AP}\\Y'_P&=Y_A+D_{AP}\sin\alpha_{AP}\end{aligned}\right\}\tag{6-23}$$

同理，在△CBP 中：

$$\cos C=\frac{D_{CB}^2+D_{CP}^2-D_{BP}^2}{2D_{CP}D_{CB}}$$

$$\left.\begin{aligned}X''_P&=X_C+D_{CP}\cos\alpha_{CP}\\Y''_P&=Y_C+D_{CP}\sin\alpha_{CP}\end{aligned}\right\}\tag{6-24}$$

按式（6-23）和式（6-24）计算的两组坐标，其较差在容许限差内，取其平均值作为 P 点的最后坐标值。

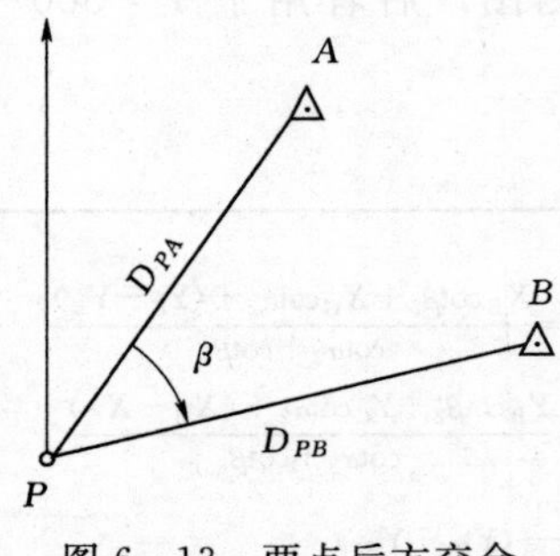

图 6-13　两点后方交会示意图

（三）两点后方交会法

这种方法利用全站仪内置程序，通过观测待定点至两已知点方向间的夹角和两方向的距离，可以自动解算出待定点 P 的坐标，此方法也称为自由设站法。

如图 6-13 所示，将全站仪安置在待定点 P 上，按照全站仪的观测程序，输入已知点 A、B 的坐标，然后分别瞄准 A、B 点，测出夹角 β 和边长 D_{PA}、D_{PB}，利用全站仪内置程序即可计算出 P 点的坐标。如果输入 A、B 点的高程和目标高以及 P 点的仪器高，还可测定出 P 点的高程。

第三节　高程控制测量

高程控制测量经常采用三等、四等水准测量及三角高程测量等方式建立高程控制网。其中三等、四等水准测量已介绍过（具体内容见第二章第五节），本节主要介绍三角高程测量方法。

一、三角高程测量原理

地面起伏变化较大时，进行水准测量往往比较困难。由于光电测距仪和全站仪的普及，可以用光电测距仪三角高程测量的方法或全站仪三角高程测量的方法测定两点间的高差，从而推算各点的高程。

如图 6-14 所示，如果用经纬仪配合测距仪或用全站仪测定两点间的水平距离 D 及竖直角 α，则 AB 两点间的高差计算公式可按下式求得

$$h_{AB}=D\tan\alpha+i-v \tag{6-25}$$

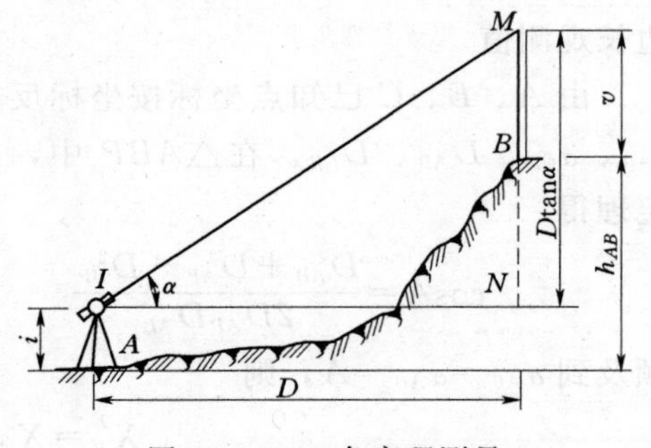

图 6-14　三角高程测量

式（6-25）是在假定地球表面为水平面、观测视线为直线的条件下导出的，当地面上两点间距离较近时（一般在 300m 以内）可以运用。如果两点间的距离大于 300m，就要考虑地球曲率及观测视线由于大气垂直折光的影响。前者为地球曲率差，简称球差，后者为大气垂直折光差，简称气差。由式（2-26），得球气差的改正数：

$$f=\frac{D^2}{2R}-\frac{D^2}{7\times 2R}=0.43\frac{D^2}{R} \tag{6-26}$$

用不同的 D 值为引数计算出的改正值见表 6-5。考虑球气差改正时，三角高程测量的高差计算公式为

$$h=D\tan\alpha+i-v+f \tag{6-27}$$

表6-5　　地球曲率与大气折光改正值表

D/m	$f=0.43\frac{D^2}{R}$/cm	D/m	$f=0.43\frac{D^2}{R}$/cm
100	0.1	600	2.4
200	0.3	700	3.3
300	0.6	800	4.3
400	1.1	900	5.5
500	1.7	1000	6.8

施测时仅从 A 点向 B 点观测，称为单向观测。当距离超过300m时，测得的高差应加球气差改正。如果不仅由 A 点向 B 点观测，而且又从 B 点向 A 点观测，则称为双向观测或对向观测。因为两次观测取平均值可以自行消减地球曲率和大气垂直折光的影响，所以一般采用对向观测。另外，为了减少大气垂直折光的影响，观测视线应高出地面或障碍物1m以上。

二、三角高程测量的观测

三角高程测量中，应将已知高程点和待测高程点按照闭合路线、附合路线、支路线等形式进行观测、计算，以确保成果的精度。

在测站上安置经纬仪（或全站仪），量取仪器高 i，在目标点上安置棱镜，量取棱镜高 v，i 和 v 用小钢卷尺量两次取平均数，读数至1mm。

三角高程测量的主要技术要求见表6-6和表6-7。

表6-6　　电磁波测距三角高程测量的主要技术要求

等级	每千米高差全中误差/mm	边长/km	观测方式	对向观测高差较差/mm	附合或环形闭合差/mm
四等	10	≤1	对向观测	$40\sqrt{D}$	$20\sqrt{\sum D}$
五等	15	≤1	对向观测	$40\sqrt{D}$	$30\sqrt{\sum D}$

注　1. D 为测距边的长度，km。
2. 起讫点的精度等级，四等应讫于不低于三等水准的高程点上，五等应讫于不低于四等水准的高程点上。
3. 路线长度不应超过相应等级水准路线的长度限值。

表6-7　　电磁波测距三角高程观测的主要技术要求

等级	垂直角观测				边长测量	
	仪器精度等级	测回数	指标差较差/(″)	测回较差/(″)	仪器精度等级	观测次数
四等	2″级仪器	3	≤7	≤7	10mm级仪器	往返各一次
五等	2″级仪器	2	≤10	≤10	10mm级仪器	往一次

注　当采用2″级光学经纬仪进行垂直角观测时，应根据仪器的垂直角检测精度，适当增加测回数。

三、三角高程测量的计算

三角高程测量的往、返测高差按式（6-27）计算。由对向观测求得往、返测高差较差的容许值，以及三角高程测量闭合或附合路线的高差闭合差的容许值，见表6-6。

【例6-1】　在A、1、2、B四点施测五等三角高程测量，并构成附合路线，实测数据如图6-15所示。已知A点的高程为103.681m，B点的高程为95.059m，观测数据注于图上。

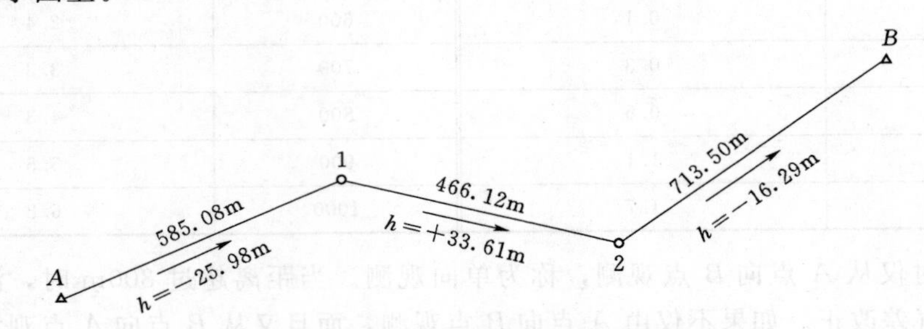

图6-15　三角高程测量实测数据略图

解：（1）按表6-8检核对向观测高差较差，符合要求时计算两点之间的高差（平均值）。

表6-8　　**三角高程测量高差计算表**

测站点	A	1	1	2	2	B
目标点	1	A	2	1	B	2
水平距离D/mm	585.08	585.08	466.12	466.12	713.50	713.50
竖直角	−2°28′48″	+2°32′24″	+4°07′12″	−3°52′24″	−1°17′42″	−1°21′52″
$D\tan\alpha$/m	−25.36	25.94	33.58	−31.56	−16.13	16.00
测站仪器高i/m	1.34	1.30	1.30	1.32	1.32	1.28
目标棱镜高v/m	2.00	1.30	1.30	3.40	1.50	2.00
球气差改正f/m	0.02	0.02	0.02	0.02	0.03	0.03
单向高差h/m	−25.98	+25.97	33.60	−33.62	−16.28	16.30
$f_{\Delta h容}$/m	0.031		0.027		0.033	
平均高差$\overline{h}$/m	−25.98		33.61		−16.29	

（2）依据表6-8的平均高差，计算高差闭合差，高差闭合差的容许值按表6-9计算。符合要求时对各段高差进行调整，根据调整后的高差计算未知点高程，计算方法同水准路线测量。

表6-9　　**三角高程测量成果整理表**

点号	水平距离/m	观测高差/m	改正值/m	改正后高差/m	高程/m
A					103.681
	585.08	−25.980	+0.013	−25.967	
1					77.714
	466.12	33.610	+0.010	33.620	
2					111.334
	713.50	−16.290	+0.015	−16.275	
B					95.059
Σ	1764.70	−8.660	+0.038	−8.622	
备注	$f_h=-8.660-(95.059-103.681)=-0.038(\mathrm{m})$，$\sum D=1.765\mathrm{km}$ $f_{h容}=\pm30\sqrt{\sum D}=\pm0.040\mathrm{m}$，$f_h\leqslant f_{h容}$（合格）				

第四节　全站仪导线三维坐标测量

全站仪导线三维坐标测量就是利用全站仪三维坐标测量功能，依次在各导线点上安置仪器，测定各导线点的三维坐标，再以坐标为观测值进行导线的近似平差计算。全站仪导线可布设为附合导线、闭合导线和支导线三种形式。

全站仪三维坐标计算公式见式（4－28）。图6－16为附合导线，首先把全站仪安置在$B(1)$点，并以A为定向点观测2号点的坐标，然后再将仪器置于2号点，以B点为后视点（定向点）观测出3号点的坐标。按此观测顺序最后可观测出$C(n)$点的坐标观测值，设为（X'_C、Y'_C、H'_C），由于观测过程中有各种误差的存在，所以各点的坐标观测值与其理论值不相等，且离B点越远的点由于误差的积累，点位误差会越大，如图6－16所示，$2'$，$3'$，…，C'点分别为各导线点的实际观测值位置，而图中的2，3，…，C点为各导线点的正确位置。其中C点为已知点，设其已知坐标为（X_C、Y_C、H_C），其计算步骤如下。

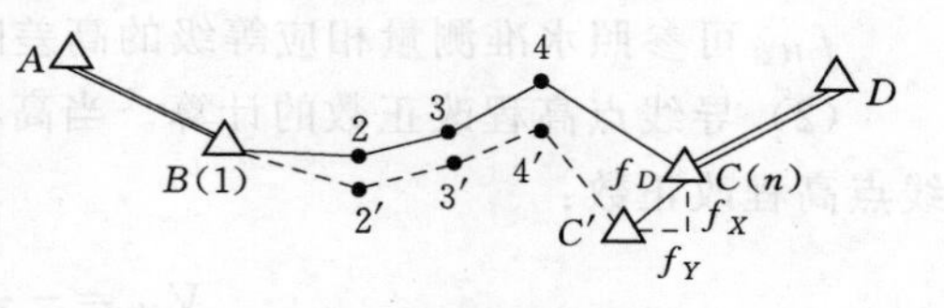

图6－16　全站仪附合导线

一、导线点坐标的计算

（1）坐标闭合差的计算。设该导线的纵、横坐标闭合差分别为f_X、f_Y，则

$$\left.\begin{aligned}f_X&=X'_C-X_C\\f_Y&=Y'_C-Y_C\end{aligned}\right\}\tag{6-28}$$

（2）导线全长闭合差的计算。由式（6－28）可以计算出导线的全长闭合差f_D为

$$f_D=\sqrt{f_X^2+f_Y^2}\tag{6-29}$$

（3）导线全长相对闭合差的计算。

$$K=\frac{f_D}{\sum D}=\frac{1}{\sum D/f_D}\tag{6-30}$$

式中：$\sum D$为导线全长，在观测各点坐标时可以同时测得。

不同等级的导线，其导线全长相对闭合差的容许值K是不一样的，可查表6－1。

（4）各点坐标改正数的计算。当导线的全长相对闭合差小于规范规定的该等级导线全长相对闭合差的容许值时，即可按下式计算各点坐标的改正数：

$$\left.\begin{aligned}V_{Xi}&=-\frac{f_X}{\sum D}\sum D_i\\V_{Yi}&=-\frac{f_Y}{\sum D}\sum D_i\end{aligned}\right\}\tag{6-31}$$

式中：$\sum D$为导线边长之和；$\sum D_i$为第i点前的各导线边长之和。

（5）改正后各点的坐标的计算。

$$\left.\begin{aligned}X_i&=X'_i+V_{Xi}\\Y_i&=Y'_i+V_{Yi}\end{aligned}\right\}\tag{6-32}$$

式中：X'_i、Y'_i分别为第 i 点的坐标观测值。

二、导线点高程的计算

（1）高程闭合差的计算。高程的计算可与坐标的计算一并进行，设高程闭合差为 f_H，则

$$f_H = H'_C - H_C \tag{6-33}$$

式中：H'_C为 C 点的高程观测值；H_C 为 C 点的已知高程值。

$f_{H容}$可参照水准测量相应等级的高差闭合差的容许值，见表 2-5。

（2）导线点高程改正数的计算。当高程闭合差满足相应规范要求时，可计算各导线点高程改正数：

$$V_{Hi} = -\frac{f_H}{\sum D} \times \sum D_i \tag{6-34}$$

式中：$\sum D$ 为导线边长之和；$\sum D_i$ 为第 i 点前的各导线边长之和。

（3）改正后各点高程的计算：

$$H_i = H'_i + V_{Hi} \tag{6-35}$$

式中：H'_i为第 i 点的高程观测值。

对于图根导线，在精度要求不高时，采用上述方法简便易行。在实际测量时，当高程闭合差达不到相应规范要求时，也可仅作坐标测量，高程仍采用水准测量的方法。

全站仪附合导线三维坐标测量近似平差计算示例见表 6-10。

表 6-10　　全站仪附合导线三维坐标测量近似平差计算表

点号	坐标观测值/m			边长/m	坐标改正数/mm			坐标平差值/mm		
	X'	Y'	H'		V_X	V_Y	V_H	X	Y	H
A								31242.685	9631.274	
B(1)								27654.173	6814.216	462.874
				1573.261						
2	26861.436	18173.156	467.102		−5	+4	+6	26861.431	18173.160	467.108
				865.360						
3	27150.098	18988.951	460.912		−8	+6	+9	27150.090	18988.957	460.921
				1238.023						
4	27286.434	20219.444	451.446		−12	+10	+13	27286.422	20219.454	451.459
				1821.746						
5	29104.742	20331.319	462.178		−18	+14	+20	29104.724	20331.333	462.198
				507.681						
C(6)	29564.269	20547.130	468.518		−19	+16	+22	29564.250	20547.146	468.540
D				$\sum D=$ 6006.071				30666.511	21880.362	
辅助计算	$f_X = X'_C - X_C = +19$mm $f_Y = Y'_C - Y_C = -16$mm $f_H = H'_C - H_C = -22$mm $f_D = \sqrt{f_X^2 + f_Y^2} = 24$mm $K = \frac{1}{\sum D / f_D} = \frac{1}{250000}$	$V_{Xi} = -\frac{f_X}{\sum D}\sum D_i$ $V_{Yi} = -\frac{f_Y}{\sum D}\sum D_i$ $V_{Hi} = -\frac{f_H}{\sum D}\sum D_i$								

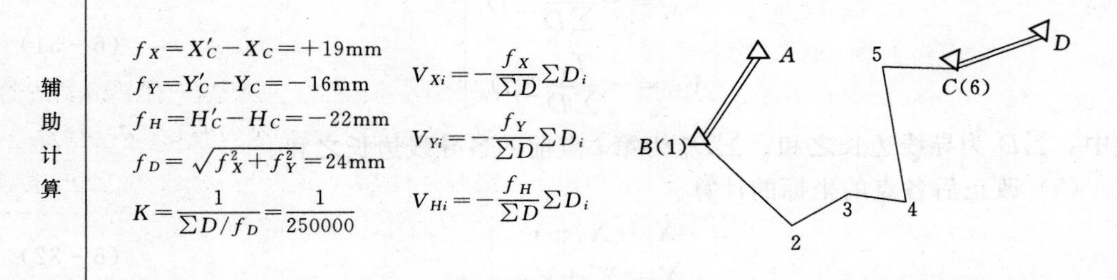

习　　题

一、名词解释

1. 闭合导线
2. 附合导线
3. 角度闭合差
4. 导线全长闭合差

二、问答题

1. 平面控制网有哪几种形式？各在什么情况下采用？
2. 导线的布设形式有哪几种？选择导线点应注意哪些事项？
3. 导线的外业工作包括哪些内容？
4. 简述闭合导线坐标计算的步骤。
5. 地球曲率和大气折光对三角高程测量的影响在什么情况下应予考虑？在施测时应如何减弱它们的影？
6. 交会定点有哪几种交会方法？采取什么方法来检查交会成果正确与否？

三、填空题

1. 直接用于测图的控制点称为＿＿＿＿＿＿。
2. 导线的布设形式有＿＿＿＿＿＿、＿＿＿＿＿＿和＿＿＿＿＿＿三种形式。
3. 导线坐标增量闭合差调整的方法是将闭合差按相反符号、按导线长度成＿＿＿＿＿＿的关系求得改正数，以改正有关的坐标增量。
4. 已知 A 点的坐标为 $X_A=2580.591\text{m}$，$Y_A=1640.460\text{m}$，B 点的坐标为 $X_B=2504.253\text{m}$，$Y_B=1788.744\text{m}$，则 A、B 两点的坐标方位角 $\alpha_{AB}=$＿＿＿＿＿＿，平距 $D_{AB}=$＿＿＿＿＿＿m。

四、计算题

1. 如图 6－17 所示的闭合导线 $A—B—C—D—A$，已知 A 点的坐标为 $X_A=505.238\text{m}$，$Y_A=205.285\text{m}$，$\alpha_{AB}=120°30'30''$，观测数据标在图中，计算 B、C、D 三点的坐标（$f_{\beta容}=\pm60''\sqrt{n}$，$K_{容}=1/2000$）。

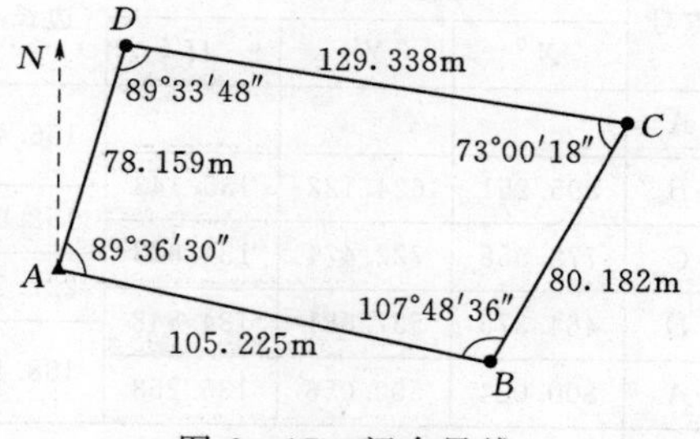

图 6－17　闭合导线

2. 如图 6－18 所示的附合导线，已知数据和观测数据均标注在图中，计算各未知点的坐标（$f_{\beta容}=\pm60''\sqrt{n}$，$K_{容}=1/2000$）。
3. 如图 6－19 所示为用前方交会加密控制点的示意图，已知数据和观测数据列于表中，计算 P 点的坐标并进行校核计算（测图比例尺为 1：1000）。
4. 在三角高程测量中，已知 $H_A=78.290\text{m}$，$D_{AB}=624.42\text{m}$，$\alpha_{AB}=2°38'07''$，$i_A=1.42\text{m}$，$s_B=3.50\text{m}$，从 B 点向 A 点观测时 $\alpha_{BA}=-2°23'15''$，$i_B=1.51\text{m}$，$s_A=$

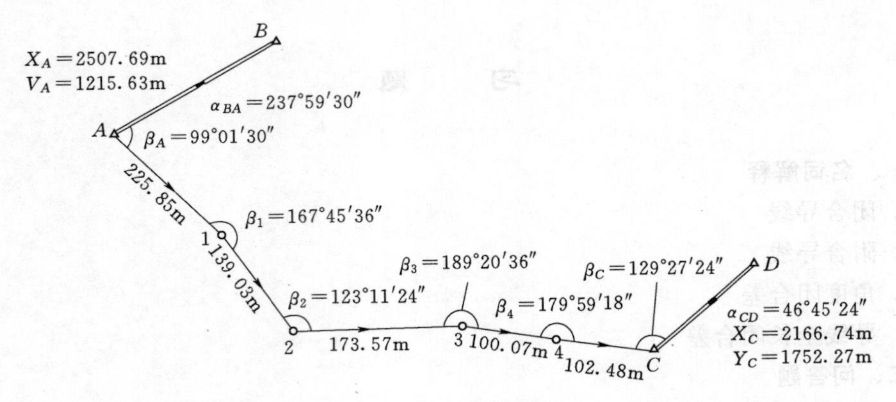

图 6-18　附合导线

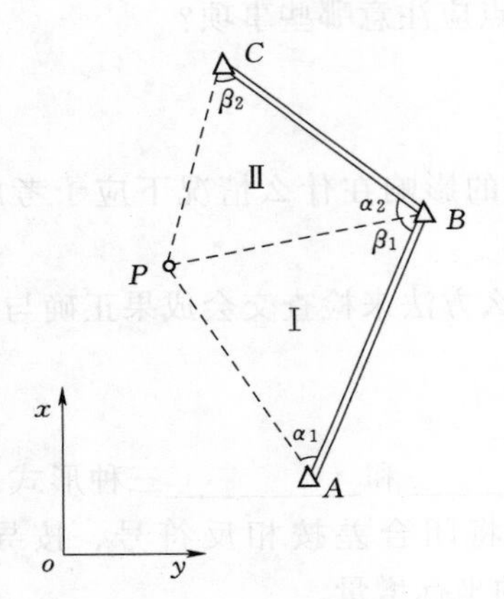

	点号	X/m	Y/m
已知数据	A	2117.947	1685.303
	B	2523.914	1796.655
	C	2782.310	1437.026
观测数据	Ⅰ组	$\alpha_1=60°22'54''$	
		$\beta_1=58°20'42''$	
	Ⅱ组	$\alpha_2=52°01'05''$	
		$\beta_2=60°30'26''$	

图 6-19　题 3 图

2.26m，试计算 B 点高程。

5. 表 6-11 为全站仪闭合导线三维坐标测量近似平差计算表，完成各项计算。

表 6-11　全站仪闭合导线三维坐标测量近似平差计算表

点号	坐标观测值/m			边长/m	坐标改正数/mm			坐标平差值/mm		
	X'	Y'	H'		V_X	V_Y	V_H	X	Y	H
A								800.000	500.000	135.265
				156.483						
B	895.251	624.122	135.143							
				152.635						
C	778.555	722.474	134.933							
				227.236						
D	464.375	537.581	134.848							
				158.169						
A	800.024	500.056	135.253							
辅助计算	$f_X=$ $f_Y=$ $f_D=$			$K=$			$f_H=$			

资源 6-3
习题答案

第七章 GNSS测量原理与方法

第一节 概 述

全球导航卫星系统（global navigation satellite system，GNSS）是利用卫星信号进行导航定位的各种定位系统的统称。目前，全球导航卫星系统已建和在建的系统有4个，分别是GPS、GLONASS、GALILEO和我国的北斗卫星导航定位系统。

一、全球定位系统

全球定位系统（global positioning system，GPS）是由美国国防部于1973年开始研制，历经20年，于1994年全面建成并投入使用，能够在全球范围内进行导航和定位，开始主要用于军事导航和定位。GPS具有全球性、全天候、高精度、快速实时三维导航定位、测速和授时功能，以及良好的保密性和抗干扰性。

目前，GPS不但可以用于军事上的海、陆、空各种武器的导航定位，而且在民用上也发挥着重大作用。如海上船舶、民航飞行、陆地车辆等交通运输的导航；公路和铁路勘察、石油与地质勘察；地形与工程测量；地震和地球运动板块监测、工程变形监测等。特别是在测绘领域，GPS以其自动化程度高、全天候、精度高、定位速度快、布点灵活和操作方便等优势，已得到了广泛应用。

二、其他卫星导航定位系统

格洛纳斯（global orbiting navigation satellite system，GLONASS）是苏联为满足授时、海陆空定位与导航、大地测量与制图、生态监测研究等建立的，1978年开始研制，1982年10月开始发射导航卫星，于1996年初投入运行使用。该系统是继美国GPS之后又一个全天候、高精度的全球卫星导航定位系统。

伽利略卫星导航系统（Galileo satellite navigation system，GALILEO）是由欧盟研制和建立的全球卫星导航定位系统，该计划于1992年2月由欧洲委员会公布，其设计思想与GPS、GLONASS不同，该系统完全从民用出发，旨在建立一个最高精度的全开放型的新一代系统。

北斗卫星导航系统（Beidou navigation satellite system，BDS）是我国自主研发、独立运行的全球卫星导航系统。20世纪后期，我国开始探索适合国情的卫星导航系统发展道路，逐步形成了三步走发展战略：第一步，建设北斗一号系统（也称北斗卫星导航试验系统），1994年，启动北斗一号系统工程建设；2000年，发射两颗地球静止轨道卫星，建成系统并投入使用，采用有源定位体制，为中国用户提供定位、授时、广域差分和短报文通信服务；2003年，发射第三颗地球静止轨道卫星，进一步增强系统性能。第二步，建设北斗二号系统，2004 年，启动北斗二号系统工程建设；2012 年年底，完成 14 颗卫星（5 颗地球静止轨道卫星、5 颗倾斜地球同步轨道卫星和 4 颗中圆地球轨道卫星）发射组网。北斗二号系统在兼容北斗一号系统技术体制基础上，增加无源定位体制，为亚太地区用户提供定位、测速、授时、广域差分和短报文通信服务。第三步，建设北斗全球系统，2009 年启动北斗全球系统建设，继承北斗有源服务和无源服务两种技术体制；2018 年，面向“一带一路”沿线及周边国家提供基本服务；2020 年，建成北斗三号系统，为全球用户提供服务。

第二节　GNSS 系统的组成

GPS、GLONASS、GALILEO、BDS 四套系统的构成方式相近，均由三大部分组成，即卫星星座（空间卫星部分）、地面监控系统（地面监控部分）、用户设备（卫星信号接收机）。由于四套系统中，美国的 GPS 发展历史最长、应用范围最广、用户最多，因此，以 GPS 为例对其构成进行阐述，如图 7－1 所示。

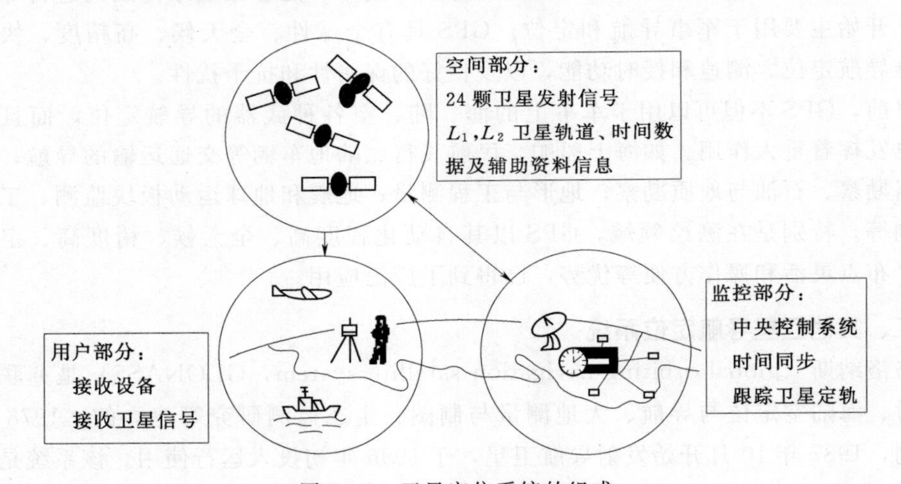

图 7－1　卫星定位系统的组成

一、GPS 卫星星座

GPS 卫星星座由 24 颗 GPS 卫星组成，其中包含 3 颗备用卫星，均匀分布在 6 个轨道面上，每个轨道上有 4 颗卫星，如图 7－2 所示。

卫星同时在地平线以上的情况至少为 4 颗，最多可达 11 颗。这样的分布方案既可以保证在世界任何地方、任何时间都可以进行实时三维定位，还可以获得它们的移动速度和移动方向等。GPS 卫星星座基本参数见表 7－1。

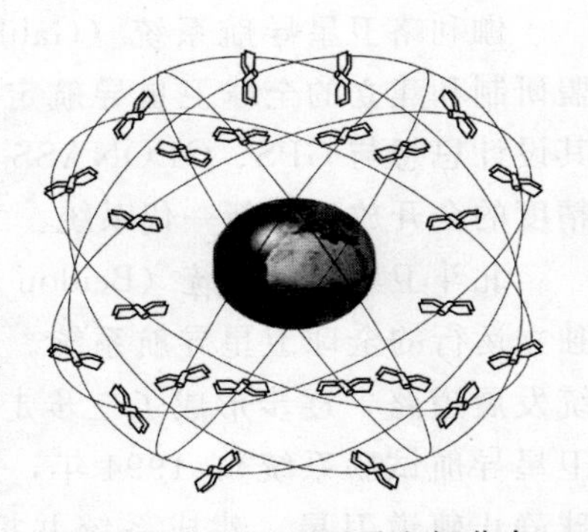

图 7－2　GPS 卫星及空间分布

表7-1　GPS卫星星座基本参数

内　容	参　数	内　容	参　数
卫星数/颗	21+3	运行周期	11h58m
轨道数/个	6	卫星轨道高度	20200km
倾角	55°	覆盖面	38%
轨道平面升交点的赤经差	60°	载波频率	1575MHz、1227MHz

在全球定位系统中，GPS卫星的主要功能是接收、储存和处理地面监控系统发射的控制指令及其他有关信息等；向用户连续不断地发送导航与定位信息，并提供时间标准、卫星本身的空间实时位置及其他在轨卫星的概略位置。

GPS卫星向广大用户发送的用于导航定位的调制波，包括载波、测距码和数据码，这些调制波都是在一个原子钟频率 $f_0=10.23$MHz 下产生的，如图7-3所示。

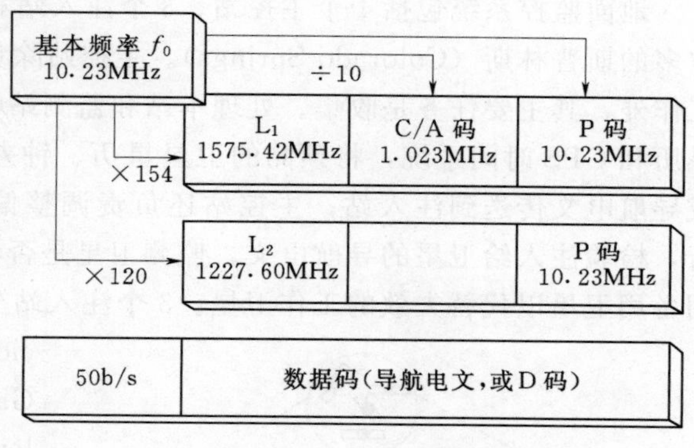

图7-3　卫星信号的产生原理

1. 载波信号

GPS卫星发射两种频率的载波信号。

载波 L_1：$f_1=f_0\times154=1575.42$MHz，波长 $\lambda_1=19.03$cm。

载波 L_2：$f_2=f_0\times120=1227.60$MHz，波长 $\lambda_1=24.42$cm。

在载波 L_1 上调制有C/A码、P码（或Y码）和数据码，而在载波 L_2 上只调制有P码和数据码。

2. 测距码

GPS卫星采用两种测距码，即C/A码、P码（或Y码），它们都是伪随机噪声码（pseudo random noise，PRN），简称伪随机码或伪码。伪随机码具有类似随机码的良好自相关特性，而且具有某种确定的编码规则，它是周期性的，方便复制。

(1) C/A码。C/A码是英文粗码/捕获码（coarse/acquisition code）的缩写。C/A码精度较低，但码结构是公开的，可供具有GPS接收设备的广大用户使用。

(2) P码：P码又称为精码，是结构不公开的保密码，专供美国军方以及得到特许的盟国军事用户使用。

3. 数据码

数据码又称导航电文或D码，是用户用来导航定位的数据基础。主要包含有卫星星历、时钟改正数、电离层时延改正、大气折射改正和工作状态信息等。导航电文是由卫星信号调解出来的数据码，这些信息以50bit/s的速率调制在载频上，数据采用不归零制（NRZ）的二进制码。利用此数据信息可以计算某一时刻GPS卫星在轨道上的位置。

值得指出的是，GPS 系统针对不同用户提供两种不同类型的服务：一种是标准定位服务（standard positioning service，SPS）；另一种是精密定位服务（precision positioning service，PPS）。SPS 主要面向全世界的民用用户。PPS 主要面向美国及其盟国的军事部门以及民用的特许用户。

二、地面监控系统

地面监控系统包括 1 个主控站、3 个注入站和 5 个监测站。主控站设在美国科罗拉多的斯普林斯（Colorado Springs）。主控站除负责管理和协调整个地面监控系统的工作外，其主要任务是收集、处理本站和监测站收到的全部资料，编算出每颗卫星的星历和 GPS 时间系统，将预测的卫星星历、钟差、状态数据以及大气传播改正编制成导航电文传送到注入站；主控站还负责调整偏离轨道的卫星，使之沿预定轨道运行，检验注入给卫星的导航电文，监测卫星是否将导航电文发送给了用户。必要时启用备用卫星以代替失效的工作卫星。3 个注入站分别设在大西洋的阿松森岛（Ascencion）、印度洋的迪戈加西亚岛（Viego Garcia）和太平洋的卡瓦加兰（Kwajalein）。注入站的任务是将主控站发来的导航电文注入相应卫星的存储器。5 个监测站除了位于主控站和 3 个注入站之处的 4 个站以外，还在夏威夷（Hawaii）设立了一个站。监测站的主要任务是连续观测和接收所有 GPS 卫星发出的信号并监测卫星的工作状态，将采集的数据和当地气象观测资料以及时间信息经处理后传送到主控站。地面监控系统的工作程序如图 7-4 所示。

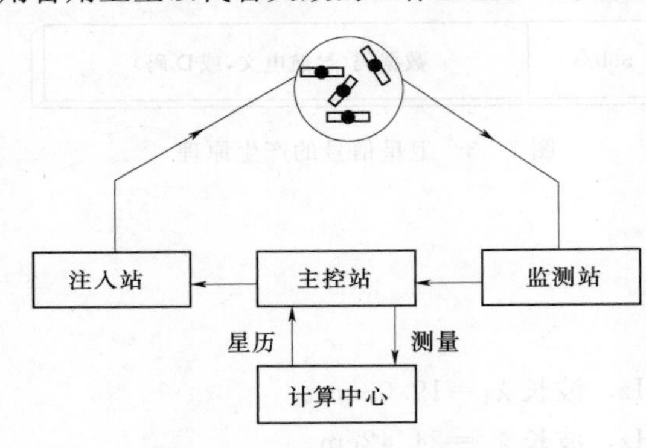

图 7-4　地面监控系统工作程序

整个 GPS 的地面监控部分，除主控站外均无人值守。各站间用现代化的通信网络联系起来，在原子钟和计算机的精确控制下，各项工作实现了高度的自动化和标准化。

三、用户设备

用户设备由 GPS 接收机、数据处理软件和微处理机及其终端设备等组成。其主要任务是接收 GPS 卫星所发出的信号，利用这些信号进行导航、定位等工作。用户设备部分的核心是 GPS 信号接收机，一般由天线、主机和电源三部分组成。其主要功能是跟踪、接收 GPS 卫星发射的信号并进行变换、放大、处理，以便测量出 GPS 信号从卫星到接收机天线的传播时间；解译导航电文，实时地计算出测站的三维坐标、速度和时间

GPS 接收机根据其用途可分为导航型、大地型和授时型；根据接收的卫星信号频率，又可分为单频（L_1）和双频（L_1、L_2）接收机等。在精密定位测量工作中，

一般采用大地型双频接收机或单频接收机。单频接收机适用于10km左右或更短距离的精密定位工作，其相对定位的精度能达$5mm+10^{-6}D$（D为基线长度，km）。而双频接收机由于能同时接收到卫星发射的两种频率的载波信号，可进行长距离的精密定位测量工作，其相对定位测量的精度可优于$5mm+10^{-6}D$，但其结构复杂，价格较贵。用于精密定位测量工作的GPS接收机，其观测数据必须进行后期处理，因此必须配有功能完善的后处理软件，才能求得所需测站点的三维坐标。

第三节 GNSS 卫星定位原理

GNSS定位的基本原理就是以GNSS卫星和用户接收机天线之间的距离观测量为基础，并根据卫星瞬时坐标，利用距离交会来确定用户接收机所在点的三维坐标。下面以GPS为例阐述其定位的基本原理。

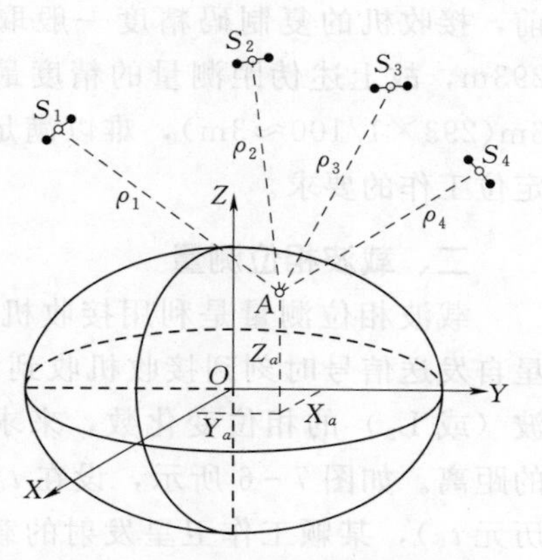

图7-5 GPS定位的基本原理

如图7-5所示，为了测定地面某点A的位置，将GPS接收机安置在A点，GPS接收机在某一时刻同时接收3颗以上GPS卫星信号，测量出测站点（接收机天线中心）至3颗卫星的距离$\rho_i(i=1,2,3,\cdots)$，卫星坐标（X_i，Y_i，Z_i）$(i=1,2,3,\cdots)$可以通过导航电文获得，按式（7-1）可求出测站点的坐标（X_a，Y_a，Z_a）。

$$\rho_i=\sqrt{(X_a-X_i)^2+(Y_a-Y_i)^2+(Z_a-Z_i)^2}\quad(i=1,2,3,\cdots)\tag{7-1}$$

为了获得距离观测值，主要采用两种方法：一种是测量GPS卫星发射的测距码信号到达接收机的传播时间，即伪距测量；另一种是测量具有载波多普勒频移的GPS卫星载波信号与接收机产生的参考载波信号之间的相位差，即载波相位测量。

一、伪距测量

从式（7-1）可知，欲求测站点的坐标（X_a，Y_a，Z_a），关键的问题是要测定用户接收机天线至GPS卫星之间的距离。GPS卫星能够按照星载时钟发射一种结构为伪随机噪声码的信号，称为测距码信号（即粗码C/A码或精码P码）。该信号在大气中的传播速度为c，由安置在地面待定点上的GPS接收机测得的观测卫星从发射信号到接收该信号所经过的时间（称为时间延迟）为Δt，则卫星至地面接收机天线间的距离为

$$\rho_i'=\Delta t\cdot c\tag{7-2}$$

式中：$\Delta t=t-T$，T为由卫星钟所记录的发送信号的时刻，由卫星导航电文中给出；t为地面接收机所记录的接收信号的时刻。

由于卫星钟、接收机钟的误差以及无线电信号经过大气对流层和电离层中的延迟，因此，测得距离值并非真正的站星几何距离，称其为“伪距”，而真实的星站距

离为

$$\rho_i = c[(t+\delta t)-(T+\delta T)-\delta\tau_{trop}-\delta\tau_{iop}] \tag{7-3}$$

式中：δt、δT 为接收机钟差和卫星钟差；$\delta\tau_{trop}$、$\delta\tau_{iop}$ 为信号在传播过程中受到大气对流层及电离层折射影响而产生的时间延迟。

由于卫星钟差、大气对流层和电离层折射的影响，可以通过导航电文中所给的有关参数加以修正，而接收机的钟差却难以预先准确地确定，所以把接收机的钟差当作一个未知数，与测站坐标一起解算。这样，在一个观测站上要解出 4 个未知参数，即 3 个点位坐标分量和 1 个钟差参数，需要至少同时观测 4 颗卫星。

伪距测量定位的精度与测距码的波长及其与接收机复制码的对齐精度有关。目前，接收机的复制码精度一般取 1/100，而公开的 C/A 码码元宽度（即波长）为 293m，故上述伪距测量的精度最高仅能达到 3m（293×1/100≈3m），难以满足高精度测量定位工作的要求。

二、载波相位测量

载波相位测量是利用接收机测定 GPS 卫星自发送信号时刻到接收机收到该信号 L_1 载波（或 L_2）的相位变化数，来求卫星至测站的距离。如图 7-6 所示，设在 t_0 时刻（也称历元 t_0），某颗工作卫星发射的载波信号到达接收机的相位移为 $2\pi N_0+\Delta\phi$，则该卫星至接收机的距离为

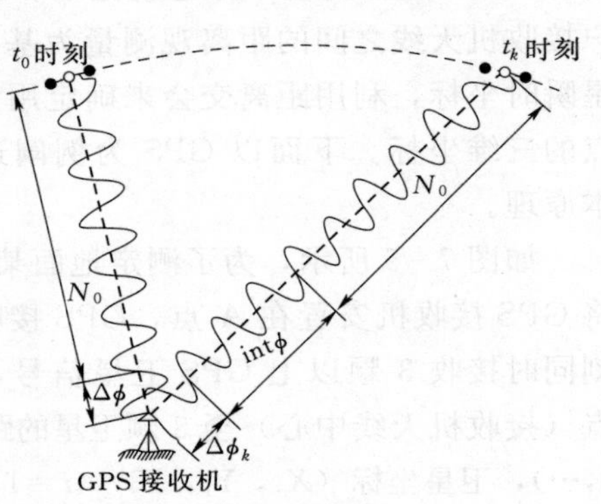

图 7-6 载波相位测量

$$\rho = N_0\lambda + \frac{\Delta\phi}{2\pi}\lambda \tag{7-4}$$

式中：N_0 为整周数；$\Delta\phi$ 为不足一周期的小数部分；λ 为载波波长。

当对卫星进行连续跟踪观测时，由于接收机内有多普勒计数器，只要卫星信号不失锁，N_0 就不变，故在 t_k 时刻（历元 t_k），该卫星发射的载波信号到达接收机的相位移变成 $2\pi N_0+\text{int}\phi+\Delta\phi_k$，式中的 $\text{int}\phi$ 为 t_0 时刻到 t_k 时刻变化的整周数，由接收机内的多普勒计数器自动累计求出。在进行载波相位测量时，仪器实际能测出的只是不足一整周的部分 $\Delta\phi$。因为载波只是一种单纯的余弦波，不带有任何识别标志，所以无法知道正在测量的是第几周的信号。于是在载波信号测量中便出现了一个整周未知数（又称整周模糊度 N_0），N_0 的确定是载波相位测量中特有的问题，也是进一步提高 GPS 定位精度，提高作业速度的关键所在。

对载波进行相位测量，由于载波的波长（$\lambda_1=19$cm，$\lambda_2=24$cm）比测距码波长短很多，因此，就可以获得很高的测距精度。实时单点定位，各坐标分量精度在 0.1～0.3m。

三、实时差分定位

实时差分定位（real time differential positioning）就是在已知坐标的点上安置一

台GPS接收机（称为基准站），利用已知坐标和卫星星历计算出观测值的校正值，并通过无线电通信设备（称为数据链）将校正值发送给运动中的GPS接收机（称为流动站），流动站利用接收到的校正值对自己的GPS观测值进行改正，以消除卫星钟差、接收机钟差、大气电离层和对流层折射误差的影响。

实时差分定位必须使用带实时差分功能的GPS接收机才能够进行。图7-7为双频GPS接收机基准站，它由接收天线、主机、数据发射天线和电源组成。下面简单介绍常用的3种实时差分方法。

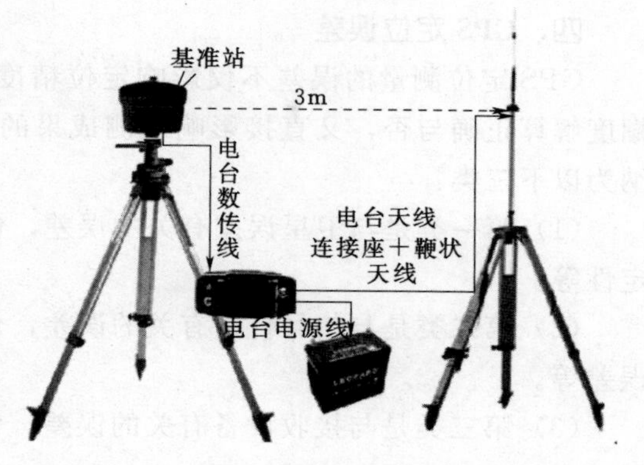

图7-7　实时差分GPS接收机及天线

1. 位置差分

将基准站A的已知坐标与GPS伪距单点定位获得的坐标值进行差分，通过数据链向流动站传送坐标改正值，流动站用接收到的坐标改正值修正其测得的坐标。

设基准站A的已知坐标为（X_a^0，Y_a^0，Z_a^0），使用GPS伪距单点定位测得的基准站的坐标为（X_a，Y_a，Z_a），通过差分求得基准站的坐标改正值为

$$\left.\begin{aligned}\Delta X_a&=X_a^0-X_a\\ \Delta Y_a&=Y_a^0-Y_a\\ \Delta Z_a&=Z_a^0-Z_a\end{aligned}\right\}\tag{7-5}$$

设流动站i使用GPS伪距单点定位测得的坐标为（X_i，Y_i，Y_i），则使用基准站A的坐标改正值修正后的流动站i的坐标为

$$\left.\begin{aligned}X_i^0&=X_i+\Delta X_a\\ Y_i^0&=Y_i+\Delta Y_a\\ Z_i^0&=Z_i+\Delta Z_a\end{aligned}\right\}\tag{7-6}$$

位置差分要求基准站A与流动站i同步接收相同的工作卫星信号。

2. 伪距差分

利用基准站A的已知坐标和卫星广播星历计算卫星到基准站间的几何距离R_{A0}^i，并与使用伪距单点定位测得的基准站伪距值$\tilde{\rho}_A^i$进行差分，得到距离改正数：

$$\Delta\tilde{\rho}_A^i=R_{A0}^i-\tilde{\rho}_A^i\tag{7-7}$$

通过数据链向流动站i传送$\Delta\tilde{\rho}_A^i$，流动站i用接收的$\Delta\tilde{\rho}_A^i$修正其测得的伪距值。基准站只要观测4颗卫星并用$\Delta\tilde{\rho}_A^i$修正其至各卫星的伪距值就可以进行定位，它不要求基准站与流动站接收的卫星完全一致。

3. 载波相位实时差分（RTK）

前面两种差分法都是使用伪距定位原理进行观测，而载波相位实时差分是使用载波相位定位原理进行观测。载波相位实时差分的原理与伪距差分类似，因为是使用载波相位信号测距，所以其观测值的精度高于伪距定位法观测的伪距值。由于要解算整

周模糊度，所以要求基准站 A 与流动站 i 同步接收相同的卫星信号，且两者相距要小于 30km，其定位精度可以达到 1～2cm。

四、GPS 定位误差

GPS 定位测量的误差不仅影响定位精度，而且也影响整周模糊度解算。整周模糊度解算正确与否，又直接影响观测成果的可靠性。GPS 定位测量的各种误差可归纳为以下三类：

（1）第一类是与卫星误差有关的误差，包括卫星轨道误差、卫星钟差和相位不确定性等。

（2）第二类是与信号传播有关的误差，包括电离层误差、对流层误差、和多路径误差等。

（3）第三类是与接收设备有关的误差，包括接收机钟差和接收机噪声等。

第四节　GNSS 控制测量

通过 GPS 卫星定位技术建立的测量控制网称为 GPS 控制网。目前 GPS 控制网可大致分为两类：一类是国家或区域性的高精度的 GPS 控制网；另一类是局部性的 GPS 控制网，它包括城市或矿区控制网以及各类工程控制网。一般说来，GPS 控制网的建立与常规地面测量方法建立控制网相类似，按其工作性质可以分为外业工作和内业工作。外业工作主要包括选点、建立测站标志、野外观测数据以及成果质量检核等；内业工作主要包括 GPS 控制网的设计、数据处理及技术总结等。也可以按照 GPS 测量实施的工作程序大体分为 GPS 控制网的技术设计、仪器检验、选点与建立标志、外业观测与成果检核、GPS 网的平差计算以及技术总结等若干阶段。

下面以 GPS 静态相对定位方法为例，简要地说明一下 GPS 控制测量的实施过程。

一、GPS 控制网的技术设计

GPS 控制网的技术设计是建立 GPS 网的第一步，其原则上包括以下几个方面。

1．控制网的应用范围

应根据工程的近期、中期、长期的需要确定控制网的应用范围。

2．GPS 测量的精度标准与密度标准

GPS 网的精度主要取决于网的用途，设计时要依据实际需要和设备条件，恰当地选定精度等级。GPS 网的精度指标通常是以网中相邻点之间的距离中误差 m_D 来表示，即

$$m_D = a + bD \tag{7-8}$$

式中：a 为 GPS 接收机标称精度中的固定误差，mm；b 为 GPS 接收机标称精度中的比例误差系数，1×10^{-6}；D 为 GPS 网中相邻点间的距离，km。

不同用途的 GPS 网的精度要求不同。用于地壳变形测量及国家基本大地测量的 GPS 网可参照《全球定位系统（GPS）测量规范》（GB/T 18314—2009）中的规定执

行；用于城市或工程的GPS网可根据相邻点间的平均距离和精度参照《卫星定位城市测量技术规范》（CJJ/T 73—2019）中的规定执行，见表7-2。

表7-2　城市或工程GPS控制网的精度指标

等级	平均距离/km	固定误差/mm	比例误差系数/(1×10^{-6})	最弱边相对中误差	闭合环或附合路线的边数/条
二等	9	≤5	≤2	1/120000	≤6
三等	5	≤5	≤2	1/80000	≤8
四等	2	≤10	≤2	1/45000	≤10
一级	1	≤10	≤5	1/20000	≤10
二级	<1	≤10	≤5	1/10000	≤10

3. 坐标系统与起算数据

GPS测量获得的是GPS基线向量（两点的坐标差），其坐标基准为WGS-84坐标系，而实际工程中，需要的是国家坐标系或地方独立坐标系的坐标。为此，在GPS网的技术设计中，必须明确GPS网的成果所采用的坐标系统和起算数据。

WGS-84系统与我国的1954北京坐标系统和1980国家大地坐标系相比，彼此之间采用的椭球、定位、定向均不相同。因此，GPS测量获得的坐标是不同于我们常用的大地坐标的。为了获得大地坐标，必须在两坐标之间进行转换。为解决两坐标系间的转换，可采用类似区域网平差中绝对定向的方法，即在该需要转换区域内选择3个以上均匀分布的控制点，已知它们在两个坐标系中的坐标，通过空间相似变换求得7个待定系数：3个平移参数、3个旋转参数和一个缩放参数。但在我国的大部分地区，转换精度较低。常用的方法是首先对GPS网在WGS-84坐标中单独平差处理，然后再以两个以上的地面控制点作为起始点，在大地坐标系（1954北京坐标系或1980国家大地坐标系）中进行一次平差处理，可以获得较高的控制测量精度。

4. GPS点的高程

GPS测定的高程是WGS-84坐标系中的大地高，与我国采用的1985年国家高程基准正常高之间也需要进行转换。为了得到GPS点的正常高，应使一定数量的GPS点与水准点重合，或者对部分GPS点联测水准。若需要进行水准联测，则在进行GPS布点时应对此加以考虑。

5. GPS网的图形设计

常规测量中对控制网的图形设计是一项非常重要的工作，而GPS测量因无需相邻点间互相通视，故在GPS图形设计时具有较大的灵活性。GPS网的图形布设通常有点连式、边连式、边点混合连接式及网连式4种基本形式。

（1）点连式。点连式是指相邻同步图形（同步环）之间仅用一个公共点连接，如图7-8（a）所示。这样构成的图形其检核条件少、几何强度弱，一般不单独使用。

（2）边连式。边连式是指相邻同步图形之间由一条公共边连接，如图7-8（b）所示。这样构成的图形其几何强度高，有较多的复测边，非同步图形的观测边可组成

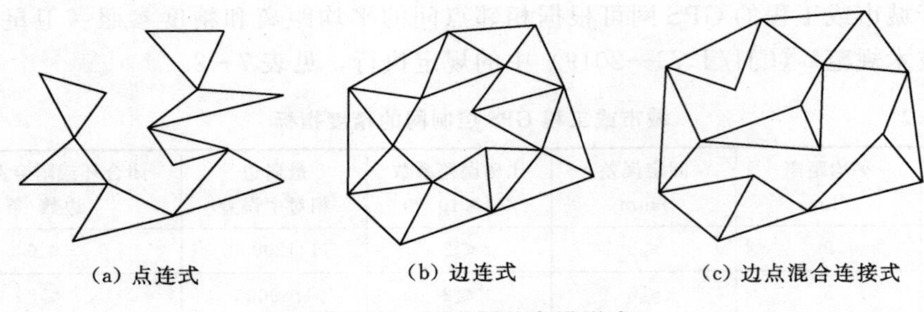

图 7-8 GPS网的布设形式

异步观测环（异步环），异步环常用于观测成果质量的检查。因此，边连式比点连式可靠。

(3) 边点混合连接式。边点混合连接式是把点连式和边连式有机地结合，组成GPS网，如图7-8（c）所示。这种网的布设特点是周围的图形尽量采用边连式，在图形内部形成多个异步环，这样既能保证网的几何强度和提高网的可靠性，又能减少外业工作量和降低成本，是一种较为理想的布网方法。

(4) 网连式。网连式是指相邻同步图形之间两个以上的公共点连接。这种方法需要4台以上的接收机。这种布网方法的几何强度和可靠性指标相当高，但花费的时间和经费多，一般用于布设高精度的控制网。

二、选点和建立点位标志

选点前应根据测量任务和测区状况收集有关测区的资料（包括测区小比例尺地形图、已知各类大地点的资料等），以便恰当地选定GPS点的点位。在实地选定GPS点位时，应遵循以下原则：

(1) 点位要稳定，便于保存和安置仪器；视野要开阔，便于联测、控制加密和使用。

(2) 点位目标要显著，视场周围15°以上不应有障碍物，以减小GPS信号被阻或被障碍物吸收。

(3) 点位要远于大功率无线电发射源（200m）、高压输电线（50m）等，以避免电磁场对GPS信号的干扰。

(4) 点位附近不要有大面积的水域或强烈干扰卫星信号接收的物体，以减弱多路径效应的影响。

(5) 要适当保持点间的通视，以便于其他测量手段的方位定向等。

点位选定后，应按要求埋石作标志，并绘制点之记、测站环视图和GPS选点图等。

三、外业观测

外业观测的作业步骤是天线安置、接收机操作和观测记录。为了保证观测的精度和作业的效率，出测前必须对接收机设备进行严格的检验，观测时要严格执行规范、规程的规定和技术设计的规定，将仪器严格地对中整平、量取天线高和看守仪器。由于目前GPS接收机操作的智能化程度均很高，因此必须严格按照仪器的操作使用说明进行程序作业，并将观测记录存储到介质上。

四、数据处理

GPS数据处理主要分为数据预处理和平差处理这两个过程。

数据预处理就是对两台及以上GPS接收机的同步观测值进行独立基线向量（坐标差）的解算，也称基线解算。其主要目的是对原始数据进行编辑、加工整理、分流并产生各种专用信息文件，为进一步平差计算作准备。在数据预处理过程可以进行重复观测边、同步环、异步环的观测成果质量检核，核定同步环、异步环的分量闭合差和闭合差等是否满足要求。

GPS网平差处理就是用所有的独立基线组成闭合图形，以三维基线向量及其相应的方差协方差阵作为观测信息，以一个点WGS-84系的三维坐标作为起算数据，进行GPS网的无约束平差；并在无约束平差确定的有效观测量的基础上，以国家坐标或城市独立坐标等为起算数据，进行约束平差或二维约束平差。GPS网经过平差处理后，可以最终确定各基线向量值及各点的位置（三维或二维坐标），评定外业观测质量、点位精度和相邻点位精度等。

第五节 GNSS实时动态测量

一、RTK测量原理

实时动态（real time kinematic，RTK）技术是全球卫星导航定位与数据通信相结合，通过载波相位实时动态差分定位，实时确定测站点三维坐标的技术。

RTK定位方法至少包含两台GNSS接收机，其中一台安置在基准站上，另一台或若干台分别安置在不同的流动站上。在两台GNSS接收机之间增加一套无线通信系统（又称数据链），将两台或多台相对独立的GNSS接收机连成有机的整体。基准站通过电台将观测信息、测站数据传输给流动站，如图7-9所示。流动站将基准站传来的载波观测信号与流动站本身观测的载波观测信号进行差分处理，从而解算出两站间的基线向量。若事先输入相应的坐标转换参数和投影参数，即可实时得到流动站伪三维坐标及其精度，其作业流程如图7-10所示。

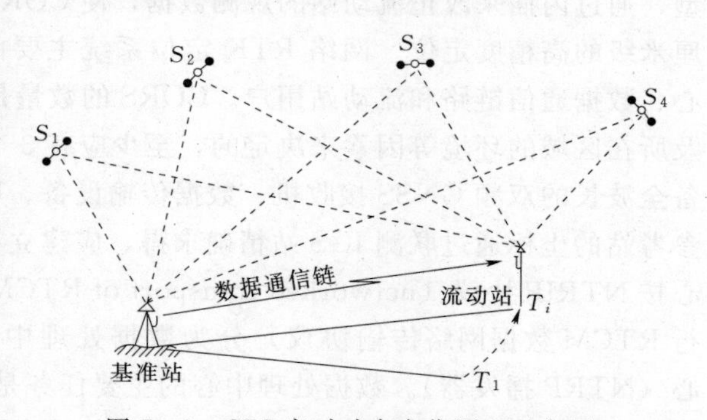

图7-9 GPS实时动态定位原理示意图

RTK技术当前的测量精度为：平面 $8mm + 1\times10^{-6}\times D$，高程 $16mm + 1\times10^{-6}\times D$（$D$ 为基准站和流动站间的距离）。

二、网络RTK测量

在RTK定位系统中，受到数据通信链的限制，作业距离一般不超过30km。如

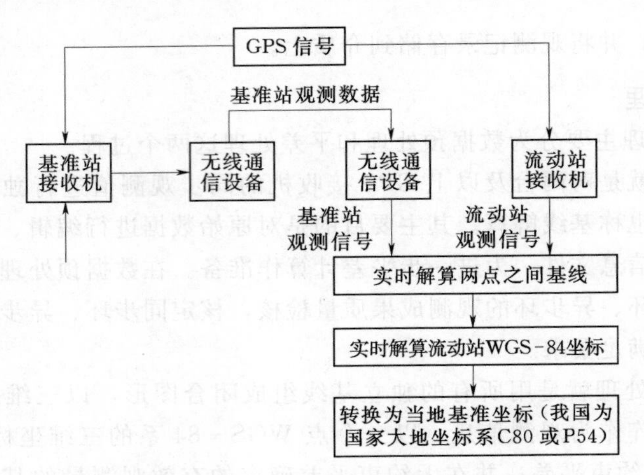

图 7-10 GPS RTK 作业流程图

果进行大面积的作业，则需要进行搬站作业，工作效率会大大降低。

网络 RTK（Network RTK）指在一定区域内建立多个参考站，对该地区构成网状覆盖，同时进行连续跟踪观测，通过这些参考站站点组成卫星定位观测值的网络解算，获取覆盖该地区和该时间段的 RTK 改正参数，用于该区域内网络 RTK 用户进行实时 RTK 改正。网络 RTK 是一种集 GNSS 技术网络通信与管理、计算机编程等技术为一体的地理空间数据实时服务综合系统。

网络 RTK 定位技术通过多个连续运行参考站（continuously operating reference stations，CORS）的跟踪数据建立所控制区域内的电离层、对流层和卫星轨道误差模型，通过内插来改正流动站的观测数据，使 CORS 覆盖区域内的任何流动站都能进行厘米级的高精度定位。网络 RTK 定位系统主要由四部分构成：CORS、系统控制中心、数据通信链路和流动站用户。CORS 的数量是由覆盖区域的大小、定位精度要求及所在区域的环境等因素来决定的，至少应有 3 个或 3 个以上 CORS。参考站应该配备全波长的双频 GNSS 接收机、数据传输设备、UPS 连续供电和气象传感器等设备。参考站的坐标通过联测 IGS 站精确求得，应建立在良好的观测环境区域。系统控制中心按 NTRIP 协议（networked transport of RTCM viainternet protocol，通过互联网进行 RTCM 数据网络传输协议）分为数据处理中心（NTRP 服务器）和数据播发中心（NTRP 播发器）。数据处理中心的主要任务是对来自各 CORS 传来的观测资料进行预处理和质量分析，并统一解算，实时估计出网内各种系统误差的残余误差，建立相应的误差模型；数据播发中心是真正意义上的 HTTP 服务器，负责管理和接收来自 NTRIP 服务器上的数据，响应 NTRIP 客户端的请求并发送 GNSS 信息。

网络 RTK 中的数据通信链路主要分为两部分：一部分是 CORS、系统控制中心等固定台站间的改据通信，这类通信可通过 DDN 专线、ADSL 光纤等有线方式或无线电调制解调器来实现；另一部分是数据播发中心与流动站用户之间的移动通信，可采用 GPRS 或 CDMA 等方式来实现。流动站用户需配备 GNSS 接收机、可上网的数据通信设备和相应的数据处理软件（如流动站手簿上的测量软件）。

网络 RTK系统是一个综合的多功能定位服务系统，根据参考站的分布，其作用区域可以覆盖一个城市或一个行政区划、甚至一个国家和地区。流动站用户采用网络RTK进行实时定位成为今后GNSS动态相对定位的主要工作方式。

三、南方银河6 GNSS RTK操作简介

（一）南方银河6 GNSS RTK测量系统的组成

南方银河6测量系统主要由主机、手簿、配件三大部分组成，图7-11是南方银河6测量系统的移动站、基准站架设组装图。

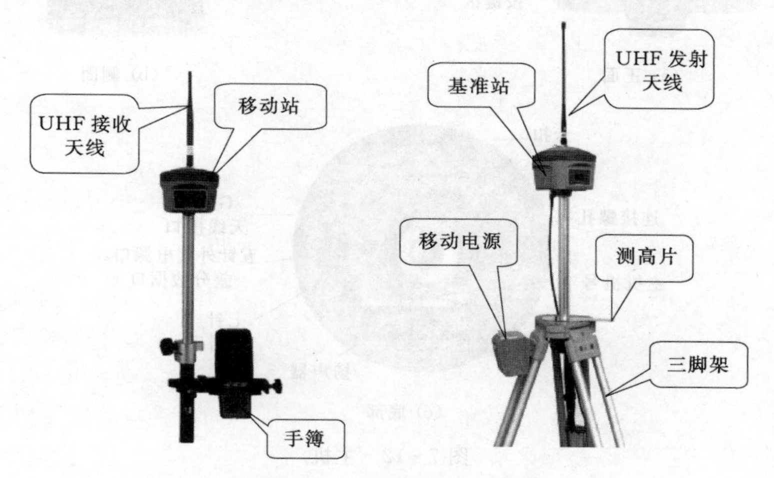

图7-11 南方银河6测量系统

南方银河6的标准配置为1个基准站和1个移动站，基准站与移动站主机完全相同，哪个接收机作为基准站或移动站均可以，通过接收机的两个按键 F 与 ⊙ 设置，也可以通过手簿设置。用户可以根据工作需要选购任意个移动站，每个移动站标配一部北极星H3 Plus手簿。

（二）南方银河6接收机及操作方法

1. 接收机外观

主机外形呈圆柱形，直径152mm，高137mm，使用镁合金作为机身主体材料，整体美观大方、坚固耐用。采用液晶屏和按键的组合设计，操作更为简单。机身侧面与底部具备常用的接口，方便使用，如图7-12所示。

主机各部分的作用如下：

（1）UHF天线接口：安装UHF电台天线。

（2）SIM卡卡槽：在使用GSM/CDMA/3G等网络时，芯片面向上插入手机卡。

（3）GPRS接口：安装网络信号天线。

（4）五针外接电源口、差分数据口：作为电源接口使用，可外接移动电源、大电瓶等供电设备，作为串口输出接口使用，可以通过串口软件查看主机输出数据、调试主机。

（5）七针数据口：USB传输接口、具备OTG功能、可外接U盘。

（6）连接螺孔：用于固定主机于基座或对中杆。

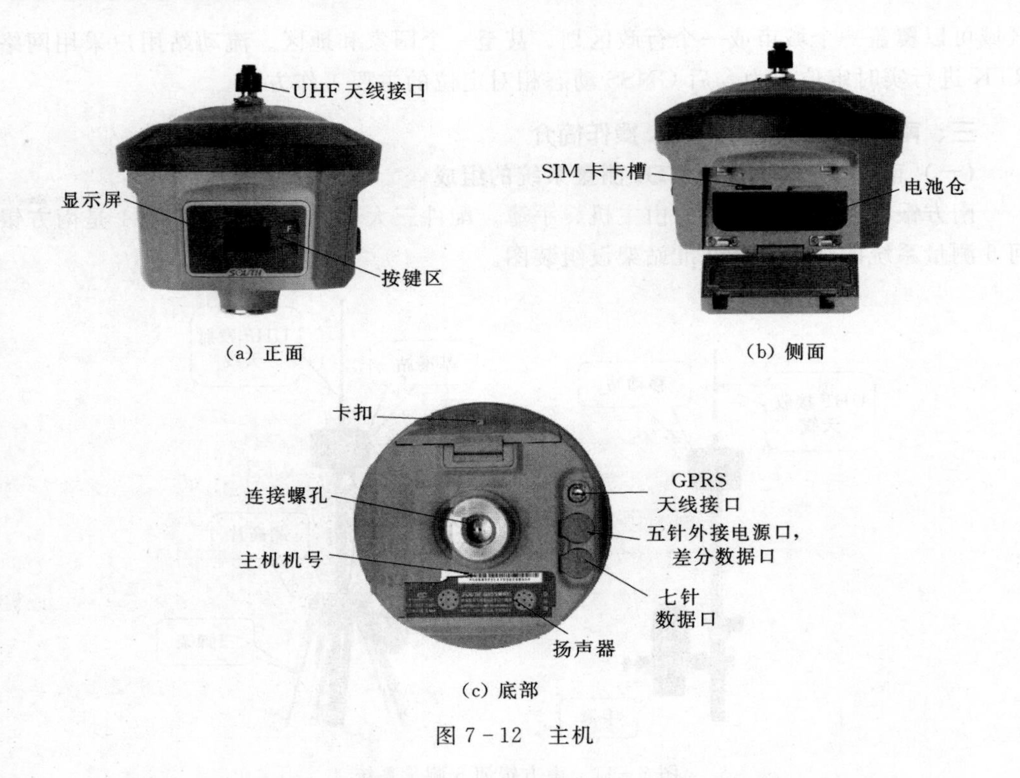

(a) 正面　(b) 侧面　(c) 底部

图 7-12　主机

(7) 主机机号：用于申请注册码，和手簿蓝牙识别主机及对应连接。

2. 按键和指示灯

指示灯位于液晶屏的左侧，从上至下依次为蓝牙灯、数据存储指示灯、数据发射/接收灯和电源指示灯。按键位于液晶屏的右侧，具体信息见表 7-3。

表 7-3　南方银河 6 主机按键和指示灯功能表

按键及指示灯	名称	作用或状态
	开关机键	开机、关机，确定修改项目，选择修改内容
F	翻页键	一般为选择修改项目，返回上级接口
	蓝牙灯	蓝牙接通时灯长亮
	静态存储指示灯	按采样间隔闪烁
	数据发射/接收灯	电台模式：按接收间隔或发射间隔闪烁网络模式： 1）网络拨号、WIFI 连接时快闪（10Hz） 2）拨号成功后按接收间隔或发射间隔闪烁
	电源指示灯	电量充足时常亮；电量不足时闪烁（关机前 5min 开始闪烁）

3. 接收机操作方法

（1）接收机开关机方法。银河6接收机面板只有与两个按键，按键可打开接收机电源，屏幕显示南方测绘商标约15s后［图7-13（a）］，进入接收机最近一次设置的测量模式搜星界面。图7-13（b）为进入出厂设置的静态模式搜星界面，搜星时间大约需要10s。完成搜星且达到采集条件后，开始自动采集卫星数据，屏幕在星图［图7-13（c）］、大地地理坐标［图7-13（d）］与历元数［图7-13（e）］3个界面之间循环切换，切换时间间隔为10s。

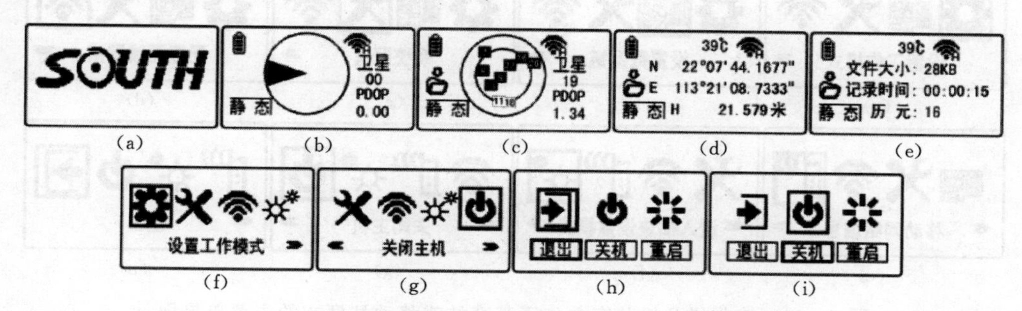

图7-13 南方银河6开机后进入出厂设置的静态模式

南方银河6可以同时接收GPS、GLONASS、北斗与Galileo四种卫星信号，由于受接收机屏幕尺寸的限制，接收机屏幕只能显示一种卫星的信号，出厂设置为显示GPS卫星信号。

按键进入主菜单界面，光标位于“设置工作模式”图标［图7-13（f）］，按键4次移动矩形光标（以下简称光标）到“关闭主机”图标［图7-13（g）］，按键（确定），进入图7-13（h）所示的界面；按键移动光标到关机图标［图7-13（i）］，按键（确定）关闭接收机电源。在图7-13（i）所示的界面，按键移动光标到重启图标，按键（确定）重新启动接收机。也可以长按键，待屏幕显示图7-13（i）所示的界面时，松开键，再按键关机。

（2）接收机主菜单操作简介。接收机开机状态下按键进入主菜单界面，再次按键可以切换需要选择的功能选项，按键（确定）则进入该功能设置页面。

主菜单界面内的功能图标分别是“设置工作模式”图标、“设置数据链”图标、“系统配置”图标、“配置无线网络”图标、“移动网络信息”图标、“进入模块设置模式”图标、“关闭主机”图标、“退出”图标。

1）“设置工作模式”图标［图7-14（a）］，用于切换静态、基准站或移动站状态。

2）“设置数据链”图标［图7-14（b）］，用于切换内置电台、移动网络数据链、星链、双发射、蓝牙数据链、WIFI数据链、外接模块、关闭数据链。

3）“系统配置”图标［图7-14（c）］，系统配置有以下选项：语言、语音设置、系统信息、系统自检、在线功能设置、其他配置、复制静态文件。

4）“配置无线网络”图标［图7-14（d）］，用于WIFI的客户端和接入点模式切换。

5）“移动网络信息”图标［图7-14（e）］，可查看网络状态信息。

6）“进入模块设置模式”图标［图7-14（f）］，用于对模块的进行直通调试。

7）“关闭主机”图标［图7-14（g）］，关闭接收机电源。

8）“退出”图标［图7-14（h）］，返回主页面。

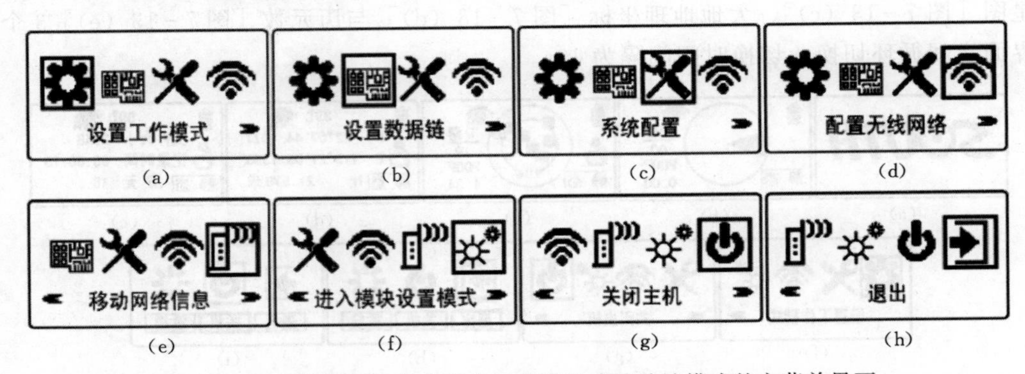

图7-14 接收机开机状态并位于基准站或移动站模式的主菜单界面

资源7-1 银河6 GNSS-RTK实施方法

（三）北极星H3 Plus手簿

如图7-15所示，北极星H3 Plus手簿是南方测绘自主生产的工业级三防4G双卡双待安卓触屏手机，它与普通安卓手机的操作方法完全相同，按键打开H3手簿电源。

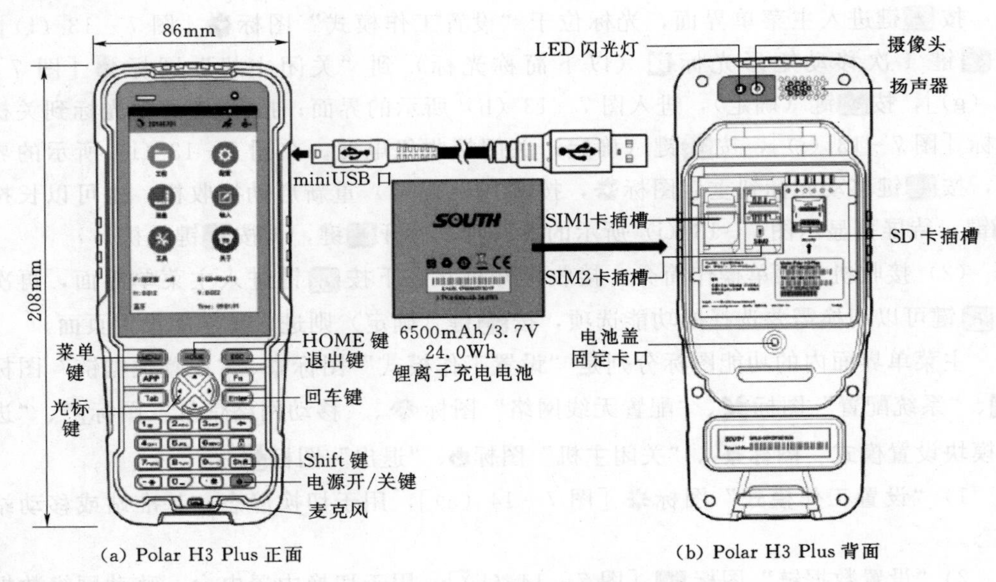

(a) Polar H3 Plus 正面　　(b) Polar H3 Plus 背面

图7-15 南方北极星H3 Plus工业级安卓手机手簿

资源7-2 银河6 RTK电台/网络模式操作方法

在H3手簿启动“工程之星”，与任意一台银河6接收机蓝牙连接后，在“工程之星”主菜单点击配置按钮，点击“仪器连接”命令，通过蓝牙连接接收机；再点击配置按钮，点击“仪器设置”命令，可以执行接收机菜单的所有命令。

用户也可以在自己的安卓手机上安装“工程之星”软件，操作“工程之星”更加方便。

习　题

一、名称解释

1. 全球导航卫星系统

2. 载波信号、测距码和数据码

二、问答题

1. GNSS系统的组成有哪些？

2. GPS定位的基本原理是什么？

3. GPS定位的方法有哪些？

三、填空题

1. 全球导航卫星系统已建和在建的系统有4个，分别是______________、______________、______________和我国的北斗卫星导航定位系统。

2. GNSS用户设备由GNSS接收机、______________和微处理机及其终端设备等组成。

3. GNSS RTK定位方法是至少包含__________台GNSS接收机，其中一台安置在基准站上，另一台或若干台分别安置在不同的流动站上。

四、选择题

1. GPS测量中，与接收机有关的误差是（　　）。

A. 对流层延迟　　B. 接收机钟差　　C. 轨道误差　　D. 多路径误差

2. 利用伪距进行定位，需要至少同步观测（　　）颗卫星。

A. 2　　B. 3　　C. 4　　D. 5

资源7-3 习题答案

3. GPS-RTK测量属于（　　）。

A. 相对定位　　B. 静态测量　　C. 单点定位　　D. 绝对定位

4. GPS-RTK测量作业时，流动站距基准站的距离一般应控制在（　　）。

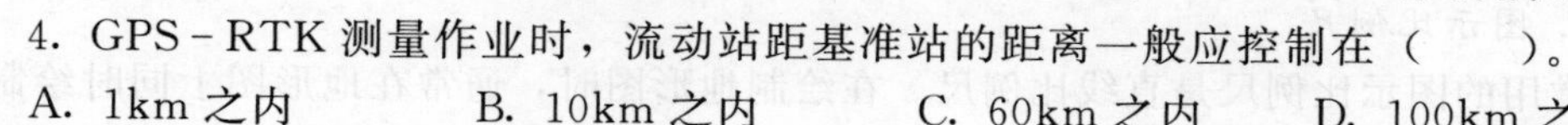

A. 1km之内　　B. 10km之内　　C. 60km之内　　D. 100km之内

第八章

地形图测绘

地面的高低起伏形态如高山、丘陵、平原、洼地等，称为地貌。而地表面天然形成或人工修建的具有一定轮廓的固定物体如河流、森林、房屋、道路等，称为地物。地形图是将一定范围内的地物和地貌按规定的图式符号和比例尺测绘到图纸上，形成的正射投影图。

本章主要介绍小区域内大比例尺（1∶500、1∶1000、1∶2000、1∶5000）地形图的测绘方法。

第一节　地形图的基本知识

一、地形图的比例尺

（一）比例尺及其表示

图上任一线段的长度与其地面上相应线段的水平距离之比，称为地形图的比例尺。比例尺的表示形式主要有数字比例尺和图示比例尺两种。

1. 数字比例尺

以分子为1，分母为整数的分数形式表示的比例尺称为数字比例尺。设图上一直线段长度为 d，其相应的实地水平距离为 D，则该图的比例尺为

$$\frac{d}{D}=\frac{1}{M}=1:M \tag{8-1}$$

式中：M 为比例尺分母。

M 越小，比例尺越大，地形图表示的内容越详尽。

2. 图示比例尺

常用的图示比例尺是直线比例尺。在绘制地形图时，通常在地形图上同时绘制图示比例尺，图示比例尺一般绘于图纸的下方，具有随图纸同样伸缩的特点，以便于量长。如图8－1所示为1∶2000的直线比例尺，其基本单位为2cm。使用时从直线比例尺上直接读取基本单位的1/10，估读到1/100。

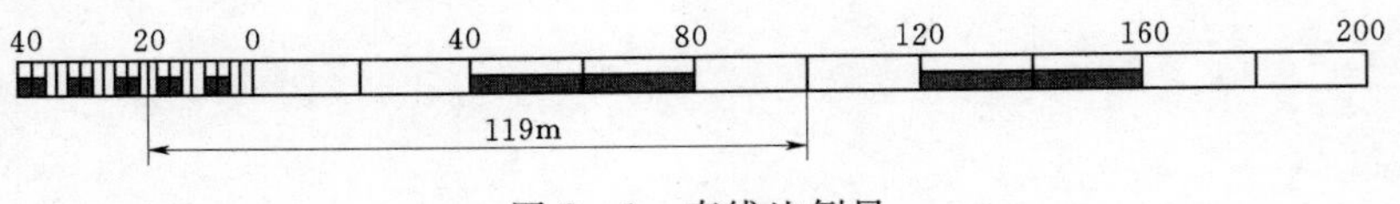

图8－1　直线比例尺

（二）比例尺精度

一般人们在图上可分辨的最小距离为0.1mm，因此把图上0.1mm所对应的实地水平距离称为比例尺精度。比例尺大小不同，其比例尺精度也不同，表8－1列出了

不同比例尺的精度及主要用途。

表 8-1　　地形图比例尺精度及主要用途　　单位：m

比例尺	1∶500	1∶1000	1∶2000	1∶5000	1∶10000
比例尺精度	0.05	0.1	0.2	0.5	1.0
用途	工程设计、施工、竣工图等	城市详规、施工、竣工图等	城市详规、工程项目初步设计	城市总体规划、厂址选址、道路总体规划	

因此，比例尺精度决定了实测地形图时的精度要求和地形图中地物测绘的详细程度。例如在测 1∶2000 图时，实地只需取到 0.2m，因为量的再精细在图上也表示不出来。又如在设计用图时，要求在图上能反映地面上 0.1m 的精度，则所选的比例尺不能小于1∶1000。实践中，地形图比例尺的选择，应根据地形图的用途而定。

（三）比例尺的分类

通常把 1∶500、1∶1000、1∶2000、1∶5000、1∶10000 比例尺的地形图称为大比例尺图；1∶2.5 万、1∶5 万、1∶10 万比例尺的地形图称为中比例尺图；1∶25 万、1∶50 万、1∶100 万比例尺的地形图称为小比例尺图。

二、地物符号

地形是地物和地貌的总称，人们通过地形图去了解地形信息，那么地面上的不同地物、地貌就必须按统一规范的符号表示在地形图上，这个规范就是《地形图图式》。其中地物符号根据地物的大小、测图比例尺的不同，可分为以下四类。

（一）比例符号

有些地物的轮廓较大，其形状和大小均可依比例尺缩绘在图上，同时配以规定的符号表示，这种符号称为比例符号，如房屋、河流、湖泊、森林等。

（二）半比例符号

对于一些带状延伸地物，按比例尺缩小后，其长度可依测图比例尺表示，而宽度不能依比例尺表示，这种符号称为半比例符号。符号的中心线一般表示其实地地物的中心线位置，如铁路、通信线、管道等。

（三）非比例符号

地面上轮廓较小的地物，按比例尺缩小后，无法描绘在图上，应采用规定的符号表示，这种符号称为非比例符号，如水准点、路灯、独立树、里程碑等。

（四）注记符号

用文字、数字或特有符号对地物加以说明，称为注记符号，如，村、镇、道路的名称，楼房的层数、结构，地形点高程，江河的名称、流向；森林、果树的类别等。

在表 8-2 中，给出了由国家测绘总局组织制定、国家技术监督局发布的 GB/T 7929—1995《1∶500 1∶1000 1∶2000 地形图图式》的部分地物符号。

三、地貌符号

地貌在地形图上通常用等高线表示。用等高线表示地貌，不仅能表示地面的起伏状态，还能表示出地面的坡度和地面点的高程。

表 8-2　　常用地形图图式符号

编号	符号名称	1∶500　1∶1000	1∶2000	编号	符号名称	1∶500　1∶1000　1∶2000
1	一般房屋 混—房屋结构 3—房屋层数	混3	1.6	16	内部道路	1.0 1.0
2	简单房屋			17	阶梯路	1.0
3	建筑中的房屋	建		18	打谷场、球场	球
4	破坏房屋	破		19	旱地	1.0　2.0　10.0　10.0
5	厨房	45°　1.6		20	花圃	1.6　1.6　10.0　10.0
6	架空房屋	混凝土4　1.0　混凝土　混凝土4	1.0	21	有林地	1.6　松6
7	廊房	混3　1.0	1.0	22	人工草地	2.0　3.0　10.0　10.0
8	台阶	0.6　1.0　1.0		23	稻田	0.2　3.0　1.0　10.0　10.0
9	无看台的露天体育场	体育场		24	常年湖	青湖
10	游泳池	泳		25	池塘	塘　塘
11	过街天桥					
12	高速公路 a—收费站 0—技术等级代码	a　0　0.4				
13	等级公路 2—技术等级代码 （G325）—国道路线编码	2(G325)　0.2　0.4				
14	乡村路 a—依比例尺的 b—不依比例尺的	a　4.0　1.0　0.2 b　8.0　2.0　0.3				
15	小路	1.0　4.0　0.3				

续表

编号	符号名称	1∶500 1∶1000	1∶2000
26	常年河 a—水涯线 b—高水界 c—流向 d—潮流向 涨潮 落潮	a b 0.15 3.0 1.0 c 0.5 d 7.0	
27	喷水池	1.0 3.6	
28	GPS控制点	B14 / 495.267 3.0	
29	三点角 凤凰山—点名 394.468—高程	凤凰山 / 394.468 3.0	
30	导线点 116—等级、点号 84.46—高程	2.0 116 / 84.46	
31	埋石图根点 16—点号 84.46—高程	1.6 16 / 84.46 2.6	
32	不埋石图根点 25—点号 62.74—高程	1.6 25 / 62.74	
33	水准点 Ⅱ京石5—等级、点名、点号 32.804—高程	2.0 Ⅱ京石5 / 32.804	
34	加油站	1.6 3.6 1.0	
35	路灯	2.0 1.6 4.0 1.0	
36	独立树 a—阔叶 b—针叶 c—果树 d—棕榈、椰子、槟榔	a 1.6 2.0 3.0 1.0 b 1.6 3.0 1.0 c 1.6 3.0 1.0 d 2.0 3.0 1.0	
37	上水检修井	2.0	
38	下水（污水）、雨水检修井	2.0	
39	下水暗井	2.0	
40	煤气、天然气检修井	2.0	
41	热力检修井	2.0	
42	电信检修井 a—电信人孔 b—电信手孔	a 2.0 2.0 b 2.0	
43	电力检修井	2.0	
44	污水篦子	2.0 2.0 1.0	
45	地面下的管道	污 4.0 1.0	
46	围墙 a—依比例尺的 b—不依比例尺的	a 10.0 b 10.0 0.3 0.6	
47	挡土墙	1.0 0.3 6.0	
48	栅栏、栏杆	10.0 1.0	

续表

编号	符号名称	1∶500　1∶1000	1∶2000	编号	符号名称	1∶500　1∶1000	1∶2000
49	篱笆	10.0　1.0		57	一般高程点及注记 a—一般高程点 b—独立性地物的高程	a 0.05…•163.2　b 75.4	
50	活树篱笆	6.0　1.0　0.6		58	名称说明标注	友谊路 中等线体4.0(18k) 团结路 中等线体3.5(15k) 胜利路 中等线体2.75(12k)	
51	铁丝网	10.0　1.0		59	等高线 a—首曲线 b—计曲线 c—间曲线	a 0.15 b 0.3 c 1.0　6.0　0.15	
52	通信线 地面上的	4.0		60	等高线注记	25	
53	电线架			61	示坡线	0.8	
54	配电线 地面上的	4.0		62	梯田坎	56.4　1.2	
55	陡坎 a—加固的 b—不加固的	a　2.0 b					
56	散树、行树 a—散树 b—行树	a　1.6 b　10.0　1.0					

（一）等高线

地面上高程相等的相邻点连接的闭合曲线，称为等高线。如图 8-2 所示的为一山丘地貌，假设有在不同高度静止的水平面，将这些水平面与地貌的交线投影到水平面 H 上，并按一定的比例尺缩绘，所形成的闭合光滑曲线即为一组等高线。

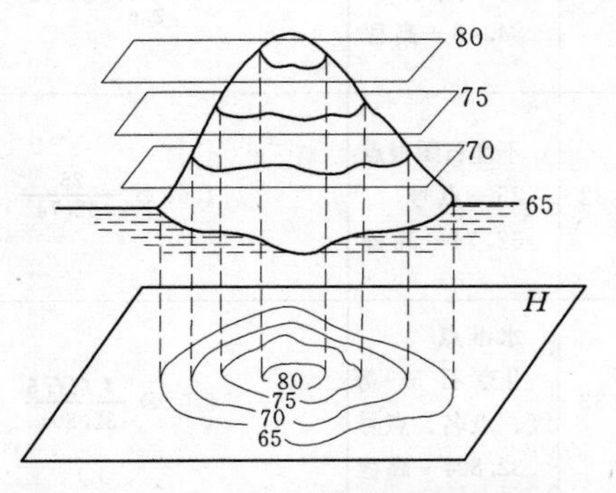

图 8-2　用等高线表示地貌的方法

（二）等高距和等高线平距

相邻等高线之间的高差称为等高距，常以 h 表示。图 8-2 中的等高距为 5m。在同一幅地形图上，等高距 h 是相同的。相邻等高线之间的水平距离称为等高线平距，常以 d 表示。h 与 d 的比值就是地面的坡度 i，即

$$i=\frac{h}{dM} \tag{8-2}$$

式中：M 为比例尺分母。

坡度 i 一般以百分率表示，向上为正、向下为负。

同一张地形图内的等高距 h 相同，因此，可以根据地形图上等高线的疏、密来判定地面坡度的缓、陡。等高距的大小，直接影响地形图的效果，因此在测图时，根据测图比例尺的大小，以及测区的实际情况确定绘制等高线的基本等高距，参见表 8－3。

表 8－3　　**等高线的基本等高距**　　单位：m

比例尺	地形类别			
	平地	丘陵	山地	高山
1∶500	0.5	0.5	0.5 或 1.0	1.0
1∶1000	0.5	0.5 或 1.0	1.0	1.0 或 2.0
1∶2000	0.5 或 1.0	1.0	2.0	2.0

（三）等高线的种类

（1）首曲线。在同一幅地形图上，按规定的基本等高距描绘的等高线统称为首曲线，也称基本等高线。用宽度为 0.15mm 的细实线表示。

（2）计曲线。为便于看图，每隔四条首曲线描绘一条加粗的等高线，称为计曲线。用 0.3mm 的粗实线表示，计曲线的高程均为 5 倍基本等高距的整倍数。

（3）间曲线和助曲线。当地面的坡度非常平缓，基本等高线不能很好地显示地貌特征，或者在绘制等高线时有特殊要求，按 1/2、1/4 基本等高距分别加密的等高线，称为间曲线和助曲线。通常用长虚线表示间曲线，用短虚线表示助曲线。

（四）几种典型地貌等高线的特征

地面形态各不相同，但主要由山丘、盆地、山脊、山谷、鞍部等基本地貌构成。要用等高线表示地貌，关键在于掌握等高线表达基本地貌的特征。

1. 山丘与盆地

如图 8－3（a）表示山丘及其等高线，图 8－3（b）表示盆地及其等高线。等高线的特征均表现为一组闭合的曲线，在地形图上区分山丘或洼地有两种方法：一种是高程注记由外圈向里圈递增的表示山头，递减的表示盆地；另一种是用示坡线（垂直绘在等高线上表示坡度递减方向的短线），示坡线由里向外表示山丘，由外向里表示盆地。

2. 山脊与山谷

图 8－3（c）表示山脊与山谷及其等高线。山脊是沿着一个方向延伸的高地，其等高线凸向低处；山谷是两山脊之间的凹部，其等高线凸向高处。由山脊最高点连成的棱线称为山脊线或分水线，山谷最低点连成的棱线称为山谷线或集水线。山脊线、山谷线统称为地性线，它们都与等高线正交。

3. 鞍部

图 8－3（d）表示两个山顶之间马鞍形的地貌及其等高线。鞍部是相邻两山头之间呈马鞍形的低凹部分。鞍部等高线的特点是在一圈大的闭合曲线内，套有两个小的闭合曲线，其等高线的形状近似于两组双曲线簇。

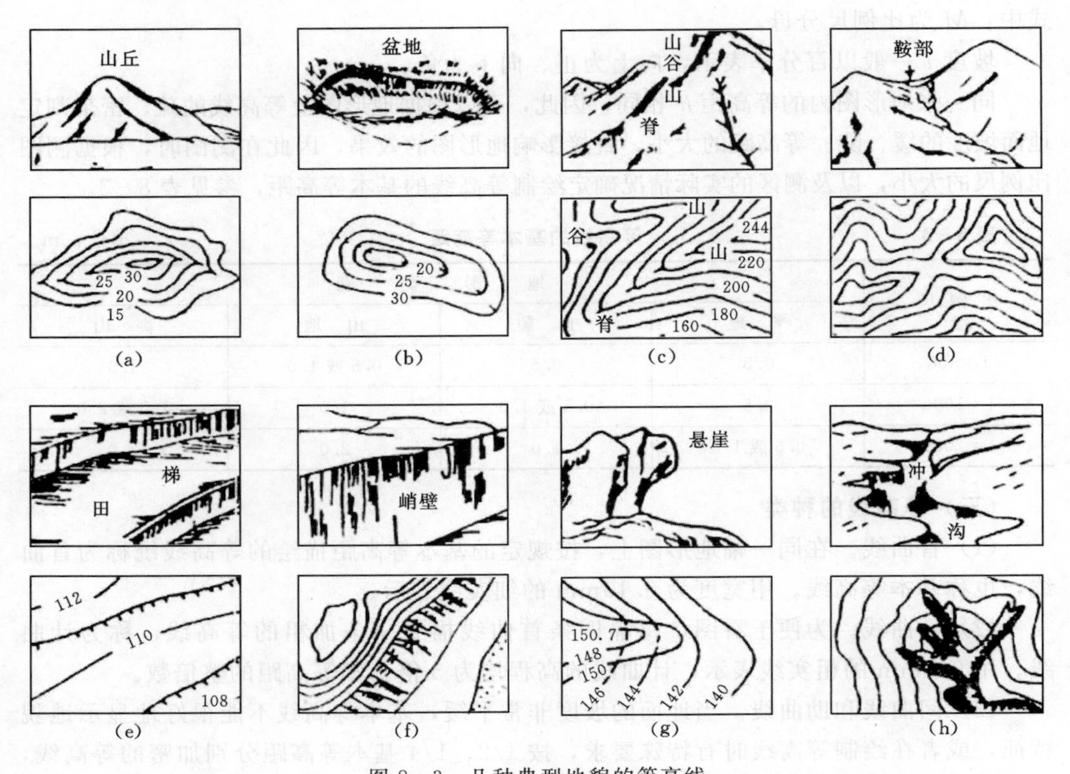

(a)　(b)　(c)　(d)

(e)　(f)　(g)　(h)

图 8-3　几种典型地貌的等高线

(a) 山丘；(b) 盆地；(c) 山脊山谷；(d) 鞍部；(e) 梯田；(f) 峭壁；(g) 悬崖；(h) 冲沟

4. 梯田、峭壁、悬崖、冲沟

梯田及峭壁的等高线及其表示方法如图 8-3 (e)、(f) 所示。在特殊情况下，悬崖的等高线出现相交的情况，覆盖部分为虚线，如图 8-3 (g) 所示。在坡地上，由于雨水冲刷而形成的狭窄而深陷的沟称为冲沟，如图 8-3 (h) 所示。

各种典型地貌的综合及相应等高线的表示，如图 8-4 所示。

(五) 等高线的特性

(1) 同一条等高线上所有点的高程都相等。

(2) 等高线是连续的闭合曲线，如不在本图闭合，则在图外闭合。

(3) 除悬崖和峭壁处的地貌以外，等高线在图上不能相交或重合。

(4) 等高线与山脊线和山谷线正交。

(5) 等高线平距越小，坡度越陡；平距越大，坡度越缓；平距相等，坡度相等。

四、图外注记

对于一幅标准的大比例尺地形图，图廓外应注有图名、图号、接图表、比例尺、图廓、坐标格网和其他图廓外注记等，如图 8-5 所示。

(一) 图名和图号

图名通常是用图幅内具有代表性的地名、村庄或企事业单位名称命名，如图 8-5 中的图名为王家庄。

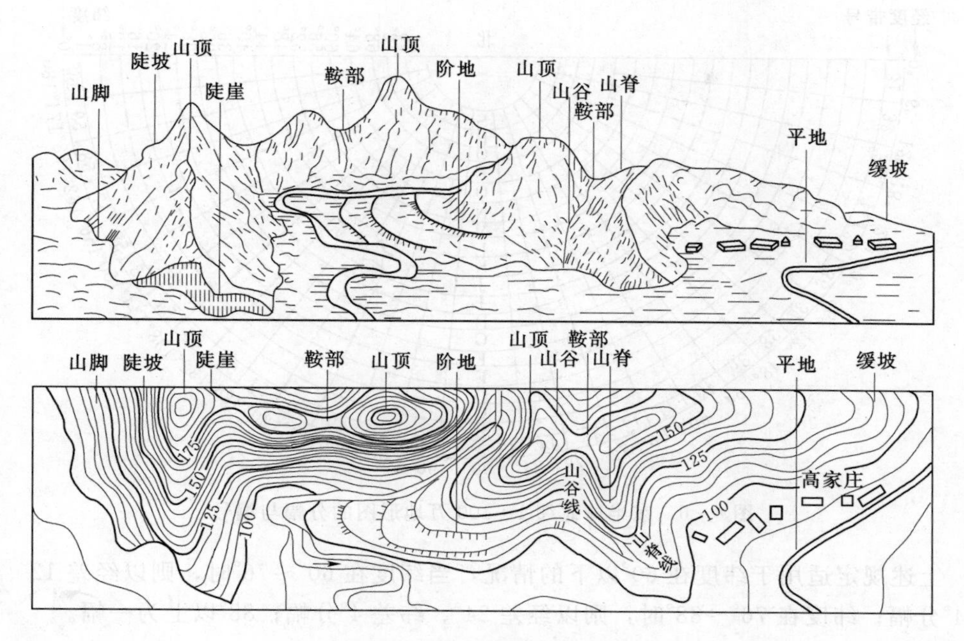

图 8-4　各种地貌的等高线图

图号就是指本幅图在整个测区内的位置编号。当测区面积较大时，为了便于测绘、管理和使用地形图，需按测区的总面积和一幅图的面积进行分幅和编号。

地形图的分幅与编号有两种形式：一种是按经纬线分幅的梯形分幅法，主要适用于中、小比例尺地形图；另一种是按坐标格网划分的矩形分幅法，主要适用于大比例尺地形图。

1. 梯形分幅与编号

我国颁布的 GB/T 13989—92《国家基本比例尺地形图分幅和编号》国家标准，是以1：100万比例尺地形图的分幅与编号为基础，后接相应比例尺图的行和列代码，并附有比例尺代码。

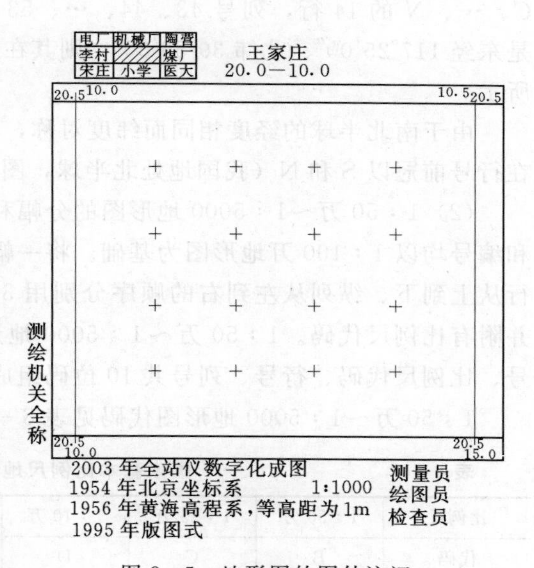

图 8-5　地形图的图外注记

（1）1：100 万地形图的分幅与编号。1：100 万地形图的分幅与编号在国际上是统一的。它按经差 6°和纬差 4°进行分幅，整个地球椭球南北半球各分成 22 行 60 列。行从赤道开始，向南北按字母 *A*、*B*、*C*、…顺序进行编号；列从 180°经线开始，自西向东按自然序数 1、2、3、…编号，每一梯形格为一幅 1：100 万地形图。其编号由其所在的“行号列号”组成，如图 8-6 所示。

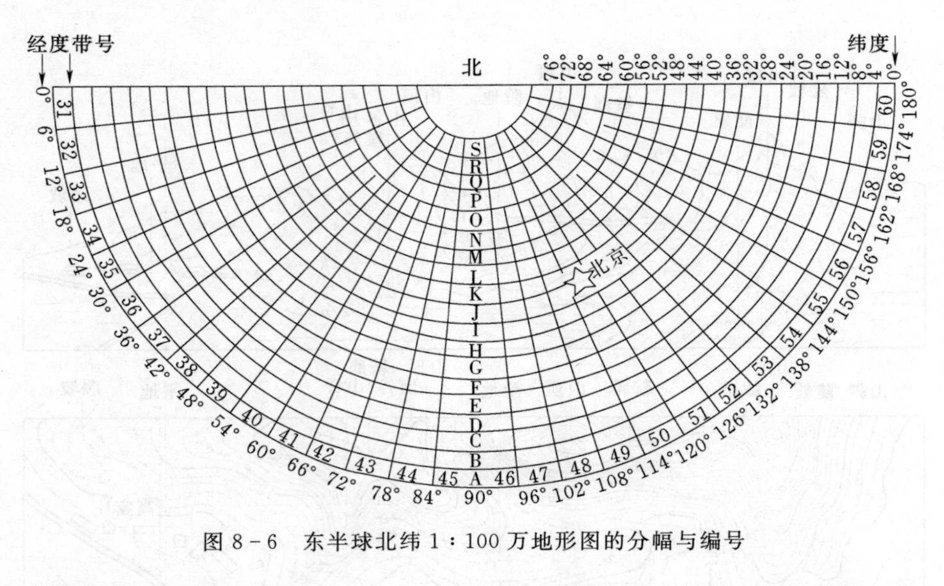

图 8-6 东半球北纬 1∶100 万地形图的分幅与编号

上述规定适用于纬度在 60°以下的情况，当纬度在 60°～76°时，则以经差 12°、纬差 4°分幅；纬度在 76°～88°时，则以经差 24°、纬差 4°分幅；88°以上为一幅。

我国地处北半球，图幅范围在东经 72°～138°、北纬 0°～56°内。包括行号 *A*、*B*、*C*、…、*N* 的 14 行，列号 43、44、…、53 的 11 列。例如，北京某地的经纬度分别是东经 117°25′00″、北纬 39°56′30″，则其在 1∶100 万地形图的编号是 J50，如图8-6 所示。

由于南北半球的经度相同而纬度对称，为了区别南北半球对应图幅的编号，规定在行号前冠以 S 和 N（我国地处北半球，图号前的 N 全部省略）。

（2）1∶50 万～1∶5000 地形图的分幅和编号。1∶50 万～1∶5000 地形图的分幅和编号均以 1∶100 万地形图为基础。将一幅 1∶100 万地形图分成若干行和列，按横行从上到下、纵列从左到右的顺序分别用 3 位阿拉伯数字表示，不足 3 位时前补 0，并附有比例尺代码。1∶50 万～1∶5000 地形图的编号由其所在 1∶100 万地形图图号、比例尺代码、行号、列号共 10 位码组成，如图 8-7 所示。

1∶50 万～1∶5000 地形图代码见表 8-4。

表 8-4　　国家基本比例尺地形图比例尺代码

比例尺	1∶50 万	1∶25 万	1∶10 万	1∶5 万	1∶2.5 万	1∶1 万	1∶5000
代码	B	C	D	E	F	G	H

例如，编号 G12C002003 的地形图属于 1∶25 万比例尺的地形图，在编号为 G12 的1∶100万比例尺地形图之中，其行号为 2，列号为 3。编号 G12G081054 的地形图属于1∶1万比例尺地形图，在编号为 G12 的 1∶100 万比例尺地形图之中，其行号为 81，列号为 54。

2. 矩形分幅与编号

通常一幅 1∶5000 地形图的图幅大小为 40cm×40cm，一幅 1∶2000、1∶1000、

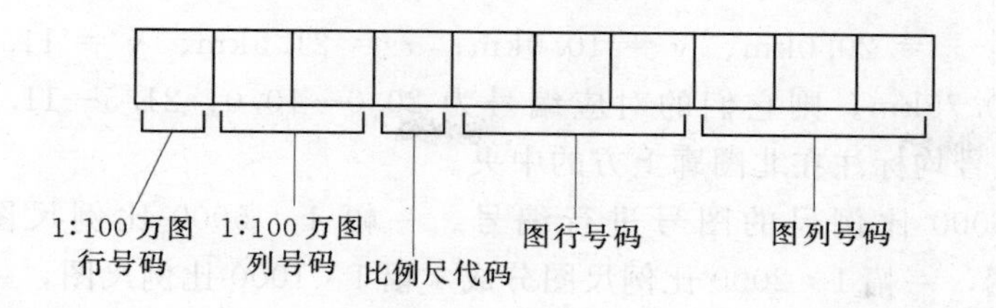

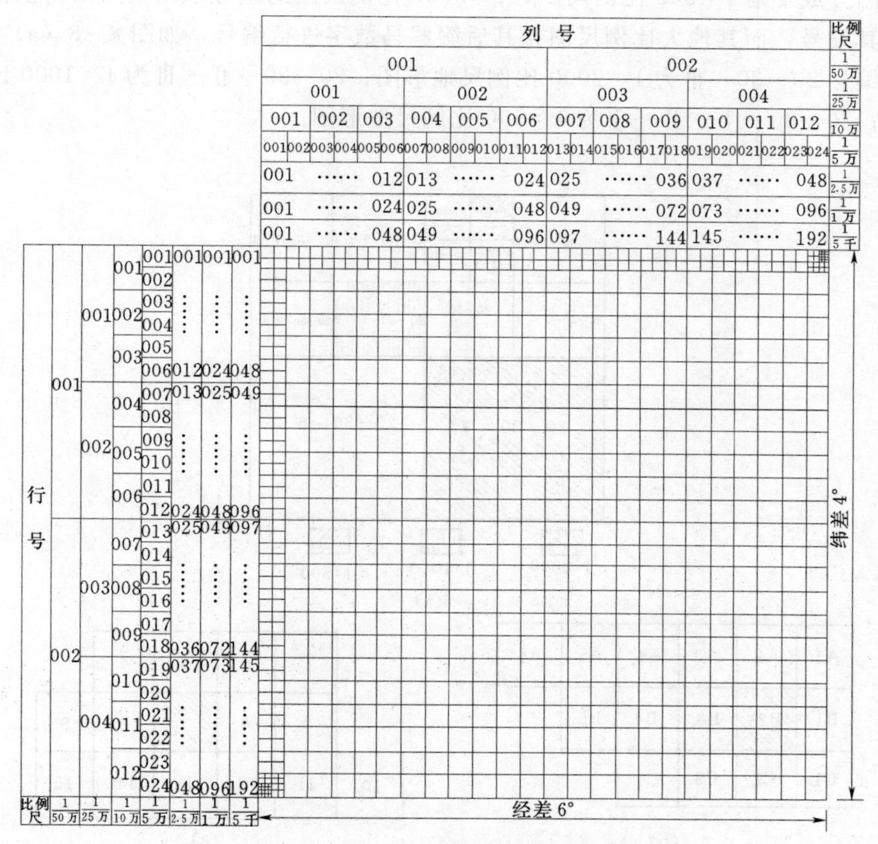

图 8－7　1∶50 万～1∶5000 地形图的分幅与编号

1∶500地形图的图幅大小为 50cm×50cm，见表 8－5。

表 8－5　　　　　　　大比例尺地形图图幅的大小

比例尺	图幅大小/(cm×cm)	实地面积/km^2	1∶5000 图幅内的分幅数
1∶5000	40×40	4	1
1∶2000	50×50	1	4
1∶1000	50×50	0.25	16
1∶500	50×50	0.0625	64

(1) 按本幅图的西南角坐标进行编号。按图幅西南角坐标千米数，x 坐标在前，y 坐标在后，中间用短线连接。图号的小数位：1∶500 取至 0.01km；1∶1000、1∶2000 取至 0.1km；1∶5000 取至 km。例如 1∶2000、1∶1000、1∶500 三幅图的西南

角坐标分别为：$x=20.0\text{km}$、$y=10.0\text{km}$；$x=21.5\text{km}$、$y=11.5\text{km}$；$x=20.00\text{km}$、$y=10.75\text{km}$。则它们的对应编号为 20.0—10.0；21.5—11.5；20.00—10.75，图名和图号均标注在北图廓上方的中央。

（2）按 1：5000 比例尺的图号进行编号。一幅 1：5000 比例尺图分成 4 幅 1：2000 比例尺图，一幅 1：2000 比例尺图分成 4 幅 1：1000 比例尺图，一幅1：1000 比例尺图分成 4 幅 1：500 比例尺图。1：5000 比例尺图的编号取图幅西南角坐标千米数作为其编号，而其他大比例尺图在其后缀罗马数字进行编号，如图 8-8（a）所示。例如，编号 20—30—Ⅲ为1：2000 比例尺地形图；20—30—Ⅱ—Ⅲ为1：1000 比例尺地形图；20—30—Ⅰ—Ⅱ—Ⅰ为 1：500 比例尺地形图。

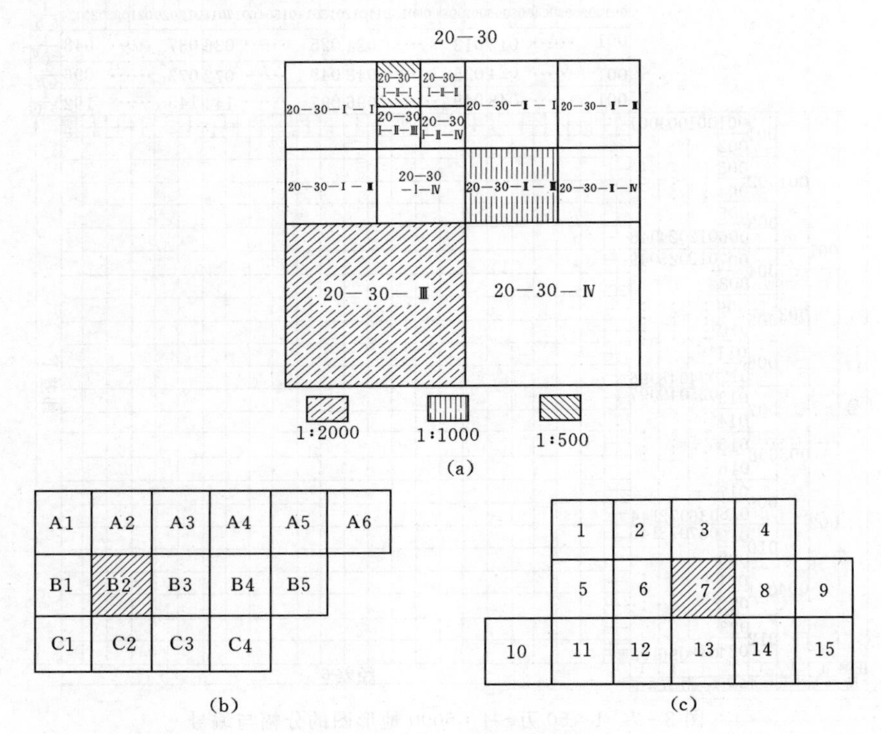

图 8-8 矩形分幅及编号

（3）按行列进行编号。将测区内的图幅行与列分别进行编号，如行以 A、B、C、…由上到下排列，列以 1、2、3、…由左到右排列，如图 8-8（b）所示。例如，阴影区的图号为 B2。

（4）按某种自然序号进行编号。这种编号通常按从上至下、从左到右的顺序，用自然序号（常用阿拉伯数字）进行编排，如图 8-8（c）所示。例如，阴影区的图号为 7。当测区面积较小图幅数量不多时，可采用此方法。

（二）接图表

接图表在图幅外图廓线的左上角，表示本图幅与相邻图幅的连接关系。如图 8-5 所示，接图表中画有斜线的代表本图幅，各邻接图幅均注有图名或图号。

(三) 图廓

图廓是地形图的边界线，有内、外图廓之分。内图廓线是坐标格网线，也是地形图的界址线，用细实线绘制；外图廓线是图幅的外围边线，是加粗的装饰线，如图 8-5 所示。

此外，在地形图的下方还标注有坐标、高程系统和成图时间、测绘单位、绘图员等；对于中小比例尺地形图，在地形图的南图廓下方，还绘有三北方向线，表示真子午线、磁子午线和轴子午线三者之间的角度关系。

第二节　地形图传统测绘方法

控制测量结束，即可根据控制点测定地物、地貌特征点的平面位置和高程，并按规定的比例尺和符号缩绘成地形图。下面介绍测绘大比例尺地形图的传统方法。

一、测图前的准备工作

(一) 收集资料

收集测区内所有控制点的成果（坐标和高程），并整理、抄录在统一表格内；收集测区旧图等有关测量资料。准备测图规范及地形图图式。

(二) 图纸的准备

图纸既可以是绘图用纸，也可以是绘图用聚酯薄膜。其中聚酯薄膜因经高温处理，具有伸缩率小、不怕水等特点，因而被测绘部门大多采用。但聚酯薄膜易折易燃，应予以注意。聚酯薄膜分光面和毛面，绘图时应选择毛面。

(三) 绘制坐标格网

图纸选好后，应绘制坐标格网。大比例尺地形图坐标格网长、宽各是 10cm 间隔。坐标格网可用专用尺或仪器绘制，也可以用直尺绘制。当用直尺绘制时，可沿图纸四角绘两条对角线，以交点为圆心，在对角线上量取等边长 4 点 A、B、C、D，并连接 AB、BC、CD、DA；在这四条边上以 10cm 为间隔，量长并做标记，将对应标记连接，便绘好了直角坐标格网，如图 8-9 (a) 所示。坐标格网绘好后，应检验

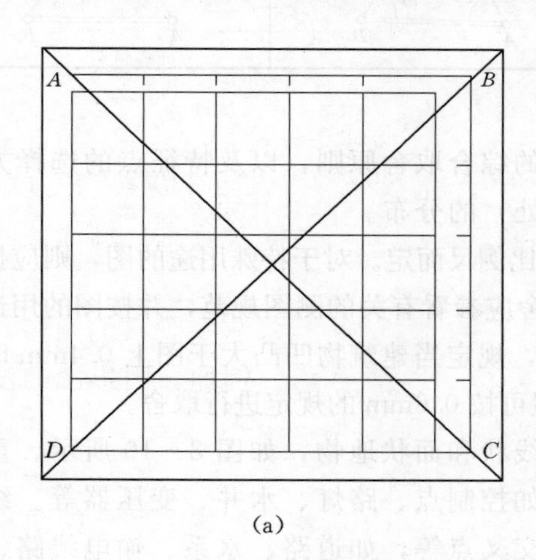

(a)

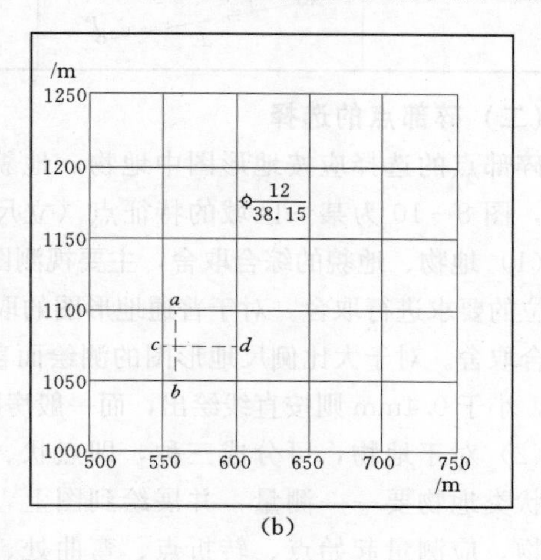

(b)

图 8-9　坐标格网的绘制

其精度，其中各正方形边长与理论值不应超过 0.2mm，各正方形对角线长度与理论值不超过 0.2mm，如超限，则应重新绘制。坐标格网线粗不应超过 0.1mm。

（四）展绘控制点

展绘控制点前，首先要确定本幅图的图幅位置，并将坐标格网对应的坐标值标在图廓线外侧。如图 8-9（b）所示，西南角坐标格网值为 $x=1000\text{m}$、$y=500\text{m}$。若某控制点的坐标为 $X_3=1075.25\text{m}$，$Y_3=552.32\text{m}$，则在相应方格内量取坐标值中不足 50m 的部分，即 25.25m 和 2.32m，并做标记 a、b、c、d；连线 ab、cd，其交点即为控制点。各控制点展于图上后，必须检查，即用图上量得的控制点间距与坐标反算距离求差，其差值不应超过图上 0.2mm，若超限，查明原因并重展。符合要求后，按图式规定标注控制点。

二、测量碎部点的基本方法

在地形测量时，所要测量的地形特征点称为碎部点，它能够用离散的方式表达连续的地物或地貌形态，包括位置、大小、形状等。例如，房屋拐角点能够表示房屋的位置和大小。碎部点高程通常采用视距测量中的高程公式计算。下面介绍测量碎部点平面位置的基本方法。

（一）碎部点平面位置的测定方法

表 8-6 中，设 A、B 为两个已知控制点，欲测定 P 的点位，常用的方法有极坐标法、角度交会法、距离交会法。

表 8-6　　碎部点平面位置的测定方法

碎部点的测定方法	极坐标法	角度交会法	距离交会法
测定参数	一个角度 β、一条边长 d	两个角度 β_1、β_2	两条边长 d_1、d_2
示意图			

（二）碎部点的选择

碎部点的选择应按地形图中地物、地貌的综合取舍原则，以及特征点的选择方式而定，图 8-10 为某一区域的特征点（立尺处）的分布。

（1）地物、地貌的综合取舍，主要视测图比例尺而定。对于特殊用途的图，则应按用图单位的要求进行取舍。对于普通地形图的取舍应参看有关的测图规范，并按图的用途进行综合取舍。对于大比例尺地形图的测绘而言，规定当建筑物凹凸大于图上 0.4mm 时要绘出，小于 0.4mm 则按直线绘出，而一般房屋可按 0.6mm 的规定进行取舍。

（2）对于地物，可分成三种，即点状、线状和面状地物，如图 8-10 所示。重要的点状类地物要一一测量，并展绘到图上，如控制点、路灯、水井、变压器等。线状类地物，应测量起始点、转折点、弯曲处、交叉点等，如道路、水系、输电线路、管线等。面状类地物如建筑物、植被区域等，应选择能反映地物形状的特征点（如房屋的房角、河流及道路的方向转变点、道路交叉点等），连接其外轮廓线及地物界线等，并按规定符号标注内容。

（3）对于地貌，应选择在能控制地貌形状的特征点处立尺，如山顶、鞍部、地性线（山脊线和山谷线）上坡度和方向变化处、山脚地形变换点处等，如图 8－10 所示。

图 8－10　碎部点的选择

（4）为了能如实地反映地面情况，即使在地面坡度变化不大的地方，每隔一定距离也应立尺，以保证碎部点的密度。碎部点间距和视距长度的规定见表 8－7。

表 8－7　　碎部点间距和视距长度限值

比例尺	地形点间距/m	最大视距/m	
		主要地物点	地貌点和次要地物点
1∶500	15	60	100
1∶1000	30	100	150
1∶2000	50	180	250
1∶5000	100	300	350

（三）经纬仪测绘法

经纬仪测绘法是在控制点上安置经纬仪，测量碎部点的数据（水平角、距离、高差），计算碎部点的水平距离和高程，然后利用绘图工具（量角器和比例尺）将碎部点展绘到图纸上，再对照实地绘制地形图的一种方法，如图 8－11 所示。具体操作步骤如下。

（1）安置仪器。将经纬仪安置于控制点 A 上，量取仪器高 i，并填入至碎部测量手簿（表 8－8）。

（2）定向。盘左照准另一控制点 B，设置水平度盘读数为 0°00′00″。

（3）立尺。立尺员依次将标尺立在地物和地貌特征点上。立标尺前，立尺员应弄清实测范围和实地情况，选定立尺点，并与观测员、绘图员共同商定跑尺路线。

（4）观测。转动照准部，瞄准 1 点的标尺，读取视距间隔 l，中丝读数 v，竖盘读数 L 及水平角 β。

图 8-11　经纬仪测绘法

(5) 记录。将测得的各数据依次填入手簿，见表 8-8。对于有特殊作用的碎部点，如房角、山头、鞍部等，应在备注中加以说明。

表 8-8　　　　**碎 部 测 量 手 簿**

___测区　　　　观测者______　　　　记录者______

___年___月___日　　天　气___　测站 $\underline{A}$ 零方向 $\underline{B}$　　测站高程 $\underline{46.54}$

仪器高 $i=\underline{1.42}$　　乘常数 100　加常数 0　　指标差 $x=\underline{0}$

测点	水平角 /(°　′)	尺上读数/m 中丝 v	尺上读数/m 下丝/上丝	视距间距 l /m	竖直角 α 竖盘读数 /(°　′)	竖直角 α 竖直角 /(°　′)	高差 h /m	水平距离 /m	测点高程 /m	备 注
1	44　34	1.42	1.520 1.300	0.220	88　06	+1　54	+0.73	22.0	47.27	
2	56　43	2.00	2.871 1.128	1.743	92　32	−2　32	−8.28	174.0	38.26	
3	175　11	1.42	2.000 0.895	1.105	72　19	+17　41	+33.57	105.30	80.11	

(6) 计算。先由竖盘读数 L 计算竖直角，用计算器计算出碎部点的水平距离和高程，公式如下。

水平距离计算公式：　$$D=Kl\cos^2\alpha \tag{8-3}$$

高程计算公式：　$$H_{点}=H_{站}+\frac{1}{2}Kl\sin2\alpha+i-v \tag{8-4}$$

(7) 展绘碎部点。用细针将量角器的圆心插在图纸上测站点 a 处。转动量角器，将量角器上等于 β 值的刻划线对准起始方向线 ab，此时量角器的零方向便是碎部点 1 的方向，然后用测图比例尺按测得的水平距离在该方向上定出点 1 的位置，并在点的右侧注明其高程。

同上方法，测出其余各碎部点的平面位置与高程，绘于图上，并随测随绘等高线和地物。

为了检查测图质量，仪器搬到下一测站时，应先观测前站所测的某几个明显碎部点，以检查由两个测站测得同一点的平面位置和高程是否相符。如相差较大，则应查明原因，纠正错误，再继续测绘。

若测区面积较大，可分成若干图幅，分别测绘，最后拼接成全区地形图。为了相邻图幅的拼接，每幅图应测出图廓外2～3cm。

三、地形图的绘制

（一）地物的绘制

在外业工作中，当碎部点展绘在图上之后，就可对照实地随时描绘地物轮廓线，在绘制地物轮廓线时，为了使地物清晰，地物点上的高程可不用标出。如果测区较大，由多幅图拼接而成，还应及时对各图幅衔接处进行拼接检查，最后再进行图的清绘与整饰。

地物要按《地形图图式》规定的符号表示。如房屋轮廓需用直线连接，而道路、河流的弯曲部分则是逐点连成光滑的曲线；对于不能按比例描绘的地物，要用相应的非比例符号表示。

（二）等高线勾绘

当图纸上测得一定数量的地形点后，即可勾绘等高线。先用铅笔轻轻地将有关地貌特征点连起勾出地性线（虚线），然后在两相邻点之间，按其高程内插等高线，如图8-12所示。由于地形坡度、方向变化处已由特征点表示，因此可认为图上相邻点之间的地面坡度是均匀的，在内插等高线时可按平距与高差成正比的关系处理。如图8-13所示，A、B两点的高程分别为21.2m、27.6m，高差为6.4m；量得图上两点间距为48mm。当等高距h为1m时，就有22m、23m、24m、25m、26m、27m这六条等高线通过。内插时先算出一个等高距在图上的平距，然后计算其余等高线通过的位置，即

（1）计算等高距为1m的平距：

$$d=\frac{48}{6.4}=7.5(\mathrm{mm})$$

（2）计算最小22m、最大27m两根等高线至A、B点的平距x_1和x_2，定出a、b两点：

$$x_1=0.8\times7.5=6.0(\mathrm{mm}),x_2=0.6\times7.5=4.5(\mathrm{mm})$$

（3）将ab分成五等分，各等分点对应为23m、24m、25m、26m等高线通过的位置。

同法可定出其他各相邻碎部点间等高线的位置。将高程相同的点连成平滑曲线，即为等高线（图8-12）。

在实际工作中，根据内插原理一般采用目估法勾绘。如图8-13所示，即先按比例关系估计图上A点附近22m及B点附近27m等高线的位置，然后五等分求得23m、24m、25m、26m等高线的位置，若发现比例关系不协调时，可进行适当的调整。

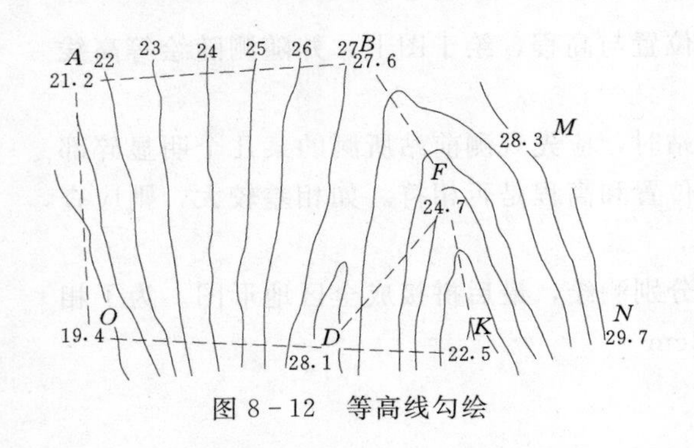

图 8-12　等高线勾绘

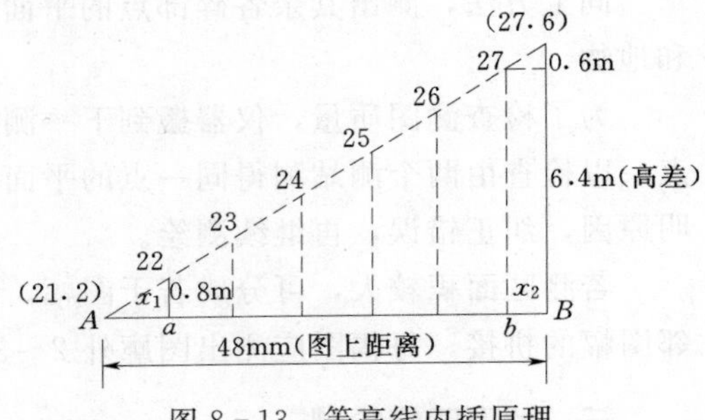

图 8-13　等高线内插原理

四、地形图的拼接、检查、整饰及验收

（一）地形图的拼接

由于分幅测量和绘图误差的存在，在相邻图幅的连接处，地物轮廓线和等高线都不会完全吻合，如图 8-14 所示。为了整个测区地形图的统一，必须对相邻的地形图进行拼接。规范规定每幅图应测出图廓外一定范围（一般为 2～3cm），以使相邻图幅有一条重叠带，便于拼接检查。对于聚酯薄膜图纸，由于是半透明的，将纸的坐标格网对齐，就可以检查接边处的地物和等高线的偏差情况。如果测图用的是白纸，则用透明纸条将其中一幅图的接边附近处的地物、等高线等描下来，然后与另一幅图拼接检查。

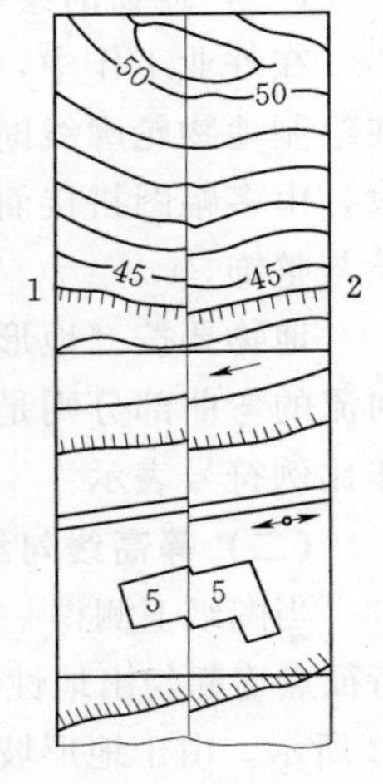

图 8-14　图边拼接

图的接边误差不应大于规定的碎部点平面、高程中误差的 $2\sqrt{2}$ 倍。在大比例尺测图中，关于碎部点的平面位置和按等高线内插求高程的中误差，见表 8-9。图的拼接误差小于限差时可以平均配赋（即在两幅图上各改正一半），改正时应保持地物、地貌相互位置和走向的正确性。拼接误差超限时，应到实地检查后再改正。

表 8-9　　地物点位和等高线内插求点位中误差

地区类别	点位中误差（图上）/mm	相邻地物点间距中误差（图上）/mm	等高线高程中误差（等高距）			
			平地	丘陵地	山地	高山地
山地、高山地和实测困难的旧街坊内部	±0.75	±0.6	$h/3$	$h/2$	$h/3$	h
城市建筑区和平地、丘陵地	±0.5	±0.4				

注　h 为等高距。

（二）地形图的检查

为了确保地形图质量，除在施测过程中加强检查外，在地形图测完后，必须对成图质量作全面检查。地形图的检查包括图面检查、野外巡视和设站检查。

1. 图面检查

检查图面上各种符号、注记是否正确，包括地物轮廓线有无矛盾、等高线是否清楚，等高线与地形点的高程是否相符，有无矛盾可疑的地方、图边拼接有无问题、名称注记是否弄错或遗漏。如发现错误或疑点，应到野外进行实地检查修改。

2. 外业检查

野外巡视检查。根据室内图面检查的情况，有计划地确定巡视路线，进行实地对照查看。野外巡视中发现的问题，应现场在图上进行修正或补充。

设站检查。根据室内检查和巡视检查发现的问题，到野外设站实测。检查时，除对发现问题进行修正和补测外，还要对本测站所测地形进行检查，看所测地形图是否符合要求，如果发现点位的误差超限，应按正确的观测结果修正。

（三）地形图的整饰与验收

地形图经过拼接、检查和修正后，还应进行清绘和整饰，使图面更为清晰、美观。地形图整饰的次序是先图框内、后图框外，先注记后符号，先地物后地貌。图上的注记、地物符号以及高程等均应按地形图图式进行描绘和书写。最后，在图框外按图式要求写出图名、图号、接图表、比例尺、坐标系统及高程系统、施测单位、测绘者及测绘日期等，如图 8－5 所示。

经过以上步骤所绘制的地形图，要上报当地测绘成果主管部门。在此部门组织的成果验收通过之后，图纸备案，方可在工程中使用。

第三节　全站仪数字测图技术

一、概述

全站仪数字测图技术是利用全站仪采集数据并以计算机辅助成图的一种方法。传统的地形图是将测得的观测数据（角度、距离、高差），用模拟的方法——图形表示。数字测图就是将图形模拟量（地面模型）转换为数字量，经由计算机对其进行处理，得到内容丰富的电子地图，需要时由计算机输出设备恢复地形图或各种专题图。与传统的测图方法相比，数字测图具有以下几方面优点。

（1）点位精度高。传统的测图方法点位误差的来源有：图根点的展绘误差和测定误差、测定地物点的视距误差、方向误差、刺点误差等。数字测图的精度主要取决于对地形点的野外数据采集的精度，其他因素的影响很小。

（2）便于成果更新。数字测图的成果是以点的定位信息（三维坐标 X，Y，H）和绘图信息存入计算机，当实地有变化时，只需输入变化信息，经过编辑处理，即可得到更新的图，从而可以确保地面形态的可靠性和现势性。

（3）避免图纸伸缩影响。图纸上的地理信息随着时间的推移图纸产生变形而产生误差。数字测图的成果以数字信息保存，可以直接在计算机上进行量测、绘图等作业无须依赖图纸。

（4）成果输出多样化。计算机与显示器、打印机、绘图仪联机，可以显示或输出各种需要的资料信息、不同比例尺的地形图、专题图，以满足不同的需要。

数字测图根据软硬件设备的不同，方法也不一样，图 8－15 反映了数字测图的主要方法和关系，本节主要介绍第一种方法。

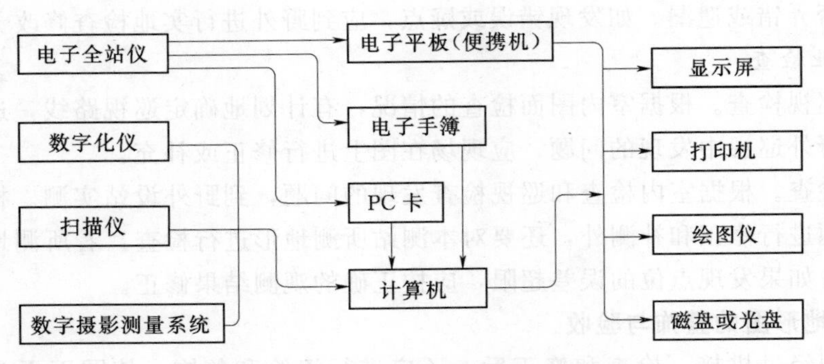

图 8－15　数字测图流程示意图

二、全站仪数字测图的作业模式

1. 电子平板模式

电子平板模式是将全站仪与安装有相关测图软件的笔记本电脑或掌上电脑通过通信电缆进行连接，全站仪测定的碎部点实时展绘，作业员利用笔记本电脑或掌上电脑作为电子平板进行连线编辑。在现场即测即绘，其特点是直观性强，可及时发现错误，进行现场修改。这种测图模式对设备要求较高，当作业环境较差（如有风沙）时，容易损坏电脑，所以目前一般应用于地形图的修补工作，如图 8－16 所示。

2. 草图法模式

草图法的作业流程是用全站仪（或 GPS）在野外测定碎部点的三维坐标，并利用全站仪（或 GPS 所附加的软件）内存存储碎部点的观测数据，同时在现场绘制测区草图，内容包括：地物的相对位置、地貌地性线，同时标上碎部点点号（应与全站仪记录的点号一一对应），转到内业，下载全站仪内存的外业数据后，通过数字测图软件将碎部点自动展绘，利用软件提供的编辑功能及编码系统，根据现场草图编辑成图，如图 8－17 所示。这种测图模式简单、实用且方便，是当前数字测图的主要作业模式。

数字测图软件则是基于不同的数字测绘模式设计的。不同的数字测图软件所使用的绘图平台也不尽相同。以国内为例，较流行的数字测图软件有南方 CASS 测图软件和威远 WELTPOP 测图软件均是基于 AutoCAD 绘图平台开发的软件，它们均支持上述两种最常见的数字测图作业模式（即电子平板成图和草图法成图），而清华山维的 EPSW 则是自主开发的绘图平台。

三、全站仪＋CASS 测图系统——草图法

（一）野外数据采集

白纸测图必须“先控制、后碎部”，而数字测图时，碎部测量虽然理论上也应在控制测量后进行，但在测区面积不大的条件下，也可先碎部后控制或两者同时进行。这时，碎部测量先采用任意假定坐标设站观测，通过联测已知坐标点，可以运用绘图软件中的坐标转换功能将假定坐标系统观测数据转换为实际坐标系统。

利用全站仪极坐标法野外采集碎部点的三维坐标，测量前先建立一个作业名，上传或手工输入测区内已有的控制点坐标数据。具体操作如下。

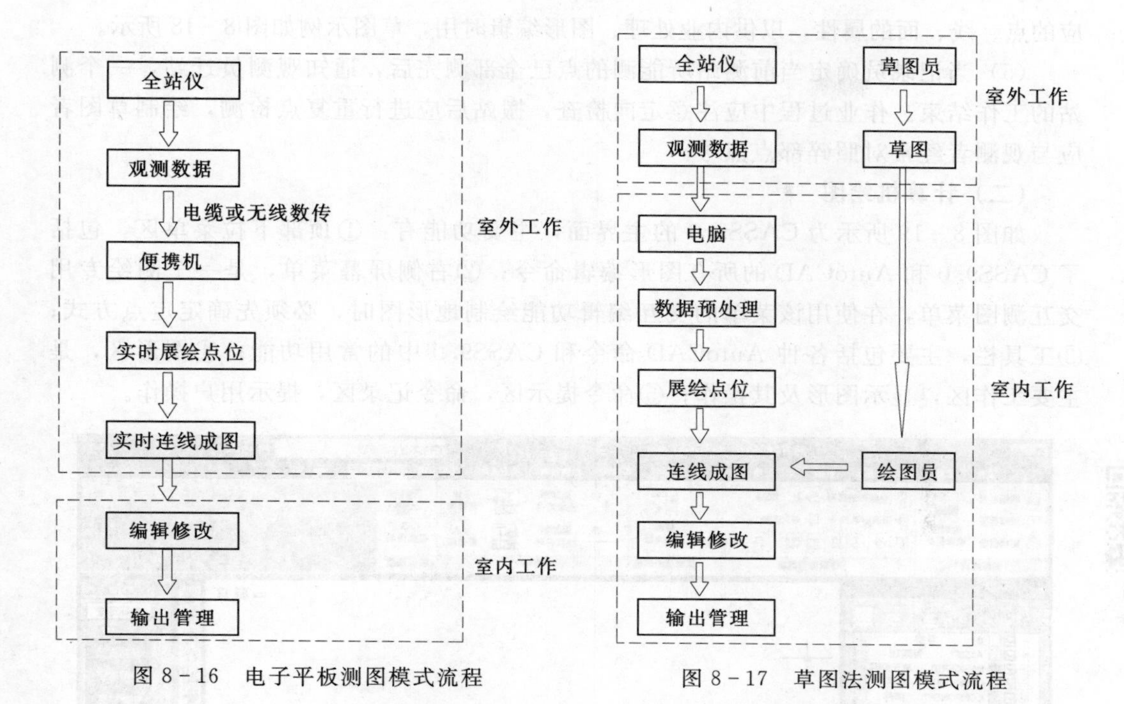

图 8-16　电子平板测图模式流程

图 8-17　草图法测图模式流程

(1) 在控制点上安置全站仪，完成对中、整平后，量取仪器高 i。

(2) 进行"测站设置"。若使用有内存的全站仪其操作步骤为："选择数据文件"→"输入测站点号、仪器高"→"输入照准点号"→"照准定向点、按键确定"；若使用电子手簿其步骤为："功能选择菜单"→"选择测点功能"→"选择仪器类型"→"输入测站点号、仪器高"→"输入定向点号"→"照准定向点、在手簿上按键确定"。

(3) 测点开始。观测员照准立于碎部点上的反射棱镜，并输入所测碎部点点号、棱镜高，在全站仪或电子手簿上按操作键完成测量及记录工作，同时向棱镜处的记录员报告全站仪或电子手簿按测点顺序自行生成的测点号，记录员在棱镜处记录测点点号及属性信息编码，或通过绘制草图的方法记录测点所测内容及与其他碎部点之间的相互关系。

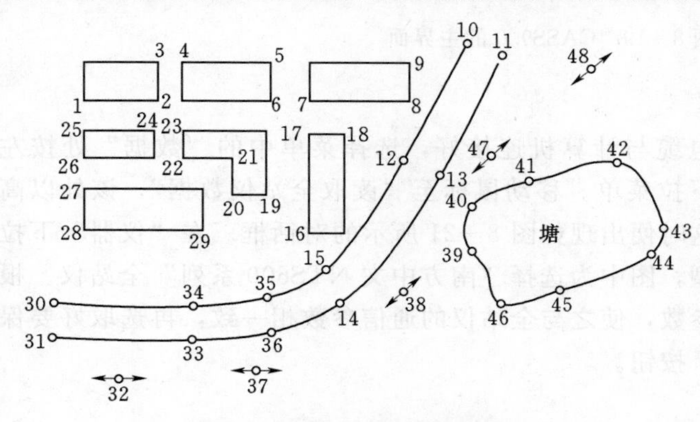

图 8-18　野外绘制的草图

(4) 草图绘制就是把测量现场的主要地物轮廓，用手工的方法绘制在一张白纸上。绘制时要遵循清晰、易读、相对位置准确、比例一致的原则。绘制者必须把所有观测地形点的属性和各种勘测数据在图上表示出来，主要包括地物、地貌观测点的点号、点与点之间形成的线、面关系等，以及对应的点、线、面的属性，以供内业处理、图形编辑时用，草图示例如图 8-18 所示。

（5）当记录员确定当前测站所能测的点已全部测完后，通知观测员迁站，一个测站的工作结束。作业过程中应注意定向检查，搬站后应进行重复点检测，绘制草图者应与观测者经常对照碎部点点号。

（二）计算机绘图

如图 8-19 所示为 CASS9.0 的主界面，主要功能有：①顶部下拉菜单区，包括了 CASS9.0 和 AutoCAD 的所有图形编辑命令；②右侧屏幕菜单，是一个测绘专用交互测图菜单，在使用该菜单的交互编辑功能绘制地形图时，必须先确定定点方式；③工具栏，主要包括各种 AutoCAD 命令和 CASS9.0 中的常用功能；④图形区，是主要工作区，显示图形及其操作；⑤命令提示区，命令记录区，提示用户操作。

资源 8-1
CASS 基本操作

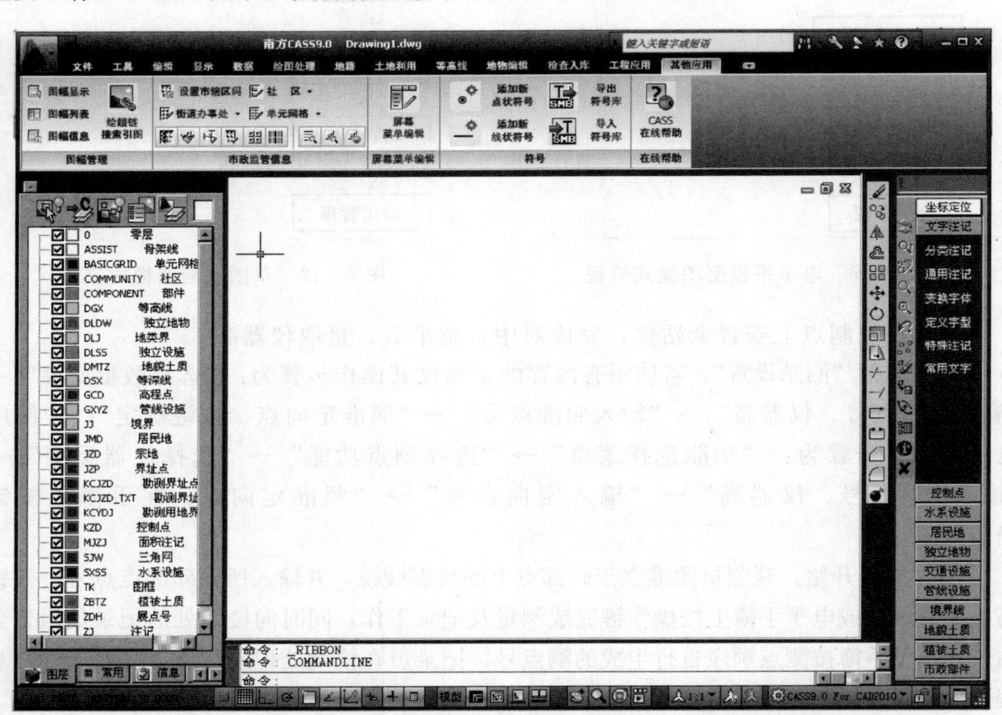

图 8-19 CASS9.0 的主界面

1. 数据输入

将全站仪通过适当的通信电缆与计算机连接好，选择菜单中的“数据”处按左键，便出现如图 8-20 所示的下拉菜单。移动鼠标至“读取全站仪数据”，该处以高亮度（深蓝）显示，按左键，这时便出现如图 8-21 所示的对话框。在“仪器”下拉列表中选择所使用的全站仪类型，图中为选择“南方中文 NTS600 系列”全站仪。根据不同仪器的型号设置好通信参数，使之与全站仪的通信参数相一致，再选取好要保存的数据文件名，点击“转换”按钮。

2. 绘制地形图信息

（1）设置比例尺。“绘图处理”→“定当前比例尺”，在命令窗口输入比例尺。

（2）展碎部点。“绘图处理”→“展野外测点点号”，会弹出“输入坐标数据文件”窗口选择需要展的碎部点的文件名，确定后，所有碎部点将根据坐标展绘在CASS工作区中。

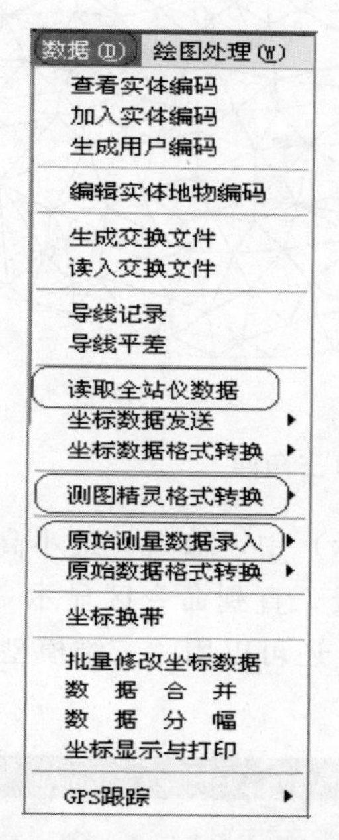

图8-20　CASS9.0下拉菜单——“数据”项

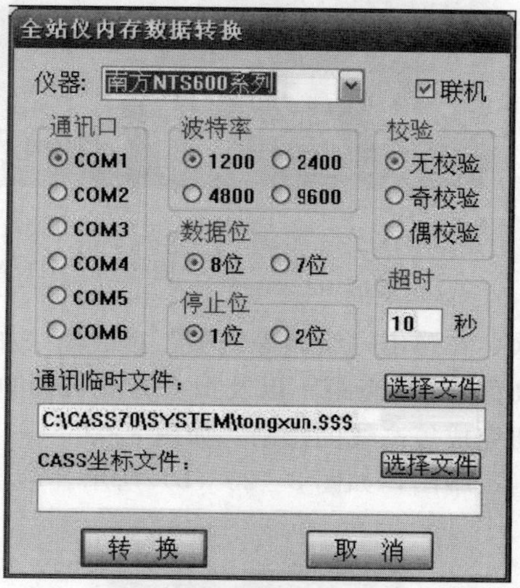

图8-21　全站仪内存数据转换

（3）根据点的属性（草图标注的）绘制地物，方法见CASS说明书。

（4）展绘高程点。“绘图处理”→“展高程号”，会弹出“输入坐标数据文件名”窗口，选定需要展的碎部点文件名，确定后，所有碎部点将根据每个碎部点的高程展绘在CASS工作区中。

3. 数字地面模型的建立及等高线的绘制

（1）建立数字地面模型。数字地面模型（DTM），是以数字形式按一定的结构组织在一起，表示实际地形特征的空间分布，是地形属性特征的数字描述。使用CASS软件在DTM的基础上绘制等高线的方法：用鼠标左键点取“等高线”菜单下“建立DTM”命令，将会弹出“建立DTM”对话框，如图8-22（a）所示，然后选择“生成DTM的方式”“坐标数据文件名”（或直接输入），“结果显示”以及“是否考虑陡坎地形线”等项目。点击确定后，系统自动生成DTM三角网，如图8-22（b）所示。

（2）修改数字地面模型。由于地形条件的限制，一般情况下利用外业采集的碎部点很难一次性生成理想的等高线，如楼顶上控制点、桥面上的点等，不能反映真实地面高程；另外还因现实地貌的多样性和复杂性，自动构成的数字地面模型与实际地貌不一致，这时可以通过修改三角网来修改这些局部不合理的地方。修改三角网命令操作菜单如图8-23所示。

（3）绘制等高线。操作过程：用鼠标选择“等高线”下拉菜单的“绘制等高线”

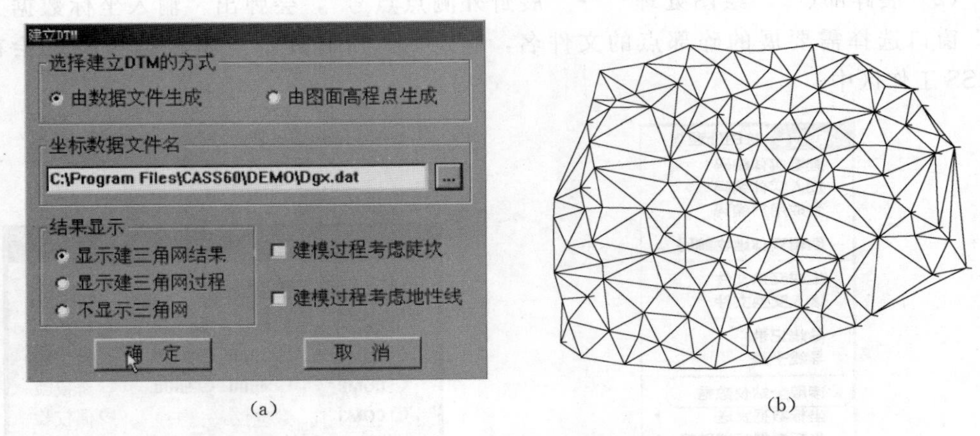

(a) (b)

图 8-22 DTM 对话框及 DTM 三角网

项，在弹出“绘制等值线”对话框（如图 8-24 所示）中，输入“最小高程”“最大高程”“等高距”以及拟合方式等便自动生成等高线。直到命令区显示“绘制完成”便完成等高线的绘制，如图 8-25（a）所示。同时，还可以用“三维模型”命令，绘制三维图，如图 8-25（b）所示。

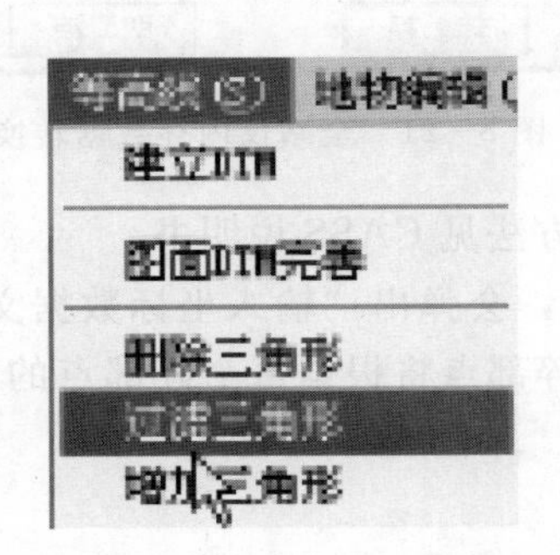

图 8-23 选择“过滤三角形”修改三角网

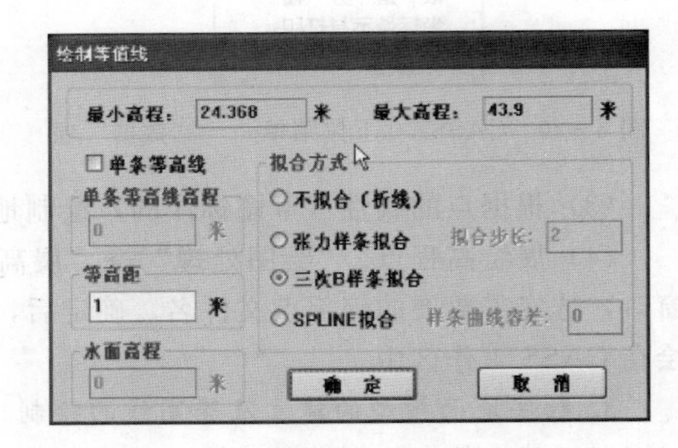

图 8-24 “绘制等值线”对话框

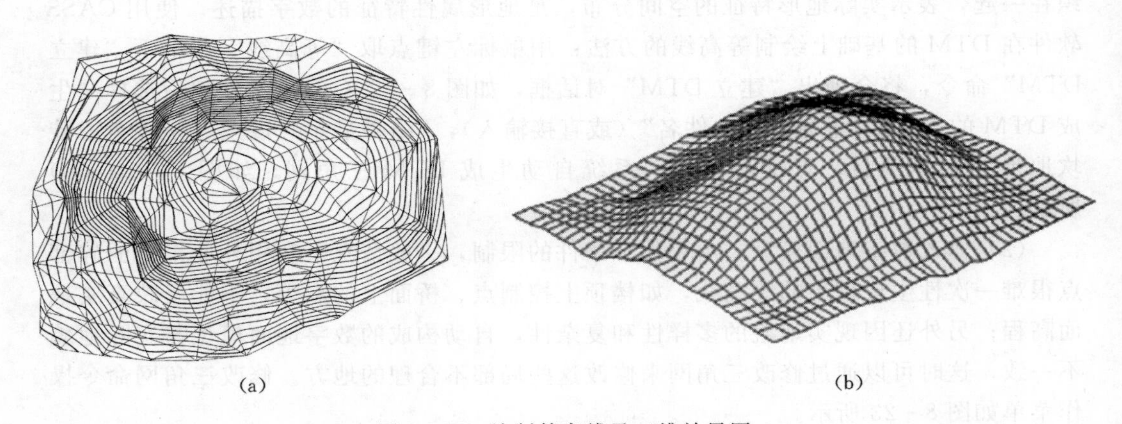

(a) (b)

图 8-25 绘制等高线及三维效果图

4．图形整饰及数据输出

以上工作初步完成了数字地形图的绘制，但是由于实际地物、地貌的复杂性，漏测、错测是难以避免的，这时就需要对所测地形图进行屏幕显示和人机交互图形编辑，在保证精度情况下消除相互矛盾的地形、地物，对于漏测或错测的部分，及时进行外业补测或重测。同时，地形图上的许多地物、地貌还需要注记文字说明，最后还要进行图形的分幅与整饰。

(1) 加图框。用鼠标左键点击"绘图处理"菜单下的"标准图幅（50×40）"，弹出如图 8-26 的界面。

在相应栏里，输入相关信息，然后按确认，这样这幅图就做好了。

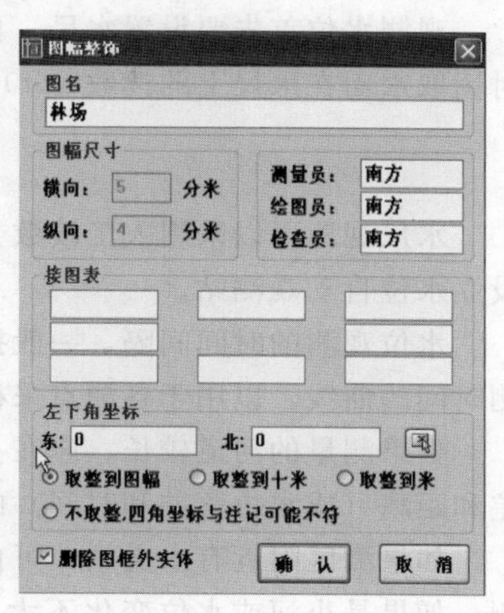

图 8-26　输入图幅信息

(2) 图形数据输出。数字地形图绘制完毕，可以以屏幕、光盘、绘图仪以及适合其他需要的存储格式输出。其中打印输出时，要事先定义输出图幅的分幅方式、比例等。由 CASS 生成的数字图可以转入 GIS 管理数据库中，并输出 ARCINFO、MAPINFO、国家空间矢量格式等能够使用的 cass 交换文件（*.cas）。

以上介绍的是用 CASS9.0 草图法测图的实现过程，操作方法可参照"数字化地形地籍成图系统 CASS9.0"《用户手册》。

第四节　水下地形测量

在水利、桥梁、港口码头以及沿江河的铁路、公路等工程中都需要进行水下地形图的测绘。水下地形主要以反映水下地貌的等深线、潮位线、礁石以及水上航行标志等组成，其内容比陆上地形要少。

水下地形高程有两种表示方法：一是用航运基准面为基准的等深线表示的航道图，用以显示水道的深浅、暗礁、浅滩、深潭、深槽等水下地形情况，我国沿海各港口测量均采用各自的理论深度基准面为基准（按当地水文验潮资料推算，一般以理论最低潮水面为理论深度基准面）；二是用与陆上高程一致的等高线表示的水下地形图，即以大地水准面为基准，目前基本采用 1985 年国家高程基准。

测量水下地形，是根据陆地上布设的控制点，利用船艇行驶在水面上，按等时间间隔或距离间隔来测定水下地形点（简称测深点）的水深（结合水面高程信息获得水下地形高程）及其平面位置来实现的。

一、水下测量

水下测量包括河道、库区、近海测量及大洋测量等，对不同测量对象来说，其基本测量工作均包括水位、测深及定位观测等。

（一）水位观测及计算

水下地形点的高程等于测深时的水面高程（称为水位）减去测得的水深，因此，在测深的同时，必须进行水位观测。

观测水位首先要设置水尺，再把已知水准点连测到水尺，得其零点高程 H_0。定时读取水面在水尺上的读数 $a(t)$，则此时刻水面高程 H' 为

$$H'=H_0+a(t) \tag{8-5}$$

水尺观测可以采用人工读数方法，如果观测时间较长或作为永久观测项目，可以设立水位自动观测站。

水位观测的时间间隔，一般按测区水位变化大小而定，观测结束后绘出水位与观测时间的曲线，以用于各测点采样时瞬时水位的内插获取。

如果测量的河道较长，应在一定距离范围内增设观测水尺，并利用水尺间水位落差和距离（或水位落差和时间）的关系换算出测量时刻某点对应的水位。

如果测区附近有水文站，可向水文站索取水位资料，不必另设水尺进行水位观测；如果是小河或水位变化不大，可直接测定水面（水边线）的高程，而不必设置水尺。

随着 GPS－RTK 技术发展，基于 GPS－RTK 无验潮模式下的水深测量正在实践中得到应用。

（二）水深测量

测深工具主要有测深杆、测深锤和回声测深仪等。测深杆用直径 4～5cm、长 4～6m 的松木等制成，杆底装有质量为 0.5～1.0kg 的铁垫。测深锤又称水砣，由铅砣和砣绳组成，铅砣重 3.5～5.0kg，砣绳长约 10m。在测深杆上、测深锤的绳索上每 10cm 有一小标志，每 1m 有一大标志，以便测深读数。测深杆、测深锤分别适用于水深 4m、10m 以内且流速不大的区域作业。

回声测深仪在水深测量中已广泛使用，其基本原理是：测量声波由水面至水底往返的时间间隔 t，从而推算出水深 h，即

$$h=\frac{t}{2}v \tag{8-6}$$

式中：v 为声波在水中的传播速度，约为 1500m/s。

如图 8－27 所示，回声测深仪由换能器和控制仪两大部分组成。在控制仪指挥下发射换能器按预定的时间间隔发生短促的电脉冲，并转换成超声波向水下发射。该声波传至水底向上反射，其中一部分反射波被接收换能器接收，并转换为电脉冲，经放大后输入控制仪。测定发射脉冲与接收脉冲的时间间隔 t，从而求出水深。

（三）测深点间距要求

由于水下地形是看不见的，不能采用先选择地形特征点，再对其进行测量的方法进行。因此，必须布设适当的断面点或按一定间距散点，由点的密度来保证水下地形图的质量。测深断面、测深点间距要求，见表 8－10。

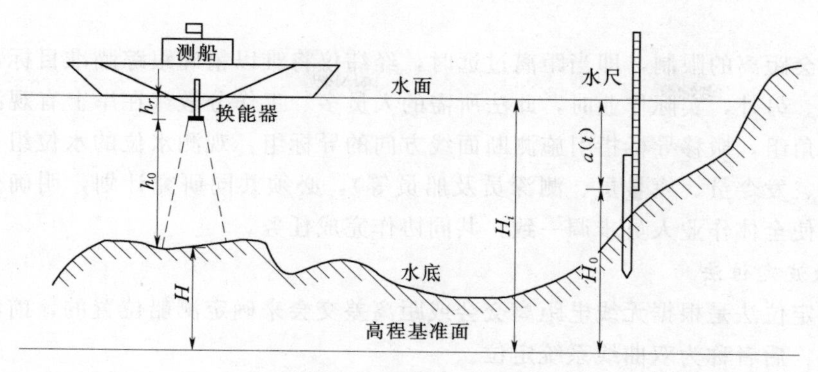

图 8-27　水下高程测量

表 8-10　　**测深断面与测深点间距**

测图比例尺	测深断面间距 /m	测深点间距 /m	等高距 /m	测图比例尺	测深断面间距 /m	测深点间距 /m	等高距 /m
1：1000	15～20	12～15	0.5	1：5000	80～130	40～80	1
1：2000	20～50	15～25	1	1：10000	200～250	60～100	1

在水下地形测量之前，应根据测区内航道（或河道）的走向、水面的宽窄、水流缓急等情况，在实地预先布设一定数量的测深断面线（简称测线），如图 8-28 所示。若河面窄、流速大或险滩礁石多时，要求船艇在垂直于河道中心线的方向上行驶很困难，这时通常采用散点法测量，如图 8-29 所示。

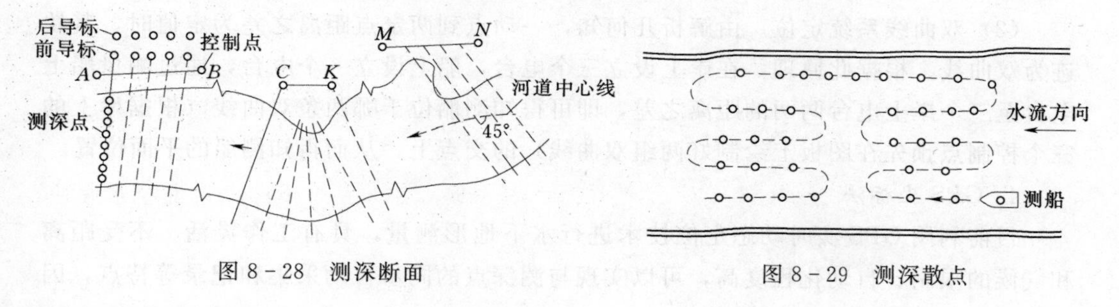

图 8-28　测深断面　　　　图 8-29　测深散点

（四）定位测量

测深点除了需要水深、瞬时水面高程数据外，还须测定其平面位置。测量方法有断面索法、经纬仪角度前方交会法、微波定位法及 GPS 坐标法等。

1. 断面索法

在河岸按一定间距设置断面点，经纬仪置于断面点上，照准对岸相应的断面点，或以同岸点定向拨角确定断面方向，小船从水边开始，沿断面方向行驶，按一定间距选取测点，用测深工具测定水深，同时由经纬仪定位，即可确定水下断面点位。

2. 经纬仪角度前方交会法

将经纬仪架设在岸上的两个控制点上，经定向后，同时观测船上的测点目标，即用前方交会法定出测点的水面位置；同时，在测点处测量水深，即可确定水下断面点位。

受交会距离的限制，即当距离过远时，经纬仪将难以精确跟踪瞄准目标，其交会精度降低。另外，实际作业时，此法所需的人员多、工作分散（在岸上有观测水平角的两个测角组，搬移导标指引施测断面线方向的导标组，观测水位的水位组；在船上有指挥员、发令员、旗号员、测深员及船员等），必须共同研究计划，明确分工，加强联系，使全体作业人员步调一致，共同协作完成任务。

3. 微波定位法

微波定位法是根据无线电距离交会或距离差交会来确定测船位置的，前者称为圆系统定位，后者称为双曲线系统定位。

（1）圆系统定位。在岸上两个控制点上各设置一部微波电台（称为副台），每个电台上设有接收机、发射机和定向天线。在测船上也设有一部微波电台（称为主台），并设有发射机、接收机、全方向天线和显示设备。

圆系统定位的原理是：测船沿测线行驶时，船上主台产生一定频率的微波信号，经由天线以速度 v（电磁波传播速度）向外发射，当微波信号到达副台后，经副台接收、放大又向船上主台发射应答信号；主台接收到应答信号后，借助于发射与接收时间段的脉冲计数，就能精确地测定出发射信号和应答信号之间的时间间隔 t，从而可以算得主台和副台之间的距离 $D=vt$，此值可在仪器的显示器上直接读出。为了使岸上的每个电台都能应答预先规定的微波信号，船上电台的发射机应发射两种不同频率的信号，而岸上电台的接收机各自也调到相应的频率，通过从显示器上读出的两个距离值，就可以在预先绘制好的图板上交会出船的位置。

（2）双曲线系统定位。由解析几何知，一动点到两定点距离之差为定值时，其轨迹为双曲线。根据此原理，在岸上设立三个电台，船上设立一个电台，通过测量船上电台至三个岸上电台两两的距离之差，即可得知测船位于哪两条双曲线（根据岸上的三个控制点预先在图板上绘制好两组双曲线）的交点上，从而得知测船的平面位置。

4. GPS 坐标法

目前利用 GPS 实时动态定位技术进行水下地形测量，具有工作灵活、不受距离和气候的限制、自动化程度高，可以实现与测深点的同步自动采集和记录等特点，因此应用广泛。

进行水下地形测量，若选用合适的 GPS 软件，可以提供波浪平滑测量和海洋潮汐的数据采集，这对于高精度的水上测量来说意义更加重要。

水上测量的测区范围一般比较大，应用常规仪器在距离方面是一个不可克服的缺陷，而用 GPS－RTK 作业，其作用距离可达 10～30km，且精度较高。

二、内业成图

水下地形图的绘制方法与陆上的基本一致，但需要由水位的换算及水深来计算测点的高程。有时还需绘制专用图，如河道纵断面图、等深线图等。

目前，大范围的水下地形图绘制均用专用的成图软件完成，可同时解决各种计算与专题地图等问题，如美国 TRIMBLE 公司开发的 HYDROPRO 软件等。

第五节　地籍图、房产图及其测量

一、概述

土地勘测定界工作是国土资源管理部门一项重要的技术性工作，同时也是一门技术综合学科。土地勘测定界获得的数据是土地征用、划拨、出让、使用的界线和权属、地物界线，以及土地面积的科学记录，为杜绝申报建设用地中的权属界址不清、地类不实、面积不准等问题，为依法审批土地提供科学、准确、可靠的技术资料。同时其成果资料（如地籍图等），通过土地行政主管部门的审批后具有法律效力，可作为后续地籍变更调查、土地登记发证工作的技术依据和权源材料。有利于补充土地动态变化信息，为地籍信息系统的建立提供及时、准确的基础资料。

我们可以把土地及其附属物的权属信息，称为地籍。地籍测量则指对权属土地及附属物的边界及界址点，利用各种测量技术进行精确测定，并用各种形式包括地籍图形式予以记录。

土地勘测定界包括如下三项主要工作。

（1）地籍调查。由相关人员实地共同指认界址点的位置及对界址点做出正确描述，并经本宗、邻宗指界人员签名确认。

（2）地籍测量。运用科学手段测定界址点的位置、测算宗地的面积、绘制地籍图等。

（3）地籍图。将地籍调查和地籍测量的工作形成计算机存储的数字、图形、文字信息。

二、地籍调查

按照国家法律，采用科学方法，对土地及附属物的位置、质量、利用情况等基本状况所进行的调查与记录称为地籍调查。由于土地权属及附属物权属，会随时间不断变动，因此将地籍调查分为初始地籍调查和变更地籍调查。初始地籍调查：指对调查区域内所有土地在登记记录前的全面调查。它涉及许多部门，且工作量大。变更地籍调查：指为了了解土地最新状况，而进行的经常性的调查，因而是动态的。地籍调查不仅应如实和全面反映土地状况，保持地籍各种记录与数据的完整性、一致性和一一对应性，也应严格遵循有关国家法律，并与相关政府机构的资料保持一致性和统一性。

在介绍地籍调查主要内容前，首先介绍与地籍调查有关的几个概念。

（1）街道。行政区内行政界线、主干道路、河沟等线状地物所封闭的大地块。

（2）街坊。“街道”内互通的小巷、沟渠等封闭起来的地块。

（3）宗地。地籍调查的基本单元。凡是被权属界线封闭的、有明确权属主和利用类别的地块称为一宗地。宗地编号必须在行政区划管辖范围内进行统一编号。

（4）界址点。指宗地权属界线的转折点，即拐点，它是标定宗地权属界线的重要标志。

(5) 界址线。指宗地四周的权属界线，即界址点连线构成的折线或曲线。

地籍调查内容主要包括两个部分。

1. 土地权属的调查

土地权属指与土地相关的权利范畴的确定。土地权属内容包括土地所有权、土地使用权、土地租赁权、土地抵押权、土地继承权等。土地权属调查的内容主要是查清界址点、界址线及其位置。土地权属调查时应填写地籍调查表，并附宗地草图。宗地草图内容包括宗地号、门牌号、界址点、界址线、界址线长、相邻宗地状况等。

2. 土地利用现状和土地等级的调查

土地利用现状调查的外业工作内容包括：将地类界线、权属界线、线状地物等调绘到底图上或航摄像片上。内业工作包括：外业调绘成果的内业转绘，并绘制土地利用现状图。在作业中要严格遵循《土地利用现状调查技术规程》中规定的土地利用现状各类的内容。对于土地利用现状的调查和分类，一定要按照国家有关部门颁布的规范进行，不许随意改变，以便于全图、区域或部门进行统计和研究。

三、地籍测量

地籍测量是对相关地籍数量指标的测绘工作，是地籍调查的一部分。由于地籍的法律效力和政府效力，地籍测量必须准确和精确，并具时效性。地籍测量涉及几乎所有测绘技术和方法，如普通测量学、航空摄影测量与遥感、大地测量学、误差理论、空间技术、计算机数字技术等。地籍测量内容包括界址点、界址线的测量、各类土地地籍图的测绘、各类房产地籍图的测绘等。

下面叙述主要的几项地籍测量工作。

1. 地籍控制测量

地籍控制测量程序包括设计、选点、埋石、外业测量、外业成果计算和整理。地籍控制点作为测量界址点、地籍图的依据，其精度及分布与地形测量有所区别，必须满足地籍精度要求。通常界址点的测量精度要高于地籍图的比例尺精度，因此测量控制点精度要求与地籍图比例尺无关。地籍控制测量也采用分级布设、逐级控制的原则。测量中要遵循《地籍测绘规范》(CH 5002—94) 的技术要求。

2. 界址点的测量

界址点是土地权属范围界线上的点。测量界址点前应先进行土地权属的调查，确定界址点的位置，并进行野外踏勘。界址点的测量可以采用下面几种方法。

(1) 解析法。即在实地利用全站仪、测距仪等工具直接测定界址点的位置。

(2) 图解法。在图上用距离交会等方法进行坐标的量算。由于精度低，只适合于农村地区等精度要求不高的界址点类的测量。

(3) 航空摄影测量方法。当需要大规模测量界址点，且界址点空中通视良好时，可采用航空摄影测量加密界址点的方法。

(4) 利用 GPS - RTK 技术。利用 GPS - RTK 技术可以快速、高精度测定界址点位置，尤其适合于农村等较开阔地区。

四、地籍图

地籍图是将地籍调查中，各种地籍要素和地物要素反映到图上的表现形式。它应与地籍数据档案保持一致。地籍图可分成许多种类，按内容分为基本地籍图和专题地籍图，按用途分为税收地籍图、产权地籍图、多用途地籍图等，按地域分为城镇地籍图和农村地籍图。

地籍图的测绘方法与普通地形图的测绘相似，包括选择比例尺和投影方式、对测区区域进行分幅和编号、选择测图方法、外业控制测量、外业碎部测量及绘图或外业调绘及内业转绘绘图等程序。

在成图内容或要素上，地籍图与地形图是有区别的。

地籍图与地形图相比，其内容以各类界址点、界址线、土地类别、土地面积、宗地号、门牌号等地籍要素为主，对于很多地物要素可以舍弃。此外地籍图一般不测绘等高线。地籍图具有法律效力，应与各类文字和数据记录档案保持一致，并保持现势性。地籍图的测绘以地籍调查为基础，因而不像地形图测绘那样，通常只是依自然状态予以测绘。

地籍图的种类繁多，我国目前主要测绘的地籍图有，城镇地籍图、农村地籍图、宗地图、土地利用现状图、土地所有权属图、各种房产地籍图等。如图 8－30 所示为地籍宗地图样例。

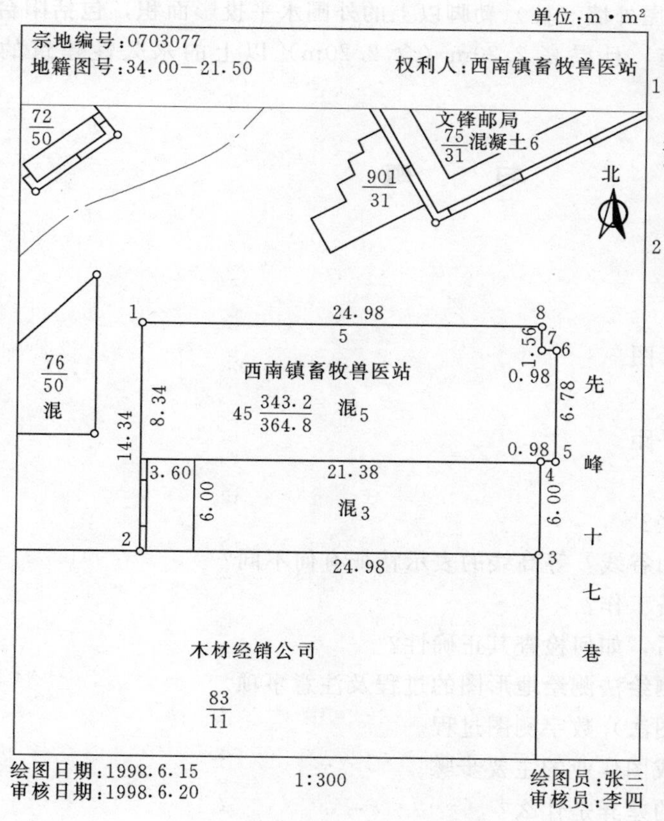

图 8－30　地籍宗地图样例

五、房产调查与房产测绘

房产调查分为房产用地调查和房屋调查两项内容，具体内容包括房屋权主名、产权性质、产别产权来源、房屋用途、房屋结构、房屋数量、建成年代、房屋层次、房屋层数、占地面积、用地分类、房屋面积、房产区号、街道号、宗地号、栋号、门牌号、权号、户号等。房产调查时还要测绘各类房产图，包括房产分幅图、房产分宗图和房产分户图。其中房产分户图包括了本户房屋所在地的地名及门牌号、图幅号、丘号、栋号、所在楼层、户号、房屋权界线、楼梯、走道等公用部分，毗邻墙体的归属、房屋边长、房屋建筑面积及分摊共有公用面积。

房产测量一般采用全站仪辅以钢尺、手持测距仪等进行，并按上述数字成图方法绘制满足《房产测量规范》(GB/T 17986—2000) 的各类图。

另外房地产面积测算是房产测绘的重要内容，它是房地产产权管理、核权发证、征收房地产税等必不可少的资料。房屋面积的量算方法主要是解析法和图解法。

房地产面积测算包括房屋面积的量算和房屋用地面积的量算。房屋面积的量算包括房屋建筑面积的测算和共有公用面积的测算和分摊。房屋用地面积的量算包括房屋占地面积测算和丘面积的量算。

房屋建筑面积是指房屋外墙（柱）勒脚以上的外围水平投影面积，包括阳台、走廊、室外楼梯等附属设施，且层高 2.20m（含 2.20m）以上的永久性建筑的建筑面积。

习　　题

一、名词解释

1. 比例尺精度
2. 地物、地貌、地形图
3. 等高线
4. 等高距、等高线平距

二、问答题

1. 等高线特性有哪些？
2. 什么叫山脊线、山谷线？等高线的表示特征有何不同？
3. 测图前有哪些准备工作？
4. 平面控制点展绘后，如何检查其正确性？
5. 简述利用经纬仪测绘法测绘地形图的过程及注意事项。
6. 简述全站仪（草图法）数字测图过程。
7. 简述 CASS 数字成图作业的主要步骤。
8. 地籍图与地形图的差异是什么？

三、填空题

1. 根据地物的大小、测图比例尺的不同，地物符号可分为 ＿＿＿＿＿＿＿、

__________、__________和注记符号。

2. 等高线的种类有__________、__________、__________和助曲线。

3. 等高线与山脊线和山谷线__________。

4. 等高线平距越小，坡度越__________。

5. 在 1∶5000 地形图上，等高距为 2m，要选择一坡度为 5‰的最短路线，相邻两条等高线间的平距 d=______ cm。

四、计算题

1. 根据表 8-11 的记录，计算测站点至碎部点的水平距离及碎部点的高程。

表 8-11　　碎部测量手簿

点号	尺间隔 /m	瞄准高 v /m	竖盘读数 /(° ′)	竖直角 /(° ′)	h' /m	$i-v$ /m	h /m	水平角 β /(° ′)	水平距离 /m	测点高程 /m
1	0.395	1.50	84　36					43　30		
2	0.575	1.50	85　18					69　20		
3	0.614	1.50	93　15					105　00		
⋮	⋮	⋮	⋮					⋮		

注　1. 视线水平时竖盘读数为 90°，望远镜向上倾斜时读数减小。
　　2. 测站 A，后视点 B；仪器高 i=1.5m，测站点高程 $H_{站}$=234.50m。

2. 如图 8-31 所示，根据已测定的碎部点的高程，勾绘等高距为 1m 的等高线，图中虚线代表山脊线。

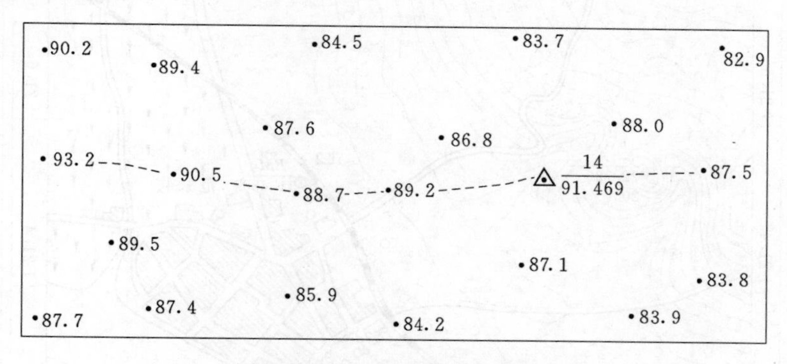

图 8-31　碎部点高程示意图

资源 8-2
习题答案

第九章 地形图应用

大比例尺地形图是建筑工程规划设计和施工中的重要地形资料。特别是在规划设计阶段，不仅要以地形图为底图进行总平面的布设，而且还要根据需要，在地形图上进行一定的量算工作，以便因地制宜地进行合理的规划和设计。

第一节 地形图的识读

为了正确地应用地形图，首先要能看懂地形图。地形图是用各种规定的符号和注记表示地物、地貌及其他信息的资料。通过对这些符号和注记的识读，可使地形图成

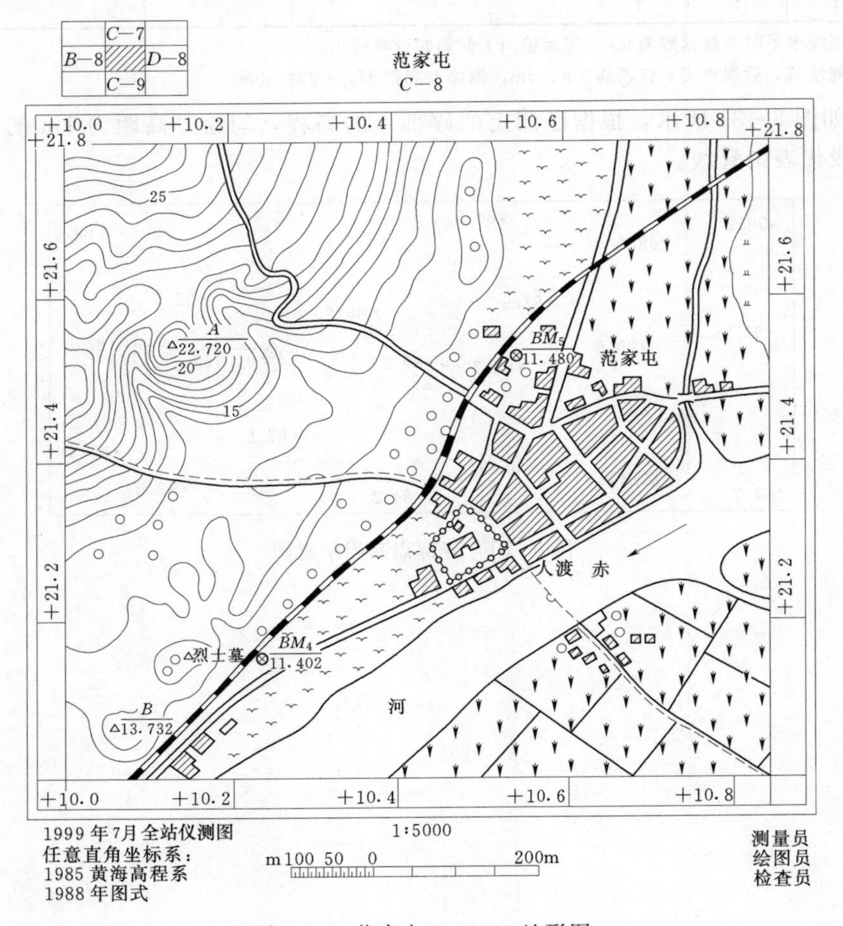

图 9-1 范家屯 1：5000 地形图

为展现在人们面前的实地立体模型，以判断其相互关系和自然形态，这就是地形图识读的主要目的。现以图 9-1 为例，说明地形图识读的一般方法。

1. 图外注记识读

首先了解测图的时间和测绘单位，以判定地形图的新旧；然后了解图的比例尺、坐标系统、高程系统和基本等高距以及图幅范围和接图表。"范家屯"地形图的比例尺为1∶5000，左上角接图表注明了相邻图幅的图名，供检索和拼接相邻图幅时使用。图幅四角注有 3°带高斯平面直角坐标。

2. 地物识读

这幅图中部有较大的居民点范家屯，图内通过一条铁路从左下角到右上角，右下部有一条河流是赤河。左上部是山，山头上和居民点附近埋设有三角点和水准点等控制点。

3. 地貌识读

根据等高线的注记可以看出，这幅图的基本等高距为 1m。图幅西北部为山区，山顶的高程为 22.720m，是本图幅内的最高点。山脚处的高程为 13.732m。图幅地形形态比较明显。

图幅东南部为稻田区，从高程注记和田坎方向可以看出。西部高而东部低。整个图幅内的地貌形态是西北部山区最高，东南部低，而中部偏北沿河流处最低。

在识读地形图时，还应注意地面上的地物和地貌不是一成不变的。由于城乡建设事业的迅速发展，地面上的地物、地貌也随之发生变化，因此，在应用地形图进行规划以及解决工程设计和施工中的各种问题时，除了细致地识读地形图外，还需进行实地勘察，以便对建设用地作全面正确的了解。

第二节　地形图应用的基本内容

一、求图上某点的坐标和高程

1. 确定点的坐标

如图 9-2 所示，欲求 A 点的平面直角坐标，可以通过 A 点分别做平行于直角坐标格网的直线，ef 和 gh，则 A 点的平面直角坐标为

$$\left.\begin{aligned} x_A &= x_a + \frac{ag}{ab}l \\ y_A &= y_a + \frac{ae}{ad}l \end{aligned}\right\} \tag{9-1}$$

式中：l 为平面直角坐标格网边的理论长度。

2. 确定点的高程

确定地形图上任一点的高程，可以根据等高线及高程标记进行。如图 9-3 所示，p 点正好在等高线上，则其高程与所在的等高线高程相同，从图上看为 27m。如所求点不在等高线上，如图中的 k 点，则通过 k 点作一条大致垂直于相邻等高线的线段 mn，分别量取 mk、mn 的距离，则

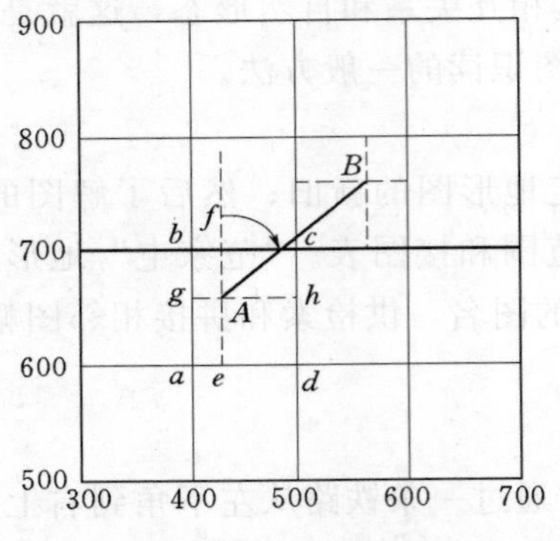

图 9-2　在地形图上确定点的坐标

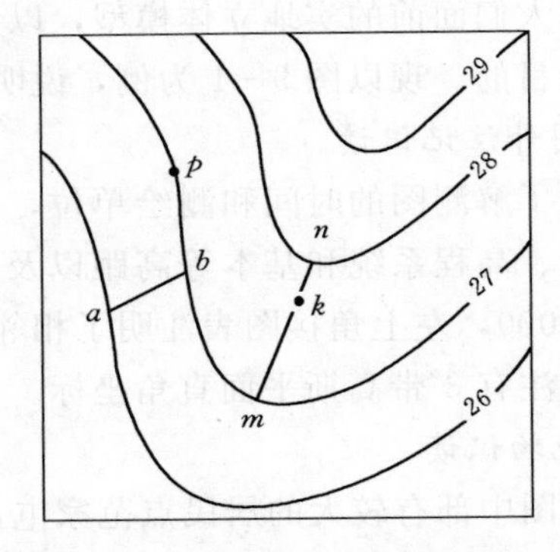

图 9-3　在地形图上确定点的高程

$$H_k = H_m + \frac{mk}{mn}h \tag{9-2}$$

式中：H_m 为 m 点的高程；h 为等高距。

在实际工作中，也可以根据点在相邻两条等高线之间的位置用目估的方法确定，所得到的点的高程精度低于等高线本身的精度。

二、确定图上直线的长度、坐标方位角和坡度

1. 确定图上直线的长度

（1）直接量测。用卡规在图上直接卡出线段的长度，再与图示比例尺比量，即可得到其水平距离。也可以用比例尺直接从图上量取，这时所量的距离是要考虑图纸伸缩变形的影响。

（2）根据两点的坐标计算水平距离。为了消除图纸变形对图上量距的影响，提高在图纸上获得距离的精度，可用两点坐标计算水平距离，公式如下：

$$D_{AB} = \sqrt{(x_B - x_A)^2 + (y_B - y_A)^2} \tag{9-3}$$

2. 求直线 AB 的坐标方位角

（1）图解法。首先过 A、B 两点精确地作两条平行于坐标网格的直线，然后用量角器量测 AB 的坐标方位角 α_{AB} 和 BA 的坐标方位角 α_{BA}。

同一条直线的正、反坐标方位角相差 180°。但是在量测时存在误差，按式（9-4）可以减少量测结果的误差。设量测结果为 α'_{AB} 和 α'_{BA}，则

$$\alpha_{AB} = \frac{1}{2}(\alpha'_{AB} + \alpha'_{BA} \pm 180°) \tag{9-4}$$

（2）解析法。在求出 A、B 两点坐标后，可根据式（9-5）计算出 AB 的坐标方位角，即

$$\alpha_{AB} = \arctan\frac{y_B - y_A}{x_B - x_A} \tag{9-5}$$

3. 确定直线的坡度

D 为地面两点间的水平距离，h 为高差，则坡度 i 由式（9-6）计算，即

$$i=\frac{h}{D}=\frac{h}{dM} \tag{9-6}$$

式中：d 为两点在图上的长度，m；M 为地形图比例尺分母；坡度 i 常用百分率表示。

如果两点间的距离较长，中间通过疏密不等的等高线，则式（9-6）所求地面坡度为两点间的平均坡度。

第三节　地形图在工程规划设计中的应用

一、按一定方向绘制纵断面图

在各种线路工程设计中，为了进行填挖方量的概算，以及合理地确定线路的纵坡，都需要了解沿线路方向的地面起伏情况，为此，常须利用地形图绘制沿指定方向的纵断面图。如图 9-4（a）所示，欲沿 MN 方向绘制断面图，可在绘图纸或方格纸上绘制 MN 水平线，过 M 点作 MN 的垂线作为高程轴线。然后在地形图上用卡规自 M 点分别卡出 M 点至 a、b、c、…、i、N 各点的距离，并分别在图 9-4（b）上自 M 点沿 MN 方向截出相应的 a、b、…、N 等点。再在地形图上读取各点的高程，按高程轴线向上画出相应的垂线。垂线与相应高程的交点即为断面点，最后，用光滑的曲线将各断面点连接起来，即得 MN 方向的断面图，如图 9-4（b）所示。

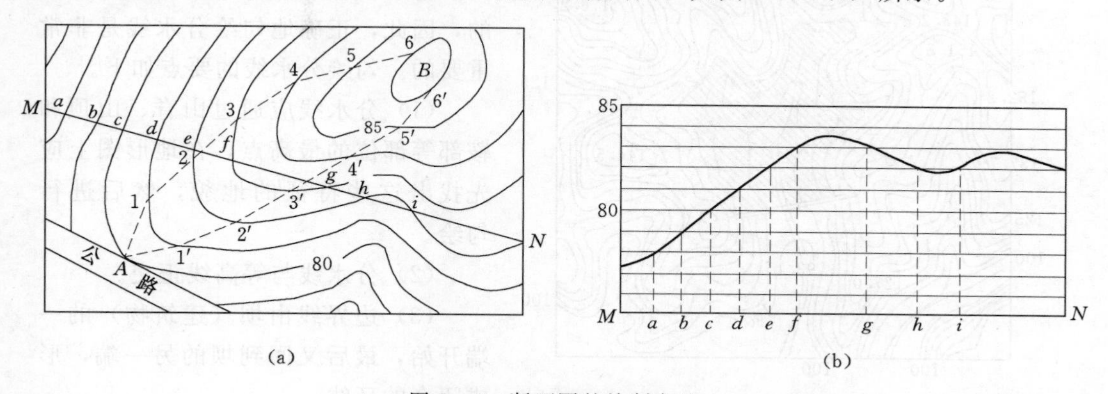

图 9-4　断面图的绘制方法

二、在地形图上按限制的坡度选定最短线路

在道路、管线、渠道等工程设计时，都要求线路在不超过某一限制坡度的条件下，选择一条最短路线或等坡度线。

如图 9-4（a），设从公路上的 A 点到高地 B 点要选择一条坡度线，要求其坡度不大于 5%（限制坡度）。设计用的地形图比例尺为 1∶2000，等高距为 1m。为了满足限制坡度的要求，根据式（9-6）计算出该路线经过相邻等高线之间的最小水平距离 d。

$$d=\frac{h}{iM}=\frac{1}{0.05\times 2000}=0.01(\text{m}) \tag{9-7}$$

于是，以 A 点为圆心，以 d 为半径画弧交 81m 等高线于点 1，再以点 1 为圆心，以 d 为半径画弧，交 82m 等高线于点 2，依此类推，直到 B 点附近为止。然后连接 A、1、2、…、B，便在图上得到符合限制坡度的路线。这只是 A 到 B 的路线之一，为了便于选线比较，还需另选一条路线，如 A、1′、2′、…、B。同时考虑其他因素，如少占农田，建筑费用最少，避开不利地质条件的线路等，综合比较确定最佳线路方案。

在用这种方法作图时，如遇等高线之间的平距大于 0.01m 时，规定的长度画弧将不会与下一等高线相交。这说明实际地面坡度小于限定的坡度。在这种情况下，按最短的距离画出。

三、在地形图上确定汇水面积

为了防洪、发电、灌溉、筑路、架桥等目的，需要在河道上适当的位置修筑建（构）筑物。在坝的上游形成水库，以便蓄水，或设计的桥涵满足过水的要求。坝（建）址上游分水线所围起的面积，称为汇水面积。汇集的雨水，都流入坝址所在的河道或水库中，图 9-5 中虚线所包围的部分就是汇水面积。

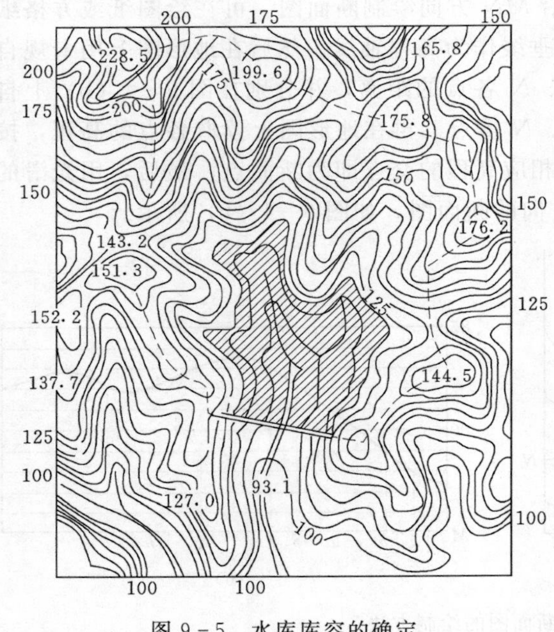

图 9-5　水库库容的确定

汇水面积是由分水线围绕而成的，因此，正确地勾绘分水线是非常重要的。勾绘分水线的要点如下。

（1）分水线应通过山脊、山顶和鞍部等部位的最高点，在地形图上应先找出这些特征的地貌，然后进行勾绘。

（2）分水线与等高线正交。

（3）边界线由坝（建筑物）的一端开始，最后又回到坝的另一端，形成闭合的环线。

闭合环线所围的面积，就是流经坝址断面的汇水面积。量测该面积的大小，再结合当地的气象水文资料，便可进一步确定该处的水量，从而为水库和桥梁或涵洞的孔径设计提供依据。

四、库容计算

在进行水库设计时，如果坝的溢洪道高程已定，就可以确定水库的淹没面积，图 9-5 的阴影部分，淹没面积以下的蓄水量（体积）即为水库库容。

计算库容一般用等高线。先计算图 9-5 中的阴影部分各等高线所围成的面积，然后计算各相邻等高线之间的体积，其总和即为库容。设 S_1 为淹没高程最高线所围成的面积，S_2、S_3、…、S_n、S_{n+1} 为淹没线以下各等高线所围的面积，其中 S_{n+1} 为最低一根等高线所围成的面积，h 为等高距，设第一条等高线（淹没线）与第二条等高线间的高差为 h'，第$n+1$条等高线（最低一条等高线）与库底最低点间的高差为 h''，则各层体积为

$$V_1=\frac{1}{2}(S_1+S_2)h'$$

$$V_2=\frac{1}{2}(S_2+S_3)h$$

$$\vdots$$

$$V_n=\frac{1}{2}(S_n+S_{n+1})h$$

$$V_n'=\frac{1}{3}S_{n+1}h''\text{(库底体积)}$$

因此，水库的库容为

$$V=V_1+V_2+\cdots+V_n+V'_n$$

$$=\frac{1}{2}(S_1+S_2)h'+\left(\frac{S_2}{2}+S_3+\cdots+S_n+\frac{S_{n+1}}{2}\right)h+\frac{1}{3}S_{n+1}h'' \qquad (9-8)$$

五、在地形图上确定土坝坡脚线

土坝坡脚线是指土坝坡面与地面的交线。如图 9－6 所示，设坝顶高程为 73m，坝顶宽度为 4m，迎水面坡度及背水面坡度分别为1∶3及 1∶2。先将坝轴线画在地形图上，再按坝顶宽度画出坝顶位置。然后根据坝顶高程，迎水面及背水面坡度，作出与地形图上等高距相同的坝面等高线，这些坝面等高线和相同高程的地面等高线的交点，就是坝坡面和地面交线上的点，将这些交点用曲线连接起来，就是土坝的坡脚线。

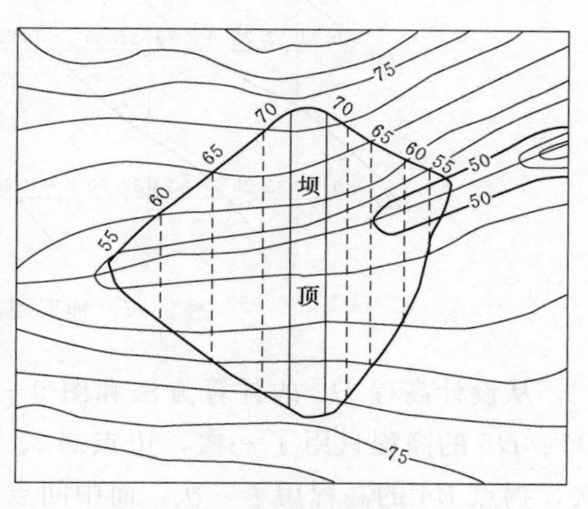

图 9－6　土坝坡脚线的确定

六、建筑场地的平整

在各种工程建设中，除对建筑物要作合理的平面布置外，往往还要对原地貌作必要的改造，以便布置各类建筑物和进行地面排水以及满足交通运输和敷设地下管线等。这种地貌改造称为平整土地。

在平整土地工作中，常需预算土、石方的工程量，即利用地形图进行填、挖土（石）方量的概算。其方法有多种，其中方格法（或设计等高线法）是应用最广泛的一种。如图 9－7 所示，假设要求将原地貌按挖、填土方量平衡的原则改造成平面，其步骤如下。

（1）在地形图上绘方格网。在地形图上拟建场地内绘制方格网，方格网的大小取决于地形复杂程度，地形图比例尺的大小，以及土方概算的精度要求等，例如在设计

阶段采用 1∶500 的地形图时，根据地形复杂情况，一般方格网的边长为 10m 或 20m，方格网绘制完后，根据地形图上的等高线，用内插法求每方格顶点的地面高程，并注记在相应方格顶点的右上方，如图 9-7 所示。

(2) 计算设计高程。先将每一方格顶点的高程加起来除以 4，得到各方格的平均高程，再把每个方格网的平均高程相加除以方格总数，就得到设计高程 H_0。

$$H_0=\frac{H_i}{n} \tag{9-9}$$

式中：H_i 为每一方格的平均高程；n 为方格总数。

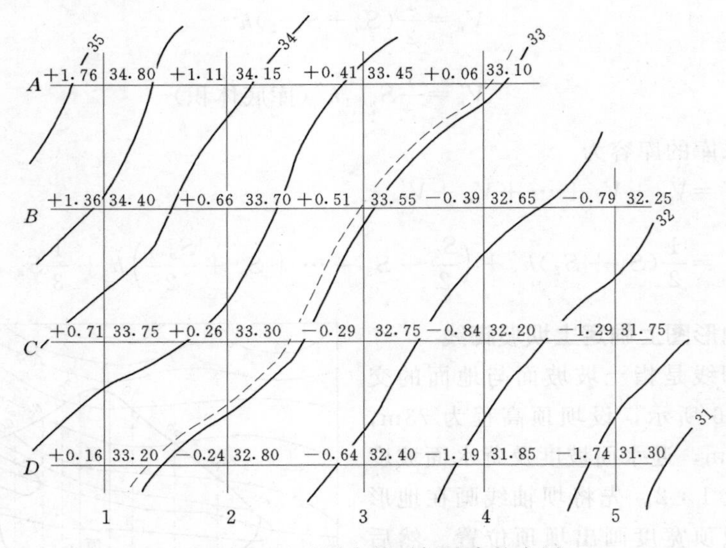

图 9-7　地形图在整平场地中的应用

从设计高程 H_0 的计算方法和图 9-7 可以看出：方格网的角点 $A1$、$A4$、$B5$、$D1$、$D5$ 的高程只用了一次，边点 $A2$、$A3$、$B1$、$C1$、$D2$、$D3$、…的高程用了两次，拐点 $B4$ 的高程用了三次，而中间点 $B2$、$B3$、$C2$、$C3$ 的高程用了四次，因此，设计高程的通用计算公式可以写成

$$H_0=(\sum H_{角}+2\sum H_{边}+3\sum H_{拐}+4\sum H_{中})/4n \tag{9-10}$$

将方格顶点的高程（图 9-7）代入式（9-10），即可计算出设计高程。在图上内插出 H_0 等高线（图中一般用虚线表示），称此线为填挖边界线。

(3) 计算挖、填高度。根据设计高程和方格顶点的高程，可以计算出每一方格顶点的挖、填高度，即

$$挖、填高度=地面高程-设计高程 \tag{9-11}$$

将图中各方格顶点的挖、填高度写于相应方格顶点的左上方“正”号为挖深，“负”号为填高。

(4) 计算挖、填土方量。挖、填土方量可按角点、边点、拐点和中点分别按下式列表计算。

$$\left.\begin{array}{ll}\text{角点：} & \text{挖（填）高}\times\frac{1}{4}\text{方格面积}\\ \text{边点：} & \text{挖（填）高}\times\frac{2}{4}\text{方格面积}\\ \text{拐点：} & \text{挖（填）高}\times\frac{3}{4}\text{方格面积}\\ \text{中点：} & \text{挖（填）高}\times 1\text{方格面积}\end{array}\right\} \quad (9-12)$$

式（9－12）是高于（或低于）不填不挖线的所有整方格的土方量计算公式。若一个方格被区域边界线或格网线分开时，应单独计算分格后的各自面积及对应的平均挖高（或填高），计算分格的土方量，再与整格土方量合并。

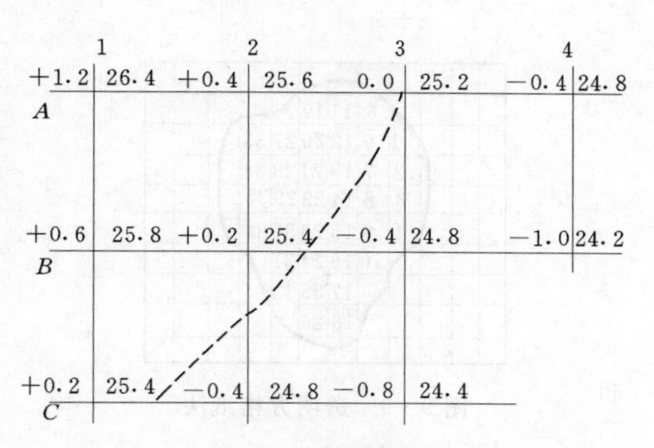

图 9－8　方格网法示例

【例 9－1】　如图 9－8 所示，设每一方格面积为 400m²，计算的设计高程是 25.2m，每方格的挖深或填高数据已分别按式（9－11）计算出，并已标记在相应方格顶点的左上方。于是，可按式（9－11），列表（表 9－1）分别计算出挖方量和填方量。从计算结果可以看出，挖方量和填方量是相等的，满足“挖平衡”的要求。

表 9－1　　方格网法平整场地计算表

点号	挖深/m	填高/m	所占面积/m²	挖方量/m³	填方量/m³
*A*1	1.2		100	120	
*A*2	0.4		200	80	
*A*3	0.0		200	0	
*A*4		−0.4	100		40
*B*1	0.6		200	120	
*B*2	0.2		400	80	
*B*3		−0.4	300		120
*B*4		−1.0	100		100
*C*1	0.2		100	20	
*C*2		−0.4	200		80
*C*3		−0.8	100		80
				Σ:420	Σ:420

第四节　面　积　量　算

在规划设计时，常需要在地形图上量算一定轮廓范围内的面积。下面介绍几种常用的方法。

一、透明方格纸法

如图 9－9 所示，用透明方格网纸（方格边长为 1mm、2mm、5mm 或 10mm）覆盖在图形上，先数出图形内完整的方格数，然后将不完整的方格用目估折合成整方格数，两者相加乘以每格所代表的面积值，即为所量图形的面积。计算公式为

$$S=nA \tag{9-13}$$

式中：S 为所量图形的面积；n 为方格总数；A 为 1 个方格的实地面积。

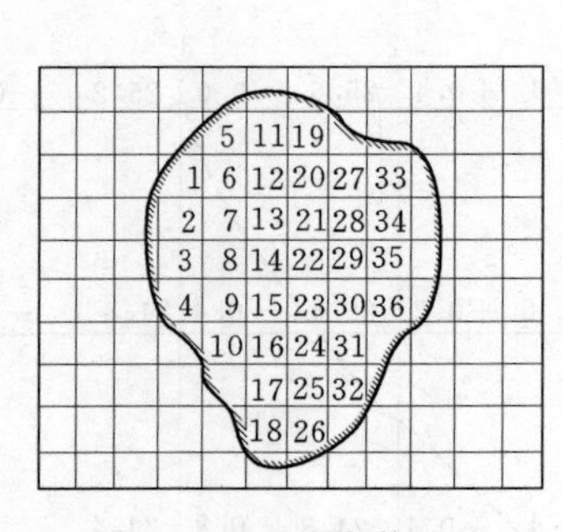

图 9－9　透明方格纸法

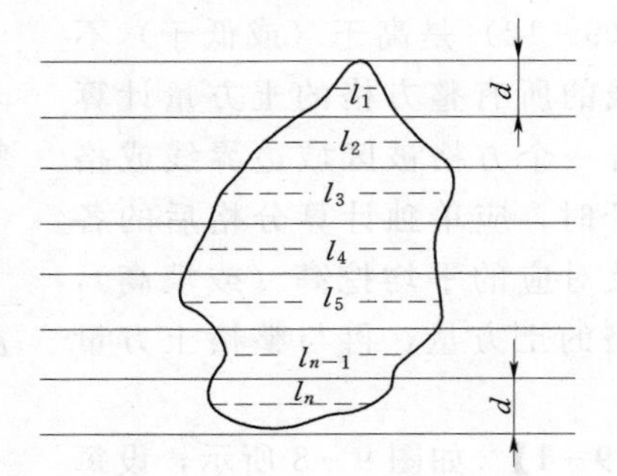

图 9－10　平行线法

二、平行线法

如图 9－10 所示，将绘有等距平行线的透明纸覆盖在图形上，使两条平行线与图形边缘相切，则相邻两平行线间截割的图形面积可近似视为梯形。梯形的高为平行线间距 d，图内平行虚线是梯形的中线。量出各中线的长度，就可以按下式求出图上面积，即

$$S=l_1d+l_2d+\cdots+l_nd=d\sum l \tag{9-14}$$

将图上面积化为实地面积时，如果是地形图，应乘上比例尺分母的平方；如果是纵横比例尺不同的断面图，则应乘上纵横两个比例尺分母之积。

三、解析法

如果图形为任意多边形，且各顶点的坐标已在图上标出或已在实地测定，可利用各点坐标以解析法计算面积。

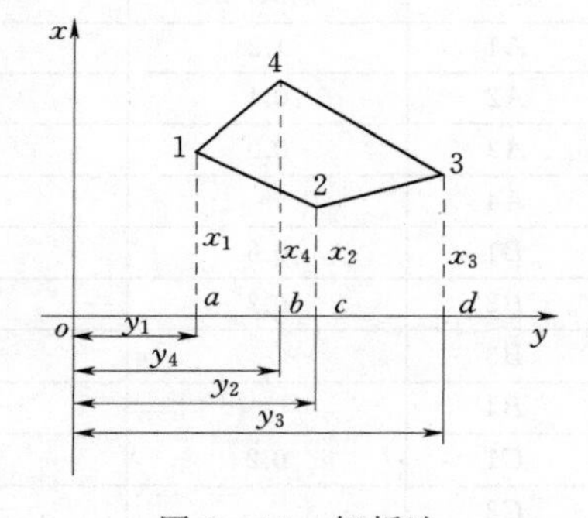

图 9－11　解析法

如图 9－11 所示，为一任意四边形面积 1234，各顶点坐标为 (x_1, y_1)、(x_2, y_2)、(x_3, y_3)、(x_4, y_4)。可以看出，面积 1234(S) 等于面积 $ab41(S_1)$ 加面积 $bd34(S_2)$ 再减去面积 $ac21(S_3)$ 和面积 $cd32(S_4)$，即

$$\begin{aligned}S&=S_1+S_2-S_3-S_4\\&=\frac{1}{2}[(x_1+x_4)(y_4-y_1)+(x_3+x_4)(y_3-y_4)\\&\quad-(x_1+x_2)(y_2-y_1)-(x_2+x_3)(y_3-y_2)]\end{aligned}$$

整理得

$$S=\frac{1}{2}[x_1(y_4-y_2)+x_2(y_1-y_3)+x_3(y_2-y_4)+x_4(y_3-y_1)]$$

若图形有 n 个顶点,其公式的一般形式为

$$S=\frac{1}{2}\left|\sum_{i=1}^{n}x_i(y_{i+1}-y_{i-1})\right| \quad (9-15)$$

或者

$$S=\frac{1}{2}\left|\sum_{i=1}^{n}y_i(x_{i-1}-x_{i+1})\right| \quad (9-16)$$

注意：当 $i=1$ 时，$i-1=n$；当 $i=n$ 时，$i+1=1$。

四、求积仪法

求积仪是一种专门供图上量算面积的仪器，其优点是操作简便、速度快、适用于任意曲线图形的面积量算。求积仪分机械求积仪和数字求积仪。现以日本生产的 KP-90N 型（图 9-12）为例，介绍数字求积仪的使用。

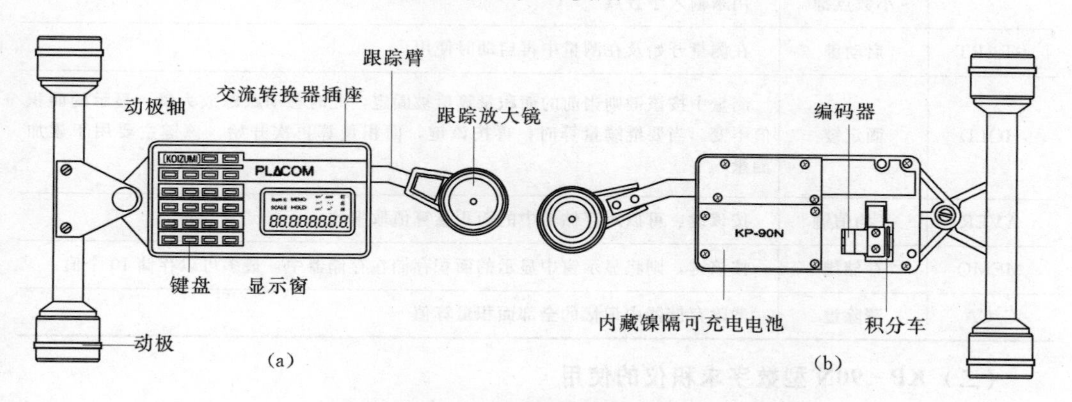

图 9-12 数字求积仪结构图

(a) 仪器正面；(b) 仪器底部

(一) KP-90N 型数字求积仪的构造

KP-90N 型数字求积仪由三大部分组成，动极和动极轴、微型计算机、跟踪臂和跟踪放大镜。仪器面板上（图 9-13）设有 22 个键和一个显示窗，其中显示窗上部

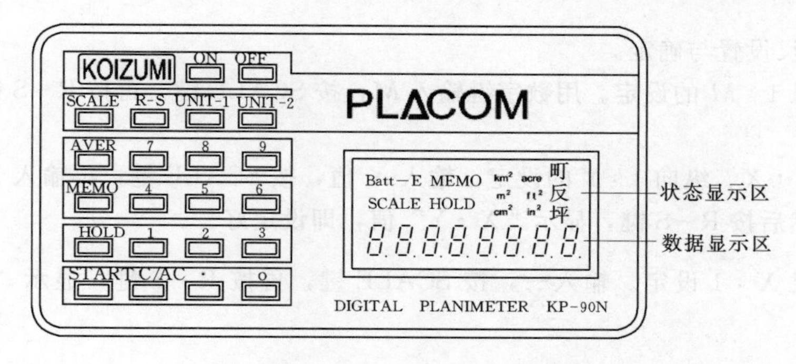

图 9-13 数字求积仪面板图

为状态区，用来显示电池状态、存储器状态、比例尺大小、暂停状态及面积单位；下部为数据区，用来显示量算结果和输入值。各键的功能和操作见表9－2。

表9－2　数字求积仪操作键及其功能

ON	电源键	打开电源
OFF	电源键	关闭电源
SCALE	比例尺键	用来设置图形的纵、横比例尺
R－S	比例尺确认键	配合SCALE键使用
UNIT－1	单位键1	每按一次都在国际单位制、英制、日制三者间转换
UNIT－2	单位键2	如在国际单位制状态下，按该单位键可以在km^2、m^2、cm^2、脉冲计数（P/C）四个单位间顺序转换
0～9	数字键	用来输入数字
·	小数点键	用来输入小数点
START	启动键	在测量开始及在测量中再启动时使用
HOLD	固定键	测量中按该键则当前的面积量算值被固定，此时移动跟踪放大镜，显示的面积值不变。当要继续量算时，再按该键，面积量算再次开始。该键主要用于累加测量
AVER	平均值键	按该键，可以对存储器中的面积量算值取平均
MEMO	存储键	按该键，则将显示窗中显示的面积存储在存储器中，最多可以存储10个值
C/CA	清除键	清除存储器中记忆的全部面积量算值

（二）KP－90N型数字求积仪的使用

（1）准备。将图纸水平地固定在图板上，把跟踪放大镜放在图形中央，并使动极轴与跟踪臂成90°，然后用跟踪放大镜沿图形边界线运行2～3周，检查是否能平滑移动，否则，调整动极轴位置。

（2）开机。按ON键，显示“0”。

（3）单位设置。用UNIT－1键设定单位制；用UNIT－2键设定同一单位制的单位。

（4）比例尺设置与确定。

1）比例尺1∶M的设定。用数字键输入M，按SCALE键，再按R－S键，显示M^2，即设定好。

2）横向1∶X、纵向1∶Y的设定。输入X值，按SCALE键；再输入Y值，按SCALE键，然后按R－S键，显示“$X \cdot Y$”值，即设定好。

3）比例尺X∶1设定。输入$\frac{1}{X}$，按SCALE键，再按R－S键，显示“$\left(\frac{1}{X}\right)^2$”，即设定好。

（5）面积测量。将跟踪放大镜的中心照准图形边界线上某点，作为开始起点，然后按START键，蜂鸣器发出音响，显示“0”，用跟踪放大镜中心准确地沿着图形的边界线顺时针移动，回到起点后，若进行累加测量时，按下HOLD键；若进行平均值测量时，按下MEMO键；测量结束时，按AVER键，则显示所定单位和比例尺的图形面积。

（6）累加测量。在进行两个以上图形的累加测量时，先测量第1个图形，按HOLD键，将测定的面积值固定并存储；将仪器移到第2个图形，按HOLD键，解除固定状态并进行测量。同样可测第3个、第4个、……直到测完。最后按AVER或MEMO键，显示出累加面积值。

（7）平均值测量。为了提高精度，可以对同一图形进行多次测量（最多10次），然后取平均值。具体做法是每次测量结束后，按下MEMO键，最后按AVER键，则显示 n 次测量的平均值。注意每次测量前均应按START键。

第五节　GIS与数字地图

近年来随着空间信息采集与管理技术的发展，地理信息系统（GIS）技术与应用也得到了长足的发展。同时，社会对空间信息的采集、动态更新的速度要求越来越快，特别是对城市建设所需的大比例尺地形图空间数据方便获取方面的要求越来越高，与空间信息获取密切相关的测绘行业在近十年来也发生了巨大而深刻的变化。基于GIS对空间数据的新要求，测绘数字成图软件也正由单纯的“电子地图”功能转向全面面向GIS数据服务，从数据采集、数据质量控制到数据无缝进入GIS系统，数字地形图将扮演越来越重要的角色。

一、GIS基本原理

对地球空间的各种信息进行存储、检索、显示、描述、模拟、绘制、分析和综合应用的计算机软件系统，称为地理信息系统（geographic information system，GIS）。地理信息系统是测绘、遥感、计算机、应用数学等学科的有机结合，是以上多学科技术集成的基础平台，目前地理信息系统已广泛应用于资源环境管理、城市规划管理、政府宏观决策、企业管理、交通运输、军事指挥及商业管理等诸多领域。

地理信息系统不同于一般的管理信息系统。管理信息系统（如财务管理系统、档案管理系统等）只对属性数据库进行管理，它没有图形数据库，即使存储了图形，也是以文件形式管理，其中各图形要素不能分解、查询，也没有拓扑关系。而地理信息系统可以对属性数据库和图形数据库进行共同管理、分析和应用，其软硬件设备要求更高，系统功能也更强。

（一）地理信息系统的功能

地理信息系统一般具有以下六项功能。

1. 数据输入与编辑

地理信息系统可对各种形式（影像、图形和数字）的地理信息进行多种方式（自动、半自动、人工）的数据输入，建立空间数据库。数据输入包括信息数字化、规范化和数据编码三方面内容。信息数字化是指通过跟踪数字化仪、扫描仪，直接人工输入或自动传输方式对各种不同的信息进行录入并建立数据文件后，存入数据库内；规范化是指对具有不同比例尺和坐标系统的外来数据进行坐标和记录格式的统一；数据编码是指根据一定的数据结构和目标属性特征，将数据文件转换成计算机能够识别和管理的代码或编码字符。

数据编辑指的是对经过数据输入所得的空间数据或地图图层中的点、圆弧、直线、折线和区域进行修改、增加、删除、移动、复制、粘贴等操作。

2. 数据管理

数据管理指的是对系统内的数据库（又称数据表）进行维护和操作，例如对数据库删除、重命名或紧缩等，改变数据库的结构，增加或删改字段，改变字段的顺序、名称、类型、宽度或索引等，对数据库建立算术运算、关系运算、逻辑运算、函数运算等关系。

3. 数据查询

根据用户的要求，从数据文件、数据库或存储装置中，查找和选取所需数据。数据查询分两种方式：第一种方式是从地图上查询数据库，其具体做法是在地图上选中一个查询对象，系统将自动弹出一个关于此对象的信息窗口；第二种方式是从数据库查询地图，其具体做法是，先点击桌面上主菜单中的“查询”，系统将自动弹出查询对话窗口，然后在查询对话窗口输入（填入）所要查询的内容，则系统将在地图上符合查询内容要求的相应位置或区域闪烁显示或表现出不同的亮度（灰度或颜色）。

4. 统计分析

在数据管理功能的支持下或使用专用的分析软件，对选定区域内的空间信息进行统计分析。统计分析包括对数据集合的均值、总和、方差、频数、峰度系数等进行求解这些常规统计分析，以及空间自相关、回归、趋势、专家打分等这些高级统计分析。

5. 显示与输出

数据显示指的是中间处理过程和最终结果的屏幕显示，而输出的结果有专题地图、图表、报告等多种类型。一般的地理信息系统还提供输出窗口的布局功能，即在欲输出的页面上放置和编排地图窗口、浏览窗口、统计图窗口、消息窗口、图例窗口等，同时在页面上还可增加标题或标注。

6. 数据更新

地理信息系统所表现的现实对象是不断变化的，因此系统中的空间数据信息也应随之更新。数据更新是指用新的数据项或记录来替换数据文件或数据库中原有相对应的数据项或记录，它通过修改、删除、插入等一系列操作来实现。数据更新分全面更新和局部更新两种，它也是系统建立地理数据时间序列以满足动态分析的前提条件。

（二）地理信息系统的硬件和软件配置

1. 硬件配置

计算机硬件系统是地理信息系统的物理实体，它主要包括计算机主机及数据输入、存储、输出等设备。在大型系统中，主机是由多台工作站构成的计算机网络，在小型系统中主机是一台工作站或者微机。数据输入设备包括数字化仪、扫描仪、计算机键盘等；存储设备有光盘、磁带等；数据输出设备则由显示器、绘图仪、打印机等组成。

2. 软件配置

地理信息系统的软件分基础软件和二次开发软件。基础软件是指能给用户提供二次开发的基础平台，它必须具有数据录入、编辑、管理、分析、输出等功能，从广义上讲，基础软件还应包括操作系统、高级语言编译系统和数据库管理系统；二次开发软件是针对不同用户、不同功能需求、不同管理和运作方式，在基础软件平台上做进一步开发的软件。

二、数字地图

（一）基于GIS下的空间数据

无论是数字地图还是地理信息系统都离不开大量的空间数据，正如一座大厦不能没有砖瓦一样，空间数据是数字地图和地理信息系统的主体元素。

空间数据的主要特点是其具有空间性，空间性反映空间实体的空间位置及其位置之间的关系。空间位置指的是实体的坐标、方向、角度、距离、面积等几何信息，通常采用解析几何的方法来表示；位置关系指的是实体之间的相连、相邻、包含等几何关系，通常采用拓扑关系来表示。拓扑关系是反映空间实体之间的一种逻辑关系，例如节点、弧段、多边形之间的关联性、邻接性和包含性，它与空间实体的大小、形状、比例尺、投影关系等无关。除了空间性以外，空间数据的另一大特点是它的属性，属性描述空间实体的特征、类别等。属性本身不属于空间数据，但它是空间数据的重要成分，它同空间数据相结合，才能表达空间实体的全貌。

按数据结构的不同，空间数据主要分如下两大类。

1. 栅格数据

将地理面用正方形或矩形栅格进行划分，然后用行列式确定各个栅格单元的空间位置，用栅格单元的值来表示空间属性。这样，表示空间实体时，用一个栅格单元来表示一个点，用一组相邻的栅格单元来表示一条线，用相邻栅格单元的集合来表示一个面（或区域），由此所得的数据称为栅格数据。栅格数据的获取可通过人工格网采集法、扫描仪、摄像机、遥感、矢量数据的转换等多种方式。

栅格数据的优点是数据结构简单，便于空间分析及地理现象的模拟，易与遥感数据结合。栅格数据也有其缺点，即图形数据量大、图形投影转换比较难、图形的显示质量差、不便于表示空间的拓扑关系。

2. 矢量数据

将需要用空间数据描述的空间实体分成点、线、面三类，用一个坐标点表示一个空间点，用多个点连成的弧段表示一条线，由曲线段围成的多边形表示一个面（或区域），同时用拓扑关系来表示这三类空间实体相互之间的关系，由此所得的数据即为矢量数据。矢量数据的获取可通过 AutoCAD 人工绘制、数字化仪、电子全站仪、GPS 全球定位系统、栅格数据的转换等多种方式。

矢量数据的优点是数据结构紧凑，冗余度小，便于网络分析，图形显示质量好，精度高，便于面向对象的数据管理和制图。矢量数据也有其缺点，即数据结构复杂、对软硬件的技术要求高、信息复合难度大、缺乏同遥感数据及数字地面模型结合的能力。

（二）GIS 与数字地图关系

地理信息系统不同于纯粹的数字地图，它们二者虽然都有参考坐标系，都能描述图形数据，也有空间查询、分析和检索功能，但是数字地图不能像地理信息系统那样去综合图形数据和属性数据并对其进行深层次的空间分析，提供辅助决策的综合信息，只是作为地理信息系统的一个非常重要的子系统，地理信息系统中必须包含有数字地图。

GIS 数据来源包括数字地图、遥感图像、多媒体数据、调查统计数据等。而包括数字地图等的现代测绘 4D 产品则为 GIS 提供数据基础，如常规全野外测图提供大比例尺矢量数据，而数字航摄、卫星遥感等可以快速获取大面积范围图像数据，同时由于其数据精度提高很快也可用到大比例测图中去并为 GIS 服务。

数字地图要适用于 GIS 平台应用，还需要对数据进行处理，这包括了如下项目。

（1）数据的格式化：不同数据结构的数据间变换，耗时、易错、需要大量计算量的工作。

（2）数据转换：数据格式转化、数据比例尺的变化等。

（3）数据格式的转换：矢量到栅格的转换。

（4）数据比例尺的变换：缩放、平移、旋转等，其中最为重要的是投影变换。

三、4D 测绘产品与城市三维 GIS

4D 测绘产品是数字化时代测绘成果的最典型代表，它包括数字高程模型 DEM、正射影像图 DOM、数字线划图 DLG 及数字栅格图 DRG。它们为城市三维 GIS 建设提供了强大的空间数据保证。

建筑物是城市最重要的部分，在城市三维 GIS 建设中，建筑物的三维重建是一项很重要的工作。除了数字线划图 DLG 提供基础空间数据外，航空遥感影像是建筑物重建的主要数据源，特别是数字摄影测量技术为三维城市数据的获取提供了最经济快捷的方法。在三维 GIS 建模中，航空摄影测量提供了下列重要数据：建筑物的三维重建模型、数字高程模型 DEM 和数字正射影像 DOM。另外利用遥感的多光谱影像还可区分数码城市中的植被和人造物体等。

下面简述城市三维 GIS 的建立方法。

（一）基础空间数据的处理

基础空间数据处理包括数字地形图 DLG 和高程模型 DEM 数据处理等。

1. 数字地形图DLG

数字地形图DLG经过基准变换及经逐公里格网纠正，可以产生带地理坐标的数字栅格地形图DRG，把其作为纠正卫星影像的控制基础。如果只有纸制地图，还要事先进行扫描并矢量化将其转成数字地形图DLG。

2. DEM处理

对DEM数据进行投影转换、坐标系转换、数据格式转换、拼接等，并检查是否有拼接漏洞、不正常的高程值和投影信息。

（二）三维景观数据制作

1. 基础数据处理

目标是形成确定格式和大小的地形三维建模卫星影像纹理数据和高程数据。将高程数据导入三维景观系统后，通过与数字正射影像的匹配，可实现数据的快速调用，能够满足大范围、大数据量三维场景的实时漫游显示。基础数据处理包括以下几部分的数据预处理。

(1) 数字正射影像：基本工作包括通过反差、饱和度和色彩平衡等调整方法，对影像进行整体色调调整，使色调更接近自然真彩色；裁切，对整体影像进行分块裁切，每块的非压缩数据量不超过500M；格式转换，将裁切后影像分别转换为msi数据格式进行保存；另外还有定义坐标范围，高程基准等工作。

(2) DEM建立：利用数字地形图高程数据库或者立体像对等法制作成场景区域范围的DEM数据，保存为tin格式数据。

(3) 制作缩略图：目标是制作三维场景漫游的导航图。对数字正射影像数据进行重采样，并叠加地名注记，进行整饰，结果保存为BMP数据格式，转换为msi文件保存。

(4) 编辑注记文件：目标是形成在三维场景进行各种注记的记录文件。文件为点图形文件，每个点的坐标代表注记所要标注的空间位置。

2. 实地考察，采集属性数据和纹理数据

对三维场景进行实地考察，通过测量获得实物的尺寸和位置坐标等属性数据，通过拍摄获得实物的真实纹理数据和参数。

3. 地表地形制作

将多种基础数据资料进行转换，处理为系统所需的地表及地上实体的相关数据。

4. 三维建模

综合运用AutoCAD、3DSMAX、3Dcybercity、谷歌Sketchup等软件进行三维建模，尽量把模型做到与实物一样。

5. 纹理映射

通过三维景观系统或3DSMAX为三维模型赋予各种真实材质和贴图，并输出为贴图文件。

6. 三维数据入库

将三维模型导入到系统空间数据库中，并挂接属性信息，可通过软件实现可视化查询、统计、空间分析功能，并录入实体的属性信息，实现空间信息和属性信息的联动。

7. 数据输出

标注重要地物的文字、图片动画及声音标注，在视觉、听觉、感觉上达到完美的仿真效果，让人仿佛置身其中。最后，根据用户要求输出修改完善好的城市三维景观数据，用于三维城市的动态仿真。图 9－14 为某地三维 GIS 样图。

图 9－14 三维 GIS 样图

习 题

一、问答题

1. 地形图应用的基本内容有哪些？

2. 怎样在地形图上量取点的坐标和高程？

3. 如何在地形图上确定直线的距离、方向、坡度？

4. 面积量算有哪些方法？各种有何优点和缺点？

二、填空题

1. 地形图是用各种规定的符号和注记表示______、______及其他信息的资料。

2. 汇水面积是由分水线围绕而成的，边界线由坝（建筑物）的一端开始，最后又回到坝的另一端，形成______的环线。

三、选择题

1. 在 1：500 地形图上，量得 A 点的高程为 44.8m，B 点高程为 35.2m，AB 的平距为 17.5cm，则直线 AB 的坡度为（　　）

A. －22％　　B. ＋22％　　C. －11％　　D. ＋11％

2. 汇水面积的边界线是由相互连接是（　　）合围而成。

A. 山谷线　　B. 山脊线　　C. 山脚线　　D. 等高线

四、计算绘图题

资源 9－1
习题答案

图 9－15 为 1：2000 地形图的一部分，试绘制 EF 方向断面图，距离比例尺为 1：2000，高程比例尺为 1：200。

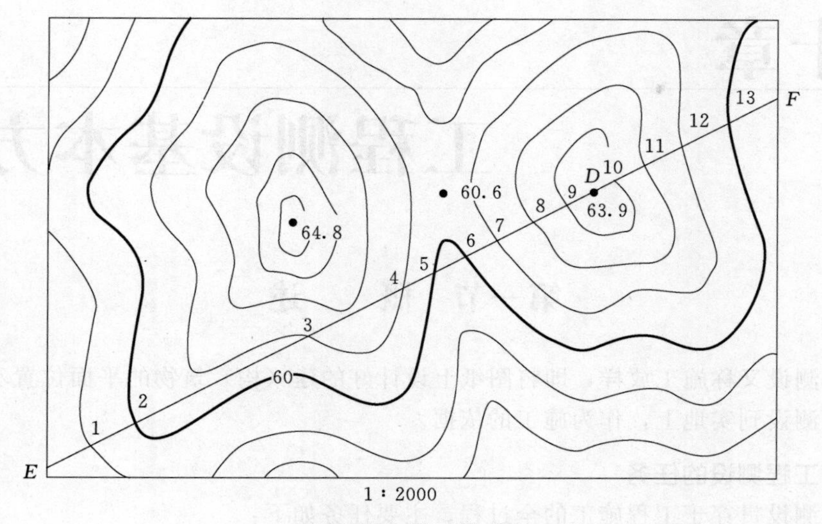

图 9-15　断面图绘制

第十章 工程测设基本方法

第一节 概 述

工程测设又称施工放样，即将图纸上设计好的建（构）筑物的平面位置和高程按设计要求测设到实地上，作为施工的依据。

一、工程测设的任务

工程测设贯穿于工程施工的全过程。主要任务如下：

（1）施工前建立与工程相适应的施工控制网。

（2）建（构）筑物的测设及构件与设备的安装测量工作。

（3）检查和验收工作。每道工序完成后，都要通过测量检查工程各部位的实际位置和高程是否符合要求，根据实测验收的记录，编绘竣工图和资料，作为验收时鉴定工程质量和工程交付后管理、维修、扩建和改建的依据。

（4）变形观测工作。随着施工的进展，测定建（构）筑物的位移和沉降，作为鉴定工程质量和验证工程设计、施工是否合理的依据。

二、工程测设的原则

在整个工程施工过程中，测设的结果一旦以标桩形式在实地上标定出来，施工人员就要在标桩的指导下进行施工。测量人员必须具有高度的责任心，在任何情况下，都要保证施工的正常进行。否则，稍有差错，就会给国家造成重大的损失。

为了避免因建筑物众多而引起测设工作的紊乱，并且能够严格地保持所测设建筑物各部分之间的几何关系，测设工作遵循的原则是在布局上“由整体到局部”，在精度上由“高级到低级”，在程序上“先控制后碎部”。此外，还要加强外业和内业的检核工作。

三、工程测设的精度要求

工程测设是根据建（构）筑物的设计尺寸，找出建（构）筑物各部分特征点（如轴线的交点）与控制点之间位置的几何关系，算得距离、角度、高程等放样数据，然后利用控制点，在实地上定出建筑物的特征点。在施工测量工作中，工程测设的精度通常决定于下列因素：

（1）设计中确定建筑物位置的方法。

（2）建造建筑物所用的材料。

（3）建筑物与建筑物之间有无连接设备。

（4）建筑物的用途。

（5）施工的程序和方法。

设计中确定建筑物位置的方法通常分为解析法和图解法，前者的精度高于后者；在一般情况下，金属或木质的建筑物的放样，其精度比土质的建筑物高；砖石和混凝土建筑物的放样精度介于这两者之间：各建筑物之间有无连接设备对放样工作的精度有很大影响，具有连接设备的建筑物对放样的精度要求比没有连接设备的建筑物高很多；永久性建筑物比临时性建筑物的放样精度高；装配式施工比现场浇灌式施工精度要求高；可见，工程测设的精度要求具有相对性、不均匀性和方向性等特点。在施工测量中，主轴线的测设精度称为第一种测设精度，或称绝对精度；辅助轴线和细部的测设精度称为第二种测设精度，或称相对精度。有些建筑物的相对精度高于绝对精度。因此，为了满足某些细部测设精度的需要，可建立局部独立坐标系统的控制网点。

四、工程测设的准备工作

为了保证施工测量工作顺利进行，测设前要做好如下准备工作：

（1）收集有关资料，包括工程总平面图、施工组织设计、基础平面图、建筑物施工图、设备安装图和测量成果等。

（2）根据放样精度要求和施工现场条件，选择放样方法，准备测量仪器和工具。

（3）熟悉并校核设计图纸，计算放样数据，编制放样图表。

此外，在施工测量中，为了便于施工和放样，经常需要建立施工坐标系，这样也就需要建立施工坐标系与测量坐标系之间的相互转换关系。具体方法见图 1－6，其坐标转换公式见式（1－4）和式（1－5）。

第二节　水平距离和水平角的测设

一、水平距离的测设方法

已知水平距离的测设，是由地面一个已知点沿指定方向测设到另一点，使两点间的水平距离等于已知长度。

1. 直接法

如图 10－1 所示，A 为实地上的已知点，AM 为定线方向，欲放样的水平距离为 D。利用钢尺，从 A 点出发，沿 AM 方向量出长度 D 两次，取其中点 B，则 B 即为所放样的点。

2. 归化法

当放样的长度超过一个尺段或精度要求较高时，可采用归化法放样。这时，将上述放样的 B 点作为过渡点，以 B'表示。归化步骤如下：

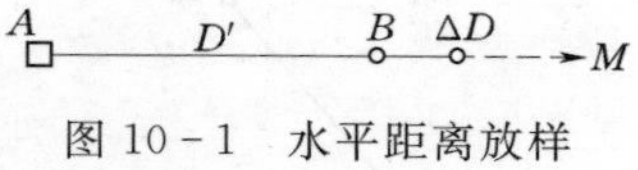

图 10－1　水平距离放样

（1）计算归化量（ΔD）。用钢尺按一定的测回数，精确测量 AB'经过各项改正（尺长、温度和倾斜等）后的水平距离 D'，并计算过渡点 B'的改正数 $\Delta D = D - D'$。

（2）归化过渡点。由过渡点 B' 沿定线方向，按 ΔD 的符号向前（$\Delta D>0$）或向后（$\Delta D<0$）量取 ΔD 值，改正 B' 点，并标定出归化点 B。

3. 测距仪（全站仪）法

如图 10－2 所示，拟从 A 点起沿已知的方向，放样水平距离 D。测设步骤如下：

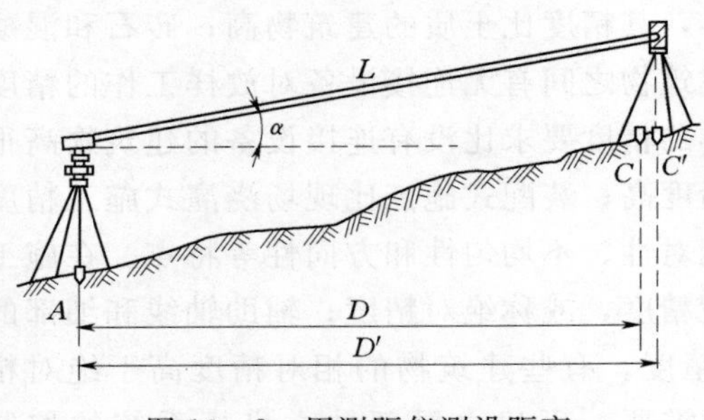

图 10－2　用测距仪测设距离

（1）在 A 点安置测距仪，沿已知的方向移动反射棱镜，待测距仪显示的水平距离略大于 D 时，定出 C' 点。

（2）实测 AC' 两点间的水平距离，设为 D'，计算归化量 $\Delta D=D-D'$，并按上述归化法改正 C' 点，并标定出 C 点。

如测距仪有自动跟踪装置，可根据 ΔD 值向前（$\Delta D>0$）或向后（$\Delta D<0$）移动反光镜，使显示的距离等于已知距离 D，则在该点用木桩标定 C 点。为了检验可进行复测，若 ΔD 不大时，可以用钢卷尺修正。

二、水平角的测设方法

已知水平角的测设，是由地面给定的一个角顶和一条已知方向的边起，按设计角值放样出另一条边的方向。

1. 直接法

如图 10－3 所示，O 和 A 为实地上的两个已知点，现要放样水平角 β，（β 为设计角）。具体操作步骤如下：

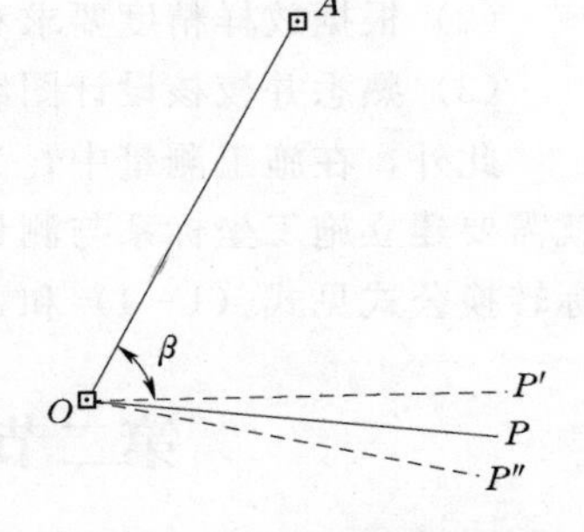

图 10－3　直接法测设水平角

（1）经纬仪安置在 O 点，盘左位置照准 A 点，使水平度盘读数为 $0°00'00''$。

（2）顺时针旋转望远镜，当水平度盘读数为 β 时，在视线方向上标定 P' 点。

（3）在盘右位置按同样的方法标定 P'' 点。

（4）取 P'、P'' 两点连线的中点 P 标定于实地。

则 $\angle AOP$ 即为放样的 β 角。

2. 归化法

如图 10－4 所示，当要求放样角度的精度较高时，可将直接放样法标定的 P 点作为过渡点（图 10－3），以 P' 表示之。然后用测回法观测 $\angle AOP'$ 若干测回（测回数根据精度要求而定）。求出 $\angle AOP'$ 的平均值 β_1，算出 $\Delta\beta=\beta-\beta_1$，并量出 OP' 的长度，则以 P' 为垂足的方向改正数 $P'P$ 可按下式计算：

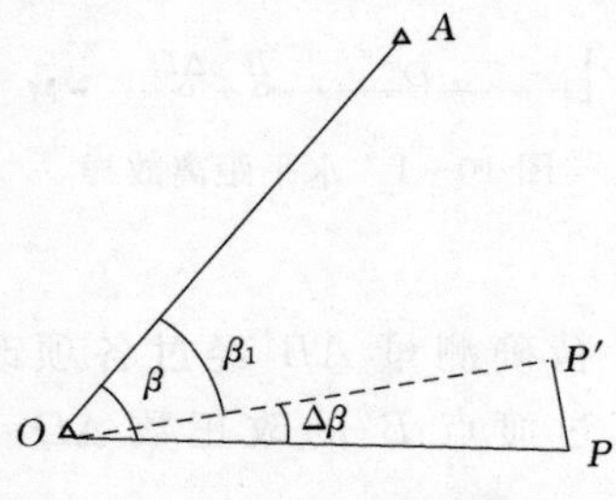

图 10－4　归化法测设水平角

$$P'P=OP'\tan\Delta\beta\approx\frac{\Delta\beta}{\rho}\times OP' \qquad (10-1)$$

式中：$\rho=206265''$；$\Delta\beta$ 以秒为单位。

实地改正时，由 P' 起在 OP' 的垂线方向上向外（$\Delta\beta>0$）或向内（$\Delta\beta<0$）量取 $P'P$ 即可标出 P 点，则 $\angle AOP$ 便是所要测设的角值为 β 的水平角。改正完毕，应进行检查测量，以防有误。

第三节　点的高程及已知坡度线的测设

根据附近的高程控制点，采用水准测量或三角高程测量等方法，将设计高程位置测设到现场作业面上的工作，称为高程测设。两种方法测设的原理基本相同，其中，水准测量方法是最常用的高程测设方法。

一、设计高程点的测设

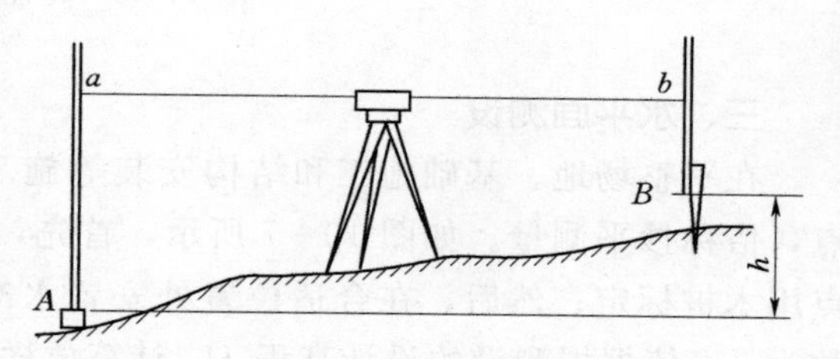

图 10－5　已知高程点的测设

资源 10－1
测设已知点的高程

如图 10－5 所示，已知水准点 A 的高程为 H_A，拟在 B 点的木桩上测设出设计高程为 H_B 的位置。测设步骤如下：

（1）将水准仪安置在 A、B 之间，后视 A 点上所立的水准尺，设读数为 a。

（2）计算放样元素，即在前视 B 尺上的放样读数 b。

若前视尺恰好立在 H_B 位置，则前、后视线高一致，即 $H_A+a=H_B+b$，则

$$b=(H_A+a)-H_B \tag{10-2}$$

（3）将水准尺沿木桩侧面上、下移动，当读数恰好为 b 时，在尺零端画一横线，此线位置就是设计高程的位置（注：若 b 为负值时，表示放样的高程位置高于视线，应倒立尺，放样方法同上）。

二、高程传递测设

当拟测设点的高程与已知点的高程相差较大时，一般采用悬挂钢尺（或钢丝）的方法来代替水准尺引测高差，将高程传到低处或高处，再进行测设。

如图 10－6（a）所示，为测设基坑内设计高程 H_B 的位置，其放样步骤如下：

（1）悬挂钢尺。立一支架并在其上悬挂钢尺，钢尺的零端朝下，悬挂的重锤一般为 10kg，重锤一般放在油桶内以减少摆动，待其稳定。

（2）同时观测。在地面和坑内分别安置水准仪，地面对 A 尺观测结束，通知坑内，两台水准仪同时对钢尺进行观测，此时坑内水准仪的视线高为 $H_{视}=(H_A+a)-(b-c)$。

（3）计算放样元素，即在前视 B 尺上的放样读数 d。

$$d=H_{视}-H_B=(H_A+a)-(b-c)-H_B=(H_A+a+c-b)-H_B \tag{10-3}$$

（4）将水准尺沿坑壁上、下移动，当读数恰好为 d 时，在尺零端画一横线并将木桩水平钉入，然后再校正木桩，直至桩顶面为设计高程为止。

若将地面点高程向上传递，如图 10－6（b）所示，测设方法同上。

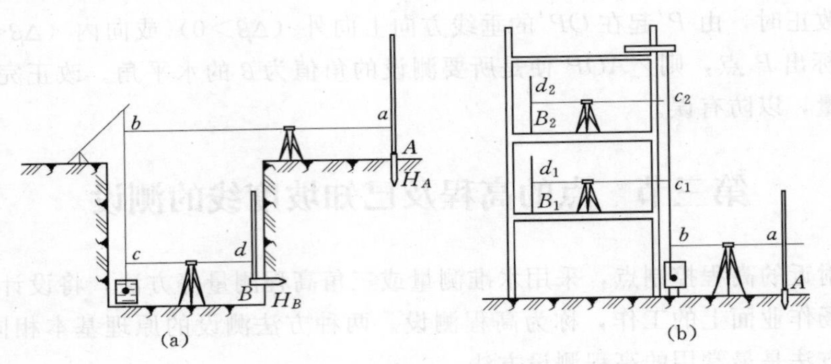

图 10-6 高程传递测设

三、水平面测设

在平整场地、基础施工和结构安装等施工中，往往需要测设若干个高程相等的点，俗称抄平测量。如图 10-7 所示，首先，在地面按一定的长度打方格网，方格网点用木桩标定；然后，在合适位置处安置水准仪，后视水准点 A 上的水准尺，设读数为 a，依据拟测设的设计高程 H_0 计算放样读数 $b=(H_A+a)-H_0$；再依次在各木桩上立尺，使各木桩顶的尺上读数都等于 b（注：实际作业时，一般将尺读数为 b 的位置处作一标记，如红绳等，放样时以此标记为准），此时各桩顶的高程均为 H_0，亦即为需要测设的水平面。

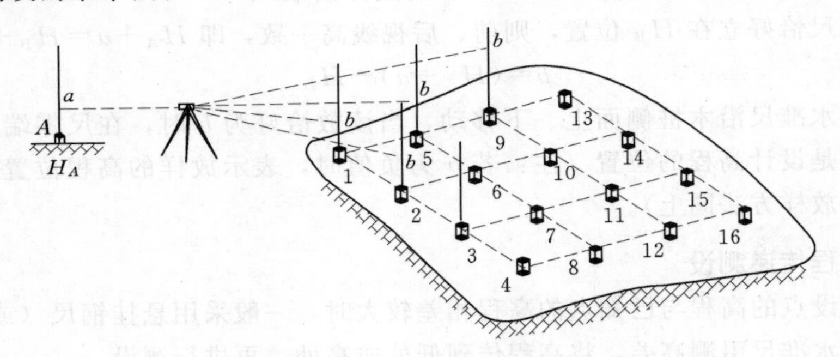

图 10-7 抄平测量

四、已知坡度线的测设

在修筑渠道、公路，敷设给水、排水管道等工程中，经常要在地面上测设给定的坡度线。如图 10-8 所示，A、B 为设计坡度线的两端点，若已知 A 点设计高程 H_A，设计坡度为 i_{AB}，则可求出 B 点的设计高程 $H_B=H_A-i_{AB}D_{AB}$（坡度上升时取“+”号）。设附近有一水准点 M，其高程为 H_0。为了施测方便，每隔一定距离（一般取 $d=10$m）打一木桩，这些坡度线上细部点的测设，可

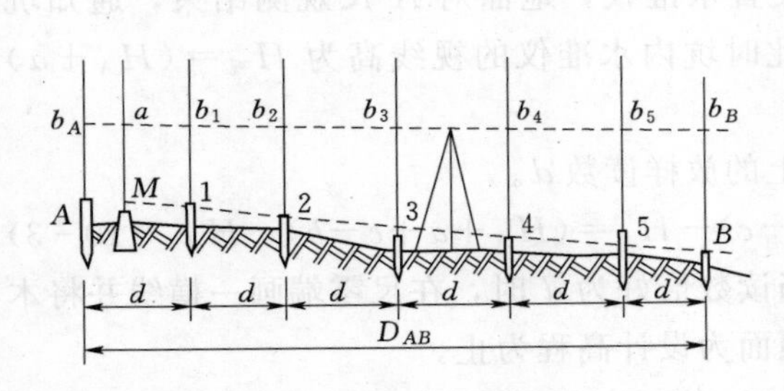

图 10-8 水平视线法

根据坡度大小和场地条件不同，选用水平视线法和倾斜视线法。

1. 水平视线法

（1）首先利用前述设计高程点的测设方法，根据附近水准点 M 高程，将设计坡度线两端点的设计高程 H_A、H_B 测设于地面上，并在地面上打入木桩。

（2）计算坡度线上各细部点的高程。

第 1 点：　　$H_1 = H_A - i_{AB} \times d$

第 2 点：　　$H_2 = H_A - i_{AB} \times 2d$

⋮

第 i 点：　　$H_i = H_A - i_{AB} \times id$

同理可以校核 B 点的设计高程，即

$$H_B = H_A - i_{AB} D_{AB} = H_A - i_{AB}(n+1)d \tag{10-4}$$

其中

$$D_{AB} = (n+1)d$$

（3）在与各点通视、距离相近的位置安置水准仪，后视水准点上的水准尺，读取读数（设为 a），计算仪器视线高程为 $H_{视} = H_0 + a$。再根据坡度线上各细部点的设计高程，依次计算测设各细部点时的应读数，$b_{i应} = H_{视} - H_i$。

（4）水准尺依次贴靠在各木桩的侧面，上下移动尺子，直至水准尺读数为相应的读数 $b_{i应}$ 时，沿尺底在木桩上画一横线，该线即在 AB 坡度线上。也可以将水准尺立于桩顶上，读取前视读数 b_i'，再根据应读数和实际读数的差 $z = b_{i应} - b_i'$，用小钢尺自桩顶往下量取高度 z 划线即可（$b_{i应} - b_i' > 0$，向下量取；$b_{i应} - b_i' < 0$ 时，说明桩顶低于坡度线，应重新设桩，使桩顶高于坡度线）。

2. 倾斜视线法

设在地面上 A 点的设计高程为 H_A，现要求从 A 点沿 AB 方向测设出一条坡度为 i_{AB} 的直线，A、B 两点间的水平距离 D_{AB} 已知，则 B 点的设计高程应为 $H_B = H_A - i_{AB} D_{AB}$，然后按前述设计高程点的测设方法把 A、B 点的设计高程测设在地面上，至此，AB 即为符合设计要求的坡度线。在细部测设时，需要在 AB 间测设同坡度线的中间点 1，2，3，…具体作法如下：

（1）与水平视线法中的（1）相同。

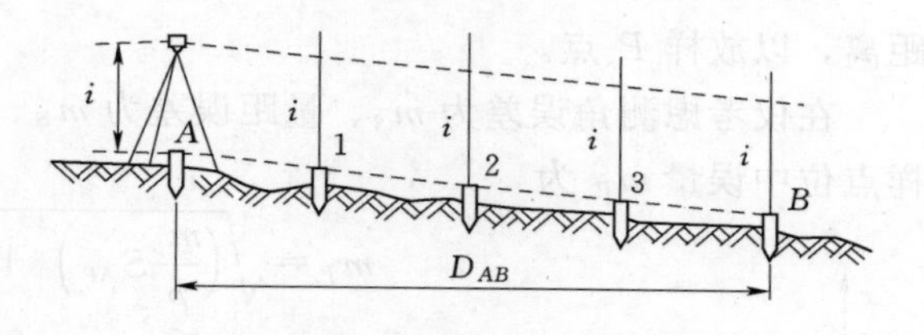

图 10-9　倾斜视线法

（2）将水准仪安置在 A 点，并使其基座上的一只脚螺旋放在 AB 方向线上，另两只脚螺旋的连线与 AB 方向垂直，量出仪器高 i，用望远镜瞄准立在 B 点上的水准尺，并转动在 AB 方向上的那只脚螺旋，使十字丝的横丝对准水准尺上的读数为仪器高 i，这时仪器的视线即平行于所测设的坡度线。

（3）在 AB 中间各点 1，2，3，…的木桩上立尺，逐渐将木桩打入地下，直到水准尺上读数皆等于仪器高 i 为止（图 10-9）。这样各桩桩顶的连线就是在地面上标定的设计坡度线。

如果测设坡度较大时，超出水准仪脚螺旋所能调节的范围，则可改用经纬仪进行测设。

第四节 点的平面位置测设

在施工现场，工程建筑物的形状和大小要通过特征点在实地表示出来。这就需要进行点位的测设。测设点的平面位置的方法主要有极坐标法、直角坐标法、角度交会法和距离交会法等。测设点的平面位置的仪器有经纬仪、全站仪和GPS。测设方法应根据施工控制网点的分布、设计图纸的要求、现场情况、精度要求及仪器设备等情况进行选择。

资源 10-2 极坐标法测设点的平面位置

一、极坐标法

如图 10-10 所示，A、B 为控制点，P 点为拟测设的点，其坐标均已知（P 的设计坐标一般可在设计图纸上求得）。极坐标法放样的步骤如下：

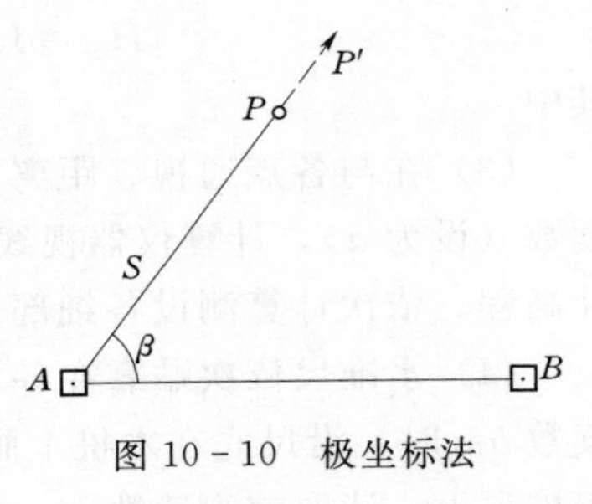

图 10-10 极坐标法

（1）计算放样元素，即水平角 β 和水平距离 S。

$$\left.\begin{aligned}&\beta_{正拨}=\alpha_{AP}-\alpha_{AB}\quad 或\quad \beta_{反拨}=\alpha_{AB}-\alpha_{AP}\\&S=\sqrt{(x_P-x_A)^2+(y_P-y_A)^2}\end{aligned}\right\}\tag{10-5}$$

上式中方位角 α_{AB}、α_{AP} 按坐标反算公式计算，即

$$\alpha_{AB}=\arctan\frac{y_B-y_A}{x_B-x_A}$$

$$\alpha_{AP}=\arctan\frac{y_P-y_A}{x_P-x_A}$$

（2）实地测设。

1）在 A 点安置经纬仪，以 B 点定向，按水平角测设方法放样 β 角得 AP' 方向。

2）沿 AP' 方向按距离测设方法放样 S，在地面标定出设计点 P。

当要求测设 P 点的精度较高时，需要先归化角度，然后在归化的方向上再归化距离，以放样 P 点。

在仅考虑测角误差为 m_β、量距误差为 m_S、标定误差为 m_τ 的情况下，P 点的放样点位中误差 m_P 为

$$m_P=\sqrt{\left(\frac{m_\beta}{\rho}S_{AP}\right)^2+m_S^2+m_\tau^2}\tag{10-6}$$

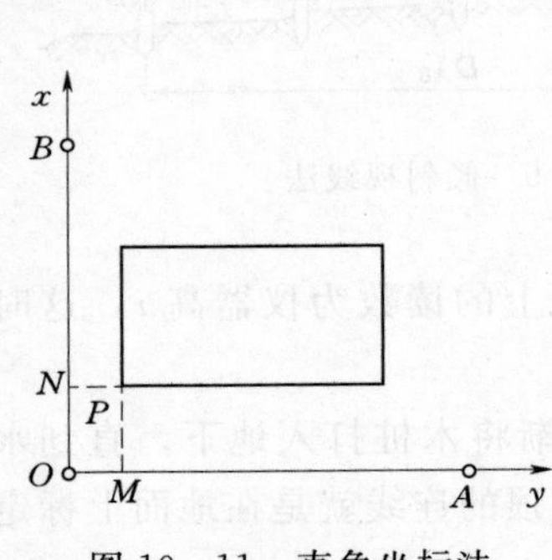

图 10-11 直角坐标法

二、直角坐标法

当施工平面控制网为建筑方格网或为互相垂直的主轴线时，常采用直角坐标法测设点位。直角坐标法放样的精度与极坐标法放样的精度基本一致。

如图 10-11 所示，OA、OB 为实地上相互垂直的两条轴线，拟测设点 P，其坐标可在设计图纸上确定。

直角坐标法测设的步骤如下：

（1）计算放样元素，即纵、横坐标增量 Δx、Δy。

$$MP=\Delta x=x_P-x_O\text{，}NP=\Delta y=y_P-y_O$$

（2）在 O 点安置经纬仪，照准 A 点，并沿此方向量距 Δy 得 M 点。

（3）将经纬仪安置于 M 点，照准 A 点，反拨 90°，并沿此方向量距 Δx，即得 P 点。

三、前方交会法

当测设点与控制点之间不能或者难于量距时，常采用角度交会法。如图 10-12 所示，1、2、3 为三个控制点，A 点为拟测设的点。在选择控制点时，应使交会角 γ 在 60°～120°之间。前方交会法测设的步骤如下：

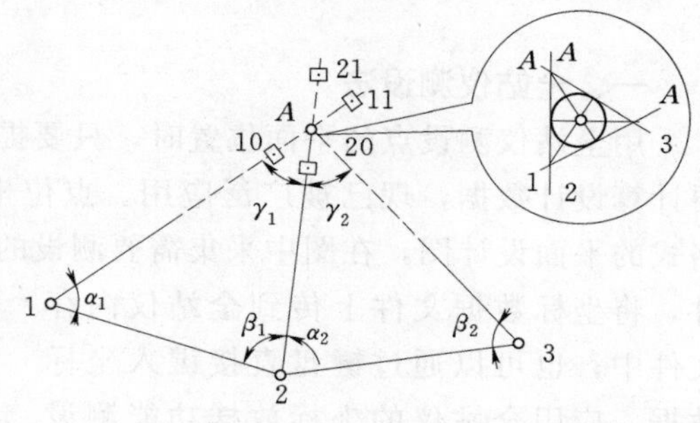

图 10-12　角度交会法

（1）计算放样元素，即水平角 α_1、β_1。

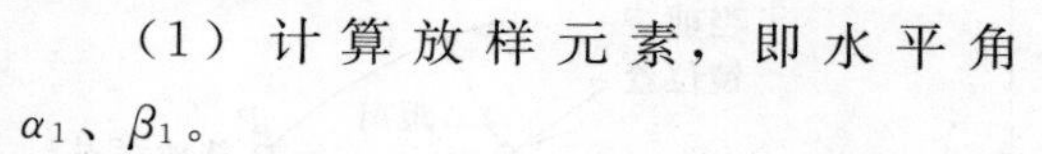

（2）在 1 点安置经纬仪，以 2 点定向，按测设水平角的方法放样水平角 α_1，并在视线方向上大致交会点位置的前后钉立两个木桩（又称骑马桩），且在各桩面的视线方向上钉立一个小铁钉 10、11。

（3）将仪器迁至 2 点，同法测设水平角 β_1，并在相应桩面上用小铁钉 20、21 标示测设的方向。

（4）连线 10—11 和 20—21，在两线相交处钉立木桩，并在桩面交线处钉立小铁钉，此处即为测设的点 A。

在仅考虑水平角放样误差为 m_β 的情况下，A 点的放样点位中误差 m_A 为

$$m_A=\frac{m_\beta\sqrt{S_{1A}^2+S_{2A}^2}}{\rho\sin(\alpha_1+\beta_1)}\tag{10-7}$$

当 A 点周围有三个控制点时，为进行检核及提高 A 点放样的精度，可以采用三个方向交会，方法同上，如图 10-12 所示。由于放样有误差，三条方向线不相交于一点，一般会形成一个三角形，称为示误三角形；如果示误三角形内切圆半径不大于 1cm，最大边长不大于 4cm 时，一般可取内切圆的圆心作为 A 点的放样位置。

四、距离交会法

当场地较平坦、易于量边，且测设点距离控制点不超过钢尺的长度时，宜选用距离交会法测设点位。如图 10-13 所示，1、2 为控制点，A 为拟测设的点。距离交会法测设的步骤如下：

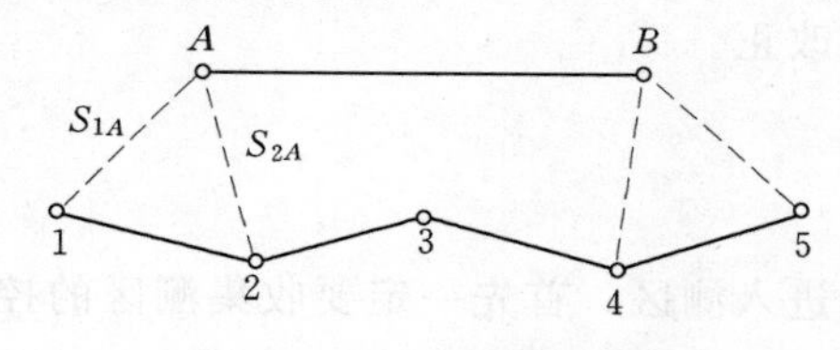

图 10-13　距离交会法

（1）计算放样元素，即水平距离为 S_{1A}、S_{2A}。

（2）分别以控制点 1、2 为圆心，以 S_{1A}、S_{2A} 为半径在地面上作圆弧，定出两圆弧的交点，即为测设的 A 点。

在仅考虑距离放样相对中误差为 m_S/S 的情况下，A 点的放样点位中误差 m_A 为

$$m_A=\frac{m_S}{S}\frac{\sqrt{S_{1A}^2+S_{2A}^2}}{\sin\gamma} \tag{10-8}$$

第五节 全站仪、GPS（RTK）测设方法

一、全站仪测设法

用全站仪测设点的平面位置时，只要提供坐标即可进行放样，其操作简便，不需要计算设计数据，现已被广泛应用。点位坐标值的获得可以通过 AutoCAD 中 .dwg 格式的平面设计图，在图中采集需要测设的点位坐标，并生成一定格式的坐标数据文件，将坐标数据文件上传到全站仪内存文件中；也可以通过键盘直接键入坐标数据，应用全站仪的坐标放样功能测设坐标数据文件中的点位。如图 10－14 所示，其操作过程如下：

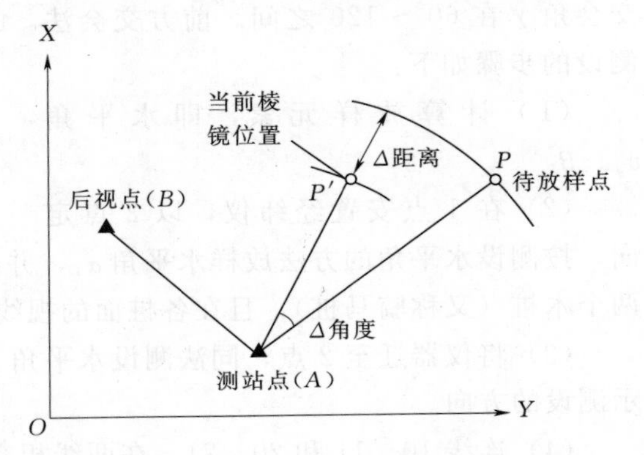

图 10－14　全站仪点位放样原理

（1）将全站仪架设在已知点 A 上（对中、整平），输入测站点 A 的坐标。

（2）输入后视点 B 的坐标，进行后视定向，在定向确认前应仔细检查是否精确对中。

资源 10－3
南方 NTS－355
型全站仪
放样方法

资源 10－4
南方 NTS－372
型全站仪
放样方法

（3）输入放样点 P 的坐标，仪器将显示瞄准放样点应转动的水平角和水平距离。

（4）放样。首先切换至角度状态，旋转照准部显示水平角差值 dHR（d$HR=\beta_{测}-\beta_{算}$），当 d$HR=0°00'00''$ 时，表示该方向即为放样点的方向。然后观测员指挥持镜人将棱镜安置在视线方向上。照准棱镜后切换至距离状态开始测量，显示测量距离与放样距离之差 dHD（d$HD=D_{测}-D_{算}$）。当 d$HR=0$ 并且 d$HD=0$ 时，棱镜中心即为所放样的点位。

（5）投点。当 d$HR=0$ 并且 d$HD=0$ 时，就可以利用光学对中器向地面投点。

（6）检核。重新检查仪器的对中、整平和定向，然后测定放样点的坐标，并将测定值与设计值进行比较，确保较差满足精度要求。

若需要放样下一个点位，只要重新输入或调用待放样点的坐标即可，按下放样键后，仪器会自动提示旋转的角度和移动的距离。用全站仪放样点位，可事先输入气象元素即现场的温度和气压，仪器会自动进行气象改正。

二、GPS（RTK）测设法

GPS(RTK) 的作业方法和作业流程如下：

（1）收集测区的控制点资料。任何测量工程进入测区，首先一定要收集测区的控制点坐标资料，包括控制点的坐标、等级、中央子午线、坐标系等。

（2）求定测区转换参数。GPS(RTK) 测量是在 WGS-84 坐标系中进行的，而各种工程测量和定位是在当地坐标或我国的 1954 北京坐标系或 1980 西安坐标系上进行的，这之间存在坐标转换的问题。GPS 静态测量中，坐标转换是在事后处理的，而 GPS(RTK) 是用于实时测量的，要求立即给出当地的坐标，因此，坐标转换工作更显重要。

（3）工程项目参数设置。根据 GPS 实时动态差分软件的要求，应输入的参数有当地坐标系的椭球参数、中央子午线、测区西南角和东北角的大致经纬度、测区坐标系间的转换参数、放样点的设计坐标。

（4）野外作业。将基准站 GPS 接收机安置在参考点上，打开接收机，除了将设置的参数读入 GPS 接收机外，还要输入参考点的当地施工坐标和天线高，基准站 GPS 接收机通过转换参数将参考点的当地施工坐标化为 WGS-84 坐标，同时连续接收所有可视 GPS 卫星信号，并通过数据发射电台将其测站坐标、观测值、卫星跟踪状态及接收机工作状态发送出去。流动站接收机在跟踪 GPS 卫星信号的同时，接收来自基准站的数据，进行处理后获得流动站的三维 WGS-84 坐标，再通过与基准站相同的坐标转换参数将 WGS-84 转换为当地施工坐标，并在流动站的手簿上实时显示。接收机可将实时位置与设计值相比较，以达到准确放样的目的。

GPS(RTK) 点放样施测方法详见第七章第五节（四）。

习　题

一、名词解释

测设（施工放样）

二、问答题

1. 施工测设工作所遵循的原则是什么？
2. 长度、角度、高程的测量与放样有哪些不同？试分别加以说明。
3. 测设点的平面位置有哪几种方法？各适用于什么情况？
4. 施工放样方法与测图方法有何异同？
5. 绘图叙述，利用全站仪测设点的平面位置的方法。
6. 简述利用 GPS(RTK) 法测设点的平面位置。

三、填空题

1. 施工测量应遵循的原则________________________。
2. 施工放样的基本工作是__________、__________、__________。
3. 点的平面位置测设方法有________、________、__________、__________等。
4. 地面上 A 点的高程为 32.785m，现要从 A 点沿 AB 方向修筑一条坡度 -2% 道路，AB 的水平距离为 120m，则 B 点的高程为______ m。

四、计算题

1. 控制点 A 的坐标为：$X_A=125.00\text{m}$、$Y_A=245.00\text{m}$，B 的坐标为：$X_B=$

325.00m、$Y_B=45.00$m。需要测设 P 点的坐标为 $X_P=225.00$m、$Y_P=345.00$m，试计算按极坐标法在 A 点测设 P 点所需的测设数据，并绘图示意。

2. 如图 10－15 所示，槽底设计高程为 84.000m，拟在槽内测设高于槽底 50cm 的水平桩。已知 B 点的高程为 88.415m，水准测量观测读数见图，问：如何放样所需要的水平桩？

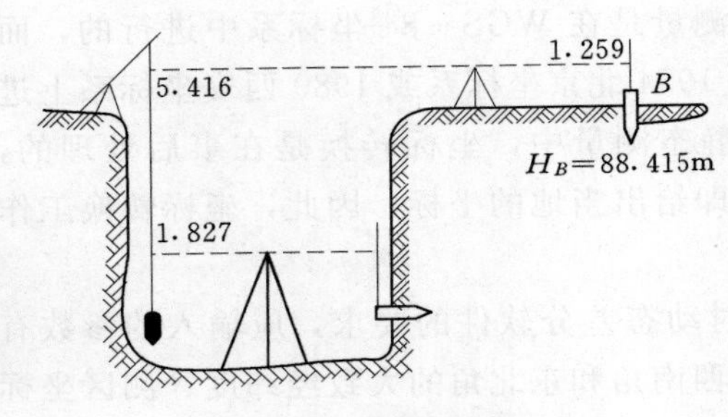

图 10－15　高程传递测设

资源 10－5
习题答案

第十一章

水工建筑物施工测量

第一节　概　　述

水利枢纽工程一般由大坝、溢洪道、水闸、电站和输水涵洞等组成，如图 11-1 所示，其中组成水利枢纽工程的各个建筑物称为水工建筑物。

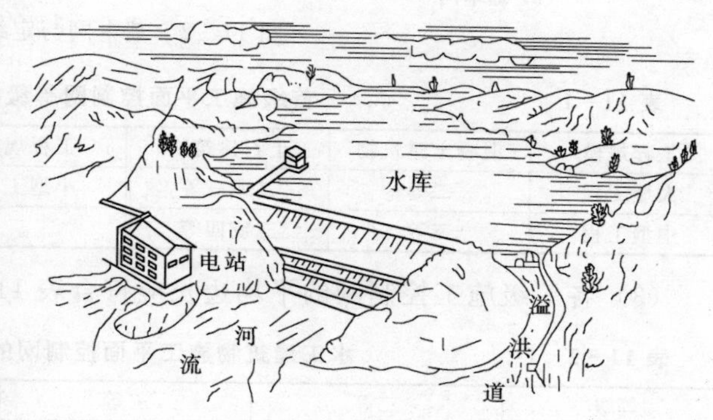

图 11-1　水利枢纽工程

一、水工建筑施工测量规定

（1）施工测量前，应收集与工程有关的测量资料，并应对工程设计文件提供的控制点进行复核。

（2）利用原有平面控制网进行施工测量时，其精度应满足施工控制网的要求。

（3）水工建筑物施工，在施工前及施工过程中应按要求测设一定数量的永久控制点和沉降、位移观测点，并定期检测。

（4）当与对岸距离较近，定位精度要求很高的水域难以搭建测量平台时，宜采用高精度的 GPS 定位技术进行施工定位。

（5）施工放线应有多余观测，细部放线应减少误差的积累。

二、水工建筑物施工控制网的建立

1. 施工平面控制网的建立

（1）施工平面控制网可采用 GPS 网、三角形网、导线及导线网等形式。施工平面控制网一般布设成两级；一级为基本网，另一级为定线网。控制点的选择应考虑施工区的范围和地形条件，建筑物的位置和大小等。

基本网起着控制水利枢纽各建筑物主轴线的作用，组成基本网的控制点，即基本控制点。如图 11-2（a）所示，基本网是由实线连成的四边形，定线网是以轴线为基准与虚线连成的四边形。

定线网直接控制建筑物的辅助线及细部位置。如图 11-2（b）所示，定线网是用交会法加密成虚线连成的。

（2）首级施工平面控制网等级应根据工程规模和建筑物的施工精度要求按表 11-

1 选用。

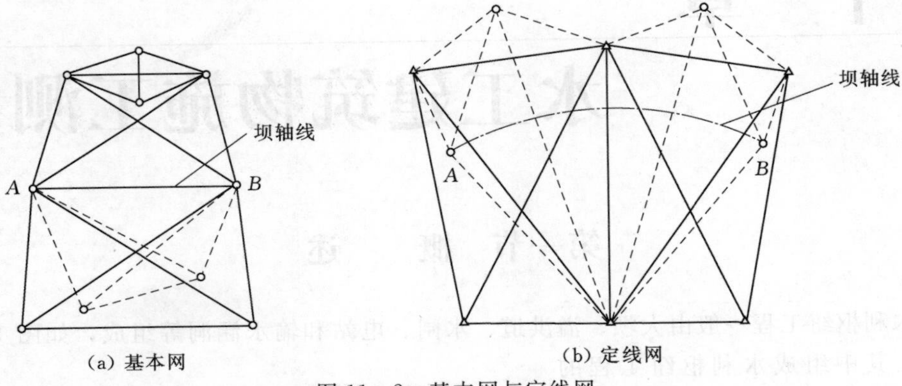

图 11-2 基本网与定线网

表 11-1 首级施工平面控制网等级的选用

工程规模	混凝土建筑物	土石建筑物	工程规模	混凝土建筑物	土石建筑物
大型工程	二等	二或三等	小型工程	四等或一级	一级
中型工程	三等	三或四等			

(3) 各等级施工控制网的平均边长应符合表 11-2 的规定。

表 11-2 水工建筑物施工平面控制网的平均边长

等级	二等	三等	四等	一级
平均边长/m	800	600	500	300

(4) 施工平面控制网宜按两级布设。控制点的相邻点位中误差不应大于 10mm。对于大型的有特殊要求的水工建筑物施工项目，其最末级平面控制点相对于起始点或首级网点的点位中误差不应大于 10mm。

2. 施工高程控制网的建立

(1) 施工高程控制网，宜布设成环形或附合路线；其精度等级的划分依次为二等、三等、四等、五等。

施工高程控制网一般也分两级。一级水准网与施工区域附近的国家水准点连测，布设成闭合（或附合）形式，称为基本网。基本网的水准点称为水准基点，应布设在施工爆破区外，作为整个施工期间高程测量的依据。另一级是由水准基点引测的临时作业水准点，它应尽可能靠近建筑物，以便于做到安置一次或两次仪器就能进行高程放线。

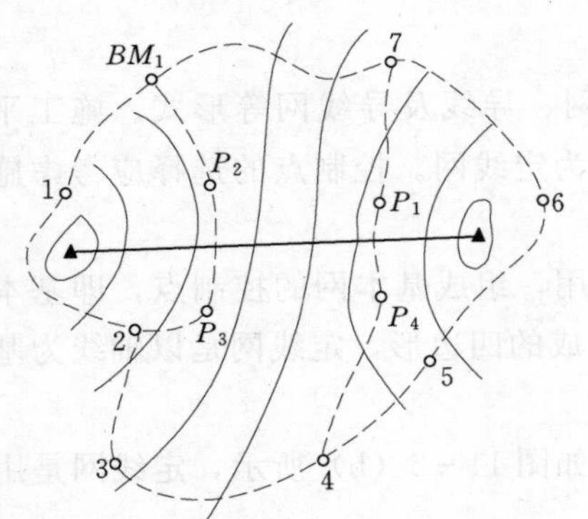

图 11-3 水准基点与临时作业水准点

如图 11-3 所示，BM_1、1、2、…、7、BM_1 是一个闭合形式的基本网，P_1、P_2、P_3、P_4 为作业水准点。

(2) 施工高程控制网等级的选用应符合表 11-3 的规定。

表 11-3　　施工高程控制网等级的选用

工程规模	混凝土建筑物	土石建筑物	工程规模	混凝土建筑物	土石建筑物
大型工程	二等或三等	三等	小型工程	四等	五等
中型工程	三等	四等			

（3）施工高程控制网的最弱点相对于起算点的高程中误差，对于混凝土建筑物不应大于 10mm，对于土石建筑物不应大于 20mm。根据需要，计算时应顾及起始数据误差的影响。

三、水工建筑物施工放样依据

水工建筑物施工放样工作应依据下列资料：

（1）水工建筑物总体平面布置图、剖面图、细部结构设计图。

（2）水工建筑物基础平面图、剖面图。

（3）水工建筑物金属结构图、设备安装图。

（4）水工建筑物设计变更图。

（5）施工区域控制点成果。

四、主要精度指标

水利水电施工测量主要精度指标应符合表 11-4 的规定。

表 11-4　　水利水电施工测量主要精度指标

序号	项目		精度指标			说明
			内容	平面位置中误差/mm	高程中误差/mm	
1	混凝土建筑物		轮廓点放线	±(20～30)	±(20～30)	相对于邻近基本控制点非
2	土石料建筑物		轮廓点放线	±(30～50)	±30	相对于邻近基本控制点
3	机电设备与金属结构安装		安装点	±(1～10)	±(0.2～10)	相对于建筑物安装轴线和相对水平度
4	土石方开挖		轮廓点放线	±(50～200)	±(50～100)	相对于邻近基本控制点
5	局部地形测量		地物点	±0.75（图上）	—	相对于邻近图根点
			高程注记点		1/3 基本等高距	相对于邻近调和控制点
6	施工期间外部变形观测		水平位移测点	±(3～5)	—	相对于工作基点
			垂直位移测点	—	±(3～5)	相对于工作基点
7	隧洞贯通	相向开挖长度小于 4km	贯通面	横向±50 纵向±100	±25	横向、纵向相对于隧洞轴线。高程相对于洞口高程控制点
		相向开挖长度为 4～8km	贯通面	横向±75 纵向±150	±38	

第二节　土坝施工测量

土坝是一种较为普遍的坝型。根据土料在坝体的分布及其结构的不同，其类型又有多种，图 11－4 为一种黏土心墙土坝的剖面图。

土坝施工测量的主要工作内容有：土坝轴线的定位与测设、坝身平面控制测量、坝身高程控制测量、土坝清基开挖线的放样、坝脚线的放样等。

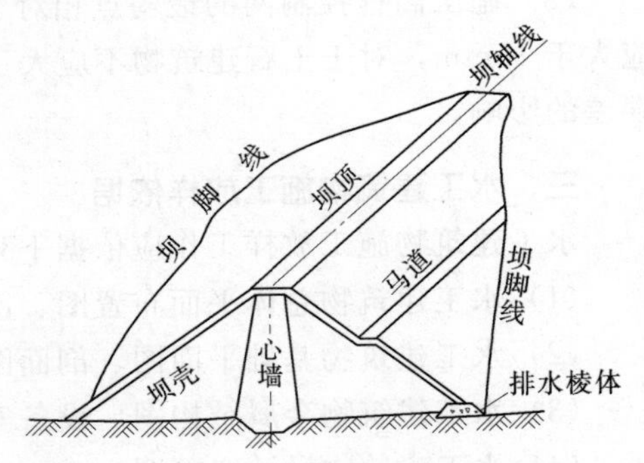

图 11－4　黏土心墙土坝剖面图

一、坝轴线定位与测设

坝址选择是一项很重要的工作，因为它涉及大坝的安全、工程成本、受益范围、库容大小等问题。所以对于大坝选址工作必须综合研究，反复论证。

选定大坝位置就是确定大坝轴线位置，其方法主要有现场选定法和图上设计测设法两种。

现场选定法：这种方法是由有关人员组成选线小组实地勘察，根据地形和地质情况并顾及其他因素在现场选定，用标志标明大坝轴线两端点，经进一步分析比较和论证后，用永久性的标桩标明，并把轴线尽可能延长到两边山坡上。

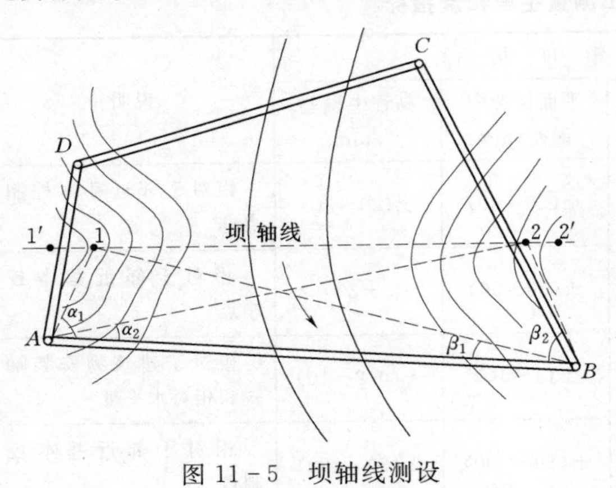

图 11－5　坝轴线测设

图上设计测设法：这种方法是在地形图上根据各方面的勘测资料，确定大坝轴线位置；然后把图上的轴线测设到实地。测设过程如下：首先建立大坝平面控制网，如图 11－5 所示，1、2 是大坝轴线的两个端点，1′、2′是它们的延长点，A、B、C、D 是大坝轴线附近的控制点，在图上量出 1、2 两点的坐标；然后在 A、B 两点分别安置经纬仪或全站仪，用极坐标法或角度前方交会法测设出 1、2 点，同样，还可在 C、D 点置站，检查 1、2 点。

二、坝身平面控制测量

土坝一般都比较庞大，为了详细地测设坝身，如坝身坡脚线、坝坡面、心墙、坝顶肩线，均需要以坝轴线为基础建立若干条与坝轴线平行和垂直的控制线，作为坝身的平面控制。

1. 平行于坝轴线的控制线的测设

在大坝施工现场，由于施工人员、车辆、施工机械往来频繁，如果直接从坝轴线向两边量距离既困难，又影响施工进度，所以，在施工开始前，需要在大坝的上游和下游设置若干条与坝轴线平行的直线，如图 11-6 所示。

平行于坝轴线的控制线可布设在坝顶上下游线、上下游坡面变化处、下游马道中线，也可按一定间隔布设（如 10m、20m、30m 等），以便控制坝体的填筑和进行收方。

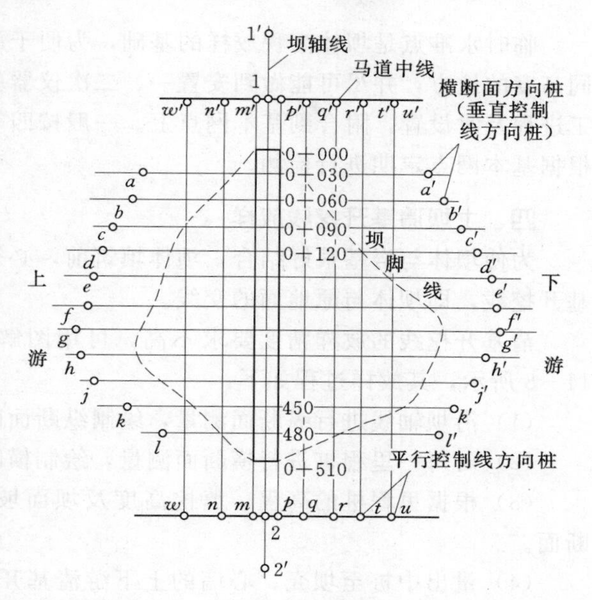

图 11-6　土坝平行线与垂直线的测设

测设平行于坝轴线的控制线时，分别在坝轴线的端点 1、2 安置经纬仪，用测设 90°的方法各作一条垂直于坝轴线的横向基准线；然后沿此基准线量取各平行控制线距坝轴线的距离，得各平行线的位置；检查无误后，用方向桩在实地标定（见图 11-6 中的 mm'、nn'、…）。

2. 垂直于坝轴线的控制线的测设

垂直于坝轴线的控制线，一般按 50m、30m 或 20m 的间距以里程来测设，其步骤如下：

（1）沿坝轴线测设里程桩。由坝轴线的一端，如图 11-6 中的 1 点，在轴线上定出坝顶与地面的交点，作为零号桩，其桩号为 0+000。

测设方法是：在 1 点安置经纬仪，瞄准另一端点 2，得坝轴线方向，用高程放样的方法，首先由坝顶设计高程和附近水准点上水准尺的后视读数，计算前视水准尺上的读数 $b(b=H_{BM}+a-H_{顶})$；然后持水准尺在坝轴线方向移动，当水准仪读得的前视读数为 b 时，立尺点的位置即为零号桩。

由零号桩起，由经纬仪定线，沿坝轴线方向按选定的间距（图 11-6 中为 30m）放样距离，顺序钉下 0+030、060、090、…等里程桩，直至另一端坝顶与地面的交点为止。

（2）测设垂直于坝轴线的控制线。首先在里程桩上安置经纬仪，瞄准 1 或 2 点，转 90°即定出垂直于坝轴线的一系列平行线；然后在上下游施工范围以外用方向桩标定于实地，这些桩也称为横断面方向桩，如图 11-6 中的 aa'、bb'…，它们将作为测量横断面和放样的依据。

三、坝身高程控制测量

用于土坝施工放样的高程控制，可由若干永久性水准点组成基本网，临时作业水准点组成加密网。

基本网布设在施工范围以外，并应与国家水准点连测，组成闭合或附合水准路线（图 11-7），用三等或四等水准测量的方法施测。

临时水准点是坝体高程放样的基础，为便于放样，点位应布置在施工范围以内不同高度的地方，并尽可能做到安置一、二次仪器就能放样高程。临时水准点应根据施工进程及时设置，附合到基本网点上。一般按四等或五等水准测量的方法施测，并要根据基本网点定期进行检测。

四、土坝清基开挖线放样

为使坝体与岩基很好结合，坝体填筑前，必须对基础进行清理。为此，应放出清基开挖线，即坝体与原地面的交线。

清基开挖线的放样精度要求不高，可用图解法求得放样数据在现场放样。如图11-8所示，其放样过程如下：

（1）沿坝轴线进行纵断面测量，绘制纵断面图，并计算各里程桩的填挖高度。

（2）对每一里程桩进行横断面测量，绘制横断面图。

（3）根据里程桩的高程、填挖高度及坝面坡度，在横断面图上套绘大坝的设计断面。

（4）量出中桩至坝壳、心墙的上下游清基开挖点的距离（$S_{上}$、$S_{下}$、$S'_{上}$、$S'_{下}$），并依此数据在实地测设。

清基有一定深度，开挖时会有一定边坡，故$S_{上}$、$S_{下}$应根据深度适当加宽测设，用石灰连接各断面的清基开挖点，即为大坝的清基开挖线。

开挖时要有一定边坡，故$S_{上}$、$S_{下}$应根据深度适当加宽进行放样，用石灰连接各断面的清基开挖点，即为大坝的清基开挖线。

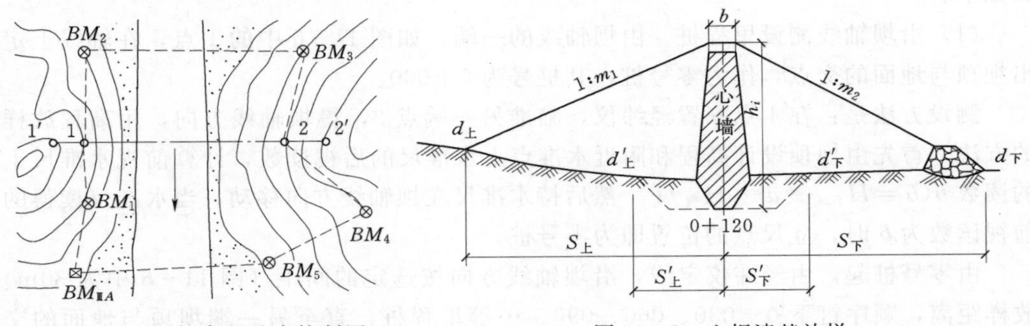

图11-7　土坝高程基本控制网　　　　图11-8　土坝清基放样

五、坝脚线放样

清基以后应放出坡脚线，以便填筑坝体。坡脚线是坝底与清基后地面的交线，既可用上面所述的放样清基开挖线的方法测设，也可以依据坝身平行控制线的方法测设。后面这种方法经常称为平行线法，测设的基本思想是：利用平行控制线与坝轴线的间距、坝顶设计高程、坝坡面设计坡度来计算平行控制线上坡面的高程，然后，在平行控制线的实地上测设出此高程点，再将这些点顺次连接即为坡脚线。

如图11-9所示，AA'为坝身平行控制线，距坝顶边线25m，坝顶高程为80m，边坡为1∶2.5，则AA'控制线与坝坡面相交的高程为$80-25\times1/2.5=70$m。放样时在A点安置经纬仪或全站仪，照准A'点定出控制线方向，在此视线方向上测设出地面高程为 70m 的坡脚点，连接各坡脚点即得坡脚线。

六、边坡放样

坝体坡脚放出后，就可填土筑坝，为了标明上料填土的界线，每当坝体升高 1m 左右就要用桩（称为上料桩）将边坡的位置标定出来，其工作称为边坡放样。边坡放样主要包括上料桩测设和削坡桩测设。

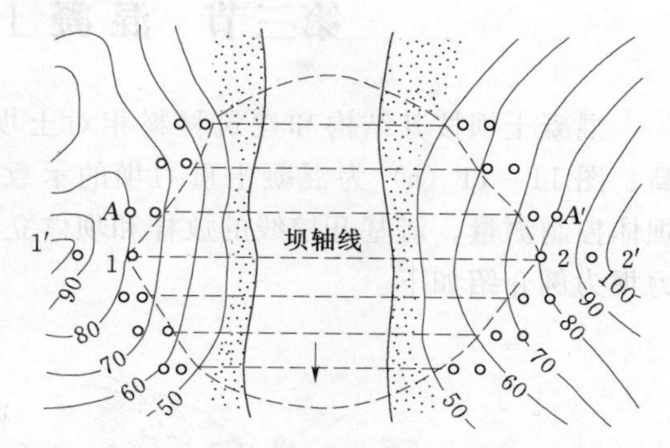

图 11-9　坡脚线的放样——平行线法

1. 上料桩测设

根据大坝的设计断面图，可以计算出大坝坡面上不同高程的点，距坝轴线的水平距离，这个距离是指大坝竣工后坝面与坝轴线的距离。在大坝施工时，根据材料和压实方法的不同，应多铺一部分料，一般应加宽 1～2m 填筑。上料桩就应标定在加宽的边坡线上。

如图 11-10 中的虚线位置即为上料桩的位置，这样使压实并修理后的坝面恰好是设计的坝面。因此，各上料桩的坝轴距比按设计所算数值要大 1～2m，并将其编成放样数据表，以备放样。对于坝顶面铺料超高部分，视具体情况而定。在施测上料桩时，可测量坝轴线到上料桩之距离，高程用水准仪测量。

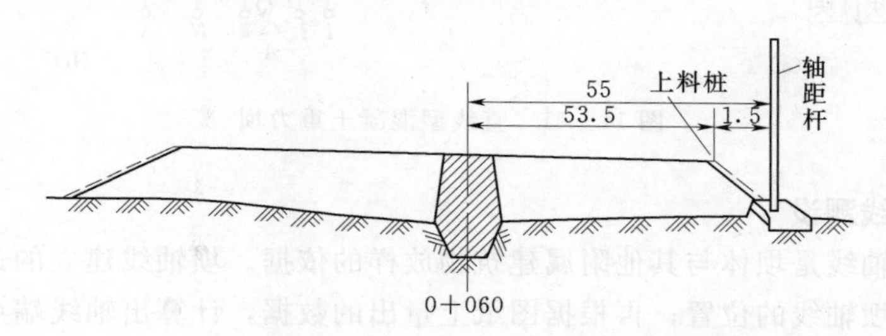

图 11-10　土坝边坡放样

测设时，一般在填土处以外预先埋设轴距杆（目的是便于量距、放样），测出轴距杆距坝轴线的距离，如图 11-10 所示，这一距离为 55m。为了放出上料桩，先用水准仪测出坡面边沿处的高程；然后根据此高程从放样数据表中查得坝轴距，设为 53.5m；再从轴距杆向坝轴线方向量取 55.0－53.5＝1.5m，即为上料桩的位置。当坝体逐渐升高，轴距杆的位置不便应用时，可将其向里移动，以方便放样。

2. 削坡桩测设

大坝填筑至一定高度且坡面压实后，还要修整坡面，使其符合设计要求。根据平行线在坝坡面上打若干排平行于坝轴线的桩，离坝轴线等距离的一排桩所在的坝面应具有相同的高程，用水准仪测得各桩所在点的坡面高程，实测坡面高程减去设计高程就得坡面修整的量。

第三节 混凝土坝施工测量

混凝土坝按其结构和建筑材料相对土坝来说较为复杂，其放样精度比土坝要求高。图 11-11 (a) 为混凝土重力坝的示意图，它的施工放样包括：坝轴线的测设、坝体控制测量、清基开挖线的放样和坝体立模放样等几项内容。现以直线型混凝土重力坝为例介绍如下。

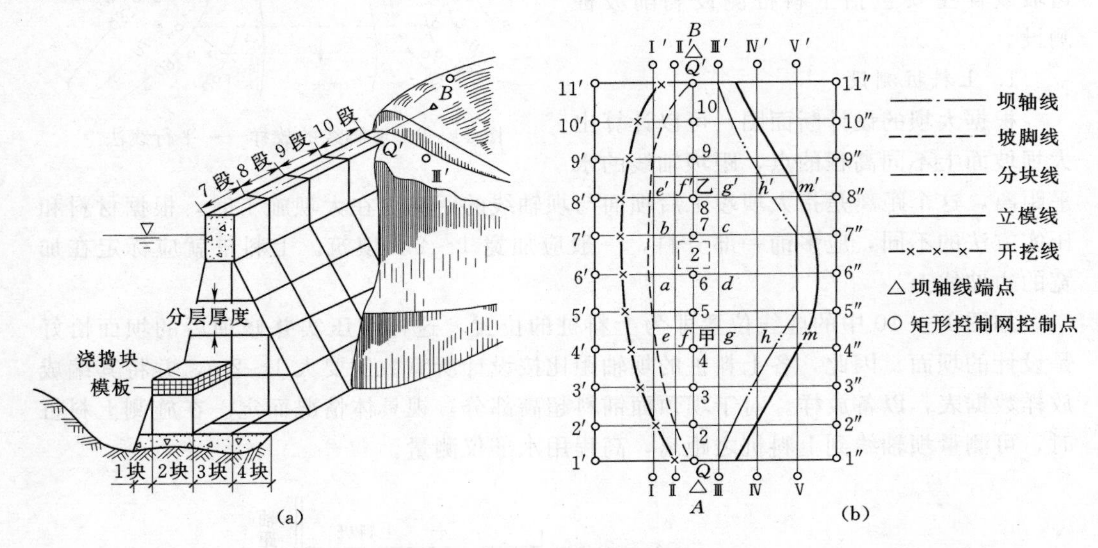

图 11-11 直线型混凝土重力坝

一、坝轴线测设

混凝土坝轴线是坝体与其他附属建筑物放样的依据。坝轴线建立的过程是：首先在图纸上设计坝轴线的位置；再根据图纸上量出的数据，计算出轴线端点的坐标及其与附近控制点间的关系；然后，在现场测设出坝轴线两端点，如图 11-11 (b) 中的 A 和 B。为了防止施工时破坏端点，需将坝轴线两端点延长到两岸的山坡上，各定 1～2 点并分别埋桩，既作为辅桩又可检查端点的位置。

二、坝体控制测量

混凝土坝的施工采取分层分块的方法，每浇筑一层一块就需要放样一次，因此，要建立坝体施工控制网，作为坝体放样的定线网。直线型混凝土重力坝其坝体施工控制网一般采用矩形网。

如图 11-11 (b)，以坝轴线 AB 为基准，布设矩形网，它是由若干条平行和垂直于坝轴线的控制线所组成，格网的尺寸按施工分块的大小而定。测设的主要过程如下：

(1) 在 A 点安置经纬仪或全站仪，照准 B 点，在坝轴线上选甲、乙两点，通过这两点测设与坝轴线相垂直的方向线。

（2）由甲、乙两点开始，分别沿垂直方向按分块的宽度钉出 e、f 和 g、h、m 以及 e'、f' 和 g'、h'、m' 等点。将 ee'、ff'、gg'、hh' 及 mm' 等连线，并延伸到开挖区外，在两侧山坡上设置Ⅰ、Ⅱ、…、Ⅴ和Ⅰ′、Ⅱ′、…、Ⅴ′等放样控制点。

（3）在坝轴线方向上，按坝顶的高程，找出坝顶与地面相交的两点 Q 与 Q'（方法可参见土坝控制测量中坝身控制线的测设）。

（4）沿坝轴线按分块的长度钉出坝基点 2、3、…、10，通过这些点各测设与坝轴线相垂直的方向线，并将方向线延长到上、下游围堰上或山坡上，设置 1′、2′、…、11′和 1″、2″、…、11″等放样控制点。

在测设矩形网的过程中，测设直角时须用盘左盘右取平均，测量距离应细心校核，以免发生差错。

三、清基开挖线放样

清基开挖线是确定对大坝基础进行清除基岩表层松散物的范围，它的位置根据坝两侧坡脚线、开挖深度和坡度决定。标定开挖线一般采用图解法，具体可参见上述土坝清基开挖线方法。图 11－11（b）中有“×”记号的点即为清基开挖点，将这些点顺次连接起来就是清基开挖线。

在清基开挖过程中，应控制开挖深度，在每次爆破后及时在基坑内选择较低的岩面测定高程（精确到 1cm）并用红漆标明，以便施工人员掌握开挖情况。

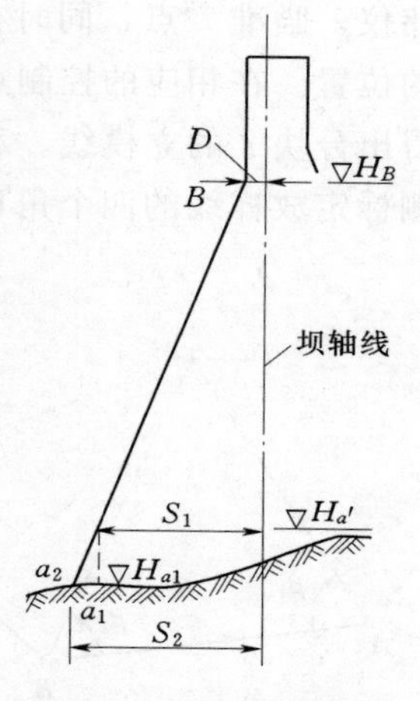

图 11－12　坝坡脚放样

四、坝体立模放样

（一）坡脚线放样

基础清理完毕，可以开始坝体的立模浇筑，立模前首先找出上、下游坝坡面与岩基的接触点，即分跨线上下游坡脚点。放样的方法很多，在此主要介绍逐步趋近法。

如图 11－12 中，欲放样上游坡脚点 a，首先从设计图上查得坡顶 B 的高程 H_B，坡顶距坝轴线的距离 D，设计的上游面坡度为 $1:m$。然后，为了在基础上标出 a 点，需要估计出基础面的高程，设为 $H_{a'}$，则坡脚点距坝轴线的距离可按下式计算：

$$S_1 = D + (H_B - H_{a'})m \tag{11-1}$$

求得距离 S_1 后，可由坝轴线沿该断面量一段距离 S_1 得 a_1 点，用水准仪实测 a_1 点的高程 H_{a1}，按下式计算对应于高程为 H_{a1} 的坡脚线距离 S_2：

$$S_2 = D + (H_B - H_{a1})m \tag{11-2}$$

计算 $\Delta S_1 = S_1 - S_2$，会有下列三种情形，即：若 $\Delta S_1 = 0$，则 a_1 点即为坡脚点 a；若 $\Delta S_1 < 0$，则将 a_1 点背离坝轴线方向移动；若 $\Delta S_1 > 0$，则将 a_1 点向着坝轴线方向移。

若点位移动，则测定移动后点位的距离 $S_{移}$ 和高程 $H_{移}$，将 $H_{移}$ 代入到式（11－2）中得到 S，计算 $\Delta S = S_{移} - S$，再依据 ΔS 来测设，直到 ΔS 不超过 1cm 为止，即标定坡脚点 a_2。

同法可放样出其他各坡脚点，顺次连接上游（或下游）各相邻坡脚点，即得上游（或下游）坡面的坡脚线，据此，即可按 1 : m 的坡度竖立坡面模板。

（二）直线型重力坝立模放样

在坝体分块立模时，应将分块线投影到基础面上或已浇好的坝块面上，模板架立在分块线上，因此分块线也叫立模线，但立模后立模线被覆盖，还要在立模线内侧距立模线 0.2～0.5m 弹出平行线，称为放样线［图 11－11（b）中虚线所示］。放样线用来立模放样和检查校正模板位置。

1. 方向线交会法立模放样

如图 11－11（b）所示的混凝土重力坝，已按分块要求布设了矩形坝体控制网，可用方向线交会法测设立模线。例如，要测设分块 2 的顶点 b 的位置，可在 $7'$ 安置经纬仪，瞄准 $7''$ 点，同时在Ⅱ点安置经纬仪，瞄准Ⅱ′点，两架经纬仪视线的交点即为 b 的位置。在相应的控制点上，用同样的方法可交会出这分块的其他三个顶点的位置，得出分块 2 的立模线。利用分块的边长及对角线校核标定的点位，无误后在立模线内侧标定放样线的四个角顶，如图 11－11（b）中分块 $abcd$ 内的虚线。

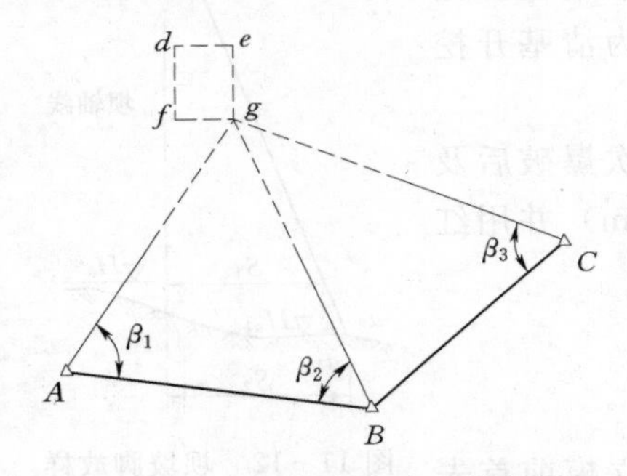

图 11－13　前方交会法立模放样

2. 角度交会（前方交会）法立模放样

如图 11－13 所示，拟用角度前方交会法测设某坝块的四个角点 d、e、f、g，首先在设计图纸上查得它们的坐标，计算使用 A、B、C 三个控制点的测设元素（β_1、β_2、β_3），然后在实地测设出它们的位置，测设方法详见第十章。待放样出各角点后，用分块边长和对角线校核点位，无误后在立模线内侧标定放样的四个角点。

3. 全站仪放样法

事先将控制点数据和放样点数据上传至全站仪，然后在控制点上安置全站仪并确定方位角后进入放样模式，调用放样数据即可顺序放样，这种方法快捷、方便、精度高，目前被广泛采用。

第四节　水闸施工测量

水闸一般由闸室段和上、下游连接段三部分组成，如图 11－14 所示。闸室是水闸的主体，这一部分包括：底板、闸墩、闸门、工作桥和交通桥。上、下游连接段有防冲槽、消力池、翼墙、护坦（海漫）、护坡等防护设施。由于水闸一般建筑在土质地基上，因此通常以较厚的钢筋混凝土底板作为整体基础，闸墩和两边侧墙就浇筑在底板上，与底板结成一个整体。放样时，应先放出整体基础开挖线；在基础浇筑时，为了在底板上预留闸墩和翼墙的连接钢筋，应放出闸墩和翼墙的位置。具体放样步骤和方法如下。

一、主轴线测设和高程控制线的建立

水闸主轴线由闸室中心线（横轴）和河道中心线（纵轴）两条互相垂直的直线组

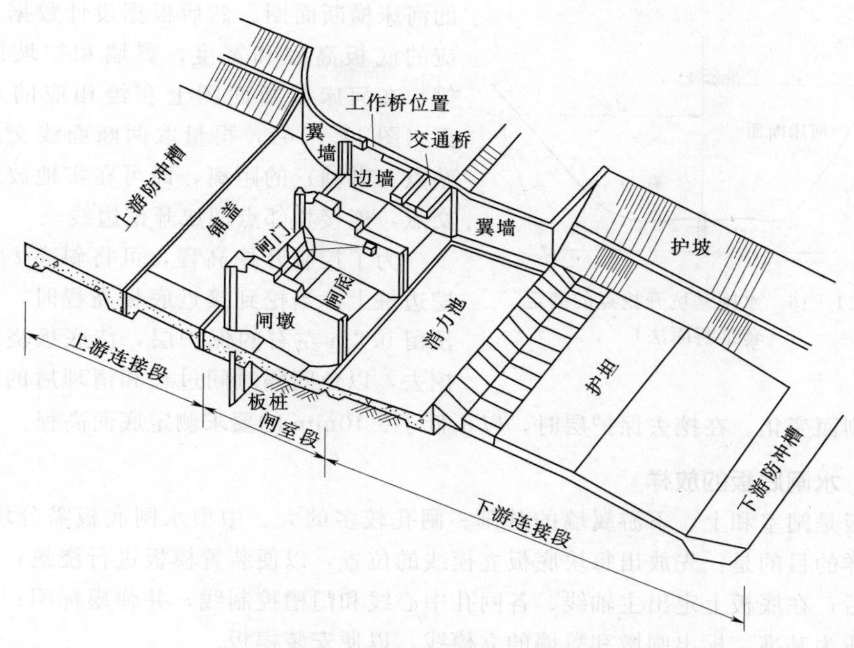

图 11－14　水闸组成部分示意图

成，从水闸设计图上可以量出两轴交点和各端点的坐标，根据坐标反算求出它们与邻近控制点的方位角，用前方交会法测设出它们的实地位置。主轴线定出后，应在交点检测它们是否相互垂直；若误差超过 10″，应以闸室中心线为基准，重新测设一条与它垂直的直线作为纵向主轴线。主轴线测定后，应向两端延长至施工影响范围之外，每端各埋设两个固定标志，如图 11－15 所示，AB 为河道中心线，CD 为闸室中心线。

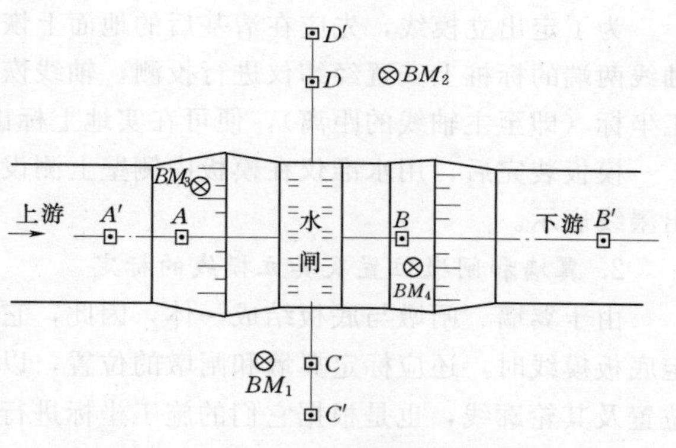

图 11－15　水闸主轴线的标定

高程控制采用三等或四等水准测量方法测定。水准点布设在河流两岸不受施工干扰的地方，临时水准点尽量靠近水闸位置，可以布设在河滩上。图11－15中，BM_1 与 BM_2 布设在河流两岸，它们与国家水准点联测，作为水闸的高程控制，BM_3 与 BM_4 布设在河滩上，用来控制闸的底部高程。

二、基础开挖线放样

水闸基坑开挖线是由水闸底板的周界以及翼墙、护坡等与地面的交线决定。为了定出开挖线，可以采用套绘断面法。首先，从水闸设计图上查取底板形状变换点至闸室中心线的平距，在实地沿纵向主轴线标出这些点的位置，并测定其高程和测绘相应

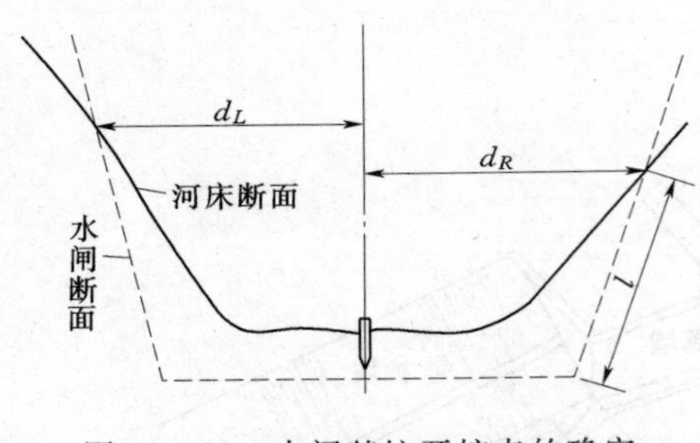

图 11-16　水闸基坑开挖点的确定（套绘断面法）

的河床横断面图。然后根据设计数据（即相应的底板高程和宽度，翼墙和护坡的坡度等）在河床横断面图上套绘相应的水闸断面（图 11-16），再量取两断面线交点到测站点（纵轴）的距离，即可在实地放出这些交点，连接相邻点即成开挖边线。

为了控制开挖高程，可将斜高 l 注在开挖边桩上。当挖到接近底板高程时，一般应预留 0.3m 左右的保护层，待底板浇筑时再挖去，以免间隔时间过长和清理后的地基受雨水冲刷而变化。在挖去保护层时，以不低于±10mm 的要求测定底面高程。

三、水闸底板的放样

底板是闸室和上、下游翼墙的基础。闸孔较多的大、中型水闸底板需分块浇筑。底板放样的目的是：先放出每块底板立模线的位置，以便装置模板进行浇筑；待底板浇筑完后，在底板上定出主轴线、各闸孔中心线和门槽控制线，并弹墨标明；然后以这些轴线为基准，标出闸墩和翼墙的立模线，以便安装模板。

1. 底板立模线的标定和装模高度的控制

为了定出立模线，先应在清基后的地面上恢复主轴线及其交点的位置，然后在原轴线两端的标桩上安置经纬仪进行投测。轴线恢复后，从设计图上量取底板四角的施工坐标（即至主轴线的距离），便可在实地上标出立模线的位置。

模板装完后，用水准仪在模板内侧壁上测设并标出底板浇筑高程的位置，同时弹出墨线表示。

2. 翼墙和闸墩位置及其立模线的标定

由于翼墙、闸墩与底板结成一体，因此，它们的主筋必须一道结扎。这样，在标定底板模线时，还应标定翼墙和闸墩的位置，以便竖立连接钢筋。翼墙、闸墩的中心位置及其轮廓线，也是根据它们的施工坐标进行放样，并在地基上打桩标明。

底板浇筑完后，需要在底板上恢复主轴线；然后以主轴线为依据，根据其他轴线对主轴线的距离定出这些轴线（包括闸孔和闸墩中心线以及门槽控制线等），且弹墨标明。因为墨线容易脱落，故必须每隔 2～3m 用红漆画一圈点表示轴线位置。各轴线应按不同的方式进行编号。根据墩、墙的尺寸和已标明的轴线，再放出立模线的位置。

四、上层建筑物轴线测设和高程控制

当闸墩浇到一定高度时，应在墩墙上测定一条高程为整米数的水平线，并于墨线弹出，作为继续往上浇筑时量算高程的依据。当闸墩浇筑完工后，应在闸墩上标出闸的主轴线，再根据主轴线定出工作桥和交通桥中心线。

值得注意的是，在闸墩上立模浇筑最后一层（即盖顶）时，为了保证各墩顶高程相等，并符合设计要求，应用水准测量方法检查和校正模板内的标高线。在浇筑闸墩

的整个过程中，应随时注意检查模板是否安装，两墩间门槽的方向和间距是否上下一致。

第五节　隧洞施工测量

在水利工程建设中，为了施工导流、引水发电或修渠灌溉，常常要修建隧洞。隧洞在施工时，一般都由两端相向开挖。较长的隧洞可增开竖井（图 11-17）或旁洞，以增加工作面，加快工程进度。为了保证隧洞贯通，必须严格控制挖掘方向和高程。

由于施工和测量都不可避免地会有误差，致使贯通点可能产生错开的现象，错开值被称为贯通误差。贯通误差在隧洞平面中线方向上的分量称为纵向贯通误差；垂直于中线方向上的分量称为横向贯通误差；在竖面即高程方向上的分量，称为高程（或竖向）贯通误差，如图 11-18 所示。

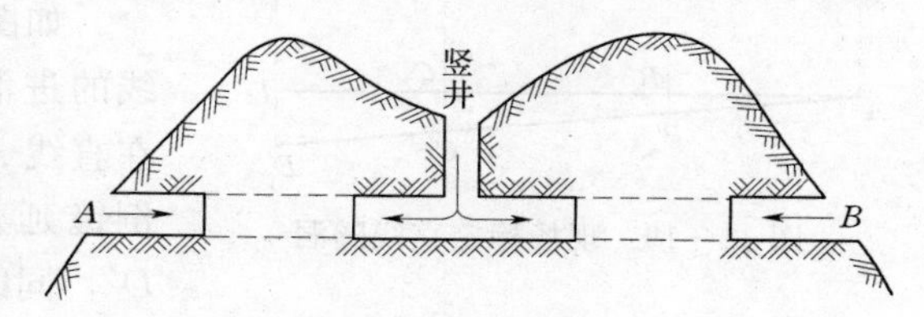

图 11-17　隧洞施工时的开挖工作面

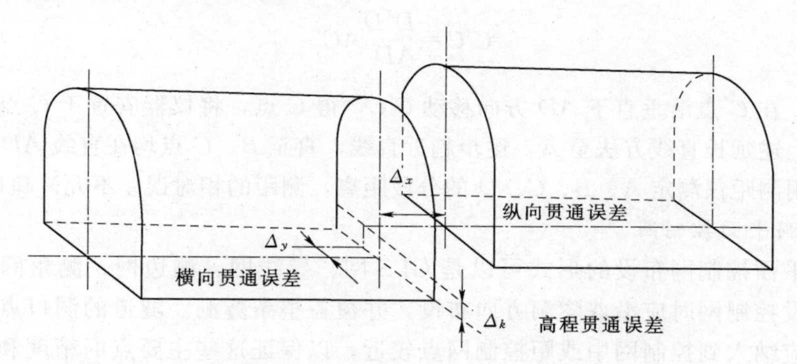

图 11-18　贯通误差示意图

《工程测量规范》（GB 50026—2007）规定，隧道工程的相向施工中线在贯通面上的贯通误差，不应大于表 11-5 的规定。

表 11-5　隧道工程的贯通误差

类　别	两开挖洞口间长度/km	贯通误差限差/mm
横向	$L<4$	100
	$4\leqslant L<8$	150
	$8\leqslant L<10$	200
高程	不限	70

一、地面控制测量

地面控制测量为隧洞工程提供平面、高程基准及控制框架，为标定洞口位置和工程顺利贯通等提供基础保障。地面控制测量分为平面控制测量和高程控制测量这两大部分。

（一）平面控制测量

平面控制测量依隧洞工程的大小、用途、施工方法等不同而有所区别。对于小型、精度要求不高的直线隧洞，一般不进行控制测量，而是在现场直接标定隧洞的走向。对于大型或贯通精度要求高的隧洞，需要进行控制测量。

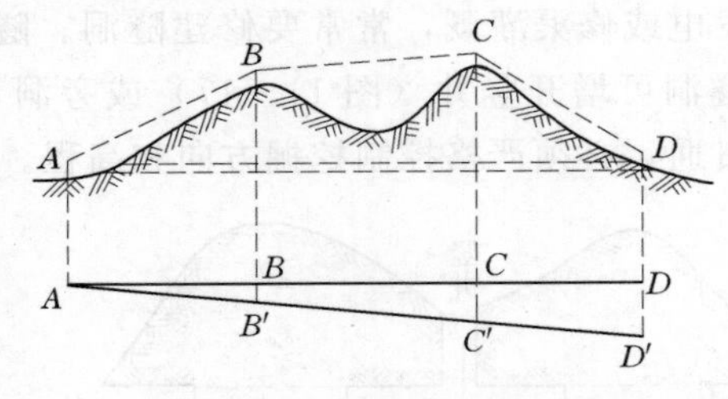

图 11-19　现场标定直线隧洞

1. 现场标定法

如图 11-19 所示，设点 A、D 是隧洞中线的进洞点、出洞点，且互不通视。现场可在直线 AD 方向上初选位置 B'，用经纬仪正倒镜延长直线的方法延长 AB' 至 C'，再至 D'，同时也要用视距或测距的方法或在地形图上量取的方法获得 AB'、$B'C'$、$C'D'$的距离。若 D'点与 D 点重合，则 B、C 点即为中线方向的定向点；否则，量出 $D'D$ 的距离，计算点 C'偏离直线 AD 的距离 $C'C$，即

$$C'C=\frac{D'D}{AD'}AC' \tag{11-3}$$

然后，在 C'点沿垂直于 AD 方向移动 $C'C$，得 C 点，将仪器安置于 C 点，后视 D 点，再按上述延长直线方法至 A，逐步趋近直线，直至 B、C 点均在直线 AD 方向上为止。最后用测距仪测定 A、B、C、D 的分段距离，测距的相对误差不允许超过1/5000。

2. 隧洞平面控制网

隧洞平面控制网布设的形式可以是 GPS 网、导线网、测边网、测角网或边角混合网。布设控制网时应沿着隧洞方向布设，并覆盖整条隧洞。隧道的洞口点和曲线隧洞的主点应纳入到控制网中或距控制网点较近，以保证这些主要点的精度和进洞、出洞的开切给向及洞内外连接方位角的高精度，如图 11-20 所示。布网完毕，即可实施观测及数据处理。

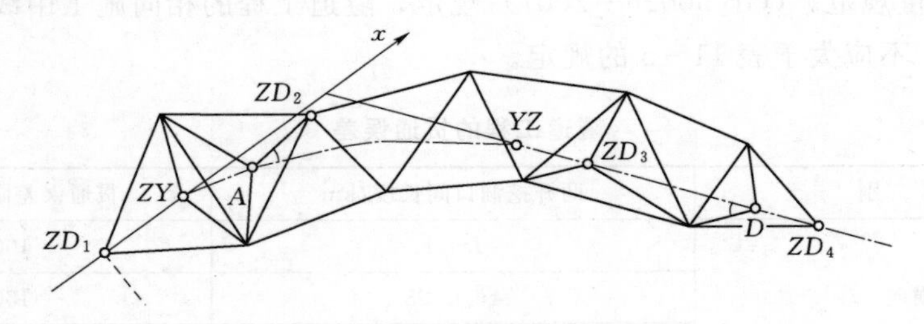

图 11-20　隧洞地面控制网示意图

大型隧洞一般需要建立独立坐标系，即：选定贯通中线的方向作为 x 轴或 y 轴，隧洞平均高程面为投影面，平均子午线为中央子午线，以便于施工和限制长度投影变形。因此，在数据处理前，必须对观测的角度、边长进行投影改正或对 GPS 网选定

取用的坐标系再进行数据处理。

（二）高程控制测量

高程控制网可布设为水准网或电磁波测距三角高程网，等级为三等或四等。在每个洞口或拟开凿竖井的附近，布设2～3个水准基点，以便于向洞内或井下传递高程。

二、联系测量

联系测量是将地面的坐标、高程系统通过洞口或井口传入到地下，使地上、地下具有统一的坐标和高程系统。其类型分为：平洞、斜井联系测量和竖井联系测量。在进行联系测量前，必须在洞口或井口附近（地上、地下）建好平面、高程控制点。洞口地下控制点是地下控制的基准点，在建立时，点位要非常稳固、便于永久保存及后续控制，点数不少于3个。

由于平洞、斜井联系测量与地面测量相似，这里仅介绍竖井联系测量。

1. 一井定向

通过一个竖井将地面的坐标系统导入到井下的测量工作，称为一井定向。一井定向的基本思想是：在井筒中吊入两根钢丝，若钢丝无摆动即呈垂直状态，当地面测定两根钢丝的坐标后便传入到了井下；在井下，再通过几何方式测量，便将钢丝的坐标、方位角传递给了井下控制基点和控制边，从而使地上、地下具有统一的坐标系统，如图11-21（a）所示。因此，一井定向的主要工作是投点、连接、检查和计算。

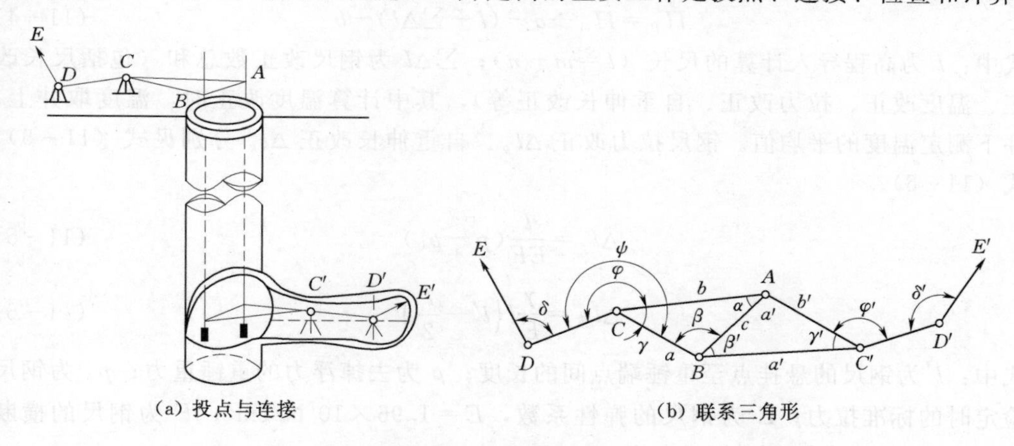

(a) 投点与连接　　(b) 联系三角形

图 11-21　一井定向

（1）投点。投点就是在井筒中吊入两根钢丝，并保证钢丝呈垂直状态。

（2）连接。连接就是将井上、井下几何图形联成一体，从而将井上的坐标、方位角传入到井下。常用的连接图形为联系三角形，如图11-21（b）所示，井上$\triangle ABC$和井下$\triangle ABC'$由AB边连接构成一体。按照要求，测量地面、地下的各边元素和角元素。

（3）检查和计算。按正弦定理解算联系三角形的α、β和α'、β'角，且应满足三角形内角和定理。按余弦定理解算钢丝的间距$c_{上计}$、$c_{下计}$，并比较丈量值与计算值之差：$d_{上}=c-c_{上计}$、$d_{下}=c'-c_{下计}$，若$d_{上}$不超过2mm、$d_{下}$不超过4mm，则符合要求。最后，沿着连接三角形的小角路线，即按$D \to C \to A \to B \to C' \to D'$的顺序，用支

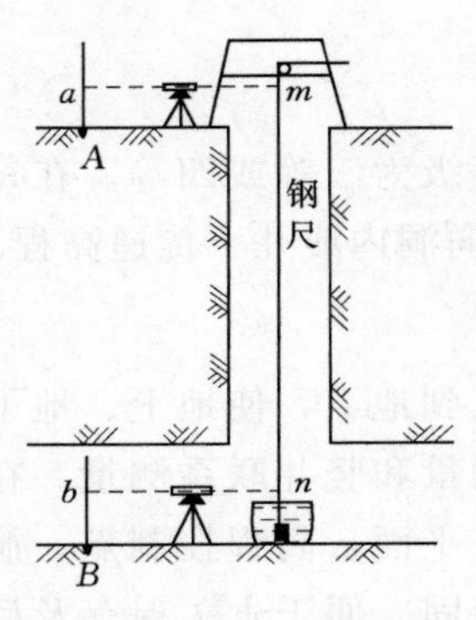

图 11-22　高程导入

导线形式计算。

确定井下起算边的方位角，除了用上述的几何方法外，还可用物理定向方式直接测定，这种仪器是陀螺经纬仪。利用陀螺的进动性能够测定真北方向，再通过测定真北方向与控制边方向的水平角、测定仪器常数及查算子午线收敛角等，便能计算出测边的坐标方位角。有关陀螺经纬仪测量的内容、方法请参阅矿山测量等方面的教材或参考书。

2. 高程导入

通过竖井将地面的高程系统导入至井下，即为高程（或标高）导入。高程导入常用的方法有钢尺法和钢丝法，也可用全站仪铅直测距，这里仅介绍钢尺法导入高程。无论用何种方法，必须独立导入两次，当两次导入的高程之差不超过井筒深度的 1/8000 时，取平均值作为导入的高程值。

如图 11-22 所示，将检定的钢尺（30m、50m、100m 等）挂上重锤自由悬挂在井筒中，在井上、井下安置水准仪，对 A、B 点竖立的水准尺读数，设为 a、b；然后，同时在钢丝上读数，设为 m、n，测定井上、井下的温度 $t_{上}$、$t_{下}$。则 B 点的高程为

$$H_B = H_A + a - (l + \sum \Delta l) - b \tag{11-4}$$

式中：l 为高程导入计算的尺长（$l = m - n$）；$\sum \Delta l$ 为钢尺改正数总和（包括尺长改正、温度改正、拉力改正、自重伸长改正等），其中计算温度改正时，温度取井上、井下测定温度的平均值。钢尺拉力改正 Δl_p、自重伸长改正 Δl_g 分别见式（11-5）、式（11-6）。

$$\Delta l_p = \frac{l}{EF}(p - p_0) \tag{11-5}$$

$$\Delta l_{重} = \frac{\gamma}{E} l \left(l' - \frac{l}{2} \right) \tag{11-6}$$

式中：l' 为钢尺的悬挂点至重锤端点间的长度；p 为去掉浮力的重锤重力；p_0 为钢尺检定时的标准拉力；E 为钢尺的弹性系数，$E = 1.96 \times 10^7 \mathrm{N/cm^2}$；$F$ 为钢尺的横断面积，$\mathrm{cm^2}$；γ 为钢尺的相对密度，$\gamma = 7.8 \mathrm{g/cm^3}$。

若导入高程需要长钢尺时，可将 2～3 个 30m 或 50m 的钢尺连接在一起，但必须保证钢尺接头处的牢固和自然伸展。

三、洞内施工测量

隧洞内的施工测量主要包括洞内控制测量、隧洞掘进测量和隧洞断面测量等。

（一）洞内控制测量

由于隧洞呈线状，坡度不大，布设控制点只能随着隧洞的掘进而延展，因此，地下平面控制测量主要采用导线测量的形式，高程控制测量则以水准测量为主。

1. 地下导线测量

在布设导线时，先布设低等级的导线，用以指导隧道的开挖掘进；随着掘进的进

展，低等级导线难以控制后续掘进的方向，需要在已形成的空间内布设高等级的导线，再指导掘进；当掘进一段后，若高等级的导线还不能满足要求，则需建立更高等级的导线。因而，布设地下导线应遵循“先低后高，逐渐扩展；以高控低，相互交错”的基本原则。

(1) 施工导线。为指导开挖面的推进和进行施工放样，需要布设边长为 25～50m 的低等级导线，即施工导线，测角中误差 m_β 一般为 20″～60″。

(2) 基本导线。当掘进长度为 100～300m 时，为了检查隧洞掘进的方向和继续指导掘进，需要利用部分稳定的施工导线点来敷设边长为 100～300m 的导线，m_β 一般为 5″～20″。

(3) 主要导线。当掘进长度大于 2km 时，为进一步提高导线精度、控制掘进方向，需要选择部分基本导线点或施工导线点来敷设边长为 300～800m 的导线，m_β 一般为 1.8″～5″。这种导线，若有条件，应在合适处用陀螺经纬仪加测方位角，以提高方向精度。

各级导线的布设方案，如图 11-23 所示。

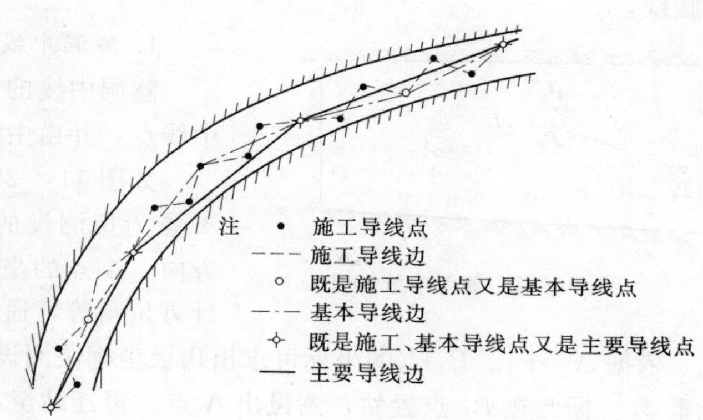

图 11-23　地下各级导线布设示意图

2. 地下高程控制测量

地下高程控制一般分为基本高程控制和工作高程控制，常用水准测量方法。基本控制与工作控制交替布设，形式与遵循的基本原则同地下导线。

在隧洞的底板、顶板或边帮上均可设立水准点。基本控制点均应设立为永久点，并依组设立：每组 3 个，点间距为 5～10m，组间距为 300～800m。在隧洞的进出洞口和竖井筒底、主副洞的连接导洞口附近必须设立永久点。工作控制点根据施工需要设立为临时的或半永久的。各级水准点也要分类统一编号，并在实地给以标记。各级导线点可兼作高程控制点。

各级水准测量应按规范或施工测量方案的要求进行，视线长度不宜超过 50m。对于四等及以下等级的水准测量，可采用改变仪器高法测量，两次测定高差之差不允许超过 3mm。

当点在顶板上时，要倒立水准尺，如图 11-24 所示。此时高差仍按 $h_{AB}=a-b$ 的形式计算，但倒立尺的读数以负值计。对于三角高程测量若点在顶板上，量取的仪器高 i 或目标高 v 是由控制点向下量取的，其值也以负值计，计算公式仍是 $h_{AB}=S\tan\alpha+i-v$。

在进行水准测量前，必须对本次应用的高程成果进行复测。若发现异常，按新成果计算；若无问题，复测段高差取加权平均值（每次等权）。地下各级支水准路线必须进行往返观测。

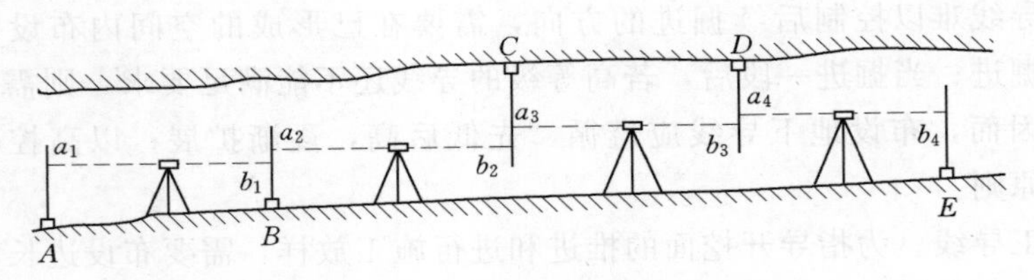

图 11-24　地下水准测量

（二）隧洞掘进测量

指导隧洞掘进主要是测量平面给向和竖向坡度控制，主要工作是测设隧洞的中线和腰线。

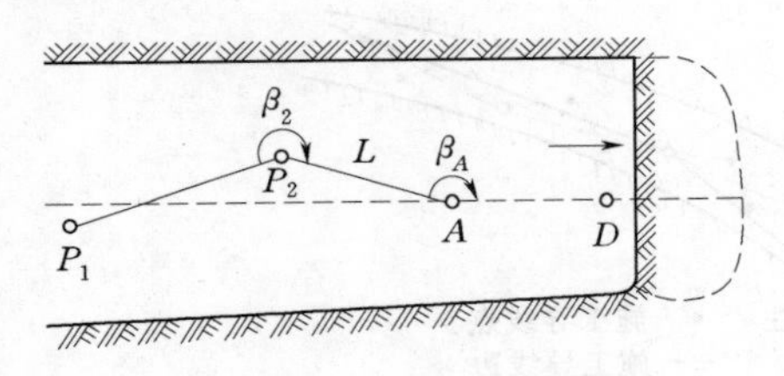

图 11-25　隧洞中线测设

1. 隧洞中线测设

隧洞中线的测设是利用各级导线点测设出中线点，并由中线点给出隧洞的掘进方向。

如图 11-25 所示，P_1、P_2 点为导线点，A 点为拟测设的中线点，AD 为要给定的中线方向。A 点的坐标可由其里程和隧洞中线的设计方位角等，通过计算求出。

依据 A、P_1、P_2 点的坐标可求出用极坐标法测设 A 点的放样元素 β_2、L，给向元素 β_A。据此在 P_2 点置站，测设出 A 点；再迁站至 A 点，以 P_2 点定向，拨 β_A 角，给出掘进方向。

随着隧洞的掘进，检查 A、P_2 点若未动，继续延伸中线方向，并在适宜处（距 A 点：直线段小于 100m，曲线段小于 50m）设立中线点 D；然后，在 D 点再继续给出掘进方向。

2. 隧洞腰线测设

控制隧洞掘进坡度的方向线称为隧洞腰线，其坡度等于隧洞的设计坡度。腰线常设在隧洞的边帮上，距底板高为 1.0～1.3m。测设腰线点以组为单位，每组 3 个，点间距为 2～5m，组间距为 20～30m。若隧洞未有腰线或需要重新测设腰线，称为初定腰线；若利用已有腰线点来延伸腰线，称为续定腰线。

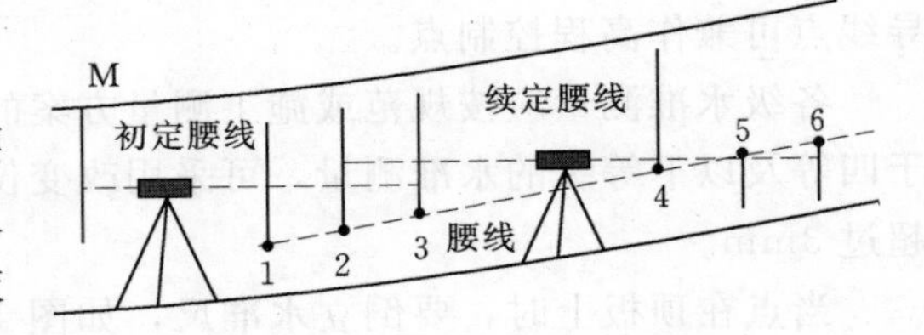

图 11-26　水准仪测设腰线

如图 11-26 所示，用水准仪初定腰线时，依据控制点、腰线起点的高程及设计坡度，测设 1～3 点。续定腰线则依据已有腰线点位如 2 点、点间距及坡度，测设 4～6 点。具体方法可参见第十章中的已知坡度线的测设。无论初定、续定腰线，必须对所使用的控制点或腰线点进行检查。

（三）隧洞断面测量

测设隧洞横断面有两个任务：一是在开挖断面上标定出设计断面，以指导断面掘进；二是测定开挖后的断面，并与设计断面比较，以检查施工质量和为修筑断面提供资料。设计断面有圆形、拱形和马蹄形等形式，测设方法也因形而异。

如图 11-27 所示，这是一个圆拱直墙式的隧洞断面，其放样工作包括侧墙和拱顶两部分。从断面设计中可以得知断面宽 S、拱高 h_0、拱弧半径 R 和起拱线的高度 L 等数据，测设步骤如下。

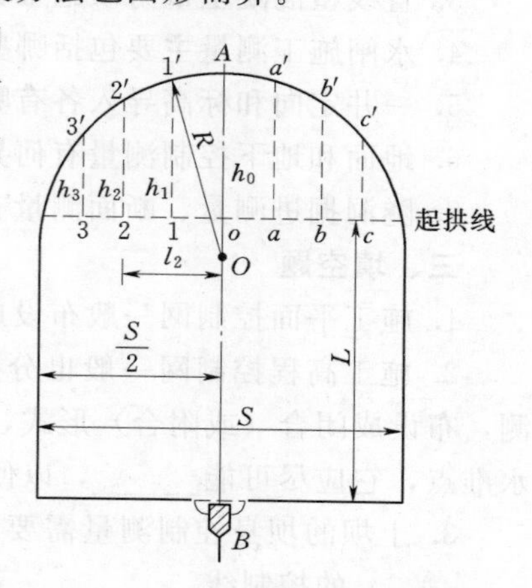

图 11-27 中线法测设中线

1. 测设中垂线和侧墙线

将经纬仪安置在洞内中线桩上，后视另一中线桩，倒转望远镜，即可在待开挖的工作面上标出中垂线 AB，由此向两侧量取 $S/2$，即得到侧墙线。

2. 测设断面尺寸

直接测设法：根据洞内水准点和拱弧圆心的高程，将圆心 O 测设在中垂线上，再用几何作图方法在工作面上绘出各断面点；或事先图解数据（左右支距及对应的拱高），在竖面上用直角坐标法放出。

计算测设法：根据断面宽度和测设点的密度要求，确定测设点的水平间距（常取 1～2m），计算测设点的拱高 h_i，即

$$h_i=\sqrt{R^2-l_i^2}-(R-h_0) \tag{11-7}$$

式中：l_i 为断面上任一点 i' 至中垂线 AB 的水平距离。

依据测设元素 l_i、h_i，在断面上应用直角坐标法即可测设任一点 i'。用此数据，还可以检查断面和测设隧洞衬砌的模板等。这种方法适用于测设精度要求较高的断面。

对于圆形断面，其测设方法与上述方法类似，也要先放样出断面的中垂线和圆心位置，再以圆心和设计半径画圆等方法测设。

除了用上述方法测量隧洞横断面之外，还可用专门的断面仪测量、检测断面。

习　　题

一、名称解释

1. 施工控制网
2. 基本网
3. 定线网
4. 水准基点
5. 临时作业水准点
6. 贯通误差

二、问答题

1. 水工建筑物施工控制网的类型有哪些？

2. 土坝施工测量的主要工作有哪些？

3. 直线型混凝土重力坝施工放样的工作内容有哪些？

4. 水闸施工测量主要包括哪些工作？

5. 一井定向和标高导入各有哪些主要工作，并且应注意哪些主要问题？

6. 地面和地下控制测量有何异同点

7. 隧洞掘进测量、断面测量有哪些主要工作？

三、填空题

1. 施工平面控制网一般布设成两级：一级为______，另一级为______。

2. 施工高程控制网一般也分两级。一级水准网与施工区域附近的国家水准点连测，布设成闭合（或附合）形式，称为______。另一级是由______引测的临时性作业水准点，它应尽可能______，以便于做到安置一次或两次仪器就能进行高程放线。

资源 11-1 习题答案

3. 土坝的坝身控制测量需要以坝轴线为基础建立若干条与坝轴线__________和__________的控制线。

4. 隧洞在施工时，一般都由两端相向开挖。较长的隧洞可增开竖井或旁洞，以增加工作面，加快工程进度，为了保证隧洞贯通，必须严格控制掘进__________和______。

第十二章

渠道测量

渠道测量属于线路工程测量的范畴，渠道测量的目的是根据规划和初步设计的要求，在地面上定出其中心位置，然后沿中心线方向测出其地面起伏情况，并绘制成带状地形图或纵、横断面图，作为设计路线坡度和计算土石方工程量的依据。

渠道测量的内容一般包括：选线测量、中线测量、圆曲线测设、纵横断面测量、土方计算和断面的放样等。

第一节　选　线　测　量

一、踏勘选线

渠道选线的任务就是要在地面上选定渠道的合理路线，标定渠道中心线的位置。渠线的选择直接关系到工程效益和修建费用的大小，一般应符合下列要求：

(1) 灌溉渠道应布置在灌区的较高地带，以便自流控制较大的灌溉面积。

(2) 渠线应尽可能短而直，以减少占地和工程量。应使开挖和填筑的土、石方量和需修建的附属建筑物要少。

(3) 中小型渠道的布置应与土地规划相结合，做到田、渠、林、路协调布置，为采用先进农业技术和农田园田化创造条件。

(4) 渠道沿线应有较好的土质条件，无严重渗漏和塌方现象。

具体选线时除考虑其选线要求外，应依据渠道设计流量的大小按不同的方法进行。对于灌区面积较小、渠线不长的渠道，可以根据已有资料和选线要求直接在实地查勘选线。对于灌区面积较大，渠线较长的渠道，一般应经过查勘、纸上定线和选线测量等步骤综合确定。现以大、中型渠道为例对渠道的选线工作简述如下。

1. 实地查勘

先在小比例尺（一般为 1/10000～1/50000）地形图上初步布置渠线位置，地形复杂的地段可布置几条比较线路，然后进行实际查勘，调查渠道沿线的地形、地质条件，估计建筑物的类型、数量和规模，对难工地段要进行初勘和复勘，经反复分析比较后，初步确定一个可行的渠线布置方案。

2. 纸上定线

对经过查勘初步确定的渠线，测量带状地形图，比例尺为 1/1000～1/5000，等高距为 0.5～1.0m，测量范围从初定的渠道中心线向两侧扩展，宽度为 100～200m。在带状地形图上准确地布置渠道中心线的位置，包括弯道的曲率半径和弧形中心线的位置，并根据沿线地形和输水流量选择适宜的渠道比降。在确定渠线位置时，要充分考虑到渠道水位的沿程变化和地面高程。在平原地区，渠道设计水位一般应高于地面，形成半挖半填渠道，使渠道水位有足够的控制高程。在丘陵山区，当渠道沿线地面横向坡度较大时，可按渠道设计水位选择渠道中心线的地面高程。渠线应顺直，避免过多的弯曲。

3. 选线测量

通过测量，把带状地形图上的渠道中心线放到地面上去，沿线打上大木桩，木桩的位置和间距视地形变化情况而定。实地选线时，对图上所定渠线作进一步的研究和补充修改，使之完善。渠道选线后，要绘制草图，注明渠道的起点、各转折点和终点的位置与附近固定地物的相互位置和距离，以便寻找。

二、水准点的布设与施测

为了满足渠道沿线纵横断面测量、便于施工放样的需要，在渠道选线的同时，应沿渠线附近每隔 1～3km 左右在施工范围以外布设一些水准点，并组成附合和闭合水准路线，当路线长度在 15km 以内时，也可组成往返观测的支水准路线。起始水准点应与附近的国家水准点联测，以获得绝对高程。当渠线附近没有国家水准点或引测有困难时，也可参照以绝对高程测绘的地形图上的明显地物点的高程作为起始水准点的假定高程。水准点的高程一般采用四等水准测量的方法施测（大型渠道有的采用三等水准测量）。

第二节　中　线　测　量

中线测量的任务是根据选线所定的起点、转折点及终点，测出渠道的长度和转折角的大小，并在渠道转折处测设圆曲线，把渠道中心线的平面位置在地面上用一系列木桩标定出来。

一、平原地区的中线测量

在平原地区，渠道中心线一般为直线。渠道长度可用皮尺或测绳沿渠道中心线丈量。为了便于计算渠道长度和绘制纵断面图，沿中心线每隔 50m 或 100m 打一木桩，称为里程桩。两里程桩之间若遇有重要地物（如道路、桥梁等）或地面坡度突变的地方，也要增设木桩，称为加桩。里程桩和加桩都以渠道起点到该桩的距离进行编号，起点的桩号为 0＋000，以后的桩号为 0＋050、0＋100、0＋150 等，“＋”号前的数字是千米数，“＋”号后的数字是米数，如 2＋200 表示该桩离渠道起点 2km 又 200m，如加桩号为 0＋165.3，表示从起点到该桩的距离为 165.3m。

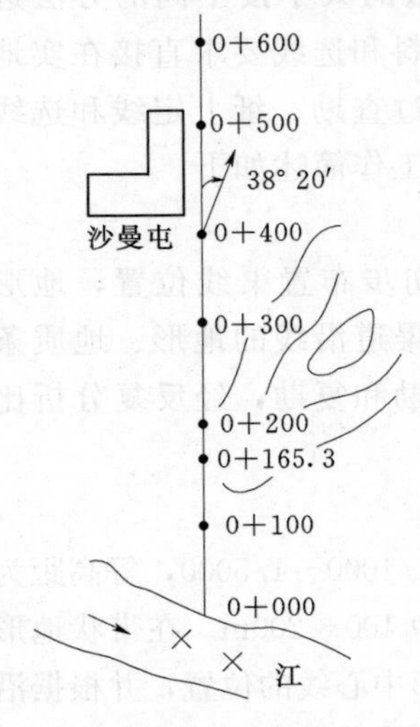

图 12－1　路线草图

渠中线木桩的桩号要用红漆书写在木桩的侧面并朝向起点。在距离丈量中为避免出现差错，一般用皮尺丈量两次，当精度要求不高时可用皮尺或测绳丈量一次。在转折点处渠道从一直线方向转到另一直线方向时，需测出前一直线的延长线与改变方向后的直线间的夹角 α，如需测设圆曲线时，按着规范要求，当 $\alpha < 6°$ 时，不测设圆曲线；当

$6° \leqslant \alpha \leqslant 12°$时，只测设圆曲线的三个主点，计算曲线长度；当$\alpha > 12°$，曲线长度$L \leqslant$ 100m 时，测设三个主点，计算曲线长度，$L > 100$m 时，测设曲线三主点及细部点，计算曲线长度。

在渠道中线测量的同时，还要在现场绘出草图，如图 12-1 所示。图中直线表示渠道的中心线，直线上的黑点表示里程桩和加桩的位置，箭头表示渠道中心线从 0+400 桩以后的走向，38°20′是偏离前一段渠道中心线的转折角，箭头画在直线的左边表示左偏，画在直线的右边表示右偏，渠道两侧的地形及地物可根据目测勾绘。

二、山丘地区的中线测量

在丘陵山区，渠道一般是沿山坡按一定方向前进，也就是沿着山坡找出渠道所通过的路线位置。为了使渠道以挖方为主，将山坡外侧渠堤顶的一部分应设计在地面以下，如图 12-2 所示，堤顶高程可根据渠首引水口进水闸底板的高程（H_0）、渠底比降（i）、里程（D）和渠深（渠道设计水深加超高）计算，即

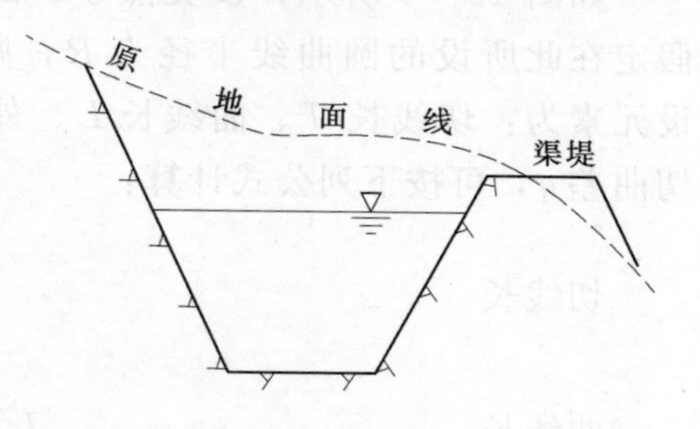

图 12-2　环山渠道横断面图

$$H_{堤顶} = H_0 - iD + h_{渠深} \qquad (12-1)$$

例如渠首引水口的渠底高程为 98.50m，渠底比降为 1/1000，渠深为 2.2m，则渠首（0+000）处的堤顶高程应为 98.50+2.20=100.70m。测设时由图 12-3 中水准点高程 $H_M=100.160$m，按高程放样方法，水准仪安置好后，后视水准点 M，得读数为 1.846m，算出视线高程 $H_I = H_M + a = 100.160 + 1.846 = 102.006$m，然后将前视尺沿山坡上、下移动，使前视读数 $b = 102.006 - 100.70 = 1.306$m，即得渠首堤顶位置，根据实际情况，向里移一段距离（不大于渠堤到中心线的距离）在该点上打一木桩，标志渠道起点（0+000）的位置。

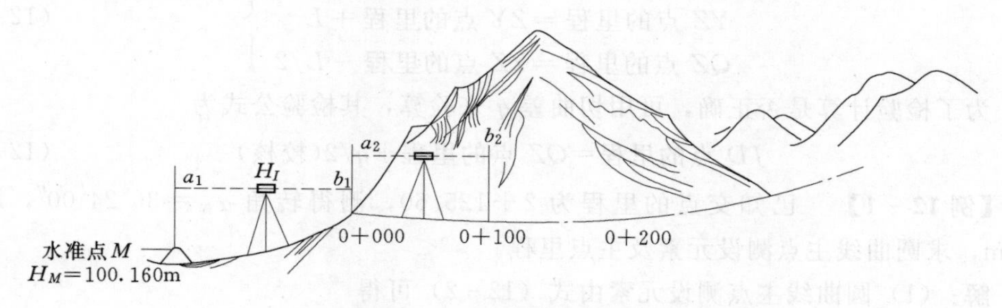

图 12-3　山丘地区渠线确定

起点定好后，可从渠首开始按式（12-1）依次计算出 0+100、0+200、…的堤顶高程为 100.60m、100.50m、…。用同样方法定出 0+100、0+200、…点的位置。

第三节　圆曲线测设

渠道从一直线方向改变到另一直线方向，需用曲线连接，使渠道路线沿曲线缓慢

变换方向。圆曲线的测设一般分两步进行：先测设曲线的主点，即曲线的起点、中点和终点；然后在已测设主点之间进行加密，按规定桩距测设曲线的其他各点，称为曲线的细部测设。

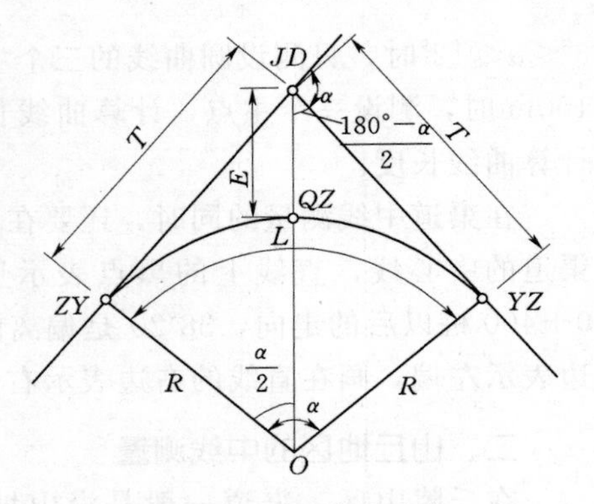

图 12-4　圆曲线元素

一、圆曲线主点测设

1. 圆曲线测设元素的计算

如图 12-4 所示，设交点 JD 的转角为 α，假定在此所设的圆曲线半径为 R，则曲线的测设元素为：切线长 T、曲线长 L、外矢距 E 和切曲差 q，可按下列公式计算：

切线长　$T=R\tan\dfrac{\alpha}{2}$

$$\left.\begin{aligned}&\text{曲线长} && L=R\alpha\left(\frac{\pi}{180^\circ}\right)\\&\text{外矢距} && E=R\left(\sec\frac{\alpha}{2}-1\right)\end{aligned}\right\}\tag{12-2}$$

切曲差　$q=2T-L$

上面几个元素中，转角 α 在实地测得，半径 R 是在设计中选定的。

2. 圆曲线主点里程的计算

交点 JD 的里程由中线测量得到，根据交点的里程和曲线测设元素，即可算出各主点的里程。由图 12-4 可知：

$$\left.\begin{aligned}&ZY\text{ 点的里程}=JD\text{ 点的里程}-T\\&YZ\text{ 点的里程}=ZY\text{ 点的里程}+L\\&QZ\text{ 点的里程}=YZ\text{ 点的里程}-L/2\end{aligned}\right\}\tag{12-3}$$

为了检验计算是否正确，可用切曲差 q 来验算，其检验公式为

$$JD\text{ 点的里程}=QZ\text{ 点的里程}+q/2\text{(校核)}\tag{12-4}$$

【例 12-1】　已知交点的里程为 2+125.60，测得转角 $\alpha_{右}=36°24'00''$，$R=150\text{m}$，求圆曲线主点测设元素及主点里程。

解：(1) 圆曲线主点测设元素由式（12-2）可得

$$T=150\times\tan(36°24'00''/2)=49.32(\text{m})$$

$$L=\frac{\pi}{180°}\times36°24'00''\times150=95.30(\text{m})$$

$$E=150\times\left(\sec\frac{36°24'00''}{2}-1\right)=7.9(\text{m})$$

$$q=2\times40.32-95.30=3.34(\text{m})$$

(2) 主点里程

JD	2+125.60
$-T$	49.32
ZY	2+076.28
$+L$	95.30
YZ	2+171.58
$-L/2$	95.30/2
QZ	2+123.93
$+q/2$	3.34/2
JD	2+125.60　（检核计算）

3. 圆曲线主点的测设

根据圆曲线主点里程的计算值，可按下述步骤进行主点测设：

(1) 测设圆曲线起点（ZY）。见图 12-4，将经纬仪置于 JD 上，后视相邻交点方向，自 JD 沿该方向量取切线长 T，在地面标定出曲线起点 ZY。

(2) 测设圆曲线终点（YZ）。在 JD 用经纬仪前视相邻交点方向，自 JD 沿该方向量取切线长 T，在地面标定出曲线终点（YZ）。

(3) 测设圆曲线中点（QZ）。在 JD 点用经纬仪前视 YZ 点的方向（或后视 ZY 点的方向），测设$\left(\frac{180°-\alpha}{2}\right)$，定出路线转折角的分角线方向（即曲线中点方向），然后沿该方向量取外矢距 E，在地面标定出曲线中点 QZ。

二、圆曲线细部点测设

当地形变化不大、曲线长度小于 40m 时，测设曲线的三个主点已能满足设计和施工的需要。如果曲线较长，地形变化大，则除了测设三个主点以外，还需要按着一定的桩距 l_0，在曲线上测设一些细部点，这项工作称为圆曲线的细部点测设。测设方法应结合现场地形情况、精度要求和仪器条件合理选用，下面介绍几种常用的细部点测设方法。

（一）偏角法

细部测设所采用的桩距 l_0 与圆曲线半径有关，一般规定：当 $R \geqslant 150$m 时，$l_0=20$m；150m$>R>$50m 时，$l_0=10$m；$R \leqslant 50$m 时，$l_0=5$m。

由于曲线上起、终点的里程都不是 l_0 的整数倍数，按桩距 l_0 在曲线上设桩时，一般将靠近起点 ZY 的第一个桩的桩号和靠近终点 YZ 的桩号凑整，如图 12-5 所示，曲线上第一点和最末一点到起、终点 ZY、YZ 的距离都小于 l_0，中间相邻两点的距离均为 l_0，这样设置的桩均为整桩号。

偏角法是根据曲线起点 ZY 或终点 YZ 至曲线上任一待定点 P_i 的弦线与切线之间的弦切角（这里称为偏角）β_i 和弦长 d_i 来确定 P_i 点的位置。如图 12-6 所示，根据几何原理，偏角 β_i 等于相应弧长所对圆心角 φ_i 的一半，即

$$\beta_i=\frac{\varphi_i}{2} \tag{12-5}$$

其中

$$\varphi_i=\frac{l_i}{R}\frac{180°}{\pi}(l_i \text{ 为累计弧长})$$

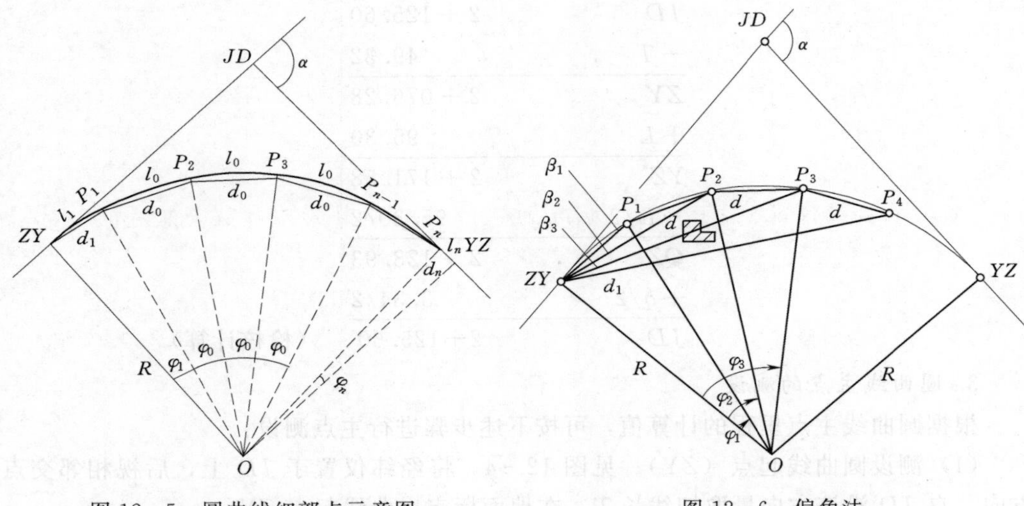

图 12－5　圆曲线细部点示意图　　　　图 12－6　偏角法

得

$$\beta_i = \frac{l_i}{R}\frac{90^\circ}{\pi} \tag{12-6}$$

弦长 d 可按下式计算：

$$d = 2R\sin(\varphi/2) \tag{12-7}$$

式中：d 为相邻桩间的弦长；φ 为与 d 相对应的圆心角。

【例 12－2】　［例 12－1］中的圆曲线若采用偏角法测设圆曲线细部点时，试计算各点的测设数据。

解： 如图 12－5 所示，设曲线由 ZY 点和 YZ 点分别向 QZ 点测设，计算结果见表 12－1。

表 12－1　　　　**偏角法圆曲线测设数据表**

桩　号	弧长 /m	累计弧长 /m	偏角值 /(° ′ ″)	偏角读数（正拨）/(° ′ ″)	偏角读数（反拨）/(° ′ ″)	相邻点间弦长 /m
ZY 2＋076.28				0 00 00		
	3.72	3.72	0 42 38	0 42 38		3.72
P_1 2＋080						
	20	23.72	4 31 49	4 31 49		19.99
P_2 2＋100						
	20	43.72	8 21 00	8 21 00		19.99
P_3 2＋120						
	3.93	47.65	9 06 02	9 06 02		3.93
QZ 2＋123.93						
	16.07	47.65	9 06 02		350 53 58	16.07
P_4 2＋140						
	20	31.58	6 01 53		353 58 07	19.99
P_5 2＋160						
	11.58	11.58	2 12 42		357 47 18	11.58
YZ 2＋171.58					0 00 00	

若偏角的增加方向为顺时针方向，称为正拨；反之称为反拨。本例中，仪器置于 ZY 点上测设曲线为正拨，置于 YZ 上则为反拨。正拨时，望远镜照准切线方向，如果水平度盘读数置于 0°，则各桩的偏角读数就等于各桩的偏角值。反拨偏角则不同，各桩的偏角读数应等于 360°减去各桩的偏角值。

现以［例 12-2］为例说明偏角法的测设步骤：

(1) 将经纬仪置于 ZY 点上，瞄准交点 JD 并使水平度盘读数设置为 0°00′00″。

(2) 转动照准部使水平度盘读数为桩 2+080 的偏角读数 0°42′38″，从 ZY 点沿此方向量取弦长 3.72m，定出 2+080 桩位。

(3) 转动照准部使水平度盘读数为桩 2+100 的偏角读数 4°31′49″，由桩 2+080 量弦长 19.99m 与视线方向相交，定出 2+100 桩位。

(4) 同法定出 2+120 桩位及 QZ2+123.93 桩位，此时定出的 QZ 点应与主点测设时定出的 QZ 点重合，如不重合，其闭合差不得超过如下规定：

$$\text{纵向(切线方向)} \pm L/1000\text{m}$$

$$\text{横向(半径方向)} \pm 0.1\text{m}$$

(5) 将仪器移至 YZ 点上，瞄准 JD 并将水平度盘设置为 0°00′00″。

(6) 转动照准部使水平度盘读数为桩 2+160 的偏角读数 357°47′18″，沿此方向从 YZ 点量取弦长 11.58m，定出 2+160 桩位。

(7) 转动照准部使水平度盘读数为桩 2+140 的偏角读数，由桩 2+160 量弦长 19.99m 与视线方向相交，得 2+140 桩位。

(8) 依此最后定出 QZ 点，QZ 的偏差也应满足上述规定。

如果遇有障碍阻挡视线，则如图 12-6 在测设 P_3 点时，视线被房屋挡住，则可将仪器搬至 P_2 点，水平度盘读数置于 0°00′00″，照准 ZY 点后，倒转望远镜，转动照准部使度盘读数为 P_3 点的偏角值，此时视线就处于 P_2P_3 方向线上，由 P_2 在此方向上量弦长 d 即得 P_3 点。运用已算得的偏角数据，继续测设以后各点。偏角法测设精度较高，适用性较强，但这种方法存在着测点误差积累的问题，所以，应从曲线两端向中点测设。

（二）切线支距法（直角坐标法）

切线支距法是以曲线的起点 ZY 或终点 YZ 为坐标原点，以切线为 x 轴，过原点的半径为 y 轴，按曲线上各点坐标 (x_i，y_i) 测设曲线细部点。

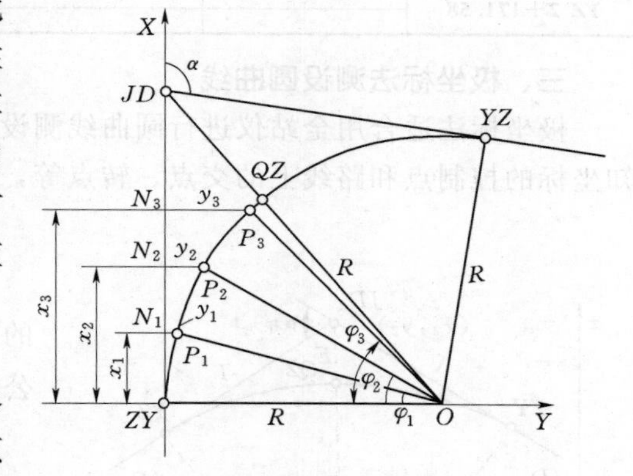

图 12-7　直角坐标法

如图 12-7 所示，设 P_i 为曲线上欲测设的点位，该点至 ZY 点或 YZ 点的弧长为 l_i，φ_i 为 l_i 所对的圆心角，R 为圆曲线半径，则 P_i 的坐标可按下式计算：

$$\left.\begin{aligned} x_i &= R\sin\varphi_i \\ y_i &= R(1-\cos\varphi_i) \end{aligned}\right\} \tag{12-8}$$

式中：$\varphi_i=\frac{l_i}{R}\frac{180°}{\pi}$。

【例 12-3】 ［例 12-1］中的圆曲线若采用直角坐标法，试计算各桩坐标。

解： 由［例 12-1］中已计算的主点里程，计算结果见表 12-2。

用直角坐标法测设曲线的细部点，为了避免量距过长，一般由 ZY、YZ 点分别向 QZ 点施测。其测设步骤如下：

(1) 从 ZY（或 YZ）点开始沿切线方向测设出 x_1、x_2、x_3、…在地面上作出各垂足点 N_i 的标记，如图 12-7 所示。

(2) 在各垂足点 N_i 处分别安置经纬仪，测设 90°角，分别在各自的垂线上测设 y_1、y_2、y_3、…定出各细部点 P_i。

(3) 曲线上各点设置完毕后，应量取相邻桩之间的距离，作为校核。

这种方法适用于平坦开阔的地区，具有测点误差不累积的优点。

表 12-2　直角坐标法圆曲线测设数据表

桩号	弧长 /m	累计弧长 /m	圆心角 /(° ′ ″)	x_i /m	y_i /m
ZY 2+076.28				0	0
	3.72	3.72	1 25 16		
P_1 2+080				3.72	0.05
	20	23.72	9 03 38		
P_2 2+100				23.62	1.87
	20	43.72	16 42 00		
P_3 2+120				43.10	6.33
	3.93	47.65	18 12 04		
QZ 2+123.93				46.85	7.51
	16.07	47.65	18 12 04		
P_4 2+140				31.35	3.31
	20	31.58	12 03 46		
P_5 2+160				11.57	0.45
	11.58	11.58	4 25 24		
YZ 2+171.58				0	0

三、极坐标法测设圆曲线

极坐标法适合用全站仪进行圆曲线测设，全站仪可以安置在任何已知点上，如已知坐标的控制点和路线上的交点、转点等，测设速度快、精度高。

1. 圆曲线主点坐标计算

如图 12-8 所示，若已知 JD_1 和 JD_2 的坐标 (x_1, y_1)，(x_2, y_2)，用坐标反算公式计算第一条切线的方位角 α_{21} 为

$$\alpha_{21}=\arctan\frac{y_1-y_2}{x_1-x_2} \tag{12-9}$$

第二条切线的方位角 α_{23} 同样可由 JD_1，JD_3 的坐标反算得到，也可由第一条切线的方位角和线路转角推算得到

$$\left.\begin{aligned}\alpha_{23}&=\alpha_{21}-(180°-\alpha_{右})\\ \alpha_{23}&=\alpha_{21}+(180°-\alpha_{左})\end{aligned}\right\} \tag{12-10}$$

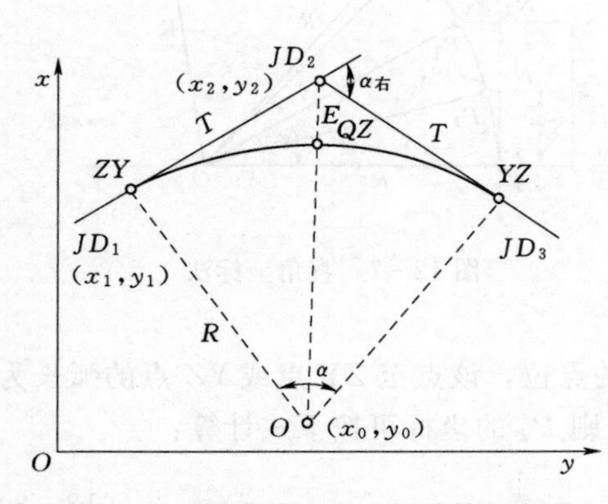

图 12-8　圆曲线主点坐标计算示意图

根据交点坐标、切线方位角和切线长，用坐标正算公式可计算出圆曲线起点 ZY 和终点 YZ 的坐标，例如圆曲线起点 ZY 的坐标为

$$\left.\begin{aligned}x_{ZY}&=x_2+T\cos\alpha_{21}\\y_{ZY}&=y_2+T\sin\alpha_{21}\end{aligned}\right\}\tag{12-11}$$

同样可根据交点、分角线方位角和外矢距计算出曲线中点 QZ 的坐标。

【例 12-4】 仍以［例 12-1］为例，如图 12-8 所示，圆曲线半径 $R=150$m。转角 $\alpha_{右}=36°24'00''$，设 JD_1，JD_2 的坐标分别为（1922.821，1030.091），（1967.128，1118.784）试计算各主点的坐标。

解：第一条切线，即 JD_2—JD_1 的方向线的方位角为

$$\alpha_{21}=\arctan\frac{y_1-y_2}{x_1-x_2}=\arctan\frac{1030.091-1118.784}{1922.821-1967.128}=243°27'19''$$

第二条切线，即 JD_2—$JD_3(YZ)$ 的方向线的方位角为

$$\alpha_{23}=\alpha_{21}-(180°-\alpha_{右})=243°27'19''-(180°-36°24'00'')=99°51'19''$$

分角线方向的方位角计算如下：

首先计算分角线（JD_2—O）与第二条切线（JD_2—YZ）的夹角：

$$\beta=\frac{180°-36°24'00''}{2}=71°48'00''$$

据此可求得分角线方向（JD_2—O 方向）的方位角为

$$\alpha_{2O}=\alpha_{23}+\beta=99°51'19''+71°48'00''=171°39'19''$$

当两点连线的方位角和两点间的距离已知时，可根据式（12-11）求得主点的坐标。主点坐标的计算结果如下：

ZY 点：

$$x_{ZY}=x_2+T\cos\alpha_{21}=1967.128+49.32\times\cos243°27'19''=1945.087(\text{m})$$

$$y_{ZY}=y_2+T\sin\alpha_{21}=1118.784+49.32\times\sin243°27'19''=1074.663(\text{m})$$

YZ 点：

$$x_{YZ}=x_2+T\cos\alpha_{23}=1967.128+49.32\times\cos99°51'19''=1958.686(\text{m})$$

$$y_{YZ}=y_2+T\sin\alpha_{23}=1118.784+49.32\times\sin99°51'19''=1167.376(\text{m})$$

QZ 点：

$$x_{QZ}=x_2+E\cos\alpha_{2O}=1967.128+7.9\times\cos171°39'19''=1959.312(\text{m})$$

$$y_{QZ}=y_2+E\sin\alpha_{2O}=1118.784+7.9\times\sin171°39'19''=1119.931(\text{m})$$

2. 圆曲线细部点坐标计算

（1）计算圆心坐标。如图 12-9 所示，设圆曲线半径为 R，用前述主点坐标计算方法，计算第一条切线的方位角和 ZY 点坐标（x_{ZY}，y_{ZY}）。因 ZY 点至圆心方向与切线方向垂直，其方位角 $\alpha_{ZY\text{-}O}$ 为

$$\alpha_{ZY\text{-}O}=\alpha_{21}-90°\tag{12-12}$$

则圆心坐标（x_O，y_O）为

$$\left.\begin{aligned}x_O&=x_{ZY}+R\cos\alpha_{ZY\text{-}O}\\y_O&=y_{ZY}+R\sin\alpha_{ZY\text{-}O}\end{aligned}\right\}\tag{12-13}$$

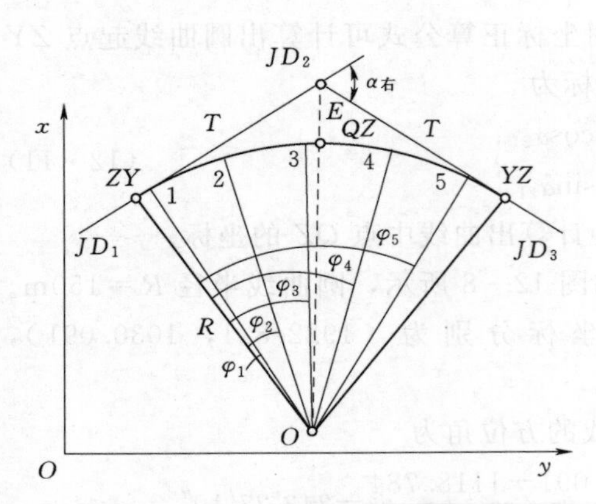

图 12-9　极坐标测设圆曲线示意图

（2）计算圆心至各细部点的方位角。设 ZY 点至曲线上某细部里程桩点的弧长为 l_i，其所对应的圆心角 φ_i 按式（12-14）计算得到，则圆心至各细部点的方位角 α_{Oi} 为

$$\alpha_{Oi}=\alpha_{ZY\text{-}O}+180°+\varphi_i \tag{12-14}$$

（3）计算各细部点的坐标。根据圆心至细部点的方位角和半径，可计算细部点坐标为

$$\left.\begin{aligned}x_i&=x_O+R\cos\alpha_{Oi}\\y_i&=y_O+R\sin\alpha_{Oi}\end{aligned}\right\} \tag{12-15}$$

【例 12-5】 已知条件如［例 12-4］，按整桩号法设桩计算各桩点的坐标。

解： 由［例 12-4］可知，ZY 点坐标为（1945.087，1074.663），JD 至 ZY 点的方位角 α_{21} 为 243°27′19″，则可按式（12-12）计算 ZY 点至圆心的方位角为 153°27′19″，按式（12-13）计算圆心坐标为（1810.899，1141.697）。

由 $\varphi_i=\dfrac{l_i}{R}\dfrac{180°}{\pi}$，按式（12-14）结合表 12-2，计算圆心至各细部点的方位角 α_i，按式（12-15）计算各细部点坐标，结果见表 12-3。

表 12-3　　细部点坐标计算表

桩号		各桩之间的弧长 l_i/m	累计弧长 $\sum l_i$/m	圆心至各细部点的方位角/(° ′ ″)	坐标	
					x/m	y/m
ZY	**2+076.28**				1945.087	1074.663
①	2+080	3.72	3.72	334　52　34	1946.708	1078.011
②	2+100	20.00	23.72	342　30　56	1953.969	1096.630
③	2+120	20.00	43.72	350　09　18	1958.690	1116.050
QZ	**2+123.93**	3.93	47.65	351　39　22	1959.312	1119.931
④	2+140	16.07	63.72	357　47　40	1960.788	1135.925
⑤	2+160	20.00	83.72	5　26　02	1960.225	1155.902
YZ	**2+171.58**	11.58	95.30	9　51　26	1958.686	1167.376

第四节　纵横断面测量

渠道纵断面测量是测出渠道中心线上各里程桩及加桩的地面高程，而渠道横断面测量则是测出各里程桩和加桩处与渠道中心线垂直方向上地面变化情况。进行纵横断面测量的目的在于获取渠道狭长地带地面高程资料，供设计、施工时应用。现将渠道纵横断面的测量方法介绍如下。

一、纵断面测量

纵断面测量按普通水准测量的方法，进行纵断面测量时，里程桩一般可作为转点，读数至毫米，在每个测站上把不作转点的一些桩点称为间视点，其间视读数至厘米。同时还应注意仪器到两转点的前、后视距离大致相等（差值不大于 20m）。作为转点的中心桩，要置尺垫于桩一侧的地面，水准尺立在尺垫上，若尺垫与地面高差小于 2cm，可代替地面高程。观测间视点时，可将水准尺立于紧靠中心桩旁的地面，直接测得地面高程。图12－10为纵断面水准测量示意图，表 12－4 为相应的记录，施测方法如下：

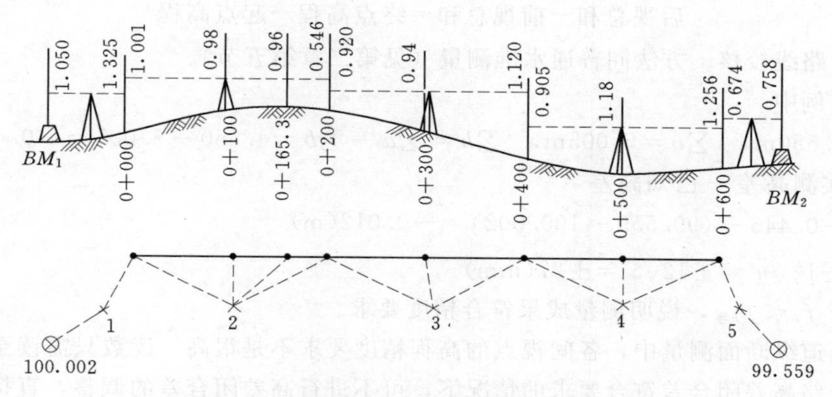

图 12－10　纵断面水准测量示意图（单位：m）

表 12－4　　　**渠道纵断面测量手簿**　　　单位：m

测站	桩号	后视读数	视线高	间视读数	前视读数	高程	备　注
1	BM_1	1.050	101.052			100.002	（已知）
	0+000				1.325	99.727	
2	0+000	1.001	100.728			99.727	
	0+100			0.98		99.748	
	0+165.3			0.96		99.768	
	0+200				0.546	100.182	
3	0+200	0.920	101.102			100.182	
	0+300			0.94		100.162	
	0+400				1.120	99.982	
4	0+400	0.905	100.887			99.982	
	0+500			1.18		99.707	
	0+600				1.256	99.631	
5	0+600	0.674	100.305			99.631	
	BM_2				0.758	99.547	
	$\sum$	4.550			5.005		已知 BM_2 点的高程为 99.559m
校核	$\sum a-\sum b=4.550-5.005=-0.455$m 99.547 100.002＝－0.455m						闭合差为 99.547－99.559＝－0.012m

安置水准仪于测站点 1，后视水准点 BM_1，读得后视读数为 1.050m，前视 0+000（作为转点）读得前视读数为 1.325m，将水准仪搬至测站 2，后视 0+000，读数为 1.001m，分别立尺于 0+100、0+165.3，读得间视读数为 0.98m、0.96m，再立尺于 0+200，读得前视读数为 0.546m，然后将水准仪搬至测站点 3，同法测得后视、间视和前视读数，依次向前施测，直至测完整个路线为止。在每个测站上测得的所有数据都应分别记入手簿相应栏内。每测至水准点附近，都要与水准点联测，作为校核。

（1）计算校核。在表 12-4 中，为了检查计算上是否发生错误，校核方法为

后视总和－前视总和＝终点高程－起点高程

（2）路线校核。方法同普通水准测量（见第二章第五节）。

在本例中

$\sum a = 4.550\text{m}$，　$\sum b = 5.005\text{m}$，　$\sum h = \sum a - \sum b = 4.550 - 5.005 = -0.445(\text{m})$

f_h ＝实测高差－已知高差

$= -0.445 - (99.559 - 100.002) = -0.012(\text{m})$

$f_{h容} = \pm 12\sqrt{n} = \pm 12\sqrt{5} = \pm 27(\text{mm})$

由于 $f_h < f_{h容}$，说明测量成果符合精度要求。

在渠道纵断面测量中，各间视点的高程精度要求不是很高（读数只需读至厘米），因此在线路高差闭合差符合要求的情况下，可不进行高差闭合差的调整，直接计算各间视点的地面高程。每一测站的计算可按下列公式依次进行：

视线高程＝后视点高程＋后视读数

转点高程＝视线高程－前视读数

间视点高程＝视线高程－间视读数

二、横断面测量

垂直于渠道中心线方向的断面为横断面，横断面测量是以里程桩和加桩为依据，测出中心线上里程桩和加桩处两侧断面变化点的地面高程，从而绘出横断面图，以便计算填挖工程量。

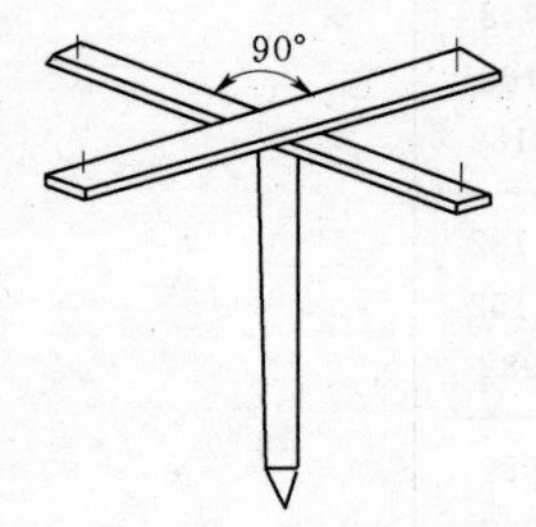

图 12-11　十字架

横断面施测宽度视渠道大小、地形变化情况而异，一般约为渠道上口宽度的 2～3 倍。横断面测量要求精度较低，通常距离测至分米，高差测至厘米。

进行横断面测量时，首先应在渠道中心桩（里程桩和加桩）上，用十字架确定横断面方向见图 12-11，然后以中心桩为依据向两边施测，顺着水流方向，中心桩的左侧为左横断面，中心桩的右侧为右横断面。其测量方法有多种，现介绍水准仪和标杆与皮尺配合的两种方法。

1. 水准仪法

用水准仪测出横断面上地面变化点的高程，用皮尺量距。如图 12-12 所示，在 0+000 桩处立尺，水准仪后视该点，读数记入表 12-5 的后视栏内，然后用水准仪分

别瞄准地面坡度变化的立尺点左$_{1.0}$、左$_{3.0}$、左$_{5.0}$、右$_{1.0}$、右$_{2.0}$、右$_{5.0}$等，将其读数记入相应的间视栏内，各立尺点的高程计算，采用视线高法，“左”“右”分别表示在中心桩的左侧和右侧，下标数据表示地面点距中心桩的距离。

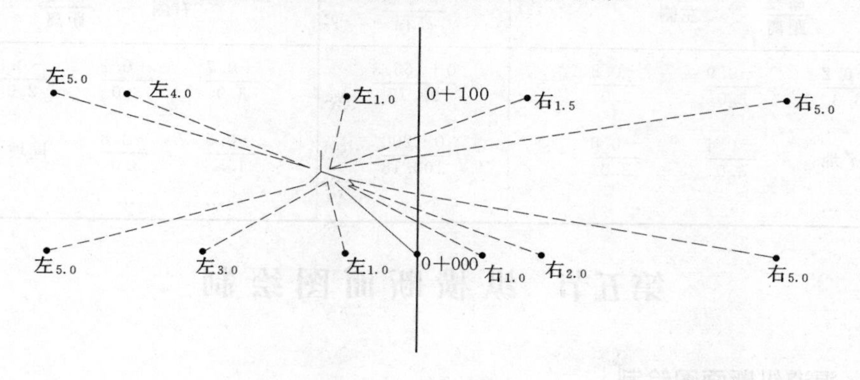

图 12-12 水准仪法

为了加速施测速度，架设一次仪器可以测 1～4 个断面，此法精度较高，但只适用相对平坦的地面。

表 12-5 渠道横断面测量手簿 单位：m

测站	桩号	后视读数	视线高	间视读数	前视读数	高程	备 注
1	0+000	1.68	101.407			99.727	已知
	左$_{1.0}$			1.52		99.887	
	左$_{3.0}$			1.23		100.177	
	左$_{5.0}$			1.70		99.707	
	右$_{1.0}$			1.50		99.907	
	右$_{2.0}$			1.45		99.957	
	右$_{5.0}$			1.74		99.667	
2	0+100	1.56	101.308			99.748	已知
	左$_{1.0}$			1.21		100.098	
	左$_{4.0}$			1.43		99.878	
	左$_{5.0}$			0.89		100.418	
	右$_{1.5}$			1.53		99.778	
	右$_{5.0}$			1.33		99.978	

2. 标杆法

标杆红白相间为 20cm，将皮尺零置于断面中心桩上，拉平皮尺与竖立在横断面方向上地面变化点的标杆相交，从皮尺上读得水平距离，标杆上读得高差。如图12-13所示，在 0+200 桩左侧一段的第一点，读得水平距离 3.0m，高差-0.6m，测量结果用分数表示，分母为距离，分子为高差，见表 12-6，接着陆续由第一点向左测第二点，直至

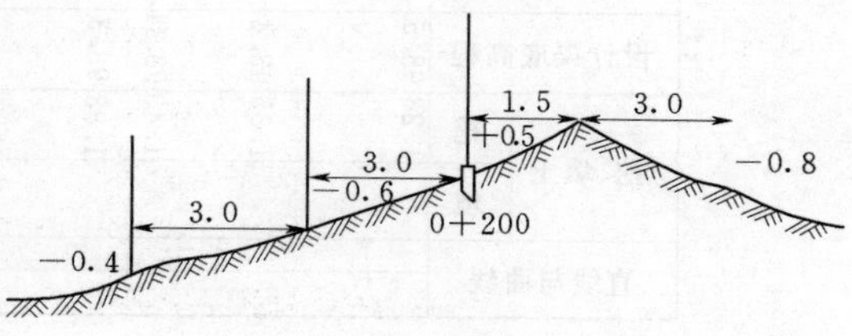

图 12-13 标杆法

测到要求宽度，再从 0+200 桩的右侧用同样方法施测至要求宽度。记录手簿见表 12-6。

表 12-6 渠道横断面测量手簿

高差/距离 左侧			中心桩/高程	右侧 高差/距离		
−0.2/3.0	−0.9/3.0	−0.8/3.0	0+165.3/99.77	+0.7/3.0	+0.1/3.0	−0.6/2.0
平地	−0.4/3.0	−0.6/3.0	0+200/100.18	+0.5/1.5	−0.8/3.0	同坡
…	…	…	…	…	…	

第五节 纵横断面图绘制

一、渠道纵断面图绘制

渠道纵断面图以距离（里程）为横坐标，高程为纵坐标，按一定的比例尺将外业所测各点画在毫米方格纸上，依次连接各点则得渠道中心线的地面线。为了明显表示地势变化，纵断面图的高程比例尺应比水平距离比例尺大 10～50 倍，如图 12-14 所示水平距离比例尺为 1：5000，高程比例尺为 1：100，由于各桩点的地面高程一般都很大，为了便于阅图，使绘出的地面线处于纵断面图上适当位置，图上的高程可不从零开始，而从一合适的数值起绘。图中各点的渠底设计高程，是根据渠道起点的设计渠底高程、设计坡度和水平距离逐点计算出来的，如 0+000 的渠底设计高程为 98.5m 设计坡度为下降 1‰，则0+100的渠底设计高程应为 98.5−

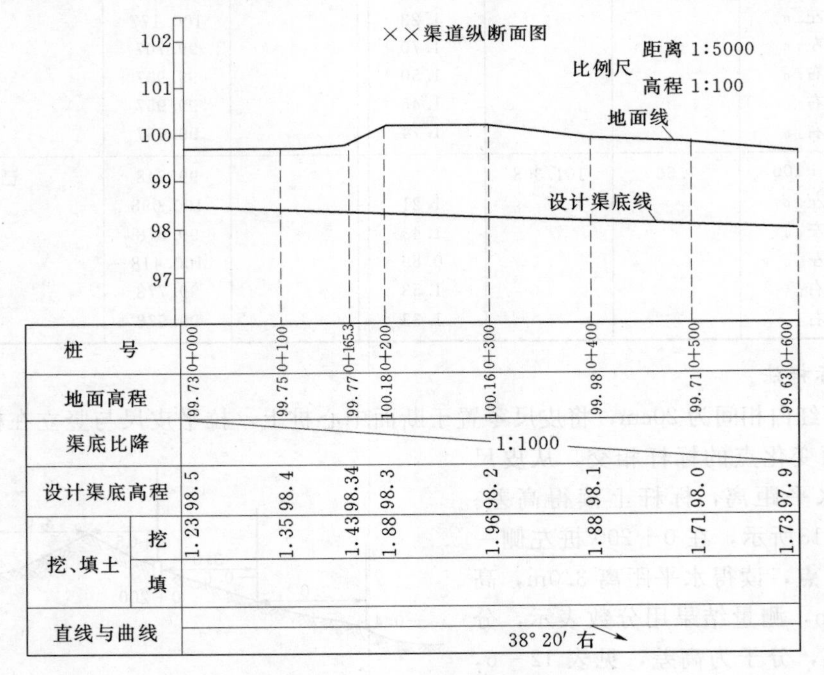

图 12-14 渠道纵断面图

1‰×100＝98.4m。将设计坡度线上两端点的高程标定到图上，两点的连线，即为设计渠底的坡度线。填、挖高度的求法：填、挖高等于地面高程减去设计渠底高程，“＋”为挖深，“－”为填高（纵断面图中还应包括：设计水位、加大设计水位、设计堤顶高程）。

二、渠道横断面图绘制

绘制横断面图仍以水平距离为横轴、高差（高程）为纵轴绘在方格纸上。为了计算方便，纵横比例尺应一致，一般为1∶100或1∶200，绘图时，首先在方格纸适当位置定出中心桩点，图12－15为0＋200桩处的横断面图，纵横比例尺均为1∶100。地面线是根据横断面测量的数据绘制而成的，设计横断面是根据渠道流量、水位、流速等因素选定，这里选取渠底宽为2.0m，堤顶宽1.0m，渠深2.2m，内外边坡均为1∶1。然后根据里程桩处的挖深即可将设计横断面套绘上去。

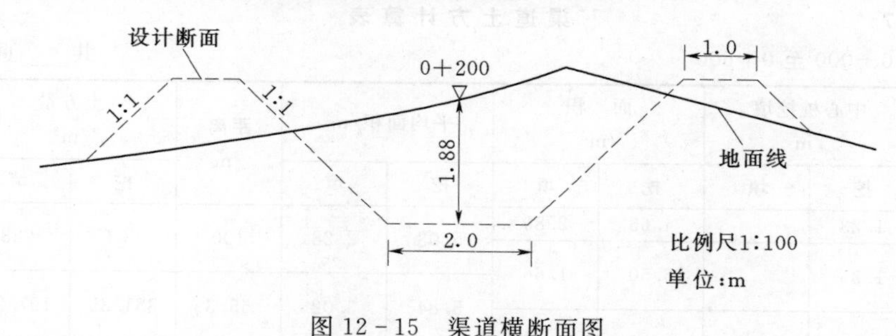

图12－15　渠道横断面图

第六节　土方量计算

在渠道工程设计和施工中，为了确定工程投资和合理安排劳动力，需要计算渠道开挖和填筑的土方量。在渠道土方量计算时，挖、填方量应分别计算，首先在已绘制的横断面图上套绘出渠道设计横断面，分别计算其挖、填面积，并求出相邻两断面挖、填面积的平均值，然后根据相邻断面之间的水平距离计算出挖、填土方量（图12－16）。

$$V_{填}=\frac{(S_1+S_2)+(S_3+S_4)}{2}d \tag{12-16}$$

$$V_{挖}=\frac{S_1'+S_2'}{2}d \tag{12-17}$$

式中：$S_1\sim S_4$为填方面积，m^2；S_1'、S_2'为挖方面积，m^2；d为两断面间距离，m。

如果相邻两断面的中心桩，其中一个为挖，另一个为填，则应先在纵断面图上找出不挖不填的位置，该位置称为零点，如图12－17所示设零点0到前一里程桩的距离为x，相邻两断面间的距离为d，挖土深度和填土高度分别为a、b，则

$$\frac{x}{d-x}=\frac{a}{b}$$

即

$$x=\frac{a}{a+b}d \tag{12-18}$$

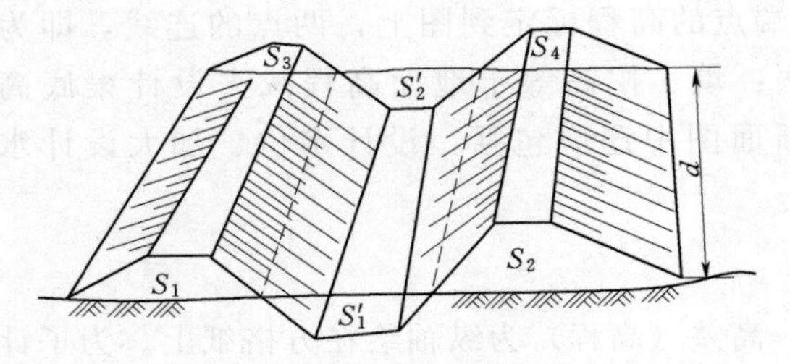

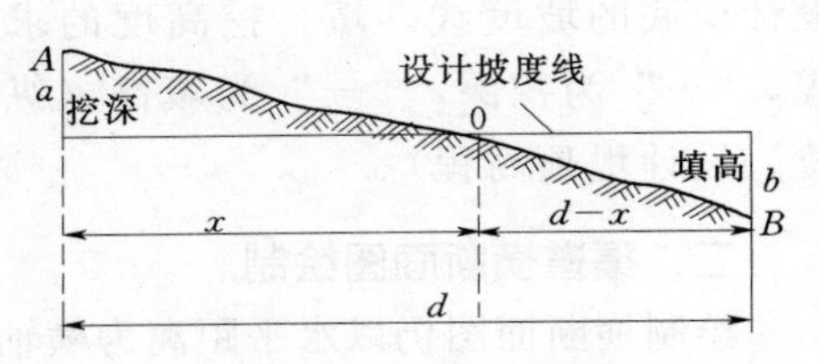

图 12-16 平均断面法计算土方量　　图 12-17 确定零点桩位置的方法

若前一桩的里程桩号为0+200，算出 $x=34.8\mathrm{m}$，则零点桩号为0+234.8，算出零点桩的桩号后，还应到实地补设该桩，并补测零点桩处的横断面，以便将两桩之间的土方分成两部分计算。土方量计算详见表 12-7。

表 12-7　　渠道土方计算表

桩号自 0+000 至 0+600　　共____页第1页

桩 号	中心桩挖填 /m		面 积 /m²		平均面积/m²		距离 /m	土方量 /m³		备注
	挖	填	挖	填	挖	填		挖	填	
0+000	1.23		4.65	2.89						
					5.08	2.28	100	508	228	
0+100	1.35		5.50	1.66						
					5.84	3.02	65.3	381.35	197.21	
0+165.3	1.43		6.18	4.38						
					6.76	3.47	34.7	234.57	120.41	
0+200	1.88		7.33	2.55						
					…	…	…	…	…	
…	…	…	…	…						
					…	…	…	…	…	
0+600	1.73									
合 计								3371.76	1636.86	

第七节 边 坡 放 样

渠道边坡放样就是在每个里程桩和加桩点处，沿横断面方向将渠道设计断面的边坡与地面的交点用木桩标定出来，并标出开挖线、填筑线以便施工。

渠道横断面形式有三种，如图 12-18 所示。

标定边坡桩的放样数据是边坡桩与中心桩的水平距离，通常直接从横断面图上量取。为了便于放样和施工检查，现场放样前先在室内根据纵横断面图将有关数据制成表格，见表 12-8。

图 12-19 所示是一个半填半挖的渠道横断面图，按图上所注数据可从中心桩分别量距定出 A、B、C、D 与 E、F、G、H 等点，在开挖点（A、E）与外堤脚点（D、H）处分别打入木桩，堤顶边缘点（B、C 与 F、G）上按堤顶高程竖立竹竿，并扎紧绳子形成一个施工断面。

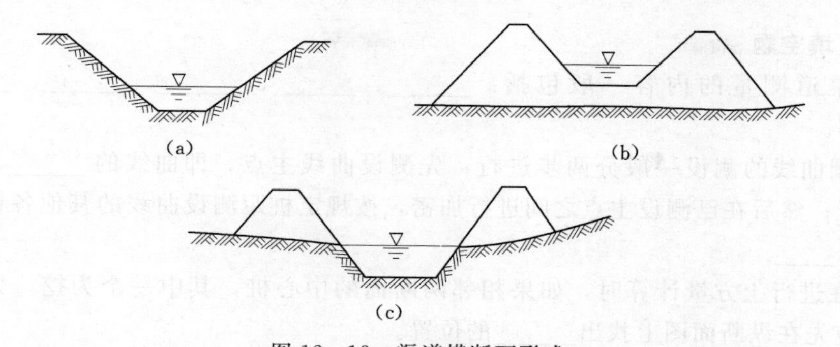

图 12-18 渠道横断面形式
(a) 挖方断面；(b) 填方断面；(c) 半填半挖断面

表 12-8 渠道断面放样数据表 单位：m

桩号	地面高程	设计高程		中心桩		中心桩至边坡桩的距离			
		渠底	堤顶	挖深	填高	左外坡脚	左内坡脚	右内坡脚	右外坡脚
0+000	99.73	98.50	100.70	1.23		5.34	2.68	2.39	5.32
0+100	99.75	98.40	100.60	1.35		4.46	2.66	2.41	4.88
…									

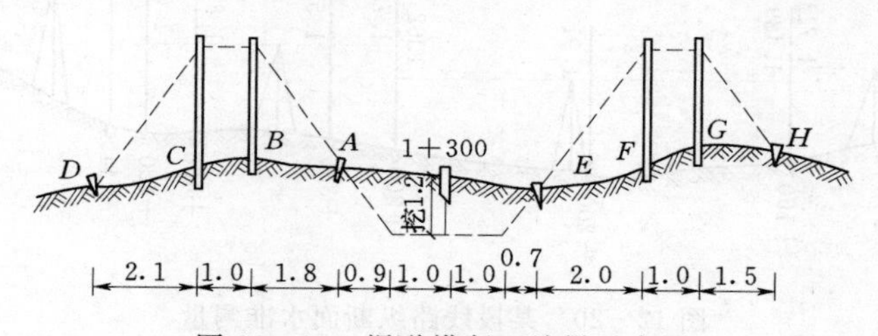

图 12-19 渠道横断面放样示意图

一般每隔一段距离测设一个施工断面，以便掌握施工标准。而其他里程桩只要定出断面的开挖点与堤脚点，连接各断面相应的堤脚点，并分别洒以石灰，就能显示出整个渠道的开挖与填筑范围了。

习 题

一、名称解释

1. 渠道中线测量
2. 圆曲线主点

二、问答题

1. 渠道测量的内容包括哪些？
2. 如何进行渠道的纵、横断面测量？
3. 圆曲线元素如何计算？圆曲线主点如何测设？
4. 在圆曲线细部点测设时，偏角法、切线支距法及极坐标法的适用条件是什么？
5. 怎样利用纵、横断面计算土方量？

三、填空题

1. 渠道测量的内容一般包括：______、______、______、______、______和______等。

2. 圆曲线的测设一般分两步进行：先测设曲线主点，即曲线的______、______和______；然后在已测设主点之间进行加密，按规定桩距测设曲线的其他各桩点，称为曲线______。

3. 在进行土方量计算时，如果相邻两断面的中心桩，其中一个为挖，另一个为填，则应先在纵断面图上找出______的位置。

4. 渠道边坡放样就是在每个里程桩和加桩点处，沿______方向将渠道设计断面的边坡与地面的交点用木桩标定出来，并标出开挖线、填筑线以便施工。

四、计算题

1. 某段线路纵断面水准测量如图 12-20 所示，请列表计算各点的高程，并进行检核计算？

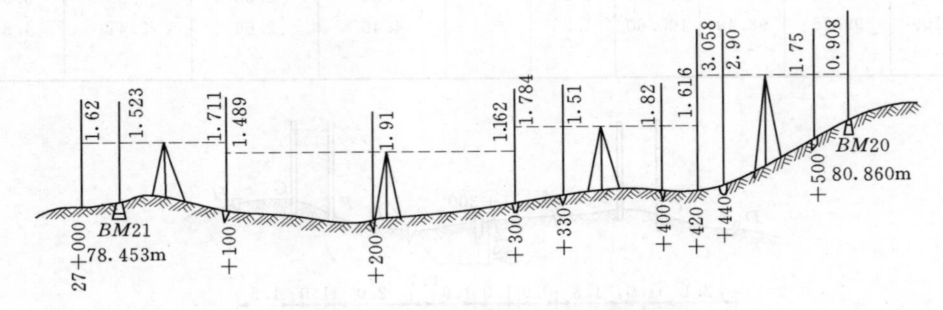

图 12-20　某段线路纵断面水准测量

2. 如图 12-21 所示，已知交点 5 JD_5 桩号 K4+800.000，坐标为（5038500.000，426500.000），交点 4 坐标为 JD_4（5038156.260，425906.780），交点 6 坐标为 JD_6（5038142.380，426985.140），交点 5 的曲线半径 R=300m（单圆曲线）。要求：整桩号法放样曲线每 10m 一个桩。

试求：

（1）曲线元素 T、D、L、E。

（2）主点 ZY 点、QZ 点、YZ 点里程及坐标。

（3）计算进入曲线后，第一个整桩号和第二个整桩号的坐标。

资源 12-1
习题答案

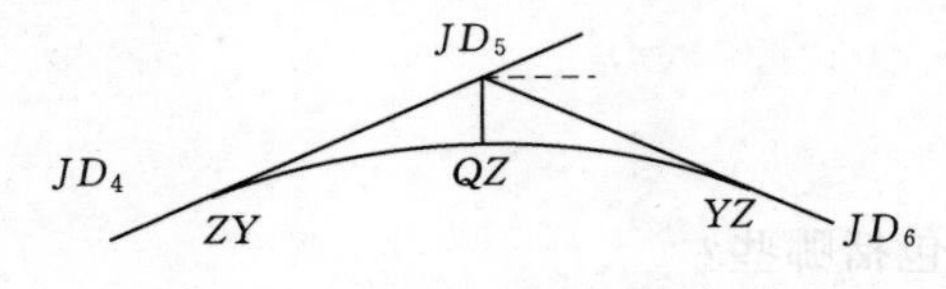

图 12-21　坐标图

第十三章

大坝变形监测

第一节 概　　述

大坝建成蓄水后的运营管理期间，在静水压力（水压力、泥沙压力、浪压力、扬压力）、坝体温度变化、坝体时效变化等因素作用下，相当长的时间内都会存在下沉或位移等变形现象，当变形超出设计允许值，还会危及大坝的安全，引起坍塌、滑坡、沉陷、倾斜、裂缝等灾难性的后果。因此坝主体及周围环境的变形观测是保证大坝运营安全、防止大坝发生灾难性事故的重要预判手段。

中华人民共和国成立以来，我国修建了众多的拦河大坝，其中相当一部分运行了20年以上，一些大坝逐渐产生老化和病变，还有一些大坝的安全度较低或设计洪水位偏小等，由此也需要进行大坝变形观测。

一、大坝变形特征

大坝设计一般有混凝土拱坝、混凝土重力坝、土石坝等基本形式，由于坝型、筑坝材料及条件的不同，产生变形的原因也不同。以土坝、混凝土重力坝及拱坝为例，分析其产生的变形因素和特点。

1. 土坝的变形因素及特点

（1）渗透变形。当渗透水流在土壤中运动时，土壤可能产生破坏性的渗透变形，导致水工建筑物的失事，这种变形包括：管涌、流土、接触冲刷、接触流土等，造成坝体构筑物不均匀沉降。

（2）土坝沉陷。土坝水平位移（包括滑动、倾覆）不是主要的，而是沉陷，施工期间坝基和坝身一直在沉陷，直到施工结束，坝基沉陷量约为总沉陷量的50％～70％。

2. 混凝土重力坝的变形因素及特点

（1）坝段间有伸缩缝，互相干扰较少，各坝段可自由变形且坝顶的变形最大。

（2）由于坝段沿轴线方向受力小，而沿水流方向受力大，因而水平位移主要是指沿河流向的水平位移。

（3）河中坝段变形量较河岸坝段变形大。

（4）坝顶的水平位移包括坝身滑动引起的位移，坝体弹性变形引起的变形（挠曲），坝基不均匀沉降引起的变形。

（5）坝基变形，靠近上游侧要比下游侧垂直变形大。

3. 拱坝的变形因素及特点

（1）坝体任一点变形会影响到其他点变形。

(2) 拱坝坝顶的水平位移并不是最大的。水平位移一般自下而上逐渐增加，一直增至坝高的 2/3～3/4 处，而后向上又逐渐减少。

(3) 拱坝径向位移在拱冠处最大，而拱端逐渐减小。

一般来说，对于坝顶的位移，温度的影响往往比水位影响大。坝顶沉陷的主要因素是温度和水位的变化。对于坝基来说，坝内水位变化是垂直位移和倾斜变形的主要因素，而温度影响可以忽略。

二、大坝变形监测方法

引起坝体变形的因素很复杂，但可以结合具体的坝体监测对象，通过制定合理的监测方案，采用坝体内、外观监测相结合的手段实施坝体监测。对坝体安全性评估，一般可由综合监测数据来解释，也可以根据引起变形的内在原因用物理方法解释。

合理的变形监测手段应能基本反映在各种荷载作用下大坝的工作状态，得到的综合变形监测成果还可以用来反馈和检验大坝设计、施工等参数合理性。

基于测量手段监测大坝变形（包括坝体水平位移、沉降、挠曲等）直观可靠，被视为最重要的大坝安全观测项目之一，这些方法统称为大坝外观（或几何）变形监测方法。而大坝安全观测另一个重要的观测手段包括渗流量、渗透压力、应力、温度等的测量，这些观测主要是结合埋设在坝体钢筋混凝土内部的各种传感器获取，这些方法称为大坝内观变形监测方法。

坝体外观变形监测方法由大坝结构、使用情况、观测精度、周围环境及对监测的要求决定，如垂直位移常用的监测方法有几何水准法、液体静力水准法、微水准法等；水平位移监测常用的方法有基准线法、前方交会法、坐标导线法、GPS 法、激光扫描技术、微波干涉技术和摄影测量法等。

坝体内观变形监测内容包括：坝体内位移（如坝体内挠曲、坝底位移、基岩变形）；坝体渗流量变化监测；应力应变监测等；坝体内温度监测。数据主要通过预埋在坝体内的各种传感器如正、倒垂读数装置、多点位移计、滑动测微计、渗压计、测缝计、钢筋计锚杆应力计、温度计等获得。

三、大坝变形监测精度

变形监测精度取决于被监测的工程建筑物预计的允许变形值和进行变形监测的目的。国际测量师联合会（FIG）提出，如监测目的是为了使变形值不超过某一允许的数值而确保建筑物安全，则其监测中误差应小于允许变形值的 1/10～1/20；如监测目的是为了研究建筑体的变形过程，则监测中误差应比允许变形值小很多。对我国工民建项目来说，是以允许倾斜值（沉降等）的 1/20 为监测精度指标，实际上，条件许可下还可把监测精度提高。

监测精度一般以施工的目的及结构计算允许变形值为依据，并结合相关规范制订，但从实际应用出发，普通混凝土大坝变形监测精度（尤其是水平位移）一般可设定在±1mm 左右。

另外，监测的精度还要考虑大坝结构特点、使用状态、环境因素以及监测内容等方面。

表 13-1 为大坝监测时，不同条件下监测精度的要求。

表 13-1　　大坝变形监测精度的要求

监测内容	沉降量/mm	水平位移/mm	监测内容	沉降量/mm	水平位移/mm
基岩上的混凝土坝	1	1	土坝的施工期间	10	5～10
压缩土上的混凝土坝	2	2	土坝的运营期间	5	3～5

四、大坝变形监测频率

监测的频率（周期）决定于大坝变形值的大小、速率及观测目的，要求监测的次数既能反映出变化的过程又不错过变化的时刻。而从变形过程要求说，变形速度比变形绝对值更重要。

表 13-2 反映了大坝基础沉陷过程中监测周期方法选择。

表 13-2　　大坝基础沉陷过程中监测周期要求

序号	监测阶段	沉降速率	监测周期
第一阶段	施工期	速度大（20～70mm/a）	3～15 天/次
第二阶段	运营初期	速度小（20mm/a）	1～3 月/次
第三阶段	平稳下沉期	速度（1～2mm/a）	半年～1 年/次
第四阶段	停止期	速度小于 1mm/a	1 年以上/次

第二节　大坝外观变形监测常用方法

一、水平位移监测方法

（一）视准线法

1. 观测原理

如图 13-1 所示，在坝端两岸山坡上设置固定控制基点 A 和 B，在坝面沿 AB 方向上设置若干位移监测点 a、b、c、d 等。由于基点 A、B 埋设在山坡稳固的基岩或原状土上，其位置可认为较稳固。因此，将经纬仪安置在基点 A，然后照准另一基点 B，构成视准线，将其作为观测坝体水平位移的基准线。以第一次测定各位移监测点垂直于视准线的距离（偏离值）l_{a0}、l_{b0}、l_{c0}、l_{d0} 作为起始数据。相隔若干时间后，再安置经纬仪于基点 A，照准基点 B，测得各位移监测点对视准线的偏离值 l_{a1}、l_{b1}、l_{c1}、l_{d1}，前后两次测得的偏离值不等，其差值 $\delta_{a1}=l_{a1}-l_{a0}$，即为第一次到第二次时间内，$a$ 点在垂直于视准线方向的水平位移值。同理可算出其他各点的水平位移值，从而了解整个坝体各部位的水平位移情况。

土坝通常在迎水面最高水位以上的坝坡上布设一排位移监测点，坝顶靠下游坝肩上布设一排监测点，下游坡面上根据坝高布设 1～3 排监测点。在每排内各测点的间距为 50～100m，但在薄弱部位，如最大坝高处、地质条件较差等地段应当增设位移监测点。为了掌握大坝横断面的变化情况，力求使各排测点都在相应的横断面上，各排测点应与坝轴线平行，并在各排延长线的两端山坡上埋设工作基点，工作基点外再埋设校核基点，用以校核工作基点是否有变动。对于混凝土坝，一般在坝顶上每一坝块布设 1～2 个位移监测点。

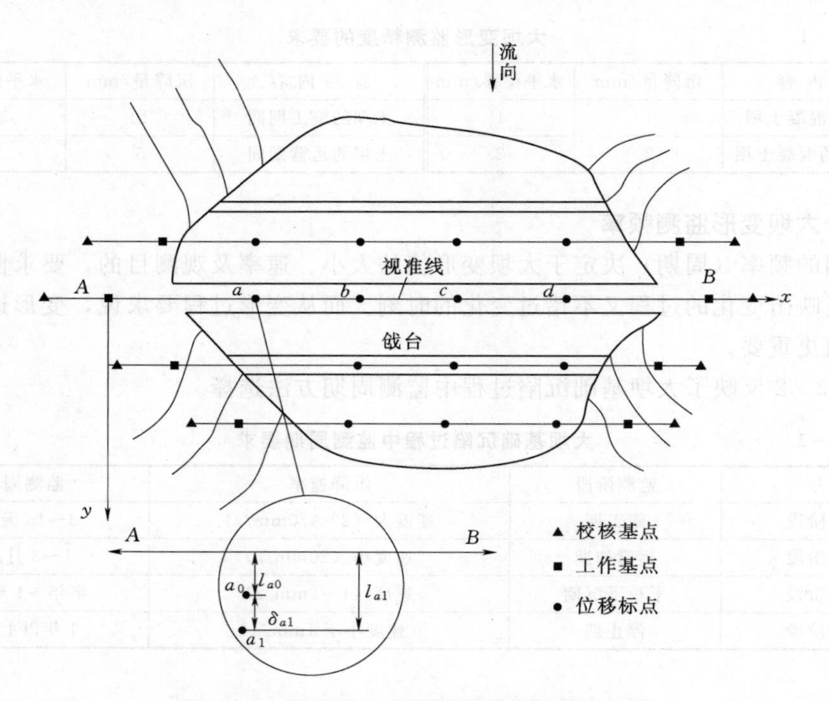

图 13-1 视准线法观测原理及观测点的布设

一般规定，水平位移值向下游为正，向上游为负，向左岸为正，向右岸为负。

2. 观测方法

视准线法观测水平位移，关键在于确定一条视准线，所用仪器首先考虑望远镜放大率及旋转轴的精度。

图 13-1 中，在控制基点 A 安置经纬仪，B 点安置固定觇标，在位移监测点 a 安置活动觇标，用经纬仪瞄准控制基点 B 上固定觇标作为固定视线，然后俯下望远镜照准 a 点，并指挥司觇者移动觇牌，直至觇牌中线恰好落在望远镜的竖丝上时发出停止信号，随即由司觇者在觇牌上读取读数。转动觇牌微动螺旋重新瞄准，再次读数，如此共进行两次，若两次读数差小于 2mm，取其读数的平均值作为上半测回的成果。倒转望远镜，按上述方法测下半测回，取上下两半测回读数的平均值作为一测回的成果。一般来说，对混凝土坝采用 DJ_1 型经纬仪观测，测距在 300m 以内时，可测两测回，其测回差不得大于 1.5mm，否则应重测。为了保证观测精度，一般在工作基点 A 测定靠近 A 点的半程基准线内的位移监测点，再将经纬仪置于工作基点 B，测定靠近 B 点的半程基准线内的位移监测点。

除坝长小于 300m 的中小型土坝可采用 DJ_2 型或 DJ_6 型经纬仪进行观测外，一般采用 DJ_1 型经纬仪观测。

（二）激光准直法

1. 监测设备组成

如图 13-2 所示，激光准直系统

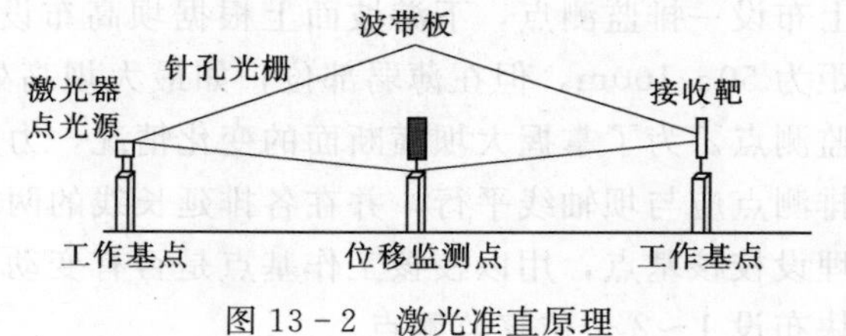

图 13-2 激光准直原理

主要由激光器点光源、波带板和激光探测仪（收接靶）组成。现将各部分略述如下：

（1）激光器点光源。它是由氦氖气激光管发出的激光束通过针孔光阑，形成近似的点光源，照射至波带板，针孔光阑的中心即为固定工作基点的中心。

（2）波带板。波带板的形式有圆形和方形两种，其作用是把从激光器发出的一束单色相干光聚成一个亮点（圆形波带板）或十字亮线（方形波带板），它相当于一个光学透镜。

（3）激光探测仪。激光探测仪也称为接收靶，可采用普通活动觇牌按目视法接收，也可用光电接收靶进行自动跟踪接收。

2. 工作原理

激光准直法观测水平位移，是将激光器点光源和激光探测仪分别安置在两端的固定工作基点上，波带板安置在位移监测点上（图 13-2），并要求点光源、波带板中心和接收靶中心三点基本在同一高度上，这在埋设工作基点和位移监测点时应考虑满足此条件。当激光器发出的激光束照准波带板后，在接收靶上形成一个亮点或十字亮线（图 13-3），按照三点准直法，在接收靶上测定亮点或十字亮线的中心位置，即可决定位移监测点的位置，从而求出其偏移值。由于激光具有方向性强、亮度高、单色性和相干性好等特点，其观测精度比视准线法有较大的提高。

3. 观测方法

如图 13-4 所示，观测时，由安置在基点 A 上的激光器发出激光束，照准位移监测点 C 上的波带板，则在另一工作基点 B 的接收靶上呈现亮点或十字亮线。此时，若为目视法接收，则由司觇者转动接收靶的微动螺旋，令接收靶中心与亮点或十字亮线中心重合，然后按接收靶的游标尺读数，并重新转动接收靶的微动螺旋，再次重合，读数，如此重复读取 2～4 次，取其平均值为观测值；若用光电接收靶接收，则由微机控制，自动跟踪，显示和打印观测数据。如果位移监测点 C 因发生位移而移至 C'（图 13-4），则根据在接收靶测得的偏移值 L_i，按相似三角形关系可算出 C 点的偏移值 l_i 为

$$l_i=\frac{S_{AC}}{S_{AB}}L_i \tag{13-1}$$

式中：S_{AC} 和 S_{AB} 分别为 A 至 C 点和 A 至 B 点的距离，可实地量出。

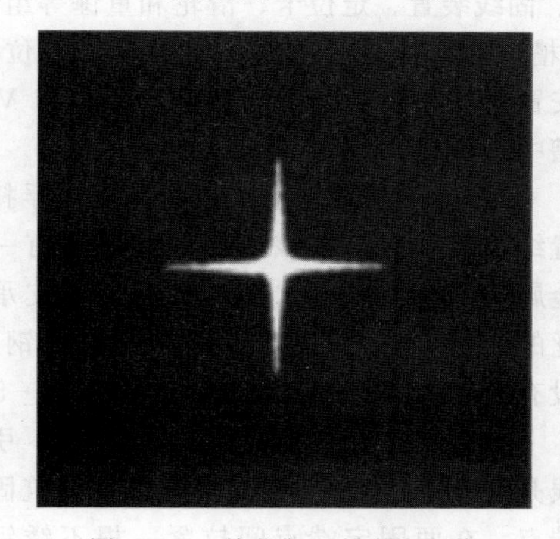

图 13-3　接收靶上的激光图像

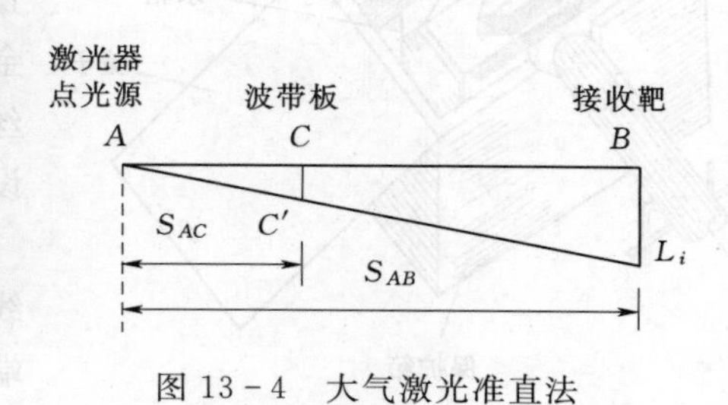

图 13-4　大气激光准直法

在某一时间间隔内，前后两次测得偏离值之差，即为该时间间隔该点的水平位移值。

激光准直法一般设置在温梯度较小、气流稳定的廊道内；两端点的距离一般不大于300m。也可以设置在坝顶，在坝顶设置时，应使激光束高出坝面和偏离建筑物1.5m以上。

由于激光受大气抖动和大气折光等外部环境影响较大，大气激光准直法仅在监测大坝的水平位移时比较方便。

为了进一步提高监测效率和精度，基于真空管的激光准直法测定大坝变形已得到应用。

真空激光准直法与大气激光准直法观测原理基本相同，主要区别在于真空激光观测把各位移监测点和波带板用无缝钢管密封起来，以实现真空条件下的监测。

真空激光基本不受大气影响，一般将波带板设计为圆形，用光电接收靶测定激光成像亮点的中心位置，即可同时测定大坝的水平位移和垂直位移，而且两者的观测精度基本相同，既省去另设垂直位移的仪器设备，又提高了观测效率，同步性比较好，设备的维护也较方便。

（三）引张线法

引张线法大多用于混凝土坝的水平位移观测。混凝土坝的水平位移监测点除在坝顶布设外，还在不同高程的廊道内进行布设，一般是平行于坝轴线在每一坝段内埋设一点。由于引张线法操作简单，不受天气条件的影响，故应用较为普遍。目前，引张线法分为有浮托和无浮托两种，无浮托引张线也称为悬链式引张线，现分述如下。

1. 有浮托引张线

（1）观测系统组成。有浮托引张线的设备主要由测线、端点位置和带浮船的位移观测点组成。

1）测线。一般采用直径为0.8～1.2mm的不锈钢丝，为了防风及保护测线，通常把测线套在塑料管内。

2）端点位置。端点位置由混凝土基座、固线装置、定位卡、滑轮和重锤等组成。固线装置是将测线固定，定位卡有一V形槽，其作用是使测线始终处于同一位置，安置时使测线通过滑轮拉紧后，恰与V形槽中心重合。

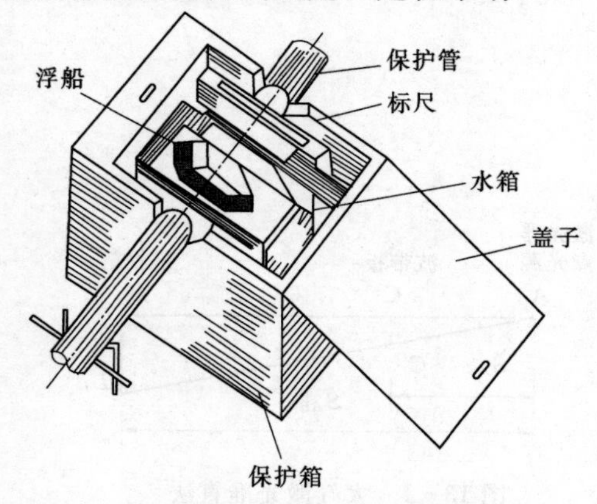

图13-5　有浮托引张线位移观测点装置

3）位移观测点。位移观测点与浮托装置结合在一起。在该处的坝体上埋有一只金属箱，箱内设有水箱，水面上有支承钢丝的浮船，在垂直于钢丝方向的槽钢上，设有毫米分划的标尺用以读数（图13-5）。

（2）观测原理。如图13-6所示，引张线是在坝顶或廊道两端的基岩上浇筑固定端点，在两固定端点间拉紧一根不锈钢丝作为基准线，然后定期测量坝体上各位移监测点对此基准线偏移值的变化情况，从而计算水平位移量。若端点设于坝体上，则应与倒垂线相连接，借以测定端点的位移量，进一步推算位移监测点的位移量。

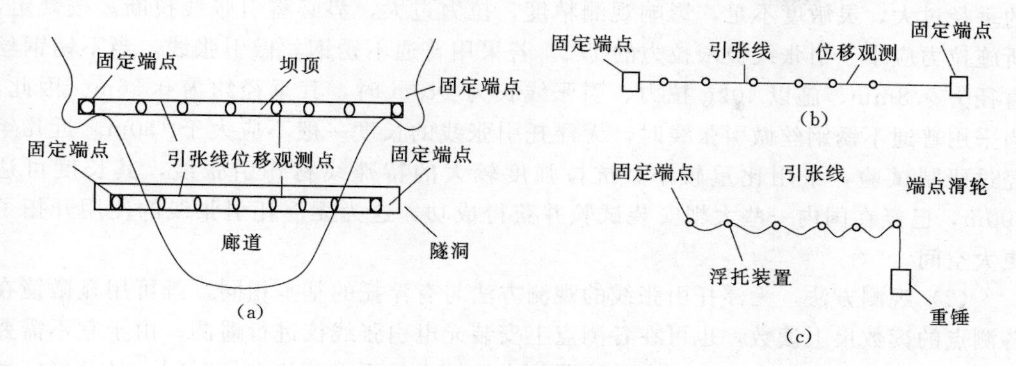

图 13-6　有浮托引张线

(a) 布置示意图；(b) 平面图；(c) 侧面图

(3) 观测方法。由于引张线是与两端的固定端点相连接，其位置可认为不变，而位移观测点是埋在坝体上，随坝体变形而位移，因此定期测定钢丝在测点标尺上的读数变化，即可算出该点在垂直坝轴线方向的水平位移值。

观测时，挂上重锤，并调节滑轮支架，使钢丝通过定位卡的 V 形槽中心。将各测点水箱加水，使浮船托起钢丝（高出标尺面 0.3～3mm），待钢丝稳定，确认钢丝和浮船处于自由状态即可进行观测。观测时一般采用显微镜读取钢丝左右两边缘在标尺上的读数，取其平均值作为该测点的读数。钢丝左右两边缘读数之差应与钢丝的直径相等（一般不得大于 0.15mm），借以检查读数是否有误。从靠近端点的第一个测点依次观测至另一端点作为 1 个测回，然后反向观测第 2 测回，一般应观测两个测回，每个测回开始前，应在若干部位轻轻拨动测线，待其稳定后再观测。各测回间的误差一般不得大于 0.3mm。若没有显微镜也可用目视法观测，但观测精度稍差。

上述人工观测法需逐点目视读数，费时较多，劳动强度大，观测精度也不易保证。自 20 世纪 80 年代以来，我国已研制成功步进马达光电跟踪式、差动电容式、磁场差动式和 CCD 光电跟踪式等多种遥测引张线仪，使用这些仪器，只要把各测点的水位调整好，引张线处于自由稳定状态，启动遥测装置，即可在 5～10min 内同时测定各测点的位移值，既减少了人为误差，提高了观测精度，也大大减轻了劳动强度，测值的同步性较好。

2. 无浮托引张线

无浮托引张线也称为悬链式引张线。

(1) 观测系统组成。无浮托引张线观测原理与有浮托的基本相同，但它的设备较为简单。如图 13-7 所示，引张线的一端固定在端点上，另一端通过滑轮悬挂一重锤将引张线拉直，取消了各测点的水箱

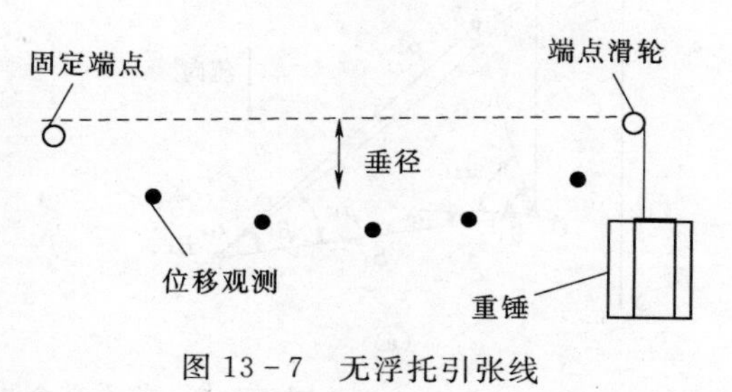

图 13-7　无浮托引张线

和浮船等装置，在各测点上只安装读数尺和引张线仪的底板，用以测定读数尺或引张线仪的读数变化，从而算出测点的位移值。由于引张线有自重，如拉力不足，引张线的垂径过大，灵敏度不足，影响观测精度，拉力过大，势必将引张线拉断。按规定，所施拉力应小于引张线极限拉力的1/2。若采用普通不锈钢丝做引张线，当不锈钢丝直径为0.8mm、施以40kg拉力、引张线长为140m时，其垂径约为0.26m。因此，当采用普通不锈钢丝做引张线时，无浮托引张线的长度一般不应大于150m。近几年经过研制试验，采用比重较小、抗拉强度较大的特殊线材作引张线，其长度可达500m，已经在国内一些大坝安装试验并获得成功，这为无浮托引张线的使用开拓了更大空间。

(2) 观测方法。无浮托引张线的观测方法与有浮托的基本相同，既可用显微镜在各测点的读数尺上读数，也可在各测点上安装光电引张线仪进行遥测。由于它不需要到现场调节各测点的水位，测点的障碍物也比较少，不仅节约大量时间，且其稳定性和可靠性都高于有浮托的引张线，可以实现引张线观测的全自动化。

(四) 测角前方交会法

前方交会法不仅适用于直线型大坝，也适用于拱坝和折线型大坝，它可以测出坝顶的水平位移，也可以测出人员不易到达的大坝下游面的水平位移。用视准线测得的水平位移值为垂直于视准线方向的分量，而前方交会法则可测得水平位移两个方向的分量。

测角前方交会法是在两个或三个固定工作基点上用观测交会角来测定位移监测点的坐标变化，从而确定其位移情况。

图13-8中A、B为两固定工作基点，Ⅰ、Ⅱ为坝轴线的端点，它们的坐标已知，P_1、P_2、P_3、P_4为位移监测点。将全站仪安置在工作基点A、B上，分别测出角度α、β，即可求得各位移点的坐标值。第i次观测的坐标值与第一次观测坐标值之差即为水平位移。为此建立$x-y$坐标系，以坝轴线为x轴，y轴以指向下游为正，AB距离为S，它与x轴平行方向的交角为ω，偏向下游为正［图13-8 (a)］，偏向上游为负［图13-8 (b)］。

第一次分别在A、B点安置全站仪测得P_1的交会角α_1及β_1，第i次观测时P_1位移到P'_1，测得交会角为α_{1i}及β_{1i}。由图13-8可知，P_1及P'_1的坐标分别为

$$\begin{cases} x_{P_1}=x_A+\Delta x_{AP_1} \\ y_{P_1}=y_A-\Delta y_{AP_1} \end{cases} \qquad \begin{cases} x'_{P_1}=x_A+\Delta x_{AP'_1} \\ y'_{P_1}=y_A-\Delta y_{AP'_1} \end{cases} \tag{13-2}$$

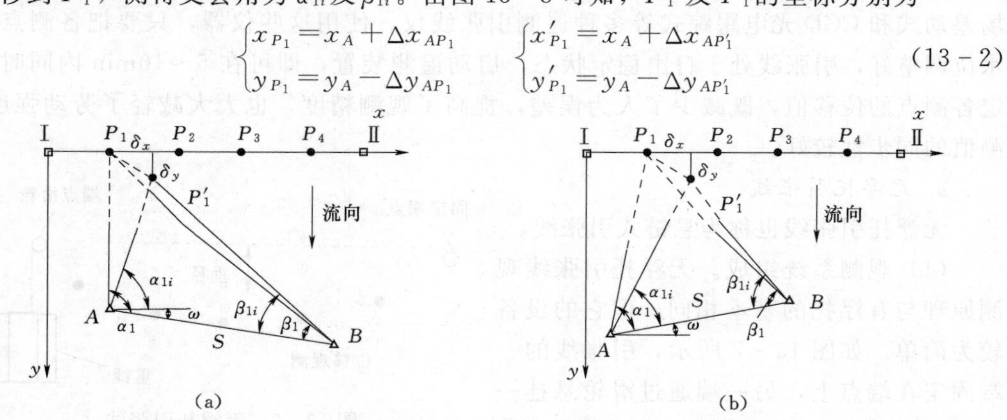

图13-8 前方交会法测定水平位移示意图

则 P_i 点在 x 方向和 y 方向的位移分量为

$$\left.\begin{aligned}\delta_{xP_i}&=x_{P_i'}-x_{P_1}=\Delta x_{AP_i'}-\Delta x_{AP_1}\\\delta_{yP_i}&=y_{P_i'}-y_{P_1}=-(\Delta y_{AP_i'}-\Delta y_{AP_1})\end{aligned}\right\}\tag{13-3}$$

式（13-3）说明，P_i 点的位移量等于该点与测站点 A 的坐标增量的变化值。为了简化计算，可用交会角的变化值直接计算位移量，公式推导如下。

由图 13-8 可知计算 Δx 和 Δy 的一般函数式为

$$\left.\begin{aligned}\Delta x&=S\,\frac{\sin\beta\cos(\alpha-\omega)}{\sin(\alpha+\beta)}\\\Delta y&=S\,\frac{\sin\beta\sin(\alpha-\omega)}{\sin(\alpha+\beta)}\end{aligned}\right\}\tag{13-4}$$

将式（13-4）对自变量 α、β 求函数的全微分得

$$\left.\begin{aligned}\delta_x&=\mathrm{d}(\Delta x)=\frac{S}{\rho''}\left[-\frac{\sin\beta\cos(\beta+\omega)}{\sin^2(\alpha+\beta)}\mathrm{d}\alpha+\frac{\sin\alpha\cos(\alpha-\omega)}{\sin^2(\alpha+\beta)}\mathrm{d}\beta\right]\\\delta_y&=\mathrm{d}(\Delta y)=\frac{-S}{\rho''}\left[-\frac{\sin\beta\sin(\beta+\omega)}{\sin^2(\alpha+\beta)}\mathrm{d}\alpha+\frac{\sin\alpha\cos(\alpha-\omega)}{\sin^2(\alpha+\beta)}\mathrm{d}\beta\right]\end{aligned}\right\}\tag{13-5}$$

在正常情况下，坝体位移量很小，交会时观测角值变化也很小，因此 $\mathrm{d}\alpha$、$\mathrm{d}\beta$ 可认为是第 i 次观测值与首次观测值之差，即 $\mathrm{d}\alpha=\alpha_i-\alpha_1$，$\mathrm{d}\beta=\beta_i-\beta_1$，$\mathrm{d}\alpha$、$\mathrm{d}\beta$ 前的系数接近于常数，将 α_1 及 β_1 代入即得

$$\left.\begin{aligned}&\frac{S\sin\beta_1\cos(\beta_1+\omega)}{\rho''\sin^2(\alpha_1+\beta_1)}=k_1;\ \frac{S\sin\alpha_1\cos(\alpha_1-\omega)}{\rho''\sin^2(\alpha_1+\beta_1)}=k_2\\&\frac{S\sin\beta_1\sin(\beta_1+\omega)}{\rho''\sin^2(\alpha_1+\beta_1)}=k_3;\ \frac{S\sin\alpha_1\sin(\alpha_1-\omega)}{\rho''\sin^2(\alpha_1+\beta_1)}=k_4\end{aligned}\right\}\tag{13-6}$$

代入式（13-5）得

$$\left.\begin{aligned}\delta_x&=-k_1\mathrm{d}\alpha+k_2\mathrm{d}\beta\\\delta_y&=-k_3\mathrm{d}\alpha-k_4\mathrm{d}\beta\end{aligned}\right\}\tag{13-7}$$

由于采用方向观测，在测站 A 上所测方向值的变化值与 α 角变化值的符号相反，因此，式（13-7）中的 $\mathrm{d}\alpha$ 应改变符号，得

$$\left.\begin{aligned}\delta_x&=k_1\mathrm{d}\alpha+k_2\mathrm{d}\beta\\\delta_y&=k_3\mathrm{d}\alpha-k_4\mathrm{d}\beta\end{aligned}\right\}\tag{13-8}$$

式（13-8）为前方交会法计算水平位移的最终公式。将首次测出的交会角 α_1 和 β_1 代入式（13-6）求出 k_1、k_2、k_3、k_4 四个系数，以后每次观测只要算出交会角与首次观测值 α_1 和 β_1 之差 $\mathrm{d}\alpha$ 和 $\mathrm{d}\beta$，由式（13-8）即可求得位移值。

测角前方交会法要精确地测出基点处的交会角 α、β，以便准确地求得这些角度的微小变化，故一般是采用高精度的全站仪进行观测，按全圆测回法观测 4～8 测回。

前方交会法的观测精度与 A、B 两点的基线长度和交会角的图形有关。交会图形最好成等腰三角形，待交会点的交会角最好接近 90°，最大不大于 150°，最小不小于 30°。前方交会法往往多用于难于布设视准线或引张线的拱坝和折线型坝，以及人员不易到达的大坝下游面和坝体上游滑坡体等处的水平位移观测。

(五) 正、倒垂线法观测水平位移

正、倒垂线法是在坝体内设置铅垂线作为标准线，然后测量坝体不同高度相对于铅垂线的位移情况，以测得各点的水平位移，正、倒垂线也可实现坝体的挠度观测。设置铅垂线的方法有正垂线和倒垂线两种。

1. 正垂线观测法

如图 13－9 所示，正垂线是在坝内的观测井或专门的正垂线孔的上部悬挂带有重锤的不锈钢丝，提供一条铅垂线作为标准线。它由悬挂装置、夹线装置、钢丝、重锤及观测台等组成。悬挂装置及夹线装置一般是在竖井墙壁上埋设角钢进行安置。

由于垂线挂在坝体上，随坝体位移而位移，若悬挂点在坝顶，在坝基上设置观测点，即可测得相对于坝基的水平位移［图 13－9（a）］，如果在坝体不同高度埋设夹线装置，在某一点把垂线夹紧，即可在坝基下测得该点对坝基的相对水平位移。依次测出坝体不同高程点对坝基的相对水平位移，从而求得坝体的挠度［图 13－9（b）］。

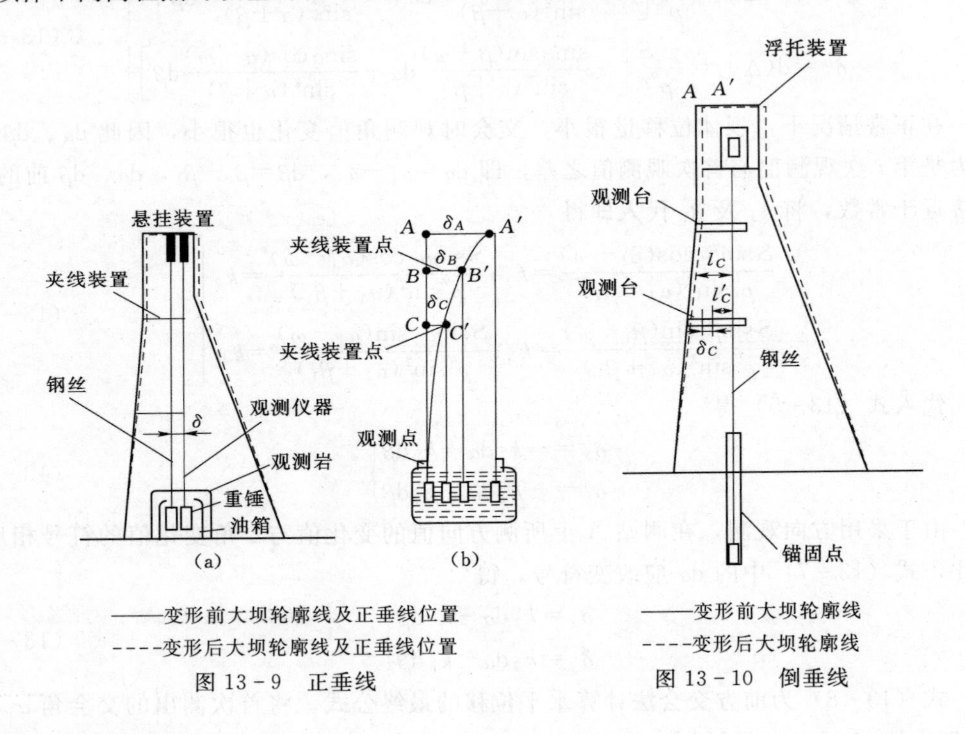

图 13－9　正垂线

图 13－10　倒垂线

2. 倒垂线观测法

倒垂线的结构与正垂线相反，它是将钢丝一端固定在坝基深处，上端牵以浮托装置，使钢丝成一固定的倒垂线。一般由锚固点、钢丝、浮托装置和观测台组成（图 13－10）。锚固点是倒垂线的支点，要埋在不受坝体荷载影响的基岩深处，其深度一般为坝高的 1/3 以上，钻孔应铅直，钢丝连接在锚块上。

由于倒垂线可以认为是一条位置固定不变的铅垂线，因此在坝体不同的高度上设置观测点，测定各观测点与倒垂线偏离值的变化，即可求得各点的位移值。如图 13－10 所示，变形前测得 C 点与垂线的偏离值为 l_c，变形后测得其偏离值 l'_c，其位移值

为 $\delta_c = l_c - l'_c$。测出坝体不同高度上各点的位移值，即可求得坝体的挠度。

挠度观测主要是测定坝体不同高度垂直于坝轴线方向的位移情况，从而求得大坝顺水流方向的挠度。在实际工作中，对于混凝土重力坝，除了测定垂直于坝轴线方向位移外，还应测定平行于坝轴线方向的位移。对于拱坝，除了测定径向位移外，还应测定切向位移。因此，通常采用光学坐标仪逐点人工测定 x、y 两个方向的观测值以求得其位移，或在各测点上安装各种光电坐标仪，对所有测点同时进行遥测。目前国内研制的垂线观测仪采用线阵 CCD 传感器实现自动化读数，在 x、y 方向上的坐标精度优于±0.1mm。

根据监测需要，正、倒垂线还可以作为引张线等形变监测中的控制基准（点）线之用。

二、垂直位移监测方法

垂直位移监测是要测定大坝在铅垂方向的变动情况，一般多采用精密几何水准测量的方法进行监测，对于混凝土坝，也可在廊道内进行流体静力水准法观测，现分述如下。

（一）精密几何水准法监测垂直位移

1. 测点布设

用于垂直位移监测的测点一般分为水准基点、起测基点（工作基点）和垂直位移监测点三种。

（1）水准基点。水准基点是垂直位移监测的基准点，一般应埋设在大坝下游地基坚实稳固、不受大坝变形影响、便于引测的地方。为了互相校核是否有变动，对于普通基岩标应成组设置，每组不少于 3 个。若有条件应钻孔深入基岩，埋设钢管和铝管的双金属标，力求基点稳定可靠。

（2）工作基点。由于水准基点一般离坝较远，为方便施测，通常在大坝两岸距坝体较近处选择地基坚定的地方各埋设一个以上的工作基点作为施测位移监测点的依据。

（3）垂直位移监测点。对于土石坝，为了便于将大坝的水平位移及垂直位移结合起来分析，一般在水平位移监测点上埋设一个半圆形的不锈钢或铜质标志作为垂直位移监测点；对于混凝土坝，一般在坝顶和各廊道内每坝段设一个或两个位移监测点。

2. 监测方法及精度要求

进行垂直位移监测时，首先校测工作基点的高程，然后再由工作基点测定各位移监测点的高程。将首次测得的位移监测点高程与本次测得的高程相比较，其差值即为两次监测时间间隔内位移监测点的垂直位移量。按规定垂直位移向下为正，向上为负。

（1）工作基点的校测。工作基点的校测是由水准基点出发，测定各工作基点的高程，借以校核工作基点是否有变动。水准基点与工作基点一般构成水准环线。施测时，对于土石坝按二等水准测量的要求进行施测，其环线闭合差不得超过 $\pm 2\sqrt{L}$ mm（L 为环线长，以 km 计）；对于混凝土坝应按一等水准测量要求进行施测，其环线闭合差不得超过$\pm\sqrt{L}$ mm。

(2) 垂直位移监测点的观测。垂直位移监测点的观测是由工作基点出发，测定各位移监测点的高程，再附合到另一工作基点上（也可往返施测或构成闭合环形）。对于土石坝，可按三等水准测量的要求施测；对于混凝土坝，应按一等或二等水准测量的要求施测。

(二) 静力水准法观测垂直位移

精密几何水准法是测定大坝垂直位移的主要方法，但它难于实现观测自动化，劳动强度也比较大。因此，从20世纪80年代以后，我国不少混凝土坝在廊道内采用静力水准法（也称连通管法）测定大坝的垂直位移，并将其纳入观测自动化系统，现简介如下。

1. 仪器设备

如图13-11所示，流体静力水准法的仪器设备主要包括钵体、浮子、连通管、传感器、仪器底板、保护箱以及目测和遥控装置等几部分。

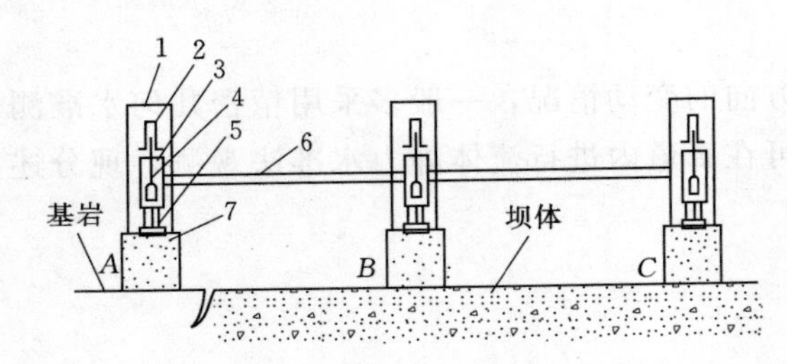

图13-11 静力水准观测示意图

1—保护箱；2—传感器；3—钵体；4—浮子；5—仪器底板；6—连通管；7—混凝土测墩

(1) 钵体。一般用不锈钢制成，用以装载经过防腐处理的蒸馏水。

(2) 浮子。用玻璃特制，将其浮于钵体内的蒸馏水中，浮子上连一个铁棒，插入传感器中。

(3) 连通管。一般为开泰管或透明的塑料管，与各测点的钵体相连接，管内充满蒸馏水，不许留有气泡。

(4) 传感器。安装于钵体之上，浮子上的铁棒插入其中，用以测量水位的变化，从而算出测点的位移值。

(5) 仪器底板。用不锈钢或大理石制成，埋设于混凝土测墩上，用以支承钵体。

(6) 保护箱。用塑料板或铝板制成，用以保护测点的仪器设备。

(7) 目测和遥测装置。一般在浮子上安装一刻线标志，用于人工目测。用电缆将各传感器的电信号传至观测室构成遥测装置。

2. 工作原理

如图13-11所示，若测点A置于稳固的基岩上，其垂直位移被认为不变，而测点B和测点C置于坝体上，当大坝发生上升或下降时，按照液体从高往低处流并保持平衡的原理，A、B、C三点的水位将发生变化，浮子连同其上的铁棒在铅垂方向也发生变化，只要测定各点水位的变化值，即可算出B、C点的绝对垂直位移值。若测点A不是置于基岩而是置于坝体上，则测得是各点的相对垂直位移。在实际工作中，有时在坝基的上游和下游各安置一个静力水准测点，即可测定坝基在上下游方向的倾斜状况。

3. 观测方法

(1) 人工观测法。在每个混凝土测墩上埋设有安装显微镜的底座，观测时将显微镜安置于底座上，照准浮子上的刻线，读取读数，与首次观测读数相比较，即可求得水位变化，从而算出其位移值，该法需要逐点观测。

（2）遥测。因各测点传感器的电信号已传至观测室，只要在观测室内打开读数仪，即可瞬时获得各测点的测值，若与微机相连接，编制相关软件，即可自动算出各点的垂直位移或打印有关报表和绘制垂直位移过程线。

（3）静力水准的目测与遥测可互相校核。由于静力水准不受天气条件影响，可以实现遥测和连续观测，瞬时获得测值，所以它是大坝安全监测的重要手段之一。

第三节　大坝变形监测的实施

制定大坝变形监测实施方案，不仅要考虑多方面因素，且要有一定目的性，另外大坝变形监测实施时需要注意如下几个问题：

（1）变形监测基准要优化选择。

（2）重视大坝变形监测控制网（包括水平和垂直）的设计。

（3）要熟悉坝体结构，包括周围环境条件尤其是地质条件，观测要有针对性。

（4）遵循变形测量原则，即：全面研究、总体布置、分期实施、由高级到低级、确定总体与局部、相对与绝对的关系，确保观测系统的可靠性和完整性。

（5）选择满足要求的监测设备和方法。

（6）监测数据处理和成果的可靠性及形变合理解释。

（7）大坝安全检测的重要目的是利用变形、应力应变、渗流渗压等来监测大坝的安全。当发现监测成果异常时，应及时对应力应变、渗流渗压数据进行分析，找出原因，并做出适当处理。

一、大坝变形监测基准点的选择

控制基准点的选择是大坝安全监测一项极为重要的工作。变形监测各测点获得的变形量常是相对于各自基准点而言的，如果在监测的各周期间，基点不同程度地产生变化，则各期变形量的值将包括基点的变形量，以这种变形量值分析坝体的变形规律，就容易产生失真和歪曲。

通常而言，为获得稳定的基点，普遍要求把基点设置在“稳固”的基岩上，但是，在实际工作中，这种理想稳固点是很难找到的。环境条件较差，如库水位变幅较大的高坝，就不容易找到稳固的基点。在大坝安全监测中，坝区范围内的地表（基岩）受多种外界作用因素的影响，相对位置会发生一定量值的变化，而并不是通常所想象的“基岩就是稳定的”这种概念。因此，在大坝监测中，如何正确选定基准是一项重点要求内容。

目前，大坝监测的基准主要有如下一些类型：

(1) 独立基准。如倒垂线、裂缝及伸缩缝的监测、钻孔倾斜仪和岩体多点变位计等。这些监测项目中，都是以各自独立所建的基点为参考点而对变形量值进行日常监测，这些独立基点构建和使用方便，距观测点很近，没有基准传递误差，通常不需要检查。

(2) 单一系统基准。如视准线、引张线、正垂线和激光真空管道系统等的工作基准。这些基准是相对于某一个监测系统而建的，可以控制一定数量的监测点。在选定基点时可根据监测系统布设的位置，选择在稳定可靠的岩体上并作相应的稳定处理。例如，在大坝上布设引张线，端点常设置在两岸的山体里，并且可利用倒垂线基点检查其端点的稳定性。

(3) 安全监控网基准。为控制和监测较大范围的变形情况，通常在坝体及周围布设安全监控网作为基准。对于大型水库，变形影响半径可达十几千米以外，沉陷观测基点选择有极大困难。因此，一般选在影响甚小的地方建网，只要其变形值在变形观测精度之内，可视为其位置不变。

二、大坝垂直位移监测的实施

由于坝体结构不同，大坝垂直位移（沉降）监测点位置布设也要有区别，结合最常见的混凝土重力坝、土石坝和拱坝的情况逐一说明。

（一）监测点布置

1. 混凝土重力坝

混凝土重力坝垂直位移测量工作点的布设如图 13－12 所示。其原则是在坝顶和坝脚上平行于轴线的各段设一排工作测点，如图中 O_1-O_2、O_3-O_4 两排点。对于重要的坝段，不仅纵向设点，而且横向也应设点。此外，根据需要在电厂、消力池和溢洪道等建筑物上也应布设若干工作测点。

2. 土石坝

图 13－13 为土石坝变形测量工作点的布设图。工作点沿坝顶通道和各级高程的马道布设。O_1-O_2、O_3-O_4、O_7-O_8 为布设在马道上的三排工作点，O_5-O_6 为布设在坝顶通道上的一排工作点，测点间距因坝高的不同而不同。为避免仪器爬坡的不利影响，一般沿坝体的纵轴方向布设和联测。

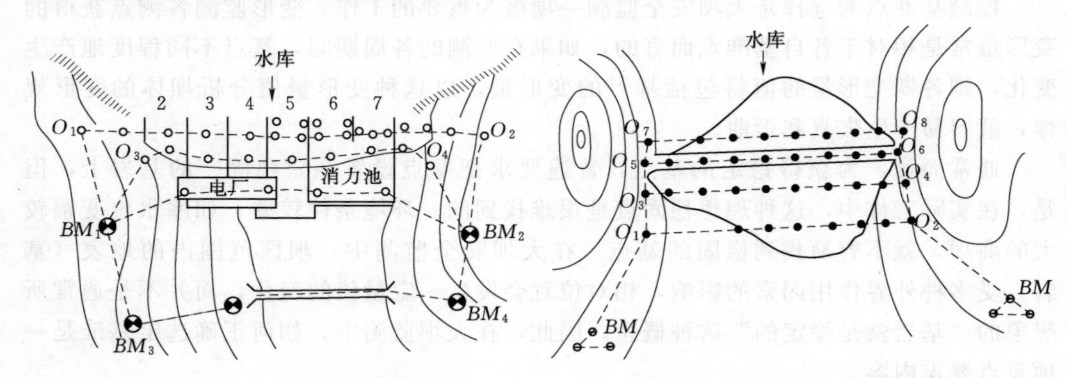

图 13－12　混凝土重力坝垂直位移测量工作点布设

图 13－13　土石坝垂直变形测量工作点的布设

土石坝垂直位移工作点的布设原则：在坝体的主要变形部位，例如最大高度处、合拢段、坝内有泄水底孔部位、坝基地形和地质变化较大的地段，沿横向布设的工作测点要适当增多；测点纵向间距为 50m 左右，横向点数一般不少于 4 个，水库坝体上游坝坡的正常水位以上至少要有一个测点；下游坝肩处布设一点；下游每个马道上布设一点。

上述各垂直变形测量工作点的布设同水平变形测量工作点合用。全站仪、GPS的使用，为实时监测提供了方便。

水闸上变形观测工作点的布设原则为：在垂直水流方向的闸墩上布设一排工作点，一般每个闸墩布设一个工作点，如果闸身较长，可在伸缩缝两侧各布设一个工作点。

土石坝的溢洪道、电厂及其他水工建筑物也应布设相应的变形观测工作点。

3. 拱坝

拱坝变形监测工作点的布设类似于混凝土重力坝，图 13－14 为拱坝垂直位移监测点的布设图，O_1－O_2 一排为坝顶变形工作点，O_3－O_4 一排为坝址工作点，这样有利于监测。其布设原则为：在拱坝上选择有代表的拱环，一般沿坝顶每隔 40～50m 布设一个点，同时至少在拱冠、拱环 1/4 处及两岸接头（O_1，O_2）处应各布设一点。

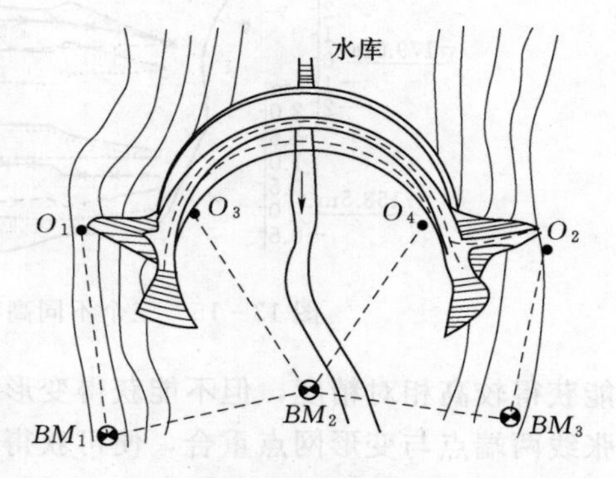

图 13－14 拱坝垂直位移监测点的布设图

（二）坝体垂直位移监测方法

无论是混凝土、重力坝还是拱坝，垂直位移监测方法基本相同。

坝体垂直位移监测路线可分为两条：一条布置在坝顶；另一条布置在基础廊道。采用因瓦带尺竖直传递高程，从坝面传到基础廊道组成Ⅱ等精密水准路线。

在坝顶上每一坝段各设一垂直位移监测点。各测点位于坝轴线上游与各坝段中心线的交点处。并自河岸一侧的水准基点经由坝顶各测点至另一侧的水准基点，组成坝内附合水准路线。

对坝顶垂直位移测点，可采用竖直传递高程法，经基础某坝段廊道监测点传递至坝顶再下到另坝段基础廊道监测点，并组成基础廊道的附合水准路线。基础廊道中其他监测点可组成两条支水准路线，并进行往、返监测。

另外，对大坝基础廊道有横向廊道的坝段，可以利用横向廊道，监测坝体倾斜及基础的转动，一般每条横向廊道设两个监测点。

根据坝体的沉降监测资料，可以获取坝体不同位置、不同时间段的监测点沉降分布。图 13－15 反映的就是某混凝土重力坝沿三个不同高程的水平剖面上的沉降时程变化。

三、大坝水平位移监测及实施

为了提高大坝监测点的点位精度及可靠性，需要建立几何网形来施加约束条件（或检核条件），网形根据现场条件与监测方法进行优化选择，一般坝体平面网由基准点、工作基点与监测点构成。网的图形取决于大坝分布、地面特征、测量条件、要求的精度和其他因素。控制网除了遵守控制测量布网原则外，还应结合多种手段进行综合利用，如大坝监测使用的电测遥控法、正倒锤法、引张线法等非光学的手段，

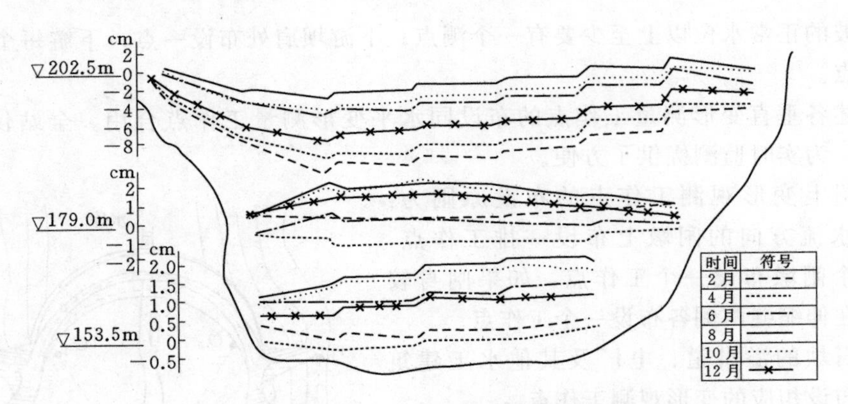

图 13-15 三个不同高程的水平剖面上的沉降时程变化

能获得较高相对精度，但不能获得变形绝对位移量，但结合变形监测网，如把廊道引张线两端点与变形网点重合，便可获得其绝对位移值。

大坝水平位移监测系统是依据首级平面监控网成果，利用各种光学、电子、机械等方法进行坝体细部监控的系统。水平位移监测系统一般为倒垂加基准线（光学准直、引张线及真空激光准直），即以光学准直法、引张线及真空激光准直监测大坝不同高程不同部位的水平位移，并以倒垂作为上述基准线的控制。

1. 水平位移监测方法的实施

按《混凝土大坝安全监测技术规范》（SDJ 336—89）规定，确定水平位移的测量中误差的绝对值应小于 1mm。结合混凝土重力坝、拱坝、土石坝各自结构特点，监测方案如下：

（1）重力坝及土石坝。

1）光学基准线一般布置在坝顶，挡水坝段的测点布置在坝轴线上，溢流坝段的测点布置在坝轴线上游处。每坝段至少设一个测点。在左、右岸山坡设置二级网工作基点 A、B，并在 A、B 点附近设立倒垂线作为校核工作基点的依据。

采用 T3 经纬仪以测小角法进行观测，每个端点观测一半测点的偏离值。

2）引张线一般布置在廊道内，每坝段设一测点。引张线的端点分别布置在坝段的首尾坝段（引张线观测精度为 0.5mm），并与该两坝段的倒垂相连，同时分别在基础廊道、观测廊道、浮筒室（位于坝顶附近）设置垂线监测站借以监测大坝挠度。垂线监测的精度为 0.2～0.3mm。

3）真空激光准直系统布置在坝面，可以平行坝轴线布置，在全坝段区域内，选取若干坝段设置一个测点。激光发射端设置在右岸观测室内，接收端设置在左岸观测室内。为了校核两端观测平台（即点光源和探测器）的变位，在观测平台上各设一个倒垂和双金属标，分别作为平面和垂直校核基准点。

（2）拱坝。准直方法是监测重力坝水平位移的较好方法，但用以监测拱坝的水平位移则不理想。例如我国的陈村拱坝，虽布置了五条基准线，但仍只能测出 1/4 拱处的径、切向水平位移和拱冠处的径向位移。因此，拱坝水平位移的监测，应该是倒垂加精密导线，将不同高程廊道中的导线与垂线连成垂线导线网。另外，按《混凝土大坝安全监测技术规范》(SDJ 336—89)的规定，一、二级大坝必须布设近坝区变形监测边角网，一方面用以监测近坝区岩体的变形，另一方面也用以检验导线端点的稳定性。

以某拱坝变形监测系统实例说明，拱坝由 8 组垂线、3 条导线组成导线垂线网(图 13-16)，作为全面监测基础、坝体水平位移以及坝体挠度的主要手段，并以下游联系边角网及前方交会作为校核手段。

1）垂线。8 组垂线中，21 坝段的倒垂仅到 312m 廊道，2、17、36 坝段的垂线由基础直通坝顶，其余 4 条（位于 6、10、26、32 坝段）通到 418m 廊道。由于受到坝剖面的限制，较高坝段均采用正、倒垂结合设置。每条垂线在经过各高程廊道处均设垂线测点。8 组垂线中，17 坝段是拱冠典型坝段，26 坝段是地质条件差的坝段，其余 6 组主要用于测定三条导线端点的位移，倒垂线锚块深度为 47m。32 坝段倒垂线，设有三个不同深度的倒垂，形成倒垂组，以测定岩基不同深度的变形。

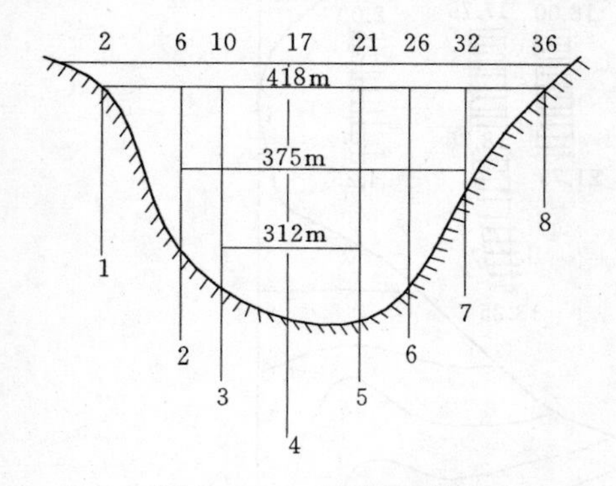

图 13-16 导线垂线网

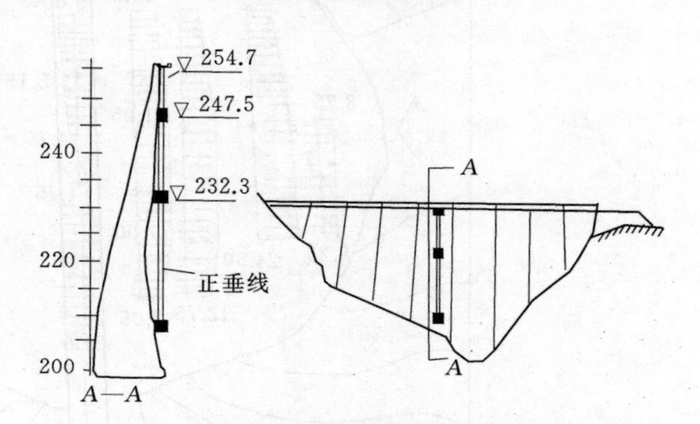

图 13-17 沿坝高挠度曲线变化

图 13-17 为由某条垂线（正垂线）监测的沿坝高挠度曲线变化结果。

2）导线。在 312m、375m、418m 高程的三条纵向廊道中，各设一条导线。导线端点分别设在 10、21 坝段，6、32 坝段及 2、36 坝段。三条导线的长度分别为 267m、360m、648m，中间每隔 16m（或 18m）设一测点。

3）前方交会。在大坝下游面的 4 个高程位置部分坝段设置了 32 个测点，用下游两岸距大坝约 100m 的 C_3、C_4 两个工作基点（图 13-18）以前方交会法观测每一测点的径、切向位移，作为水平位移的校核手段。为校核工作基点的稳定性，另设 C_1、C_2 两个校核基点，共同组成下游平面控制网，该网还可兼测下游地区的基岩变形。

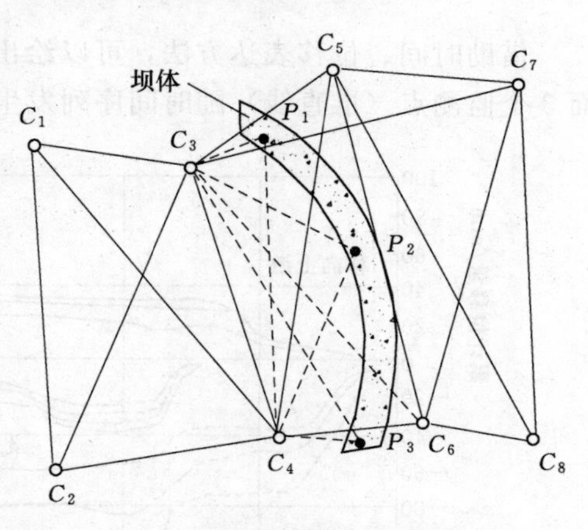

图 13-18 基于前方交会监测网

4）联系边角网。将下游控制网 C_3、C_4 两点与对应 2、17、36 坝段的 P_1、P_2、P_3 点引至坝顶的倒垂线组成边角网进行联测，以检核倒垂线和下游控制点的相对变形规律。

5）倾斜观测。在14～19河床坝段282m排水廊道和相距33m的基础灌浆廊道分别设置墙上水准标志，用精密水准法测定这些点的高差变化，以换算径、切向转动角。

2. 水平位移成果分析

大坝的水平位移可以采用多种数学方法进行数据分析和变形预测，可以用多种表达形式来反映大坝水平位移现状，其中平面位移分布图和位移剖面图是最直观和有效的表现形式。

图13-19反映的是某土坝坝体由各监测点（包括引张线、准直线）监测成果绘出的坝体水平位移分布图。

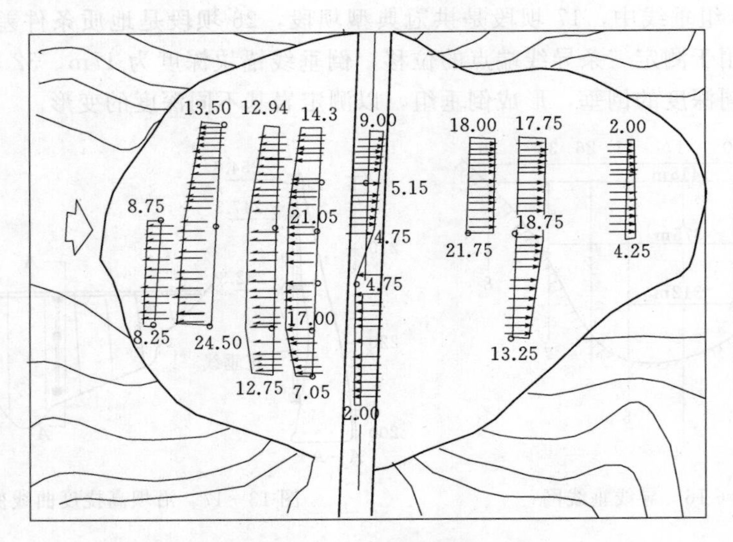

图13-19 土坝坝体水平位移分布图（单位：mm）

借助时间、位移表达方法，可以绘出监测点变形过程线。图13-20就为大坝顶面3个监测点（准直线）随时间序列发生的水平位移变形的情况。

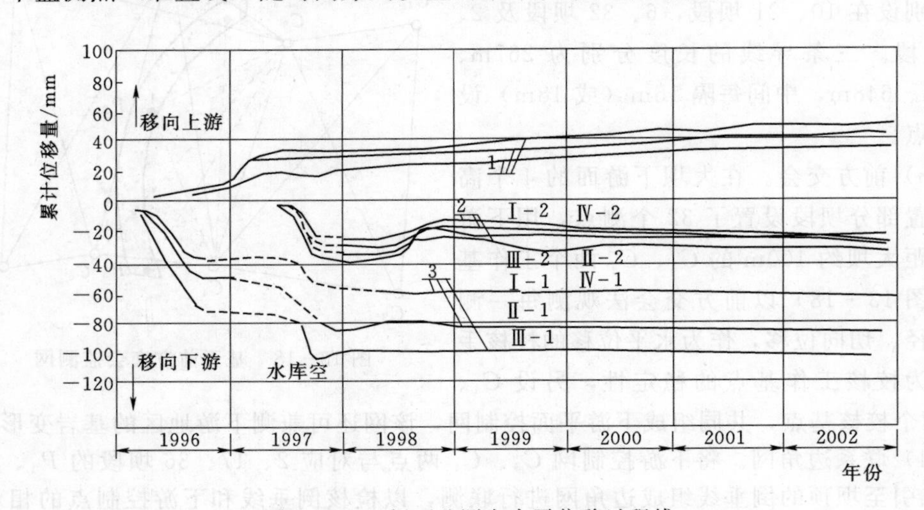

图13-20 坝面监测点水平位移过程线

第四节　大坝外观变形自动监测系统

大坝自动监测系统的实施，将从根本上改变常规监测方法的不足。随着计算机的广泛使用、电子技术的快速发展、监测传感器质量的进一步提高及多样化，自动监测系统（包括大坝外观和内观）在大坝的长期安全监测中得到越来越广泛的应用。

大坝外观自动监测系统建设应注意以下几点：

(1) 基准点包括监测基站及后视参考点，是变形监测的起算基准，必须要保证测站（或参考点）位置稳定、安全，要注意防潮、保温。如果变形区域比较小，可以在变形区域外，建在基岩基础的强制对中观测墩上来保证所安置的自动化全站仪的稳定性。如果变形区域过于狭长，不能达到视场限差的要求，为了使所有目标点与全站仪的距离均在设置的监测范围内，那么监测站也可以建在变形区域内，并在数据处理时选择适当的数据处理方法对监测站变形进行改正。为了仪器防护、保温等需要，必要时建造监测房。

(2) 变形点。变形点分布在坝体变形体上，应能反映出变形体变形的特征，并与监测站保持良好的通视条件以及距离控制在一定范围内。每个变形点上安置有对准监测站的专用反射单棱镜，并且要保证其不易被破坏。

(3) 计算机控制系统。计算机控制系统主要是指控制监测的软件部分，它是整个自动变形监测系统的大脑，负责观测、数据获取、数据处理、发出警报等一系列的操作过程。计算机控制部分根据连接类型，选择与测站的距离。有线连接时不宜离测站仪器部分太远，最好控制在20m之内，如果距离比较远，应考虑使用信号增益设备。通过无线数传电台连接时，根据模块的频段和现场环境确定距离。

(4) 电源和通信线路部分。全站仪、计算机控制系统之间的通信传输以及它们与电源之间的连接都离不开通信线路和电源线路。它们是保证系统正常运行必不可少的部分。在工程现场铺设的线路，必须要考虑线路安全问题，要注意隐蔽，不易被破坏。也可根据现场实际情况，通过网络转发设备来进行无线通信。

一、测量机器人大坝自动监测系统

利用精密全站仪，尤其是测量机器人进行大坝的各种等级（人工或自动化）变形监测，一般可根据实际情况采用以下3种方式：

(1) 移动式手动监测。移动式手动变形监测系统的作业与传统的观测方法相似，首先在观测墩上安置测量机器人，输入测站点号，进行必要的测站设置，后视参考点完成后，测量机器人会按照预置在机内的监测点顺序、测回数，全自动地寻找坝体或两岸护坡上监测点目标（ATM模式），获取监测数据存储于全站仪内存，再通过下载数据经过人工处理形成监测报表。这种模式适于小型单体非连续变形监测。

(2) 固定式半自动变形监测。固定式半自动变形监测系统作业的主要特点是无人值守干预的自动观测。在固定的观测墩上（一般在监测控制室内），根据预先设置的监测程序，实现自动开机、自动监测、自动关机的周期性作业。它是基于一台测量机器人的有合作目标（照准棱镜）的变形监测系统，可实现全天候的无人值守监测，其实质为自动化坐标测量系统，机载软件将监测数据保存为固定格式，经过后处理软件，形成监测报表。

(3) 固定式全自动持续监测。固定式全自动持续监测是基于一台或多台测量机器人的有合作目标（照准棱镜）的变形监测系统。与固定式半自动变形监测系统的区别是，它通过远程服务器平台软件控制仪器对坝体上固定监测点进行实时监测，而且监测点数据实时回传服务器进行解算。服务器后台软件可以进行成果自动解算、分析、预警，其结构与组成方式如图 13-21 所示。

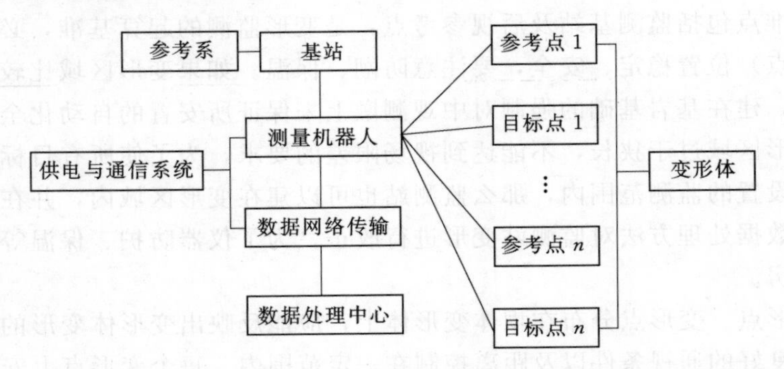

图 13-21　固定式全自动变形监测系统组成

图 13-21 中基站为极坐标系统的原点，用来架设测量机器人，要求有良好的通视条件、牢固稳定。参考点是三维坐标已知的检核点，应位于变形区域之外的稳固不动处，且要求覆盖整个变形区域。监测点要均匀布设于大坝表面能体现区域变形的部位。数据处理中心是由计算机和监测软件等构成，并通过网络控制测量机器人做全自动变形监测。

基于测量机器人的自动变形监测系统，已在不同类型的大坝变形监测中进行了实际应用。成果表明，基于测量机器人的变形监测具有高效、全自动、准确、实时性强、结构简单、操作简便等特点，特别适用于大坝全自动无人值守的变形监测。

二、GNSS 大坝自动监测系统

GNSS 精密定位技术与经典测量方法相比，不仅可以满足大坝变形监测工作的精度要求（1mm 以内），而且更有助于实现监测工作的自动化，如目前实用的徕卡 GeoMoS 自动化监测系统。

为了进行大坝变形监测，可在远离坝体的适当位置选择一个连续运行参考基准站 CORS（可以独立建立，也可以借用外网，如千寻），并在形变区内选择若干监测点。在基准站与监测点上，分别安置 GNSS 接收机进行连续地自动观测，并采用适当的数据传输技术，实时地将监测数据传送到数据处理中心，以进行观测数据处理、分析和预报。

为了监测大坝的形变，可在远离坝体的适当位置选择一个或多个基准点，利用 CORS 网络，监测大坝相对于基准点的整体位移。不仅精度高，而且不受通视限制，可以在无人值守的情况下实现 24h 连续监测，确保大坝安全。

作为大坝 GNSS 监测系统，必须建立一个局域网，有一个完善的软件管理、监控系统。系统能同步、实时地提供大坝监测点的三维变形量，且不受气候等外界条件影响，可全天候监测；系统能实现从数据采集、传输、处理、分析、显示、存储全过程自动化且水平和垂直位移监测精度能达亚毫米级。

GNSS 监测系统硬件一般如图 13-22 组成，数据流图如图 13-23。

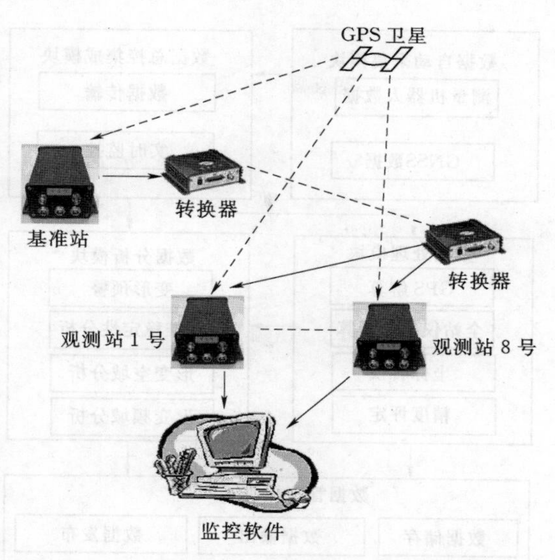

图 13-22　GNSS 监测系统构件示意图

三、大坝外观自动监测系统集成

GNSS 技术与测量机器人技术各有优缺点，结合大坝外观变形监测数据全面性和精确性的需要，可以将两种技术进行融合，将两者进行优势互补，一方面可以实现全天候、高频率的实时监控，另一方面又能够保障拱坝关键部位变形的高精度测量，进一步提升大坝变形监测的自动化和智能化。同时两套监测数据也可实现动态关联和比对，可以提高大坝变形监测成果的可靠性和分析的全面性。

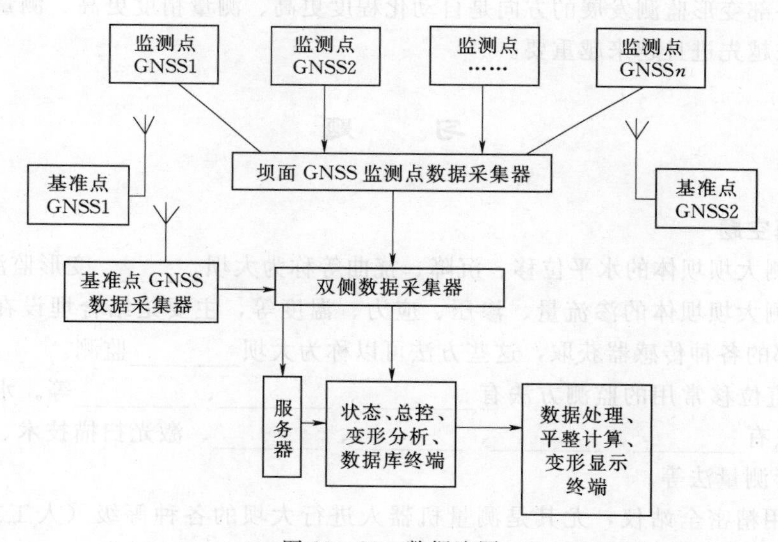

图 13-23　数据流图

为了实现对大坝表面变形情况的实时监控，掌控大坝的实时位移和安全状态，并且对可能存在的安全风险做出排查和预警，建立大坝外观自动化变形监测系统就成为必选。

图 13-24 为大坝外观自动监测集成管理系统示意图。

图中系统主模块包括监测数据自动采集模块、数据总控集成模块、数据处理模

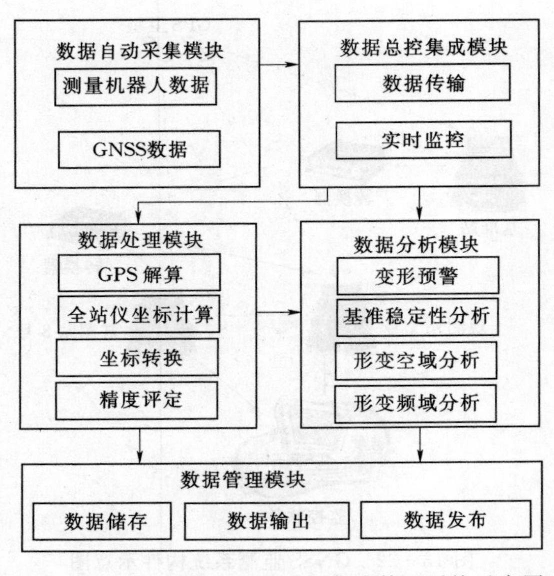

图 13-24　大坝外观自动监测集成管理系统示意图

块、数据分析模块以及数据管理模块。其中，监测数据采集包括GNSS监测模块和测量机器人监测模块；数据总控集成模块负责整个监测系统数据传输控制，数据流的分发、管理和对多台GPS接收机和测量机器人工作状况的实时监控；数据处理模块负责数据格式转换、GPS基线解算和平差计算、全站仪坐标计算、坐标转换、成果输出、精度评定等；数据分析模块负责坝体变形预警及安全、形变灵敏度分析、基准稳定性分析、变形量时序、形变空域频域分析、变形直观图输出、显示等；数据管理模块负责数据压缩，进库、发布、库文件管理，打印各种监测报表等。

总之，大坝外部变形监测经历了从低精度到高精度，从肉眼观测手工操作到自动化观测，坝体水平及垂直位移分别监测到三维集成变形监测的阶段。由此可以预见，水库大坝外部变形监测发展的方向是自动化程度更高、测量精度更高、测量仪器和测量方法越来越先进且越来越重要。

习　题

一、填空题

1. 监测大坝坝体的水平位移、沉降、挠曲等称为大坝________变形监测。

2. 监测大坝坝体的渗流量、渗压、应力、温度等，主要是结合埋设在坝体钢筋混凝土内部的各种传感器获取，这些方法可以称为大坝________监测。

3. 垂直位移常用的监测方法有________、________、________等。水平位移监测常用方法有________、________、________、________、激光扫描技术、微波干涉技术、摄影测量法等。

4. 利用精密全站仪，尤其是测量机器人进行大坝的各种等级（人工或自动化）变形监测系统，一般可根据实际情况采用三种方式，即________________、________、________。

二、简答题

1. 简述大坝外部变形监测工作和内部变形监测工作内容区别。

2. 大坝外部变形观测的频率和精度确定的原则是什么？

3. 正垂线、倒垂线各用于什么用途，使用时有什么区别？

4. 简述引张线、视准线监测大坝技术的共同处和区别。
5. 简述用角度前方交会法实施大坝水平位移监测方法？交会角度限差多大？
6. 实践中大坝变形观测实施时需要注意哪些问题？
7. 确定形变监测基准的目的和意义是什么。
8. 简述实现大坝外部自动化监测的主要技术手段。

资源 13－1
习题答案

参 考 文 献

[1] 武汉测绘科技大学《测量学》编写组. 测量学 [M]. 3版. 北京：测绘出版社，1994.

[2] 王依，过静珺. 现代普通测量学 [M]. 2版. 北京：清华大学出版社，2009.

[3] 潘正风，程效军，成枢，等. 数字地形测量学 [M]. 2版. 武汉：武汉大学出版社，2019.

[4] 张慕良，叶泽荣. 水利工程测量 [M]. 3版. 北京：中国水利水电出版社，2003.

[5] 覃辉，马超，等. 土木工程测量 [M]. 5版. 上海：同济大学出版社，2019.

[6] 孔达，吕忠刚，等. 工程测量 [M]. 2版. 北京：中国水利水电出版社，2017.

[7] 水利水电工程施工放线快学快用编写组. 水利水电工程施工放线快学快用 [M]. 北京：中国建材工业出版社，2012.

附录

测量实验与实习指导

第一部分 测 量 实 验 指 导

第一部分 测量实验指导

实验一：水准仪的认识与使用

实验一

学院：__________班级：__________姓名：__________学号：__________

实验地点：__________________________实验日期：____年____月____日

实验成绩评　定	预习情况	操作技术	实验报告	附加：综合创新能力	实验综合成绩

1. 实验目的、实验仪器设备、实验过程可扫描二维码
2. 实验结果说明（数据处理、分析、讨论、总结）（版面不够可另附页）

（1）请识别下列部件并写出它们的功能。

部件名称	功　　能
照门和准星	
目镜对光螺旋	
物镜对光螺旋	
制动螺旋	
微动螺旋	
微倾螺旋	
脚螺旋	
圆水准器	
管水准器	

（2）水准仪观测记录表。

测站	点号	后视读数/m	前视读数/m	高差/m	备注

实验二

实验二：改变仪器高法普通水准路线测量

学院：__________班级：__________姓名：__________学号：__________

实验地点：________________________实验日期：____年____月____日

实验成绩评定	预习情况	操作技术	实验报告	附加：综合创新能力	实验综合成绩

1. 实验目的、实验仪器设备、实验过程可扫描二维码
2. 实验结果说明（数据处理、分析、讨论、总结）（版面不够可另附页）

（1）改变仪器高法普通水准路线记录表。

测站	点号	后视读数 a /mm	前视读数 b /mm	高差 h' /m	平均高差 h /m	备注

（2）水准路线测量平差计算表。

点号	距离 L/m 或测站数 n	测段高差 h' /m	改正数 /m	改正后高差 /m	高程 /m	备注
Σ						

检核：$f_h=$　　　　　　　　$f_{h容}=$

实验三

实验三：三（四）等水准测量

学院：＿＿＿＿＿班级：＿＿＿＿＿姓名：＿＿＿＿＿学号：＿＿＿＿＿

实验地点：＿＿＿＿＿＿＿＿＿＿＿＿实验日期：＿＿年＿＿月＿＿日

实验成绩评定	预习情况	操作技术	实验报告	附加：综合创新能力	实验综合成绩

1. 实验目的、实验仪器设备、实验过程可扫描二维码
2. 实验结果说明（数据处理、分析、讨论、总结）（版面不够可另附页）

三（四）等水准测量观测手簿。

测站编号	后尺 下丝	前尺 下丝	方向及尺号	标尺读数		(K+黑)−红	高差中数	备注
	后尺 上丝	前尺 上丝		黑面	红面			
	后视距	前视距						
	视距差 d	$\sum d$						
	(1)	(4)	后	(3)	(8)	(14)		$K_1=$
	(2)	(5)	前	(6)	(7)	(13)		$K_2=$
	(9)	(10)	后−前	(15)	(16)	(17)	(18)	
	(11)	(12)						
			后					
			前					
			后−前					
			后					
			前					
			后−前					
			后					
			前					
			后−前					
			后					
			前					
			后−前					

实验四

实验四：经纬仪认识及使用

学院：__________班级：__________姓名：__________学号：__________

实验地点：________________________实验日期：____年____月____日

实验成绩评定	预习情况	操作技术	实验报告	附加：综合创新能力	实验综合成绩

1. 实验目的、实验仪器设备、实验过程可扫描二维码
2. 实验结果（数据处理、分析、讨论、总结）（版面不够可另附页）

（1）请识别下列部件并写出它们的功能。

经纬仪的组成	制动、微动螺旋名称及作用	对光螺旋名称及作用
1.	1.	1.
2.	2.	2.
3.	3.	3.
4.	4.	4.

（2）读数练习。

测站	目标点	竖盘位置	水平度盘读数 /(° ′ ″)	半测回水平角 /(° ′ ″)	一测回水平角 /(° ′ ″)

实验五：水平角观测（测回法）

实验五

学院：__________班级：__________姓名：__________学号：__________

实验地点：____________________________实验日期：____年____月____日

实验成绩评　定	预习情况	操作技术	实验报告	附加：综合创新能力	实验综合成绩

1. 实验目的、实验仪器设备、实验过程可扫描二维码
2. 实验结果说明（数据处理、分析、讨论、总结）（版面不够可另附页）

水平角观测记录表（测回法）。

测站	测回	盘位	目标	度盘读数 /(°　′　″)	半测回角值 /(°　′　″)	一测回角值 /(°　′　″)	各测回均值 /(°　′　″)	备注

实验六

实验六：中丝法竖直角观测

学院：__________班级：__________姓名：__________学号：__________

实验地点：________________________实验日期：____年____月____日

实验成绩评定	预习情况	操作技术	实验报告	附加：综合创新能力	实验综合成绩

1. 实验目的、实验仪器设备、实验过程可扫描二维码
2. 实验结果说明（数据处理、分析、讨论、总结）（版面不够可另附页）

中丝法竖直角观测记录表。

测站	测回	目标点	竖盘读数		指标差 x/(″)	竖直角 /(° ′ ″)	测回中数 /(° ′ ″)	备注
			盘左 /(° ′ ″)	盘右 /(° ′ ″)				

实验七

实验七：全站仪认识及使用

学院：__________班级：__________姓名：__________学号：__________

实验地点：____________________________实验日期：____年____月____日

实验成绩评定	预习情况	操作技术	实验报告	附加：综合创新能力	实验综合成绩

1. 实验目的、实验仪器设备、实验过程可扫描二维码
2. 实验结果说明（数据处理、分析、讨论、总结）（版面不够可另附页）

（1）全站仪安置与设置。

（2）全站仪角度、距离测量。

测站（仪器高）	目标（棱镜高）	竖盘位置	水平角观测			竖角观测		距离测量		
			水平盘读数/(° ′ ″)	半测回角值/(° ′ ″)	一测回角值/(° ′ ″)	竖直盘读数/(° ′ ″)	竖角值/(° ′ ″)	斜距/m	平距/m	高差/m
		左								
		右								
		左								
		右								

实验八

实验八：全站仪坐标测量与点位放样

学院：__________班级：__________姓名：__________学号：__________

实验地点：__________________________实验日期：____年____月____日

实验成绩评定	预习情况	操作技术	实验报告	附加：综合创新能力	实验综合成绩

1. 实验目的、实验仪器设备、实验过程可扫描二维码
2. 实验结果说明（数据处理、分析、讨论、总结）（版面不够可另附页）

（1）坐标测量。

点名	坐标/m		高程/m	定向方向角
	X	Y	H	
测站点				
后视点				

测站（仪器高）	目标（棱镜高）	X /m	Y /m	Z /m

（2）点位放样。

测站点		定向点		测设点		反算坐标方位角		水平角		水平距离 /m	备注
点名	坐标 (x/y)/m	点名	坐标 (x/y)/m	点名	坐标 (x/y)/m	站→向 /(° ′ ″)	站→设 /(° ′ ″)	拨向	角值 /(° ′ ″)		

实验九

实验九：GPS 接收机认识及使用

学院：__________班级：__________姓名：__________学号：__________

实验地点：______________________________实验日期：____年____月____日

实验成绩评定	预习情况	操作技术	实验报告	附加：综合创新能力	实验综合成绩

1. 实验目的、实验仪器设备、实验过程可扫描二维码
2. 实验结果说明（数据处理、分析、讨论、总结）（版面不够可另附页）

（1）GPS 接收机各部件名称识别及功能。

①　　　　　　　　⑤

②　　　　　　　　⑥

③　　　　　　　　⑦

④　　　　　　　　⑧

（2）GPS－RTK 点位测量及点位放样过程。

第二部分　测量实习指导

测量实习是继“工程测量”课程理论教学结束后，进行的测量综合性实践教学活动，是测量基本理论与实践的结合。通过实习，可以了解测量工作的全过程，消化、加强理论，提高实践的动手能力。为后期专业课程的学习，或从事相关专业的测量工作，都将会打下良好的基础。

第二部分　测量实习指导